Theodor Lehmann · Elemente der Mechanik IV

Elemente der Mechanik

von Theodor Lehmann

Bd. I: Einführung

Bd. II: Elastostatik

Bd. III: Kinetik

Bd. IV: Schwingungen, Variationsprinzipe

Theodor Lehmann

Elemente der Mechanik IV
Schwingungen, Variationsprinzipe

2., durchgesehene Auflage

Mit 107 Bildern

Friedr. Vieweg & Sohn Braunschweig / Wiesbaden

CIP-Kurztitelaufnahme der Deutschen Bibliothek

Lehmann, Theodor:
Elemente der Mechanik / Theodor Lehmann. –
Braunschweig; Wiesbaden: Vieweg
Teilw. mit d. Erscheinungsort Braunschweig. –
Bd. 1, 1. Aufl. im Bertelsmann-Univ.-Verl.,
Düsseldorf
(Studienbücher Naturwissenschaft und Technik; . . .)
4. Lehmann, Theodor: Schwingungen, Variationsprinzipe. – 2., durchges. Aufl. – 1985

Lehmann, Theodor:
Schwingungen, Variationsprinzipe / Theodor
Lehmann. – 2., durchges. Aufl. – Braunschweig;
Wiesbaden: Vieweg, 1985.
(Elemente der Mechanik / Theodor Lehmann; 4)
(Studienbücher Naturwissenschaft und Technik;
Bd. 17)

NE: 2. GT

1. Auflage 1979
2., durchgesehene Auflage 1985

Satz: Vieweg, Braunschweig

Umschlaggestaltung: Peter Steinthal, Detmold

ISBN 978-3-528-29198-3
DOI 10.1007/978-3-322-89571-4

ISBN 978-3-322-89571-4 (eBook)

Vorwort

Der (abschließende) IV. Band der *Elemente der Mechanik* bildet mit dem vorhergehenden III. Band eine gewisse Einheit: Es werden hier einige Überlegungen und Betrachtungen weitergeführt, die zwar im III. Band schon angeklungen sind, dort aber nicht weiter ausgeführt werden konnten. Das betrifft einmal die *Schwingungsprobleme*, die an sich zur Thematik des III. Bandes (Kinetik) gehören, dort aber ausgespart wurden, und zum andern die *Variationsprinzipe,* auf die im Rahmen der Thematik des III. Bandes nur sehr beschränkt eingegangen werden konnte.
Den *Schwingungsproblemen* ist in diesem Band ein recht breiter Raum gewidmet, der teilweise über das hinausgeht, was in einer einführenden Grundvorlesung über Mechanik üblicherweise geboten wird. Das gilt für manche Teile der Kapitel 4 und 5, insbesondere aber für Kapitel 6 (die Schwingungen der Kontinua). Die Frage nach dem *Warum* stellt sich deshalb unausweichlich, zumal es bereits viele Bücher gibt, die ganz den Schwingungen gewidmet sind. Manche dieser Bücher behandeln allerdings die Schwingungsprobleme unter sehr speziellen Gesichtspunkten, beisielsweise im Hinblick auf die numerischen Verfahren. Andere wiederum beschränken sich in anderer Weise auf gewisse Teilgebiete. Das Ziel dieses Buches ist es hingegen, eine möglichst breite Einführung in die Schwingungsprobleme zu geben, zugleich aber den Anschluß an das (in verschiedene Richtungen) weiterführende Schrifttum zu vermitteln. Das setzt eine sorgfältige Grundlegung voraus. Zugleich sollte jedoch ein gewisser Überblick über die bei Schwingungen auftretenden Phänomene angestrebt werden. Dies ist nur mit einer gewissen Breite der Darstellung zu erreichen, die eben etwas über den üblichen Rahmen der Grundvorlesungen hinausgeht. Um diese Schwierigkeit zu beheben, wurde das Buch – wie auch die vorhergehenden Bände – so angelegt, daß es auch zum Selbststudium geeignet ist.
Ähnliches gilt für die Einführung in die *Variationsprobleme.* Auch hierbei greift das Buch etwas über den üblichen Rahmen einer Grundvorlesung hinaus mit dem Ziel, neben einer sorgfältigen Grundlegung einen Anschluß an das weiterführende Schrifttum zu vermitteln.
Insbesondere meinem Kollegen, Herrn Dr. Thermann, habe ich für viele anregende Diskussionen über Auswahl und Darbietung des Stoffes zu danken. Manches geht auf seine Anregungen zurück. Aus dem Kreis der Mitarbeiter bin ich besonders

Herrn Preuss zu Dank verbunden, der viele Beispiele durchgerechnet, die Abbildungen entworfen und den Text stets kritisch durchgesehen hat. Aber auch Herrn v. Bredow habe ich für das Durchrechnen einiger Beispiele und für kritische Anmerkungen zu danken. In bewährter Weise haben Frau Schmidt-Balve und Herr Grundmann die Zeichnungen ausgeführt und als Druckvorlage vorbereitet. Frau Wagener hat wiederum die mühevolle Arbeit der Reinschrift des Manuskriptes übernommen. Schließlich haben zahlreiche Mitarbeiter mir bei der Korrektur geholfen. Ihnen allen danke ich herzlich.

Theodor Lehmann

Auf eine eingehendere Überarbeitung konnte bei der 2. Auflage verzichtet werden, weil sich dieses Buch nach Inhalt und Form als Lehrbuch bewährt hat. Bei der Durchsicht wurden deshalb nur einige Fehler und Ungenauigkeiten, die sich bei der 1. Auflage eingeschlichen hatten, korrigiert. Für die Mitwirkung bei dieser Korrektur habe ich insbesondere Herrn Priv. Doz. Dr. H. Klepp sowie Herrn U. Rott zu danken.

Inhalt

1. Schwingungen: Grundbegriffe und Kinematik

1.1. Allgemeines

Das *kinematische Verhalten eines mechanischen Systems* (bestehend aus einem oder mehreren Körpern mit den zugehörigen kinematischen Bindungen) können wir – wie wir in Band III, Kapitel 10 erörtert haben – durch die Angabe der zeitabhängigen *generalisierten Koordinaten* $q_i(t)$ ($i = 1, 2 \ldots n$) beschreiben. Die Anzahl n der zur vollständigen Beschreibung des Systems erforderlichen Koordinaten hängt dabei vom Freiheitsgrad des Systems ab. n ist nur endlich, solange wir die im System enthaltenen Körper als starr betrachten können. Enthält das System deformierbare Körper (Kontinua), so geht n gegen Unendlich.

Schwankt eine solche generalisierte Koordinate im zeitlichen Verlauf mehr oder weniger regelmäßig (oder auch zufallsbedingt) um einen Mittelwert (der selbst von der Zeit abhängen kann), so sprechen wir von einer *Schwingung.* Viele charakteristische Eigenschaften von Schwingungen sowie die zu ihrer Beschreibung gebrauchten Begriffe und Methoden können wir bereits erörtern, wenn wir uns auf die Betrachtung einer (beliebig herausgegriffenen) Koordinate bzw. auf Systeme mit *einem* Freiheitsgrad, also auf sogenannte *einfache Schwinger* beschränken. Die Beschreibung von *Koppelschwingungen,* d.h. des gleichzeitigen Auftretens von Schwingungen in mehreren Koordinaten bei sogenannten *mehrfachen Schwingern,* stellen wir deshalb vorerst zurück. Dementsprechend lassen wir auch im folgenden zur Vereinfachung den Index *i* fort und schreiben q(t) statt $q_i(t)$.

Anmerkung:

Schwingungen treten nicht nur in mechanischen Systemen auf. Vergleichbare Erscheinungen können wir auch bei vielen anderen physikalischen Vorgängen beobachten. Beispiele dafür sind u.a. die Schwankungen von Spannung und Stromstärke in elektrischen Systemen oder die täglichen bzw. jahreszeitlichen Schwankungen der Temperatur an einem Ort der Erdoberfläche. Viele Begriffe und Methoden, die zur Beschreibung mechanischer Schwingungen angewendet werden, lassen sich auch auf solche Vorgänge übertragen.

1.2. Grundbegriffe und Darstellungsmethoden

Wir betrachten mechanische Systeme mit dem Freiheitsgrad $\lambda = 1$, deren generalisierte Koordinate q – unter gewissen Bedingungen – um einen Mittelwert schwanken kann, die also Schwingungen ausführen können. Einige einfache Beispiele solcher

Systeme sind in der Abb. 1.1 skizziert. Das Beispiel in Abb. 1.1c enthält dabei insofern eine Besonderheit, als die Schwankung der Koordinate q durch eine monotone Änderung des Kurbelwinkels α erzeugt werden kann; deshalb hängt es in diesem Falle von der Wahl der generalisierten Koordinate ab, ob wir den Bewegungsvorgang als Schwingung betrachten oder als einen monotonen Bewegungsablauf.

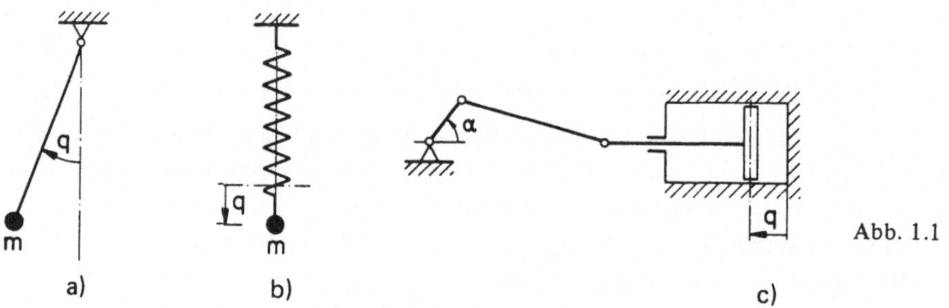

Abb. 1.1

Zur Beschreibung eines Schwingungsvorganges bieten sich insbesondere zwei Möglichkeiten:

1. die Angabe von q(t): Darstellung im *Ausschlag-Zeit-Diagramm* (Abb. 1.2),
2. die Angabe von $\dot{q}(q)$: Darstellung in der *Phasenebene* (Abb. 1.3).

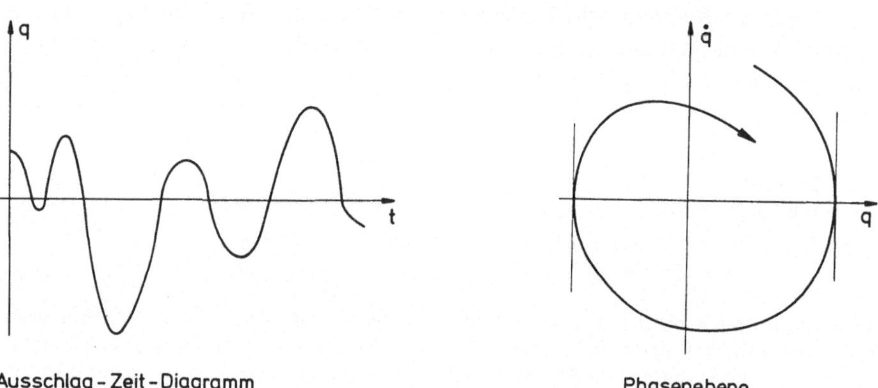

Abb. 1.2

Abb. 1.3

Die beiden Darstellungen sind äquivalent (vgl. Band III, Abschnitt 2.2.1). Aus $\dot{q}(q)$ folgt nämlich

$$\int_{t_0}^{t} dt = \int_{q_0}^{q} \frac{dq}{\dot{q}(q)} \rightarrow t = t(q).$$

Die Umkehr liefert dann q(t). Anzumerken ist noch, daß die *Phasenkurve* $\dot{q}(q)$ immer im Uhrzeigersinn durchlaufen wird, wie in Abb. 1.3 angegeben, und daß sie dort, wo sie die q-Achse schneidet, stets (von singulären Fällen abgesehen) eine vertikale Tangente hat, wie leicht einzusehen ist.

Für *periodische Schwingungen* gilt (Abb. 1.4)

$$q(t+T) = q(t); \quad T = \text{konst.}$$

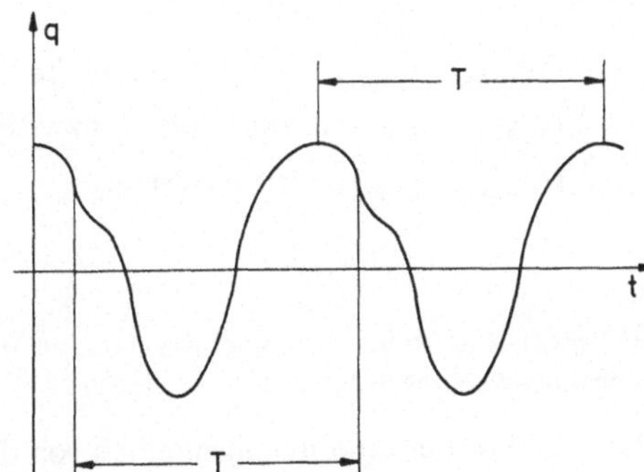

Abb. 1.4

Wir nennen

T [Z]: *Periodendauer* (kurz: *Periode*) der Schwingung (auch *Schwingungsdauer* = Dauer *einer* Schwingung).

$\frac{1}{T} = f\,[Z^{-1}]$: *Frequenz* der Schwingung,

$2\pi f = \omega\,[Z^{-1}]$: *Kreisfrequenz* der Schwingung.

Dient – wie meist üblich – für die *Periode* als Maßeinheit die *Sekunde* (s), so erhält man als Kehrwert die *Frequenz* in der Maßeinheit *Hertz* (s^{-1}) (abgekürzt: Hz), benannt nach *H. Hertz* (1857–1894). Der zugehörige Zahlenwert gibt dann an, wieviel Schwingungsperioden auf eine Sekunde entfallen.

In der *Phasenebene* stellen sich *periodische Schwingungen* als geschlossene Kurven dar (Abb. 1.5). Hierin zeigt sich bereits, daß die Darstellung einer

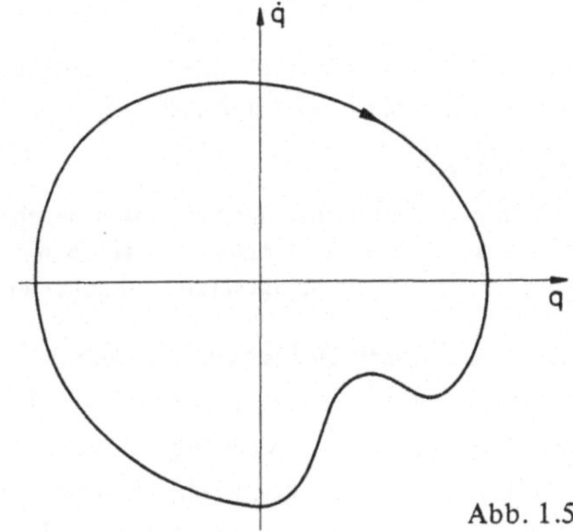

Abb. 1.5

Schwingung in der Phasenebene wesentliche Vorteile haben kann. Sie gewährt unmittelbar einen guten Einblick in wesentliche Merkmale des Schwingungsvorganges. Verfolgen wir den Schwingungsvorgang in einem Zeitintervall $\Delta t = t_1 - t_0$, so können wir definieren

$$\left.\begin{array}{rl} q_{max}: & \textit{Größtwert} \\ q_{min}: & \textit{Kleinstwert} \\ q_{max} - q_{min}: & \textit{Schwingungsweite} \\ \frac{1}{2}(q_{max} - q_{min}): & \textit{Amplitude}\ a \text{ bzw. } \hat{q} \\ \frac{1}{2}(q_{max} + q_{min}): & \textit{Mittelwert}\ q_m \end{array}\right\} \text{von } q \text{ im } \textit{Zeitintervall}\ \Delta t$$

Anmerkung:

Der Begriff *Amplitude* wird in der Regel nur bei *periodischen Schwingungen* oder nahezu periodischen Schwingungen gebraucht.

Alle diese Größen sind im allgemeinen von dem ins Auge gefaßten Zeitintervall, d.h. von t_0 *und* t_1 abhängig. Bei *periodischen* Schwingungen werden jedoch für $\Delta t \geqslant T$ alle diese Größen zeitunabhängig. Deshalb können wir bei *periodischen Schwingungen* durch Einführung von

$$\bar{q} = q - q_m,$$

also durch eine einfache (lineare) Koordinaten-Transformation erreichen, daß für alle Zeitintervalle $\Delta t \geqslant T$

$$\bar{q}_m = 0$$

und

$$\bar{q}_{max} = |\bar{q}_{min}| = a$$

wird. Davon machen wir im folgenden Gebrauch, ohne dies jeweils durch Überstreichung von q zu kennzeichnen.

Anmerkung:

Im Rahmen allgemeiner Betrachtungen bezeichnen wir die *Amplitude* einer Schwingung mit a. Bei *harmonischen Schwingungen* werden wir jedoch vielfach die Amplitude einer schwingenden Größe durch ein übergesetztes ^ kennzeichnen, also z.B. $a = \hat{q}$ setzen.

Bei *periodischen Schwingungen* genügt es, den zeitlichen Verlauf der Schwingung während *einer* Periode zu betrachten. Daraus lassen sich *alle* kinematischen Bestimmungsstücke der Schwingung – und nicht nur die bereits genannten wie Frequenz, Amplitude usw. – ermitteln. Einige charakteristische Grundformen von Schwingungen, deren Gesamtverlauf jeweils durch wenige Parameter festzulegen ist, finden wir in Tabelle 1.1 skizziert.

Tabelle 1.1: Einige Grundformen periodischer Schwingungen

Bezeichnung	q,t- Diagramm	Phasenebene	kennzeichnende Parameter (z.B.)
harmonische Schwingung (Sinus - Schwingung bzw. Cosinus - Schwingung)	q, T, 2a, t	$\dot{q}$, q	T, a
Dreieckschwingung $\frac{\Delta t_2}{\Delta t_1} \ll 1$: Sägezahnschwingung $\frac{\Delta t_2}{\Delta t_1} \to 0$: Kippschwingung	q, T, 2a, t, Δt_1, Δt_2	$\dot{q}$, q	T, $\frac{\Delta t_2}{\Delta t_1}$, a
Trapezschwingung $\frac{\Delta t_1}{T} \to 0$, $\frac{\Delta t_3}{T} \to 0$ } Rechteckschwingung	q, T, 2a, t, Δt_1, Δt_2, Δt_3, Δt_4	$\dot{q}$, q	T, $\frac{\Delta t_1}{T}$, $\frac{\Delta t_2}{T}$, $\frac{\Delta t_3}{T}$, a Anmerkung: Die Zeitintervalle Δt_2 u. Δt_4 erscheinen in der Phasenebene als singuläre Punkte auf der q-Achse

Die wichtigste Grundform ist die *harmonische Schwingung.* In Abschnitt 1.4 wird noch gezeigt werden, daß sich alle periodischen Schwingungen auf eine Überlagerung harmonischer Schwingungen zurückführen lassen.

Bei *nichtperiodischen Schwingungen* ist naturgemäß die Mannigfaltigkeit der Erscheinungen noch sehr viel größer. Eine besondere Gruppe bilden die *zufallsbedingten Schwingungen,* die sich als *stochastischer Prozeß* nur mit *statistischen Methoden* beschreiben lassen. Mit Schwingungen dieser Art haben wir es beispielsweise bei Bauwerken zu tun, die durch die vom Straßenverkehr herrührenden Erschütterungen zu Schwingungen angeregt werden. Ein anderes Beispiel dafür sind etwa die Tragflügelschwingungen eines Flugzeuges, die durch die Turbulenz der Luft bedingt sind. Auf Schwingungen dieser Art wollen wir hier jedoch nicht weiter eingehen. Wir beschränken uns auf solche Schwingungen, die auf deterministische Vorgänge zurückzuführen sind.

Die Mannigfaltigkeit der Erscheinungen bleibt auch dabei immer noch sehr groß. Wir wollen hier nur vier Sonderfälle hervorheben, denen eine besondere Bedeutung zukommt. Es sind dies zunächst

a) die *gedämpften Schwingungen,*

b) die *angefachten Schwingungen,*

c) die (nichtperiodisch) *modulierten Schwingungen.*

Ferner bilden eine Sondergruppe

d) die *Schwingungen begrenzter Dauer.*

Beispiele dafür haben wir in Tabelle 1.2 zusammengestellt. Dabei haben wir uns der Einfachheit halber auf Schwingungen beschränkt, deren Grundform harmonisch ist.

Tabelle 1.2: Nichtperiodische Schwingungen

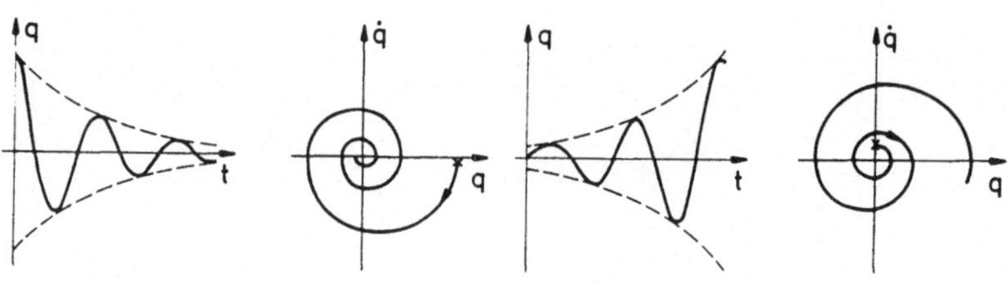

a) gedämpfte harmonische Schwingung

b) angefachte harmonische Schwingung

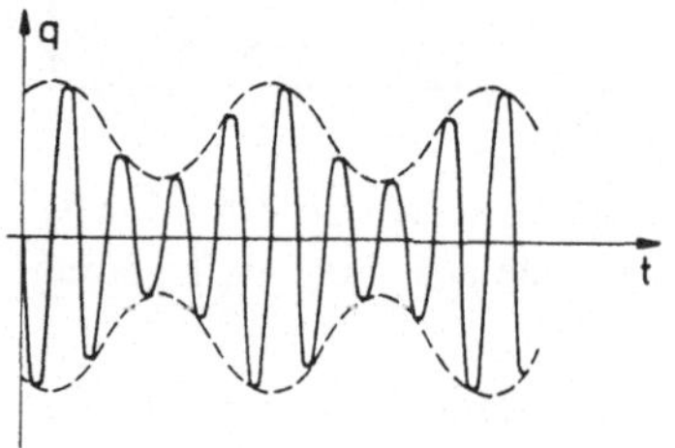

c1) amplituden-modulierte harmonische Schwingung

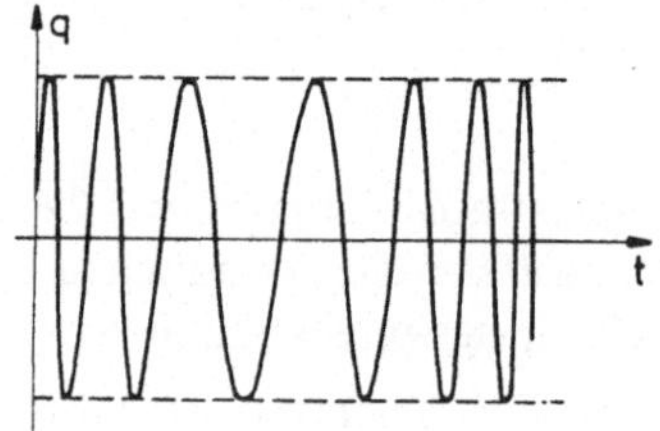

c2) frequenz-modulierte harmonische Schwingung

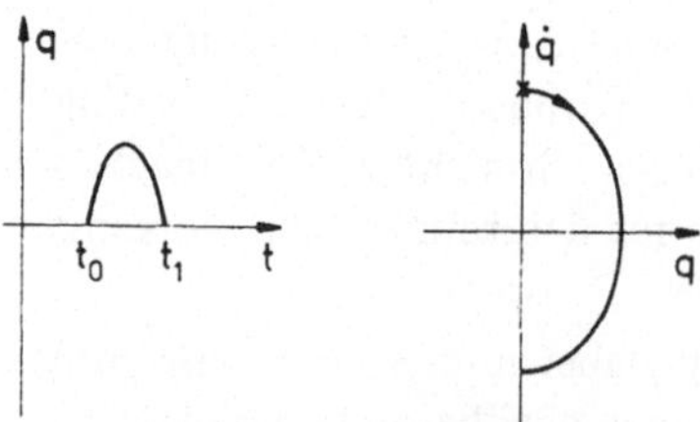

d1) einseitige impulsförmige harmonische Schwingung

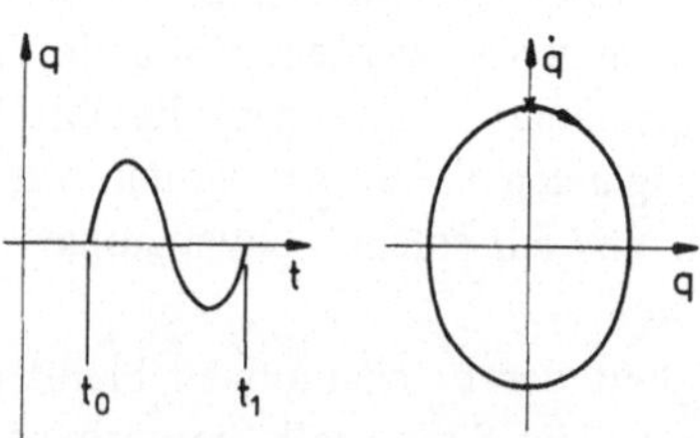

d2) zweiseitige impulsförmige harmonische Schwingung

Die *gedämpften Schwingungen* sind durch mit der Zeit *abnehmende Amplituden,* die *angefachten Schwingungen* durch mit der Zeit *zunehmende Amplituden* gekennzeichnet. Die Ab- bzw. Zunahme der Amplitude braucht dabei im allgemeinen Falle nicht notwendigerweise monoton von jeweils einer Schwingung zur nächsten zu erfolgen. Sie muß aber jedenfalls feststellbar sein, wenn wir hinreichend lange Zeitintervalle miteinander vergleichen.

Bei den *modulierten Schwingungen* haben wir zwischen *Amplituden-Modulation* und *Frequenz-Modulation* zu unterscheiden. Im ersten Falle ändern sich die Amplituden mehr oder weniger regelmäßig, im zweiten Falle schwankt die Frequenz um einen Mittelwert. Die Modulation der Amplitude bzw. der Frequenz kann periodisch erfolgen. Aber selbst in diesem Falle sind die resultierenden modulierten Schwingungen nur periodisch, wenn Modulationsfrequenz und sogenannte *Trägerfrequenz* (d.h. die Frequenz der „tragenden“ Grundschwingung) in einem rationalen Verhältnis zueinander stehen. Deshalb sind modulierte Schwingungen im allgemeinen nichtperiodisch, und wir haben sie darum hier in diese Rubrik eingereiht. Auf eine Darstellung der modulierten Schwingungen in der Phasenebene verzichten wir hier, da sie meist wenig übersichtlich ist.

Bei den *Schwingungen begrenzter Dauer* sind besonders sogenannte *impulsförmige Vorgänge* von Interesse. Das sind Vorgänge, bei denen die (einen gewissen Schwellenwert überschreitenden) Auslenkungen des Systems aus der Ruhelage sich in einem relativ kleinen Zeitraum abspielen. Relativ klein bedeutet dabei klein im Vergleich zu den charakteristischen Zeitintervallen der sonstigen zeitveränderlichen Vorgänge. Als Grundformen solcher Vorgänge können wir die *einseitige impulsförmige Schwingung (Stoß)* und die *zweiseitige impulsförmige Schwingung* betrachten (s. Tabelle 1.2). Es tauchen jedoch in technischen Problemen auch viele andere Varianten solcher Schwingungen begrenzter Dauer auf.

Der Bewegungsvorgang, der in einem einfachen Schwinger nach einer anfänglichen Störung der Gleichgewichtslage (ohne weitere Einwirkung auf das System) abläuft, wird – wie wir gesehen haben – durch *eine* Phasenkurve (auch *Trajektorie* genannt) repräsentiert. Ändern wir die Anfangsbedingungen, so erhalten wir eine *Schar* von Phasenkurven, die – solange der Schwingungsvorgang eindeutig von den Anfangsbedingungen abhängt – sich nicht überschneiden. Die Gesamtheit dieser Phasenkurven nennen wir das *Phasenporträt* des Schwingers. Es gibt unmittelbar einen guten Einblick in wesentliche Eigenschaften eines Schwingers.

In den Abbildungen 1.6a–1.6c sind das Phasenporträt der Eigenschwingungen eines *konservativen Schwingers,* der periodische Schwingungen ausführt, das Phasenporträt eines *gedämpften Schwingers* sowie eines *Schwingers mit Anfachung* skizziert. Den Grad der Dämpfung bzw. der Anfachung kann man an der Steigung der einzelnen Spiralwindungen erkennen. *Gleichgewichtslagen* des Schwingers erscheinen im Phasenporträt als singuläre Punkte (in Sonderfällen auch als Bereiche) auf

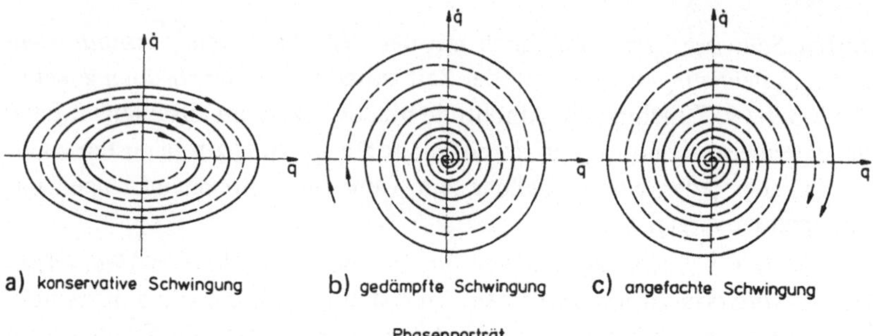

Abb. 1.6

der q-Achse. Nach dem Verlauf der Phasenkurven in der Umgebung solcher Punkte unterscheiden wir

Wirbelpunkte,
Strudelpunkte (als Quelle oder Senke),
Knotenpunkte,
Sattelpunkte.

So stellt z.B. die stabile Gleichgewichtslage eines konservativen Schwingers (Abb. 1.6a) einen Wirbelpunkt dar. Die stabile Gleichgewichtslage eines gedämpften Schwingers erscheint bei schwacher Dämpfung (Abb. 1.6b) als Strudelpunkt mit Senken-Charakter (bei starker Dämpfung als Knotenpunkt), während die instabile Gleichgewichtslage eines Schwingers mit Anfachung sich als Strudelpunkt mit Quell-Charakter (bzw. als Knotenpunkt bei starker Anfachung) präsentiert. Bei einem Schwinger mit trockener (*Coulomb*scher) Reibung (Abb. 1.7) erhalten wir – wie wir später noch ableiten werden – einen indifferenten Gleichgewichtsbereich, der als Senkenstrecke erscheint.

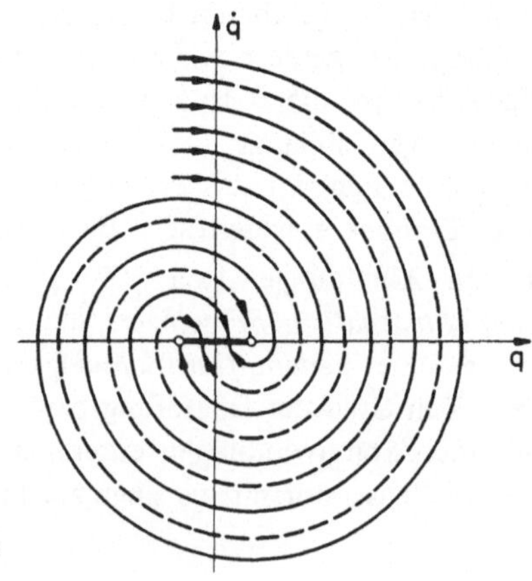

Abb. 1.7

In manchen Fällen haben wir je nach den Anfangsbedingungen in verschiedenen Bereichen der Phasenebene, die durch eine sogenannte *Separatrix* gegeneinander abgegrenzt sind, ein unterschiedliches Verhalten des Schwingers. So ist z.B. in Abb. 1.8a das Phasenporträt eines Schwingers dargestellt, der bei kleinen Schwingungen angefacht ist, während bei großen Schwingungen eine Dämpfung auftritt. Die Separatrix, auch *Grenzzyklus* genannt, entspricht in diesem Falle einer stabilen periodischen Schwingung, auf die sich der Schwinger von selbst einspielt. Im Falle der Abb. 1.8b hingegen (kleine Schwingungen gedämpft, große angefacht) ist der Grenzzyklus instabil. Ein Beispiel, bei dem das Phasenporträt Sattelpunkte aufweist, liefert uns das Pendel, das sich überschlagen kann und sowohl stabile Gleichgewichtslagen ($q = 0, \pm 2\pi, \ldots$) wie instabile ($q = \pm \pi, \ldots$) aufweist, die im Phasenporträt als *Sattelpunkte* erscheinen (Abb. 1.9).

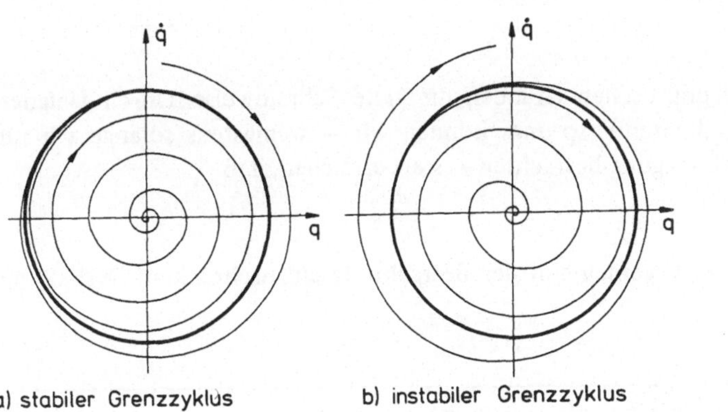

Abb. 1.8

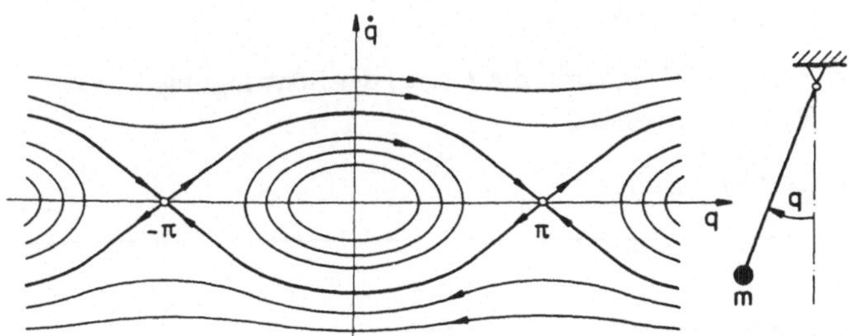

Abb. 1.9

1.3. Harmonische Schwingungen

1.3.1. Darstellung im Ausschlag-Zeit-Diagramm

Stellen wir eine *harmonische Schwingung* im *Ausschlag-Zeit-Diagramm* als q(t) dar, so können wir wahlweise die Schwingung als *Cosinus*- oder als *Sinus*-Schwingung beschreiben:

$$\begin{aligned} q(t) &= q_m + a\cos(\omega t + \varphi) \\ &= q_m + a\sin(\omega t + \vartheta) \end{aligned}$$

mit

$$\omega = \frac{2\pi}{T}$$

und

$$\vartheta = \varphi + \frac{\pi}{2}.$$

Wir bevorzugen aus praktischen Gründen die erste Schreibweise. Durch geeignete Festlegung des Koordinaten-Ursprungs können wir – wenigstens solange wir nur *eine* harmonische Schwingung betrachten – stets erreichen, daß

$$q_m = 0$$

wird, ohne damit die Allgemeinheit der Betrachtung einzuschränken. Deshalb gilt (mit $a = \hat{q}$)

Satz 1.1: Jede *harmonische Schwingung* ist in der Form

$$q(t) = \hat{q}\cos(\omega t + \varphi) = \hat{q}\cos\omega\left(t + \frac{\varphi}{\omega}\right)$$

darstellbar. Hierin bezeichnet

$\omega t + \varphi$ den *Phasenwinkel* (kurz: die *Phase*) der Schwingung,
φ den *Nullphasenwinkel*,
$\frac{\varphi}{\omega}$ die *Nullphasenzeit.*

Aus den Additionstheoremen für Winkelfunktionen folgt

$$\begin{aligned} q(t) &= \hat{q}\cos(\omega t + \varphi) = \hat{q}\cos\varphi\cos\omega t - \hat{q}\sin\varphi\sin\omega t \\ &= a_1\cos\omega t + a_2\sin\omega t \end{aligned}$$

Deshalb gilt

Satz 1.2: Jede *harmonische Schwingung*

$$q(t) = \hat{q}\cos(\omega t + \varphi)$$

läßt sich auch als Überlagerung einer Cosinus- und einer Sinus-Schwingung gleicher Frequenz darstellen, die beide den Nullphasenwinkel Null haben:

$$q(t) = a_1 \cos\omega t + a_2 \sin\omega t.$$

Zwischen diesen beiden Darstellungsformen gilt die Beziehung

$$a_1 = \hat{q}\cos\varphi, \qquad a_2 = -\hat{q}\sin\varphi$$

bzw.

$$\hat{q} = a = \sqrt{a_1^2 + a_2^2}, \qquad \varphi = \arctan\frac{-a_2}{a_1} \quad .$$

Aus dem Satz 1.2 läßt sich unmittelbar folgern

Satz 1.3: Die Überlagerung *gleichfrequenter, harmonischer,* aber sonst beliebiger *Schwingungen* ergibt stets wieder eine *harmonische Schwingung gleicher Frequenz.*

Stellen wir nämlich die einzelnen Schwingungen in der Form

$$q_i(t) = q_{im} + a_{i1}\cos\omega t + a_{i2}\sin\omega t$$

dar (hier müssen wir die Mittelwerte q_{im} mitnehmen, da sie für die einzelnen Schwingungen verschieden sein können), so liefert die Summation über i

$$q(t) = \sum_i q_i(t) = \sum_i q_{im} + \left(\sum_i a_{i1}\right)\cos\omega t + \left(\sum_i a_{i2}\right)\sin\omega t$$

$$= q_m + a_1\cos\omega t + a_2\sin\omega t = q_m + a\cos(\omega t + \varphi),$$

also das, was in Satz 1.3 behauptet wurde.

Anmerkung:
Für nichtharmonische Schwingungen gibt es im allgemeinen keinen zu Satz 1.3 analogen Satz.

1.3.2. Darstellung in der Phasenebene

Für die Darstellung harmonischer Schwingungen in der *Phasenebene* folgt aus

$$q(t) = \hat{q}\cos(\omega t + \varphi)$$

und

$$\dot{q}(t) = -\hat{q}\,\omega \sin(\omega t + \varphi)$$

die Beziehung

$$q^2(t) + \left(\frac{\dot{q}(t)}{\omega}\right)^2 = \hat{q}^2 = a^2 .$$

Deshalb gilt (Abb. 1.10)

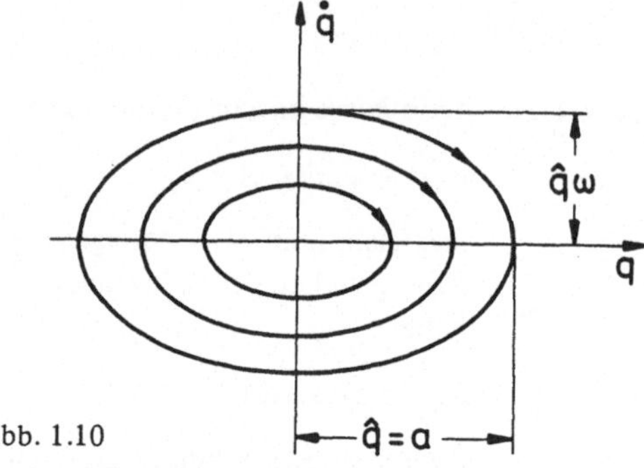

Abb. 1.10

Satz 1.4: Die Phasenkurven harmonischer Schwingungen sind Ellipsen.

Setzen wir $\omega t = \tau$ und bilden wir

$$\frac{dq}{d\tau} = q'(\tau),$$

so erhalten wir

$$q' = \frac{1}{\omega}\,\frac{dq}{dt} = \frac{1}{\omega}\,\dot{q}.$$

Tragen wir nun $q' = \frac{1}{\omega}\dot{q}$ in Abhängigkeit von q auf, und benutzen wir gleiche Maßstäbe für q und $q' = \frac{1}{\omega}\dot{q}$, so gehen die Phasenkurven harmonischer Schwingungen in *Kreise* über (Abb. 1.11). Wir nennen das die Darstellung in der *normierten Phasenebene.* Es gilt also

---

Satz 1.5: In der *normierten Phasenebene* $q'(q) = \frac{1}{\omega}\dot{q}(q)$ erscheinen die Phasenkurven harmonischer Schwingungen als Kreise.

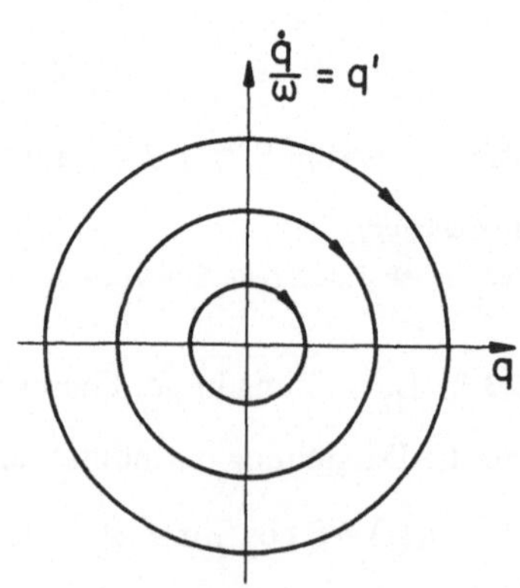

Abb. 1.11

Amplitude $a = \hat{q}$ und *Nullphasenwinkel* φ können wir in der normierten Phasenebene durch eine gerichtete Strecke kennzeichnen. Diese Darstellung erlaubt es, die Überlagerung zweier gleichfrequenter harmonischer Schwingungen in der normierten Phasenebene als vektorielle Addition gerichteter Strecken zu interpretieren (Abb. 1.12). Diese Feststellung können wir sofort verallgemeinern zu

---

Satz 1.6: Die Überlagerung gleichfrequenter harmonischer Schwingungen, deren Anfangszustand zur Zeit $t = 0$ in der normierten Phasenebene jeweils durch eine gerichtete Strecke entsprechend der Amplitude a_i und dem Nullphasenwinkel φ_i repräsentiert ist, stellt sich als vektorielle Addition dieser gerichteten Strecken dar.

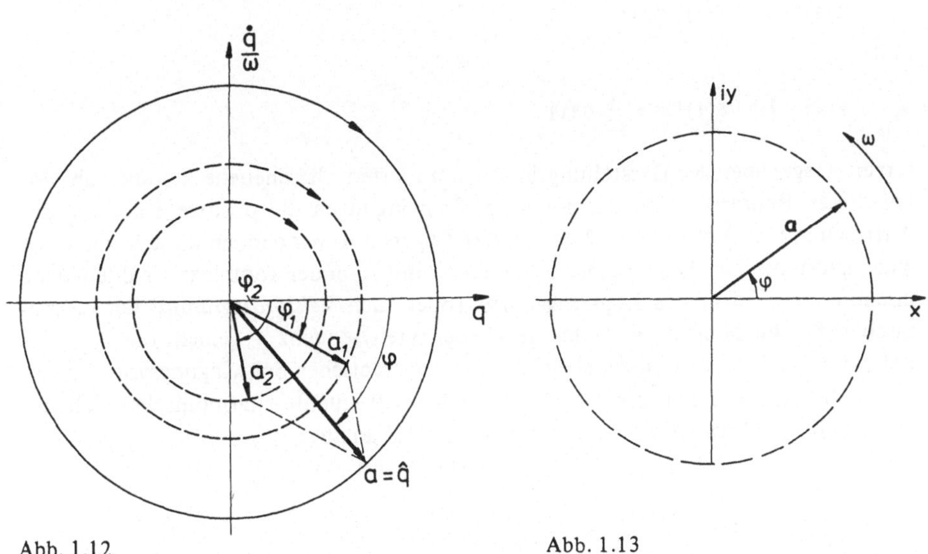

Abb. 1.12

Abb. 1.13

1.3.3. Darstellung in der komplexen Zahlenebene (Zeigerdiagramm)

Eine mit der Darstellung in der normierten Phasenebene in engem Zusammenhang stehende Beschreibung harmonischer Schwingungen erhalten wir auf folgende Weise (Abb. 1.13):

Rotiert in der *komplexen Zahlenebene*

$$z = x + iy$$

ein *Zeiger (Vektor)* mit der Winkelgeschwindigkeit ω, der zur Zeit $t = 0$ durch

$$\mathbf{a} = a e^{i\varphi}$$

gegeben ist, so gilt für die durch die Zeigerspitze beschriebene Kurve

$$\mathbf{z}(t) = x(t) + iy(t) = \mathbf{a}\, e^{i\omega t} = a e^{i(\omega t + \varphi)}.$$

Der Realteil dieser komplexen Funktion $\mathbf{z}(t)$ ist

$$\mathrm{Re}\{\mathbf{z}(t)\} = x(t) = a \cos(\omega t + \varphi).$$

Entsprechend erhalten wir für den Imaginärteil

$$\mathrm{Im}\{\mathbf{z}(t)\} = y(t) = a \sin(\omega t + \varphi).$$

Der Zusammenhang mit der Darstellung einer harmonischen Schwingung in der normierten Phasenebene ergibt sich, indem wir

$$x(t) = \mathrm{Re}\{\mathbf{z}(t)\} = q(t)$$

und

$$y(t) = \mathrm{Im}\{\mathbf{z}(t)\} = -\frac{1}{\omega}\dot{q}(t)$$

setzen. Gegenüber der Darstellung in der normierten Phasenebene kehren sich also bei dieser Repräsentation harmonischer Schwingungen die positive Richtung der Auftragung von $\frac{1}{\omega}\dot{q}$ und der Drehsinn des Zeigers um. Wir nennen diese Darstellung einer harmonischen Schwingung durch einen mit ω in der komplexen Zahlenebene umlaufenden Zeiger das *Zeigerdiagramm* (oder auch *Vektordiagramm*) der harmonischen Schwingung, da es – bei gegebener Kreisfrequenz – genügt, die Lage des Zeigers $\mathbf{a}$ zur Zeit $t = 0$ anzugeben, um den harmonischen Schwingungsvorgang eindeutig festzulegen. Für die Überlagerung gleichfrequenter harmonischer Schwingungen gilt im übrigen (Abb. 1.14) der zu Satz 1.6 analoge

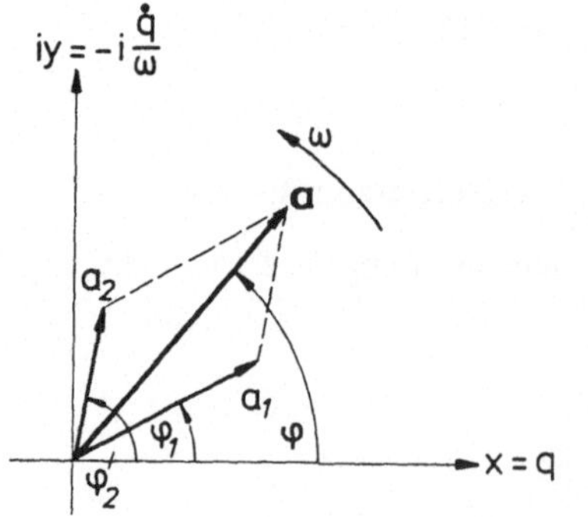

Abb. 1.14.

Satz 1.7: Die Überlagerung gleichfrequenter harmonischer Schwingungen stellt sich im Zeigerdiagramm als vektorielle Addition der Zeiger dar.

1.4. Modifizierte harmonische Schwingungen

Wir gehen von der allgemeinen Beschreibung harmonischer Schwingungen in der Form

$$q(t) = q_m + a\cos(\omega t + \varphi)$$

aus. *Modifizierte harmonische Schwingungen* ergeben sich, wenn die Parameter (q_m, a, ω), die die harmonische Schwingung bestimmen, zeitabhängig werden. In den einfachen Fällen wird jeweils nur *einer* dieser Parameter zeitabhängig, z.B. die Amplitude a oder die Kreisfrequenz ω; doch gibt es auch Kombinationsfälle.

Anmerkung:

Eine zeitliche Abhängigkeit des Nullphasenwinkels φ brauchen wir nicht gesondert in Betracht zu ziehen. Wir können nämlich zeitliche Verschiebungen des Nullphasenwinkels auch als Frequenzänderungen deuten, indem wir

$$\omega t + \varphi(t) = \left\{\omega + \frac{\varphi(t)}{t}\right\} t = \omega(t)\, t$$

setzen. Im Grunde kommt es nur darauf an, ob $\omega t + \varphi$ linear oder nichtlinear von der Zeit abhängt. Jeden nichtlinearen Fall können wir als zeitveränderliche Frequenz deuten. Umgekehrt können wir Frequenzänderungen auch als Änderungen des Nullphasenwinkels interpretieren.

Die in Abschnitt 1.2 (s. Tabelle 1.2) bereits angesprochenen gedämpften bzw. angefachten sowie die modulierten harmonischen Schwingungen lassen sich zusammenfassend als *modifizierte harmonische Schwingungen* (manchmal auch als *sinusverwandte Schwingungen* bezeichnet) klassifizieren. Dabei kann die Art der Modifikation innerhalb der verschiedenen Gruppen in den Einzelfällen noch sehr unterschiedlich sein. Beispiele dafür werden sich in den folgenden Kapiteln ergeben. Lediglich einen Sonderfall wollen wir hier noch aufgreifen.

Überlagern sich *harmonische Schwingungen verschiedener Frequenz,* so ergibt sich *keine harmonische Schwingung* mehr, sondern nur noch eine *modifizierte harmonische Schwingung,* die im allgemeinen nicht einmal mehr periodisch ist, es sei denn, daß die Frequenzen in einem *rationalen Verhältnis* zueinander stehen.

Um dies zu zeigen, betrachten wir der Einfachheit halber die Überlagerung *zweier* harmonischer Schwingungen verschiedener Frequenz ($\omega_1 \neq \omega_2$) und verschiedener

Amplitude ($a_1 \neq a_2$), aber mit gleichem Mittelwert ($q_{1m} = q_{2m} = 0$) und gleichem (verschwindenden) Nullphasenwinkel ($\varphi_1 = \varphi_2 = 0$). Wir erhalten dann

$$\begin{aligned} q(t) &= a_1 \cos\omega_1 t + a_2 \cos\omega_2 t \\ &= \tfrac{1}{2}(a_1 + a_2)(\cos\omega_1 t + \cos\omega_2 t) + \tfrac{1}{2}(a_1 - a_2)(\cos\omega_1 t - \cos\omega_2 t) \\ &= (a_1 + a_2)\cos\left\{\frac{\omega_1 - \omega_2}{2} t\right\}\cos\left\{\frac{\omega_1 + \omega_2}{2} t\right\} \\ &\quad - (a_1 - a_2)\sin\left\{\frac{\omega_1 - \omega_2}{2} t\right\}\sin\left\{\frac{\omega_1 + \omega_2}{2} t\right\} \\ &= a^*(t)\cos\left\{\frac{\omega_1 + \omega_2}{2} t + \varphi^*(t)\right\}. \end{aligned}$$

Dabei ist

$$a^*(t) = \sqrt{a_1^2 + a_2^2 + 2a_1 a_2 \cos(\omega_1 - \omega_2)t},$$

$$\tan\varphi^*(t) = \frac{a_1 - a_2}{a_1 + a_2}\tan\left\{\frac{\omega_1 - \omega_2}{2} t\right\}.$$

Als Ergebnis erhalten wir also eine *modifizierte harmonische Schwingung* mit der *Trägerfrequenz* $\frac{1}{2}(\omega_1 + \omega_2)$, bei der im allgemeinen sowohl die Amplitude $a^*(t)$ wie die Frequenz (infolge des zeitveränderlichen Nullphasenwinkels $\varphi^*(t)$) moduliert sind. Im Sonderfall

$$a_1 = a_2 = a$$

folgt

$$\varphi^* = 0.$$

Es entsteht dann eine *reine Amplitudenmodulation* mit der *Modulationsfrequenz* $\omega_1 - \omega_2$, für die (Abb. 1.15)

$$a^*(t) = a\sqrt{2\{1 + \cos(\omega_1 - \omega_2)t\}}$$

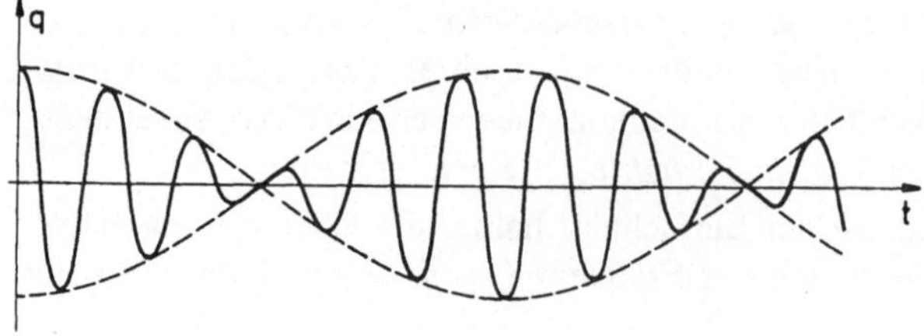

Abb. 1.15

gilt. Ist

$$\frac{\omega_1 - \omega_2}{\omega_1 + \omega_2} \ll 1,$$

d.h. ist also die Modulationsfrequenz im Verhältnis zur Trägerfrequenz sehr klein, so bezeichnet man den Vorgang auch als eine *Schwebung*.

Anmerkung:
In dem soeben betrachteten Beispiel kam die (reine) *Amplitudenmodulation der Trägerfrequenz* durch die Überlagerung zweier *Seitenfrequenzen* zustande. Die Amplitudenmodulation kann aber auch in anderer Weise erfolgen. Ist z.B.

$$q(t) = \underbrace{\frac{a}{2}\{1 - \cos\omega_m t\}}_{a^*(t)} \cos\omega_0 t,$$

so können wir das auf

$$q(t) = \frac{a}{2}\cos\omega_0 t - \frac{a}{4}\{\cos\underbrace{(\omega_0 + \omega_m)}_{\omega_1} t + \cos\underbrace{(\omega_0 - \omega_m)}_{\omega_2} t\}$$

zurückführen, also auf eine Überlagerung ***dreier*** harmonischer Schwingungen mit den Kreisfrequenzen ω_0, ω_1 und ω_2. Aus diesen Beispielen entnehmen wir, daß einer Amplitudenmodulation stets eine gewisse Bandbreite der Frequenz entspricht. Bei der Frequenzmodulation ist das unmittelbar einsehbar.

1.5. Harmonische Analyse

Jede (beschränkte und stückweise stetige) *periodische Funktion* f(t) mit der Periode

$$T = \frac{2\pi}{\omega_0}$$

läßt sich als *Fourier*-Reihe (von *Fourier* 1822 eingeführt), also in der Form

$$f(t) = a_0 + \sum_{n=1}^{\infty} a_{1n}\cos(n\omega_0 t) + \sum_{n=1}^{\infty} a_{2n}\sin(n\omega_0 t)$$

darstellen. Äquivalente Formen sind

$$f(t) = a_0 + \sum_{n=1}^{\infty} a_n \cos(n\omega_0 t + \varphi_n) = \sum_{n=-\infty}^{+\infty} a_n e^{in\omega_0 t}.$$

Zwischen diesen beiden Formen und der ersten Darstellungsform bestehen die Beziehungen

$$a_n = \sqrt{a_{1n}^2 + a_{2n}^2}, \qquad \tan\varphi_n = \frac{-a_{2n}}{a_{1n}}$$

$$a_n = \begin{cases} \frac{1}{2}(a_{1n} - i\,a_{2n}) & \text{für } n > 0 \\ \frac{1}{2}(a_{1(-n)} + i\,a_{2(-n)}) & \text{für } n < 0. \end{cases}$$

Für die Koeffizienten der *Fourier*-Reihe (kurz: *Fourier-Koeffizienten*) gilt, wenn wir

$$\omega_0 t = \tau$$

setzen,

$$a_0 = \frac{1}{2\pi}\int_0^{2\pi} f(\tau)\,d\tau$$

$$a_{1n} = \frac{1}{\pi}\int_0^{2\pi} f(\tau)\cos(n\tau)\,d\tau$$

$$a_{2n} = \frac{1}{\pi}\int_0^{2\pi} f(\tau)\sin(n\tau)\,d\tau$$

bzw.

$$a_n = \frac{1}{2\pi}\int_0^{2\pi} f(\tau)e^{-in\tau}\,d\tau.$$

Genügt $f(t)$ den *Dirichlet*schen Bedingungen (*Dirichlet* 1805–1859), d.h.

a) läßt sich jede Periode in endlich viele Intervalle zerlegen, in denen die Funktion $f(t)$ stetig und monoton ist,

b) sind an jeder Unstetigkeitsstelle von $f(t)$ die Werte $f(t+0)$ und $f(t-0)$ definiert,

so konvergiert die Reihe dort, wo $f(t)$ stetig ist, gegen $f(t)$, an Unstetigkeitsstellen gegen $\frac{1}{2}\{f(t-0) + f(t+0)\}$. Einige Beispiele für die Darstellung periodischer Funktionen durch *Fourier*-Reihen sind in der Tabelle 1.3 angeführt.

Bricht man die *Fourier*-Reihe mit dem *r*-ten Glied ab, setzt man also näherungsweise

$$f(t) \approx \tilde{f}_r(t) = a_0 + \sum_{n=1}^{r} \{a_{1n}\cos(n\,\omega_0 t) + a_{2n}\sin(n\,\omega_0 t)\},$$

Tabelle 1.3: Beispiele für Fourier-Reihen

Gegebene Funktion	Fourier-Reihe
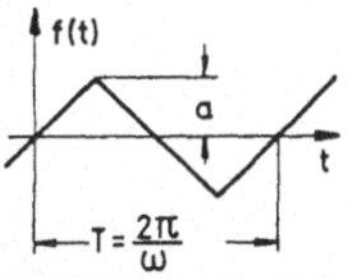 $f(t) = a\frac{4t}{T} = a\frac{2\omega}{\pi}t$ für $-\frac{T}{4} \le t \le \frac{T}{4}$; $f(t) = a\left(2-\frac{4t}{T}\right) = a\cdot 2\left(1-\frac{\omega t}{\pi}\right)$ für $\frac{T}{4} \le t \le \frac{3}{4}T$; $T = \frac{2\pi}{\omega}$	$f(t) = a\frac{8}{\pi^2}\left\{\sin\omega t - \frac{\sin 3\omega t}{3^2} + \frac{\sin 5\omega t}{5^2} \ldots\right\}$
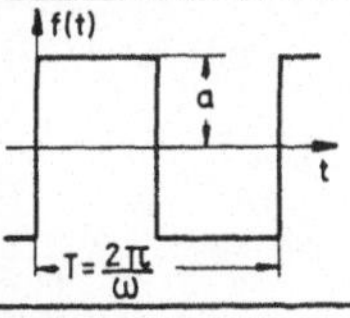 $f(t) = a$ für $0 \le t \le \frac{T}{2}$; $f(t) = -a$ für $\frac{T}{2} \le t \le T$; $T = \frac{2\pi}{\omega}$	$f(t) = a\frac{4}{\pi}\left\{\sin\omega t + \frac{\sin 3\omega t}{3} + \frac{\sin 5\omega t}{5} + \ldots\right\}$
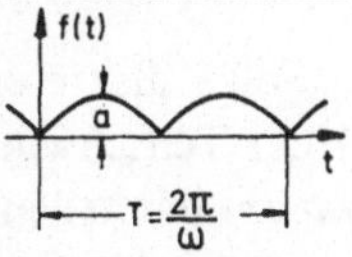 $f(t) = a\lvert\sin\omega t\rvert$; $T = \frac{2\pi}{\omega}$	$f(t) = a\frac{2}{\pi}\left\{1-2\left[\frac{\cos 2\omega t}{1\cdot 3} + \frac{\cos 4\omega t}{3\cdot 5} + \frac{\cos 6\omega t}{5\cdot 7} + \ldots\right]\right\}$

und vergleicht diese (endliche) Reihe mit allen anderen möglichen Ansätzen von der Form

$$\widetilde{f}_r(t) = \widetilde{a}_0 + \sum_{n=1}^{r} \{\widetilde{a}_{1n}\cos(n\,\omega_0 t) + \widetilde{a}_{2n}\sin(n\,\omega_0 t)\},$$

bei denen die Koeffizienten $\widetilde{a}_0$ usw. noch frei wählbar sind, so zeigt sich, daß der *mittlere quadratische Fehler*

$$\delta^2 = \frac{1}{2\pi}\int_0^{2\pi} \{f(\tau) - \widetilde{f}_r(\tau)\}^2\,d\tau$$

gerade zum *Minimum* wird, wenn wir für die Koeffizienten $\widetilde{a}_0$ usw. die *Fourier*-Koeffizienten a_0 usw. einsetzen. Die endliche *Fourier*-Reihe stellt also, bei welchem Gliede r wir sie auch jeweils abbrechen, die bestmögliche Approximation im Vergleich mit allen anderen analogen trigometrischen Reihen gleicher Gliederzahl dar. Die Darstellung einer periodischen Funktion in der Form einer *Fourier*-Reihe nennt man *harmonische Analyse.* Für praktische Zwecke ist es meist vorteilhaft, diese Reihe in der Form

$$f(t) = \sum_{n=0}^{\infty} a_n \cos(n\,\omega_0 t + \varphi_n)$$

zu schreiben. Das Glied mit $n = 1$ stellt die sogenannte *Grundschwingung* dar, die anderen Glieder ($n > 1$) die sogenannten *Oberschwingungen* ($n = 2$: 1. Oberschwingung usw.). Tragen wir die Amplituden a_n der einzelnen Glieder über der zugehörigen Frequenz auf (Abb. 1.16), so erhalten wir das sogenannte *Amplitudenspektrum,*

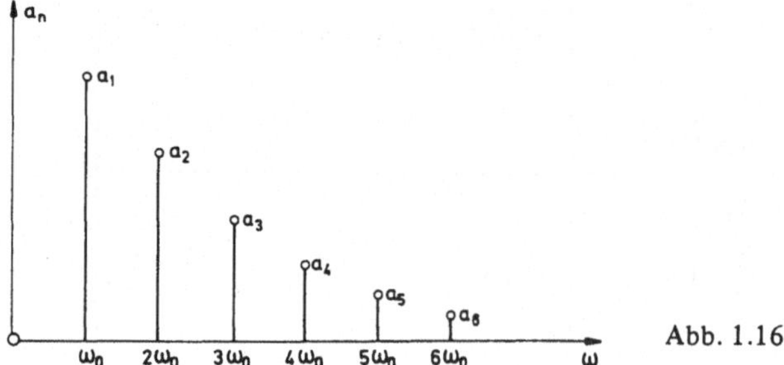

Abb. 1.16

das bei den hier betrachteten periodischen Funktionen aus einer Folge diskreter Linien besteht (*diskretes Spektrum*). Analog können wir den zu jeder Teilschwingung gehörenden Nullphasenwinkel φ_n in einem *Phasenwinkelspektrum* darstellen. Nichtperiodische f(t), die den *Dirichlet*schen Bedingungen genügen, lassen sich – mit Hilfe eines Grenzüberganges $T \to \infty$ – als *Fourier-Integral,* d.h. in der Form

$$f(t) = \frac{1}{2\pi} \int_{-\infty}^{+\infty} e^{i\omega t} \int_{-\infty}^{+\infty} f(\tau) e^{-i\omega\tau} \, d\tau \, d\omega$$

darstellen. Dies läßt sich als eine Überlagerung unendlich vieler Schwingungen mit einem *kontinuierlichen Spektrum* deuten, das durch die (komplexe) *Spektralfunktion*

$$g(\omega) = \frac{1}{2\pi} \int_{-\infty}^{+\infty} f(t) e^{-i\omega t} \, dt = |g(\omega)| e^{i\varphi(\omega)}$$

beschrieben wird. Der Betrag $|g(\omega)|$ dieser Spektralfunktion kennzeichnet das *Amplitudenspektrum* (genauer: das Spektrum der Amplitudendichte) der Funktion f(t) (Abb. 1.17); denn es ist

$$da(\omega) = 2 |g(\omega)| d\omega$$

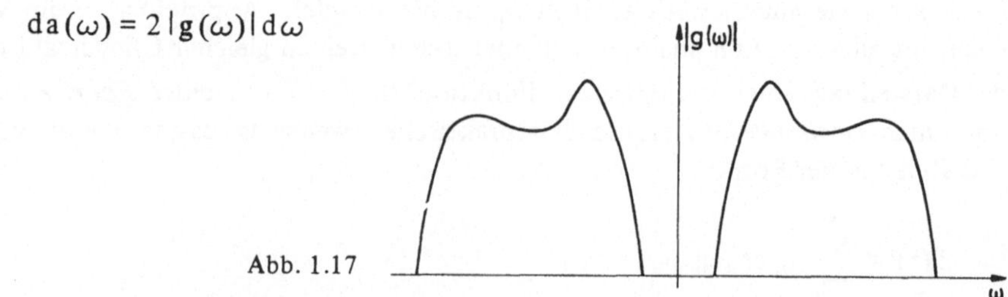

Abb. 1.17

der zu dem Differential $d\omega$ gehörende Amplitudenanteil, also

$$\frac{da(\omega)}{d\omega} = 2\,|g(\omega)|.$$

Der Faktor 2 kommt hierbei hinein, weil ω in der Spektralfunktion $g(\omega)$ negative und positive Werte durchläuft, $|g(\omega)|$ jedoch eine gerade Funktion in ω ist, und wir deshalb beide Wertebereiche zusammenfassen können. Analog liefert $e^{i\varphi(\omega)}$ das *Phasenwinkelspektrum* der Funktion $f(t)$, das eine ungerade Funktion in ω ist. Die Spektralfunktion ist im übrigen ein wichtiges Hilfsmittel bei der Betrachtung stochastischer Schwingungsvorgänge. Wir gehen darauf hier nicht weiter ein.

1.6. Klassifikation von Schwingungsvorgängen

Eine Klassifikation von Schwingungsvorgängen kann unter verschiedenen Gesichtspunkten vorgenommen werden.

Eine erste Unterscheidung können wir unter *kinematischen Gesichtspunkten* nach dem *Freiheitsgrad* λ des Systems vornehmen und erhalten mit

$\lambda = 1$	einfache Schwinger,
$\lambda > 1$ (aber endlich)	mehrfache Schwinger,
$\lambda \to \infty$	schwingendes (ein-, zwei- oder dreidimensionales) Kontinuum.

Eine weitere Unterscheidung kann unter *energetischen Gesichtspunkten* erfolgen. So können wir unterteilen in

abgeschlossene	{ konservative Systeme, Systeme mit Dissipation mechanischer Energie,
offene	Systeme mit (gesteuertem) Austausch mechanischer Energie zwischen System und Umwelt (mit oder ohne Dissipation innerhalb des Systems).

Ein wesentlicher Gesichtspunkt ist die Unterscheidung nach der *Schwingungsanregung* entsprechend Tabelle 1.4.

Bei den *autonomen* Schwingungen, zu denen die *Eigenschwingungen* und die *selbsterregten Schwingungen* gehören, wird der Schwingungsvorgang durch den Schwinger selbst bestimmt. Bei den *heteronomen Schwingungen* wird hingegen der Schwingungsvorgang fremd gesteuert (man nennt sie deshalb auch *fremdgesteuerte Schwingungen*), und zwar bei den *erzwungenen Schwingungen* durch zeitliche Veränderungen (*Störungen*) von außen bzw. bei den *parametererregten Schwingungen* durch taktweise Veränderung von Systemparametern.

Tabelle 1.4: Unterscheidung nach Schwingungsanregung

	Art der Anregung	Beispiel	mathematische Beschreibung
autonome Schwingungen	*Eigenschwingungen* Bewegungen eines sich selbst überlassenen Schwingers, die nur vom System und seinem Anfangszustand abhängen.	Bewegungen eines Schwerependels nach einmaligem Anstoß	homogene Differentialgleichung
	Selbsterregte Schwingungen Bewegungen eines sich selbst überlassenen Schwingers unter Zufuhr von Energie aus einer Energiequelle, wobei der Schwinger selbst die Energiezufuhr steuert.	Unruhe einer Uhr oder Uhrpendel mit Ankerrad (als Steuerungsmechanismus) und Energiespeicher (Gewicht oder Feder).	homogene, *nichtlineare* Differentialgleichung
heteronome Schwingungen	*Erzwungene Schwingungen* Bewegungen infolge fortdauernder äußerer Störungen, die unabhängig von den entstehenden Schwingungen sind.	Schwingungsfundament unter der Einwirkung einer pulsierenden Kraft.	inhomogene Differentialgleichung
	Parametererregte Schwingungen Bewegungen infolge (fremd gesteuerter) Änderungen von Systemparametern.	Schaukel (mit taktweise veränderter Schwerpunktslage).	homogene Differentialgleichung mit zeitabhängig veränderlichen Koeffizienten

Weitere Unterscheidungsmerkmale sind unter *mathematischen* Gesichtspunkten zu finden. Sie lassen sich aus der Differentialgleichung, die den Schwingungsvorgang beschreibt, ablesen. So können wir z.B. – zunächst grob – in *lineare* und *nichtlineare Systeme* unterteilen. Weiter ins einzelne gehende Unterscheidungen ergeben sich je nach Typ der Differentialgleichung (z.B. aus der Art der Nichtlinearität). Bei mehrfachen Schwingern, die durch Systeme von Differentialgleichungen beschrieben werden, kann ferner eine Rolle spielen, wie die Differentialgleichungen des Systems miteinander gekoppelt sind. Manchmal treffen die Fragen der mathematischen Unterscheidung zugleich grundsätzliche physikalische Unterschiede, zum Teil haben sie mehr formalen Charakter.

Insgesamt zeigt sich, daß eine einfache – etwa hierarchisch aufgebaute – Klassifizierung der Schwingungsvorgänge nicht möglich ist. Manche Gesichtspunkte überschneiden sich. Ferner treten auch Kombinationsfälle auf, wie z.B. die Überlagerung von Eigenschwingungen und erzwungenen Schwingungen oder die Interaktion zwischen selbsterregten und erzwungenen Schwingungen. Die Einzelbetrachtungen der nächsten Kapitel folgen deshalb keinem festen, systematischen Schema. Sie sind auch in keiner Weise vollständig. Sie greifen vielmehr beispielhaft einige Sonderfälle und Methoden auf, denen freilich – insgesamt betrachtet – eine allgemeinere Bedeutung zukommt. Die Ausführungen dieses Abschnitts sollen dabei helfen, die Einzelfälle in einen größeren Rahmen einzuordnen.

Fragen:

1. Was ist das Ausschlag-Zeit-Diagramm? Was ist die Phasenebene? Was gilt allgemein für den Verlauf einer Phasenkurve in der Phasenebene?
2. Welche Merkmale zeigen periodische Schwingungen im Ausschlag-Zeit-Diagramm bzw. in der Phasenebene?
3. In welcher Maßeinheit mißt man im allgemeinen die Frequenz einer periodischen Schwingung? Wie ist die Kreisfrequenz definiert?
4. Was versteht man unter dem Phasenporträt eines Schwingers? Wie erscheinen Gleichgewichtslagen im Phasenporträt?
5. Was sind harmonische Schwingungen? Wie lassen sie sich in der Form $q(t)$ darstellen? Wie sieht ihre Phasenkurve aus?
6. Was ergibt eine Überlagerung gleichfrequenter harmonischer Schwingungen? Wie stellt sich diese Überlagerung in der Phasenebene dar?
7. Wie lassen sich harmonische Schwingungen in der komplexen Zahlenebene darstellen?
8. Was bedeutet die harmonische Analyse einer periodischen Funktion? Was stellt das Amplitudenspektrum dar?
9. Wie läßt sich die harmonische Analyse auf nichtperiodische Funktionen erweitern? Wie ist die Spektralfunktion definiert? Wie erhält man aus ihr das Amplitudenspektrum?
10. Nach welchen Gesichtspunkten lassen sich Schwingungsvorgänge klassifizieren? Welche Unterscheidungen trifft man im Hinblick auf die Schwingungserregung?

2. Autonome Schwingungen eines einfachen, linearen Systems

Wir betrachten hier Systeme mit dem Freiheitsgrad $\lambda = 1$, die nach einer anfänglichen Störung ihrer Gleichgewichtslage Bewegungen um diese Gleichgewichtslage, also sogenannte *Eigenschwingungen*, ausführen. Die kinematischen Bindungen, denen das System unterliegt, seien *holonom* und *skleronom* (siehe hierzu Band III, Abschnitt 10.1). Ferner wollen wir voraussetzen, daß die Bewegungsgleichung *linear* sei.

Anmerkung:

Es gibt Sonderfälle, in denen die Bewegungsgleichung zunächst nichtlinear ist, aber durch eine geeignete Transformation der generalisierten Koordinate q in eine lineare Differentialgleichung überführt werden kann. Darauf wollen wir erst in Abschnitt 4.1.1 eingehen.

Wir unterscheiden zwischen *konservativen Systemen,* bei denen die mechanische Gesamtenergie erhalten bleibt, und *Systemen mit Dämpfung,* bei denen mechanische Energie dissipiert wird. Die aus der Betrachtung dieser Systeme gewonnenen Ergebnisse lassen sich – wie wir sehen werden – auch auf spezielle Beispiele von *selbsterregten Schwingungen* anwenden.

2.1. Konservative Eigenschwingungen eines einfachen, linearen Systems

2.1.1. Die Differentialgleichung und ihre allgemeine Lösung

In Tabelle 2.1 sind beispielhaft die Bewegungsgleichungen für einige konservative Systeme mit dem Freiheitsgrad $\lambda = 1$ zusammengestellt, die –idealisiert – aus Massenpunkten oder starren Körpern und aus Speichern potentieller Energie aufgebaut sind, wie sie z.B. das Schwerefeld oder Longitudinalfedern (Federkonstante c) bzw. Torsionsfedern (Federkonstante c*) darstellen. Die *generalisierte Koordinate* q(t), die die Lage des Systems beschreibt, ist jeweils so eingeführt, daß in der *Gleichgewichtslage* $q = 0$ ist. Äußere Kräfte wirken (abgesehen von der Schwere) auf die Systeme nicht ein. Sie sind also sich selbst überlassen. Zum Aufstellen der Bewegungsgleichungen benutzen wir das Prinzip von d'Alembert (vgl. Band III, Abschnitt 4.5).

Tabelle 2.1

System	Gleichgewichtsbedingungen	Substitution	Bewegungsgleichung
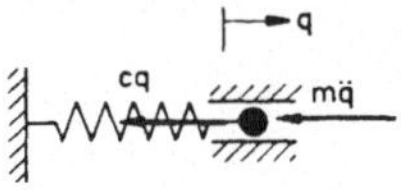 q, cq, $m\ddot{q}$	$m\ddot{q} + c\,q = 0$	$\frac{c}{m} = \omega^2$	
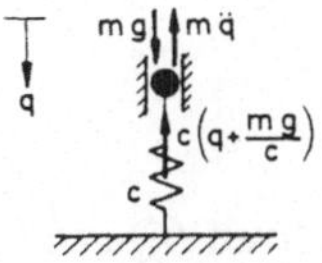 q, mg, $m\ddot{q}$, $c\left(q+\frac{mg}{c}\right)$, c	$m\ddot{q} + c\left(q + \frac{mg}{c}\right) - mg = 0$ $\frac{mg}{c}$ = statische Auslenkung der Feder in der Gleichgewichtslage (q = 0)	$\frac{c}{m} = \omega^2$	
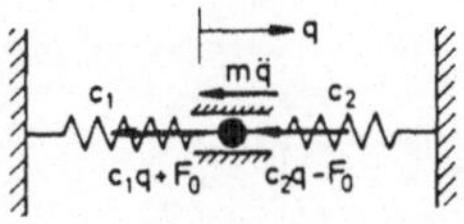 q, $m\ddot{q}$, c_1, c_2, c_1q+F_0, c_2q-F_0	$m\ddot{q} + c_1 q + F_0 + c_2 q - F_0 = 0$ Feder in Gleichgewichtslage unter Zugvorspannung F_0	$\frac{c_1 + c_2}{m} = \omega^2$	$\ddot{q} + \omega^2 q = 0$
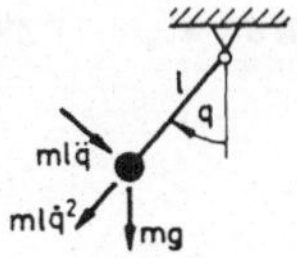 l, q, $ml\ddot{q}$, $ml\dot{q}^2$, mg	$ml^2\ddot{q} + m\,g\,l\,\sin q = 0$	$\frac{g}{l} = \omega^2$ $q \ll 1$: $\sin q \approx q$	
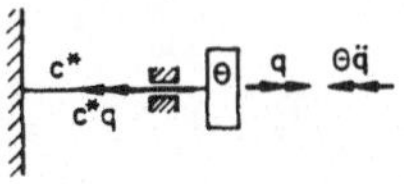 c^*, c^*q, Θ, q, $\Theta\ddot{q}$	$\Theta\ddot{q} + c^* q = 0$ q = Verdrehwinkel um Achse	$\frac{c^*}{\Theta} = \omega^2$	

Wir entnehmen der Tabelle 2.1, daß wir bei *konservativen Eigenschwingungen* eines *linearen* (oder näherungsweise linearisierten) *Schwingers* die Bewegungsgleichung stets auf die Form

$$\ddot{q} + \omega^2 q = 0$$

mit den Anfangsbedingungen

$$q(0) = q_0$$
$$\dot{q}(0) = \dot{q}_0$$

bringen können.

Für manche Zwecke ist es vorteilhaft, anstelle von t die neue (dimensionslose) Variable

$$\tau = \omega t$$

einzuführen. Dann geht die Bewegungsgleichung über in die *normierte Form*

$$\frac{d^2q}{d\tau^2} + q = q'' + q = 0$$

mit den Anfangsbedingungen

$$q(0) = q_0$$

$$q'(0) = \frac{1}{\omega}\dot{q}_0 = q'_0.$$

Hierin bezeichnet q' die Ableitung nach τ.

Die *allgemeine Lösung* der Differentialgleichung für die *konservativen Eigenschwingungen* eines *einfachen, linearen Schwingers* lautet

$$q(t) = a_1 \cos \omega t + a_2 \sin \omega t = \hat{q} \cos(\omega t + \varphi)$$

bzw.

$$q(\tau) = a_1 \cos \tau + a_2 \sin \tau = \hat{q} \cos(\tau + \varphi).$$

Sie stellt also eine *harmonische Schwingung* dar. Die *freien Konstanten* a_1, a_2 bzw. $\hat{q}$, φ sind aus den *Anfangsbedingungen*

$$q(0) = q_0 = a_1 = \hat{q} \cos \varphi$$

$$\dot{q}(0) = \dot{q}_0 = \omega q'_0 = a_2 \omega = -\hat{q}\,\omega \sin \varphi$$

zu bestimmen. Wir erhalten

$$a_1 = q_0, \qquad a_2 = \frac{1}{\omega}\dot{q}_0 = q'_0$$

bzw.

$$\hat{q} = q_0 \sqrt{1 + \left(\frac{\dot{q}_0}{\omega q_0}\right)^2} = q_0 \sqrt{1 + \left(\frac{q'_0}{q_0}\right)^2}$$

$$\varphi = \arctan \frac{-\dot{q}_0}{\omega q_0} = \arctan \frac{-q'_0}{q_0}.$$

Setzen wir dies oben ein, so ergibt sich schließlich als *allgemeine Lösung*

$$q(t) = q_0 \cos \omega t + \frac{\dot{q}_0}{\omega} \sin \omega t$$

$$= q_0 \sqrt{1 + \left(\frac{\dot{q}_0}{\omega q_0}\right)^2} \cos\left(\omega t + \arctan \frac{-\dot{q}_0}{\omega q_0}\right)$$

bzw.

$$q(\tau) = q_0 \cos \tau + q'_0 \sin \tau$$

$$= q_0 \sqrt{1 + \left(\frac{q'_0}{q_0}\right)^2} \cos\left(\tau + \arctan \frac{-q'_0}{q_0}\right).$$

Das *Phasenporträt der konservativen Eigenschwingungen* eines einfachen, linearen Schwingers können wir aus der allgemeinen Lösung q(t) der Differentialgleichung ermitteln (vgl. Abschnitt 1.3.2). Wir können das Phasenporträt aber auch ohne diesen Umweg aus der Differentialgleichung ableiten. Dazu gehen wir zweckmäßig von der normierten Form (mit $\tau = \omega t$) aus und formen um

$$q'' + q = \frac{dq'}{dq}\, q' + q = 0.$$

Diese Gleichung ist durch Trennung der Variablen zu integrieren. Das ergibt

$$\int_{q_0}^{q} q\,dq + \int_{q_0'}^{q'} q'\,dq' = \frac{1}{2}\{q^2 + q'^2\} - \frac{1}{2}\{q_0^2 + q_0'^2\} = 0$$

also

$$\boxed{q^2 + q'^2 = \text{konst.}}$$

Das *normierte Phasenporträt der Eigenschwingungen* eines einfachen, linearen Schwingers besteht mithin aus *konzentrischen Kreisen.* Die stabile Gleichgewichtslage (q = 0) stellt einen *Wirbelpunkt* dar.

Anmerkung:

Die Darstellung der konservativen Eigenschwingungen eines einfachen, linearen Schwingers in der komplexen Zahlenebene übergehen wir hier, da sie keinen Vorteil bringt.

2.1.2. Energiebetrachtungen

2.1.2.1. Allgemeines

Für die konservativen Systeme, die wir hier betrachten, gilt allgemein (vg. Band III, Abschnitt 1.4)

$$\boxed{E + \Phi = \text{konst.}}$$

Dabei bezeichnet

E die *kinetische Energie,*
Φ die *potentielle Energie*

des Systems. Für den Vergleich zweier Zustände (1, 2) ergibt sich mithin

$$\boxed{E_1 + \Phi_1 - (E_2 + \Phi_2) = \Delta(E + \Phi) = 0.}$$

Daraus ist zu folgern:

$$\text{wenn } E = E_{max} \to \Phi = \Phi_{min}$$
$$E = E_{min} \to \Phi = \Phi_{max}.$$

Nun ist in jedem Falle

$$E_{min} = 0.$$

Also gilt

$$\boxed{E_{max} = \Phi_{max} - \Phi_{min} = (\Delta\Phi)_{max}.}$$

In einer *stabilen Gleichgewichtslage* wird die potentielle Energie zu einem Minimum (vgl. Band III, Abschnitt 1.4). Da es nur auf Differenzen der potentiellen Energie ankommt, können wir es durch eine geeignete Festlegung stets erreichen, daß in diese Gleichgewichtslage die potentielle Energie gerade den Wert *Null* annimmt:

$$\Phi_{min} = 0$$

In diesem Falle gilt

$$\boxed{E_{max} = \Phi_{max} \text{ (bei } \Phi_{min} = 0).}$$

Bei *linearen konservativen Systemen* läßt sich die kinetische Energie – bei entsprechender Koordinatenwahl – stets auf einen Ausdruck der Form

$$E = E(\dot{q}) = \text{konst.}\,(\dot{q})^2$$

bringen. Da andererseits

$$\Phi = \Phi(q)$$

ist, liefert uns, wie auch die folgenden Beispiele noch zeigen werden, die Aussage

$$E(\dot{q}) + \Phi(q) = \text{konst.}$$

eine einfache Möglichkeit, daraus die Darstellung in der *Phasenebene* zu gewinnen.

2.1.2.2. Beispiele

1. Beispiel

Wir betrachten horizontale Schwingungen eines reibungsfrei geführten Massenpunktes entsprechend Abb. 2.1a. Die Feder sei masselos.

Es ist

die kinetische Energie des Systems $E = \frac{m}{2}\dot{q}^2$,

die potentielle Energie des Systems $\Phi = \frac{c}{2}q^2$ (q = 0: Feder entspannt).

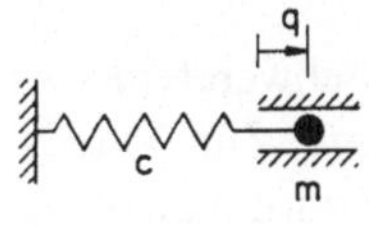

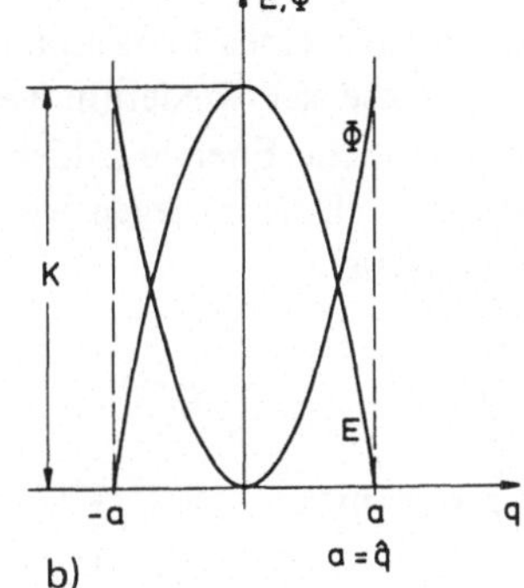

Abb. 2.1

Also gilt (Abb. 2.1b)

$$E + \Phi = \frac{m}{2}\dot{q}^2 + \frac{c}{2}q^2 = K = \text{konst.}$$

Die Konstante, die den gesamten Energieinhalt des Systems kennzeichnet, ist aus den Anfangswerten zu bestimmen:

$$K = \frac{m}{2}\dot{q}_0^2 + \frac{c}{2}q_0^2.$$

Wir können die Konstante aber auch mit den Extremwerten von E bzw. Φ identifizieren; denn es ist
in der *Gleichgewichtslage* ($q = 0$):

$$\Phi = \Phi_{min} = 0 \rightarrow E = E_{max} = \frac{m}{2}(\dot{q}^2)_{max} = K,$$

in den *Extremlagen* ($\dot{q} = 0$):

$$E = 0 \rightarrow \Phi = \Phi_{max} = \frac{c}{2}a^2 = K.$$

Wie schon in Abschnitt 2.1.2.1 erwähnt, bieten uns die Energiebetrachtungen ferner eine einfache Möglichkeit, daraus die Darstellung in der Phasenebene abzuleiten. In unserem Beispiel folgt (mit $\frac{c}{m} = \omega^2$)

$$\frac{\dot{q}^2}{\omega^2} + q^2 = q'^2 + q^2 = 2\frac{K}{c}$$

bzw.

$$\frac{\dot{q}}{\omega} = q' = \sqrt{2\frac{K}{c} - q^2}.$$

2. Beispiel

Wir betrachten vertikale Schwingungen eines Massenpunktes im Schwerefeld entsprechend Abb. 2.2a. Die Federmasse sei wiederum vernachlässigt. Zur Vereinfachung der Ausdrücke für die potentielle Energie zählen wir die Koordinate q von dort aus, wo die Feder entspannt ist. Dorthin legen wir auch das Null-Niveau der potentiellen Energie und erhalten somit:

kinetische Energie $E = \frac{m}{2}\,\dot{q}^2$,

potentielle Energie $\Phi = \frac{c}{2}\,q^2 - mg\,q$.

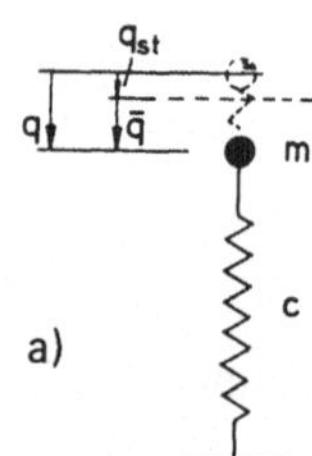

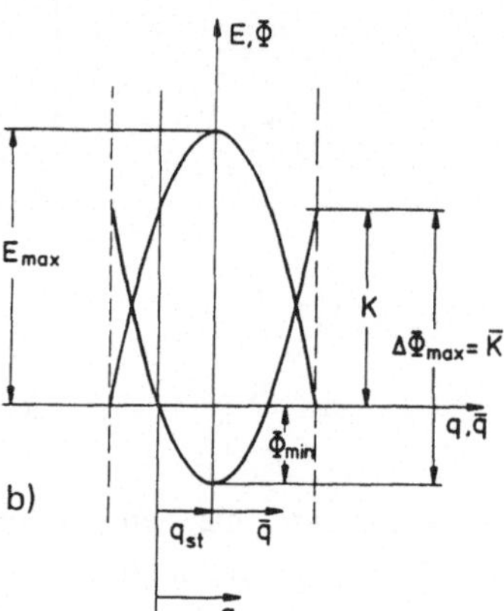

Abb. 2.2

Die Gleichgewichtslage ermitteln wir aus der Bedingung

$$\frac{d\Phi}{dq} = cq - mg = 0.$$

In der Gleichgewichtslage ist also

$$q = \frac{mg}{c} = q_{st}.$$

q_{st} bezeichnet die Auslenkung des Systems unter der *statischen* Belastung durch die Gewichtskraft mg. Für diese Belastung wird Φ zum Minimum, und zwar

$$\Phi_{min} = \frac{c}{2}(q_{st})^2 - mg\,q_{st} = -\frac{c}{2}(q_{st})^2.$$

Für die weiteren Betrachtungen ist es nun zweckmäßig, die Auslenkung aus der Gleichgewichtslage, d.h.

$$\bar{q} = q - q_{st}$$

als neue Variable einzuführen. Mit $\dot{\bar{q}} = \dot{q}$ erhalten wir dann für den Energie-Erhaltungssatz aus

$$E + \Phi = E_0 + \Phi_0 = K$$

die Beziehung

$$K = \frac{m}{2}\dot{q}^2 + \frac{c}{2}q^2 - mg\,q = \frac{m}{2}\dot{\bar{q}}^2 + \frac{c}{2}(\bar{q} + q_{st})^2 - mg(\bar{q} + q_{st})$$

$$= \frac{m}{2}\dot{\bar{q}}^2 + \frac{c}{2}\bar{q}^2 + \Phi_{min},$$

also (vgl. Abb. 2.2b)

$$\frac{m}{2}\dot{\bar{q}}^2 + \frac{c}{2}\bar{q}^2 = K - \Phi_{min} = \bar{K}.$$

Da das Null-Niveau der potentiellen Energie beliebig festsetzbar ist, können wir auch noch nachträglich $\Phi_{min} = 0$ setzen und erhalten dann genau die gleiche Aussage für das Zusammenspiel zwischen potentieller und kinetischer Energie wie beim vorhergehenden Beispiel, bei dem nur die potentielle Energie der Feder zu berücksichtigen war. Doch gilt diese Gleichheit nur (auf den Wert von Φ_{min} kommt es dabei nicht an), wenn wir q von der Gleichgewichtslage aus zählen, und wenn es sich um lineare Systeme im homogenen Schwerefeld handelt.

Für die statische Auslenkung unseres Systems hatten wir die Beziehung

$$q_{st} = \frac{mg}{c}$$

gefunden. Nun ist

$$\frac{c}{m} = \omega^2.$$

Deshalb können wir auch schreiben

$$q_{st} = \frac{g}{\omega^2} \quad \rightarrow \quad \boxed{\omega = \sqrt{\frac{g}{q_{st}}}\,.}$$

Diese Beziehung ist auch auf andere Systeme anwendbar (Abb. 2.3). Sie erlaubt es, die Eigenfrequenz eines aus Massenpunkt und Federn bestehenden linearen,

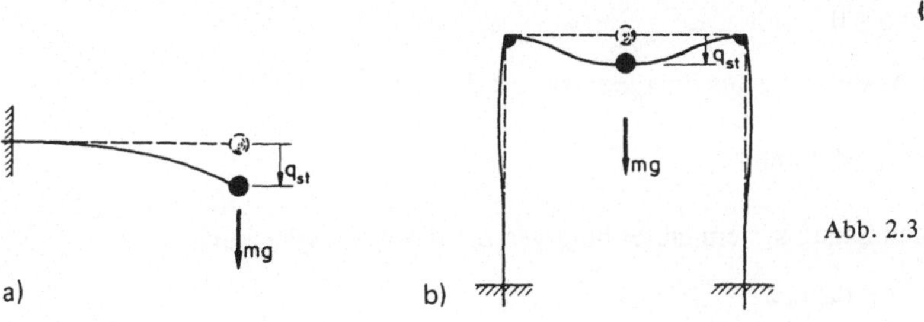

Abb. 2.3

konservativen Systems durch die statische Auslenkung auszudrücken, die der Massenpunkt unter seinem Eigengewicht erfährt, wobei Schwingungsrichtung und Wirkungslinie des Eigengewichtes übereinstimmen müssen.

3. Beispiel

Wir betrachten einen einfachen, linearen Schwinger, der auf einem Fahrzeug angebracht ist, das sich mit der konstanten Geschwindigkeit v_0 bewegt (Abb. 2.4a). Die Bewegung gegenüber dem festen Raum beschreiben wir durch die Koordinate x, die Bewegung gegenüber dem Fahrzeug durch die Koordinate q. Zwischen beiden besteht die Beziehung

$$q = x - v_0 t.$$

Im *raumfesten Bezugssystem* ist der aus Massenpunkt und Feder bestehende Schwinger (wir können auch das Fahrzeug mit einschließen) *kein konservatives System.* Man erkennt das am besten, wenn man das System an der Verbindungsstelle zwischen Fahrzeug und Feder aufschneidet. Man findet dann, daß periodisch Energie zu- bzw. abgeführt werden muß, wenn sich das Fahrzeug – und damit auch die Verbindungsstelle zwischen Fahrzeug und Feder – gleichförmig bewegen soll (Abb. 2.4b).

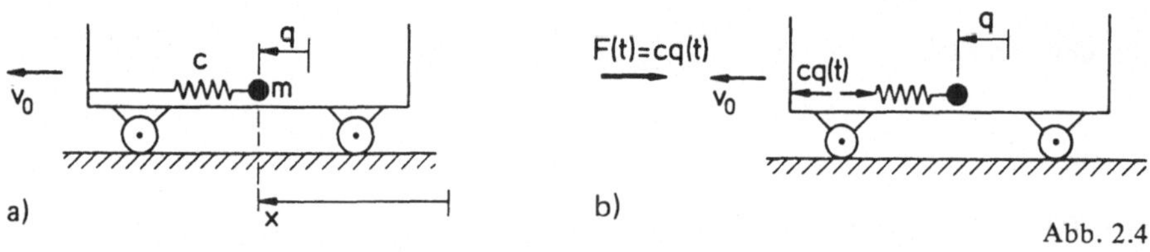

Abb. 2.4

In einem *mit dem Fahrzeug verbundenen Bezugssystem* wird jedoch der Schwinger zu einem *konservativen System,* da in diesem Bezugssystem die Verbindungsstelle zwischen Fahrzeug und Feder ruht, hier also keine Arbeit geleistet wird. Wir erhalten deshalb in diesem gleichförmig bewegten Bezugssystem als Bewegungsgleichung

$$\ddot{q} + \omega^2 q = 0 \quad \text{mit} \quad \omega^2 = \frac{c}{m}$$

und aus der Anwendung des Energiesatzes die Aussage

$$\frac{m}{2}\dot{q}^2 + \frac{c}{2}q^2 = \text{konst.}$$

Im raumfesten Bezugssystem lautet hingegen die Bewegungsgleichung

$$\ddot{x} + \omega^2 x = \omega^2 v_0 t.$$

2.1.2.3. Näherungsweise Berücksichtigung der Federmasse

Wir gehen aus von der für *konservative Systeme* allgemein gültigen Aussage (vgl. Abschnitt 2.1.2.1)

$$E_{max} = (\Delta\Phi)_{max}.$$

Nun ist für einfache, *lineare* Schwinger bei konservativen Eigenschwingungen

$$E_{max} \sim \omega^2.$$

Wir können deshalb

$$E_{max} = \omega^2 E^*_{max}$$

setzen. E^*_{max} stellt dabei die sogenannte (auf ω^2) *bezogene* (maximale) *kinetische Energie* dar.

Für einen schwingenden Massenpunkt (vgl. das 1. Beispiel von Abschnitt 2.1.2.2) ist beispielsweise

$$E_{max} = \frac{m}{2}(\dot{q}^2)_{max} = \frac{m}{2} a^2 \omega^2,$$

also

$$E^*_{max} = \frac{1}{\omega^2} E_{max} = \frac{m}{2} a^2.$$

Formal können wir nun für derartige Systeme die Kreis-Eigenfrequenz mit Hilfe dieser bezogenen kinetischen Energie durch

$$\omega^2 = \frac{(\Delta\Phi)_{max}}{E^*_{max}}$$

ausdrücken. Für einfache, lineare Schwinger ist diese Beziehung trivial. Sie gewinnt jedoch an Bedeutung, wenn man kompliziertere Systeme *näherungsweise* in einfache, lineare *Ersatz-Systeme* überführt. Hierbei trifft man gewisse Annahmen über die Kinematik der auftretenden Schwingungen und kann damit Näherungswerte $(\Delta\widetilde{\Phi})_{max}$ und $\widetilde{E}^*_{max}$ für die potentielle bzw. die bezogene kinetische Energie ermitteln. Für die Kreis-Eigenfrequenz $\widetilde{\omega}$ des einfachen, linearen Ersatz-Systems, die einen Näherungswert für die Eigenfrequenz des Ausgangssystems liefert, gilt dann

$$\boxed{\widetilde{\omega}^2 = \frac{(\Delta\widetilde{\Phi})_{max}}{\widetilde{E}^*_{max}}.}$$

Wir werden später (in Kapitel 5 und 6) sehen, daß diese Vorgehensweise sich mathematisch begründen läßt und in vielen Fällen $\widetilde{\omega}^2$ eine obere Schranke für die wirkliche Eigenfrequenz ergibt. Vorerst begnügen wir uns damit, diese Vorgehensweise mehr auf gewisse Plausibilitätsüberlegungen als auf formale Argumente zu stützen und ziehen dazu ein einfaches Beispiel heran.

Bei den schon mehrfach betrachteten Eigenschwingungen eines Massenpunktes wollen wir näherungsweise die Masse der Feder berücksichtigen (Abb. 2.5). Die Federmasse sei gleichmäßig verteilt, es sei also

$$\mu_F = \frac{dm_F}{dx} = \frac{m_F}{l} = \text{konst.}$$

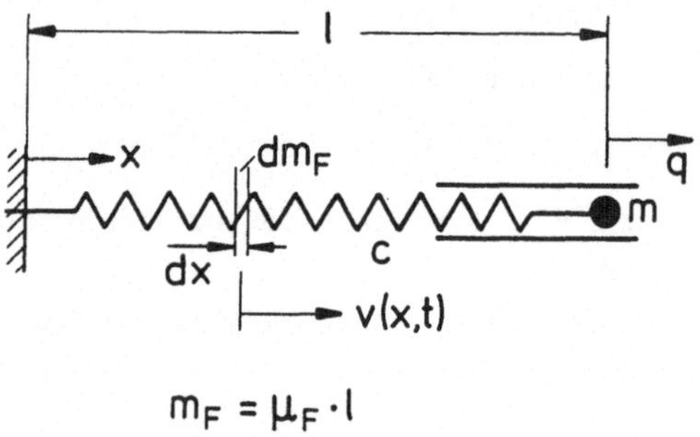

Abb. 2.5

Wir nehmen nun an, daß die Longitudinalbewegung der Federelemente durch eine mit den *Randbedingungen* ($v(0) = 0$, $v(l) = \dot{q}$) verträgliche lineare Geschwindigkeitsverteilung

$$v(x,t) = \frac{x}{l}\,\dot{q}(t)$$

angenähert beschrieben werden kann. Dabei sind wir uns bewußt, daß es sich um eine *Annahme* handelt, die sicher nicht exakt erfüllt ist, da die Feder auch Eigenschwingungen in sich mit verschiedenen Frequenzen und nichtlinearer Geschwindigkeitsverteilung ausführen kann.

Mit dieser *Annahme* führen wir das System, das den Freiheitsgrad $\lambda \to \infty$ hat, näherungsweise zurück auf ein *Ersatz-System* mit dem Freiheitsgrad $\lambda = 1$. Für die konservativen Eigenschwingungen dieses Ersatz-Systems erhalten wir bei Schwingungen mit der Amplitude a

$$(\Delta\widetilde{\Phi})_{max} = \frac{c}{2}\,a^2,$$

$$\widetilde{E}^*_{max} = \frac{1}{\widetilde{\omega}^2}\left\{\frac{m}{2}(\dot{q}^2)_{max} + \int_0^l \frac{\mu_F}{2}(v^2(x,t))_{max}\,dx\right\}$$

$$= \frac{m}{2}\,a^2 + \frac{\mu_F}{2}\,a^2\int_0^l \left(\frac{x}{l}\right)^2 dx = \frac{1}{2}\left\{m + \frac{1}{3}\,m_F\right\}a^2.$$

Für die Kreis-Eigenfrequenz des Ersatz-Systems ergibt sich damit

$$\tilde{\omega}^2 = \frac{(\Delta\tilde{\Phi})_{max}}{\tilde{E}^*_{max}} = \frac{\frac{c}{2}\,a^2}{\frac{1}{2}\,\{m + \frac{1}{3}\,m_F\}\,a^2} = \frac{c}{m + \frac{1}{3}\,m_F}\,.$$

Wir können also die Federmasse näherungsweise dadurch berücksichtigen, daß wir zur Endmasse m ein Drittel der Federmasse m_F hinzuschlagen und dann das System wie einen einfachen Schwinger betrachten. Dieses Vorgehen ist allerdings nur sinnvoll, solange

$$\frac{m_F}{m} \ll 1 \qquad \text{ist.}$$

Tabelle 2.2

System	angenommene Schwingungsform der Feder	$\tilde{\omega}^2$
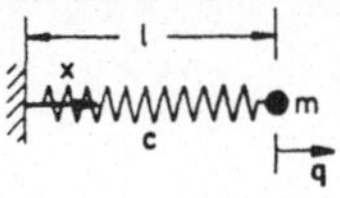 Feder (l, x, c, m, q); $m_F = \mu l$	$v(x,t) = \frac{x}{l}\,\dot{q}$	$\frac{c}{m + \frac{1}{3}\,m_F}$
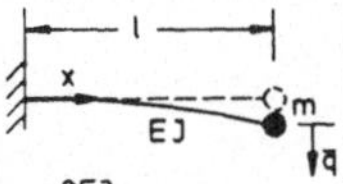 Kragbalken (l, x, EJ, m, q); $c = \frac{3EJ}{l^3}$ $m_F = \mu l$	$v(x,t) = \frac{3}{2}\left(\frac{x}{l}\right)^2\left\{1 - \frac{1}{3}\frac{x}{l}\right\}\dot{q}$	$\frac{c}{m + \frac{33}{140}\,m_F}$
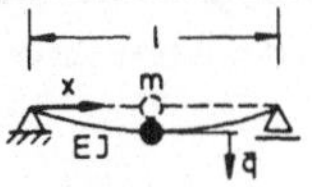 Beidseitig gelenkig gelagerter Balken (l, x, m, EJ, q); $c = \frac{48EJ}{l^3}$ $m_F = \mu l$	$v(x,t) = 3\frac{x}{l}\left\{1 - \frac{4}{3}\left(\frac{x}{l}\right)^2\right\}\dot{q} \quad \left(0 \le x \le \frac{l}{2}\right)$ $= 3\frac{l-x}{l}\left\{1 - \frac{4}{3}\left(\frac{l-x}{l}\right)^2\right\}\dot{q} \quad \left(\frac{l}{2} \le x \le l\right)$	$\frac{c}{m + \frac{17}{35}\,m_F}$
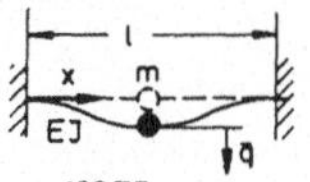 Beidseitig eingespannter Balken (l, x, m, EJ, q); $c = \frac{192EJ}{l^3}$ $m_F = \mu l$	$v(x,t) = 12\left(\frac{x}{l}\right)^2\left\{1 - \frac{4}{3}\frac{x}{l}\right\}\dot{q} \quad \left(0 \le x \le \frac{l}{2}\right)$ $= 12\left(\frac{l-x}{l}\right)^2\left\{1 - \frac{4}{3}\frac{l-x}{l}\right\}\dot{q} \quad \left(\frac{l}{2} \le x \le l\right)$	$\frac{c}{m + \frac{13}{35}\,m_F}$

$$\left.\begin{aligned}(\Delta\tilde{\Phi})_{max} &= \frac{c}{2}\,a^2\\ \tilde{E}^*_{max} &= \frac{m}{2}\,a^2 + \frac{1}{2}\frac{m_F}{l}\,a^2\int_0^l\left(\frac{v}{\dot{q}}\right)^2 dx\end{aligned}\right\}\quad \tilde{\omega}^2 = \frac{(\Delta\tilde{\Phi})_{max}}{\tilde{E}^*_{max}}$$

Auch bei anderen Schwingungssystemen können wir die Feder in ähnlicher Weise näherungsweise berücksichtigen. Hinsichtlich der anzunehmenden Schwingungsform der Feder gehen wir zweckmäßig von der Formänderung aus, die sich bei einer *statischen Belastung* durch eine *Einzelkraft* am Ort des Massenpunktes in Schwingungsrichtung ergeben würde. Das führt dann zu den in Tabelle 2.2 festgehaltenen Ergebnissen.

q bzw. $\bar{q}$ bezeichnet dabei jeweils die Auslenkung der Masse m aus der Gleichgewichtslage, und v stellt die Geschwindigkeit der Federelemente bei der Schwingung um die Gleichgewichtslage des Systems dar.

2.2. Gedämpfte Eigenschwingungen eines einfachen, linearen Schwingers

2.2.1. Allgemeines

Hinsichtlich der *Dämpfung* unterscheiden wir bei linearen Schwingern (vgl. Band III, Kapitel 3):

1. *Dämpfung durch trockene Reibung,* für die nach dem *Coulomb*schen Reibungsgesetz

   $$\mathbf{F}_R = -\mu F_N \frac{\mathbf{v}}{|\mathbf{v}|} \quad (F_N > 0) \quad (\mu\text{: } \textit{Gleitreibungs-Koeffizient})$$

   gilt (Abb. 2.6a).

2. *Geschwindigkeitsproportionale Dämpfung,* für die

   $$\mathbf{F}_D = -d\mathbf{v} \qquad (d\text{: } \textit{Dämpfer-Konstante})$$

   gilt. Eine solche Charakteristik stellt sich beispielsweise ein, wenn sich ein Kolben mit kleinem Ringspalt bzw. kleinen Bohrungen in einem Zylinder bewegt, der mit einer viskosen (*Newton*schen) Flüssigkeit gefüllt ist (Abb. 2.6b).

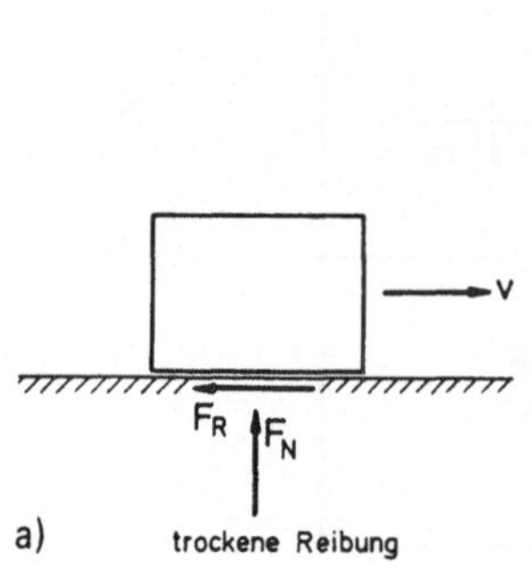

a) trockene Reibung

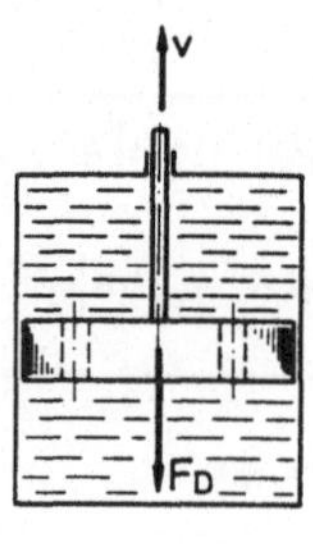

b) Geschwindigkeitsproportionaler Dämpfer

Abb. 2.6

Die beiden vorstehend genannten Dämpfungsarten sind Idealisierungen, die jedoch eine große technische Bedeutung haben, weil man bei konstruktiv vorgesehenen Dämpfern vielfach eine lineare Charakteristik anstrebt. Die ungewollt auftretende, in jedem System vorhandene Dämpfung zeigt hingegen im allgemeinen ein sehr viel komplexeres Verhalten. So führen z.B. die Kräfte, die das *umgebende Medium* (Gas oder Flüssigkeit) auf einen schwingenden Körper ausübt, im allgemeinen zu einem *Bewegungswiderstand,* der *quadratisch* vom Betrag der Geschwindigkeit abhängt, also zu einer nichtlinearen Dämpfung. Ebenso ist die sogenannte *innere Dämpfung* (auch *Werkstoff-Dämpfung* genannt) in ihren Wirkungen sehr viel komplexer.
Wir können darauf hier nicht weiter eingehen, sondern merken dazu lediglich noch an, daß dort, wo Dämpfer konstruktiv vorgesehen sind, die natürlichen Dämpfungen häufig gegenüber den konstruktiv gewollten Dämpfungen vernachlässigbar klein sind.

2.2.2. Dämpfung durch trockene (*Coulomb*sche) Reibung

Für das in Abb. 2.7 skizzierte System eines einfachen, linearen Schwingers lautet die Gleichgewichtsbedingung (unter Einschluß der Trägheitskräfte)

$$m\ddot{q} + cq + \mu mg \operatorname{sgn}\dot{q} = 0.$$

Hierin ist

$$\operatorname{sgn}\dot{q} = \begin{cases} +1 & \text{für } \dot{q} > 0 \\ -1 & \text{für } \dot{q} < 0 \end{cases}$$

die sogenannte *Signum-Funktion.* Für $\dot{q} = 0$ ist die Signum-Funktion nicht erklärt. Als Bewegungsgleichung erhalten wir somit

$$\ddot{q} + \underbrace{\omega^2 q + \mu g \operatorname{sgn}\dot{q}}_{f(q)} = 0$$

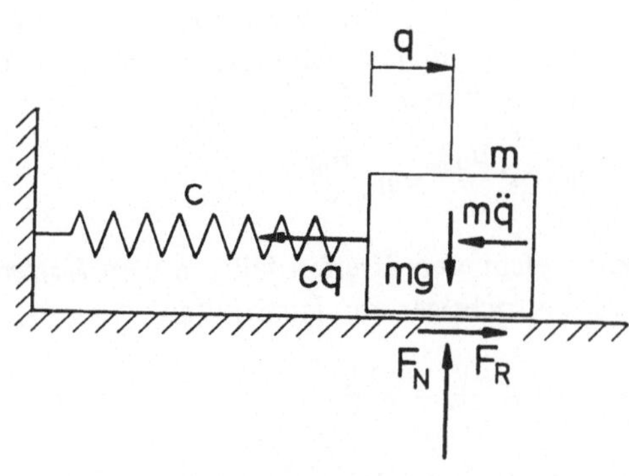

Abb. 2.7

$f(q)$ ist die sogenannte *Rückführfunktion,* deren – nicht eindeutiger – Verlauf in Abb. 2.8 skizziert ist.

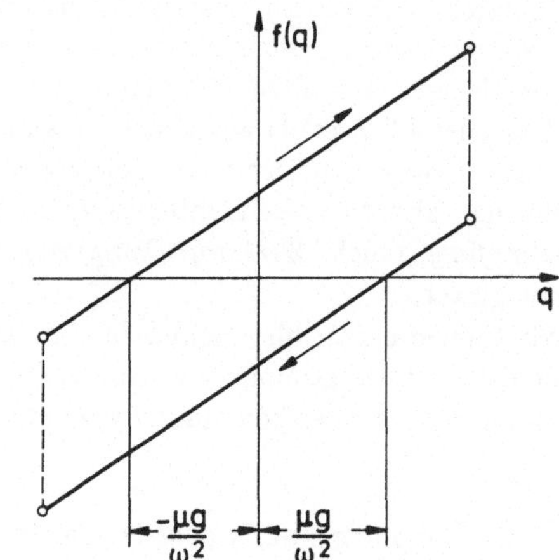

Abb. 2.8

Anmerkung:

Das Problem ist – genau genommen – wegen der mehrdeutigen Rückführfunktion *nichtlinear.* Wir behandeln es jedoch hier, weil die Bewegungsgleichung *bereichsweise linear* ist.

Die Lösung setzt sich aus harmonischen Halbschwingungen zusammen, bei denen sich jeweils der Mittelwert sprunghaft verschiebt, und zwar ist

$$\text{für } \dot{q} > 0 \rightarrow q_m = -\frac{\mu g}{\omega^2} = -\mu\,\frac{mg}{c}$$

$$\text{für } \dot{q} < 0 \rightarrow q_m = +\frac{\mu g}{\omega^2} = +\mu\,\frac{mg}{c}\,.$$

Die Eigenfrequenz der Schwingungen ist die gleiche wie beim ungedämpften Schwinger. Im *Ausschlag-Zeit-Diagramm* stellt sich die Schwingung so dar wie es in Abb. 2.9 skizziert ist. Die Schwingung kommt (möglicherweise) zur Ruhe, sobald ein Umkehrpunkt in den durch

$$|q| \leqslant \frac{\mu_0 g}{\omega^2} = \mu_0\,\frac{mg}{c}$$

gekennzeichneten Streifen fällt, in dem *Haften* möglich ist. Aus Sicherheitsgründen ist es aber richtiger, für den Streifen

$$|q| \leqslant \frac{\mu g}{\omega^2} = \mu\,\frac{mg}{c}$$

anzunehmen (vgl. Band III, Abschnitt 3.3), wie es in Abb. 2.9 auch getan ist. Die *Amplitudenabnahme* je *Halbschwingung* beträgt $2\mu\,\frac{mg}{c}$.

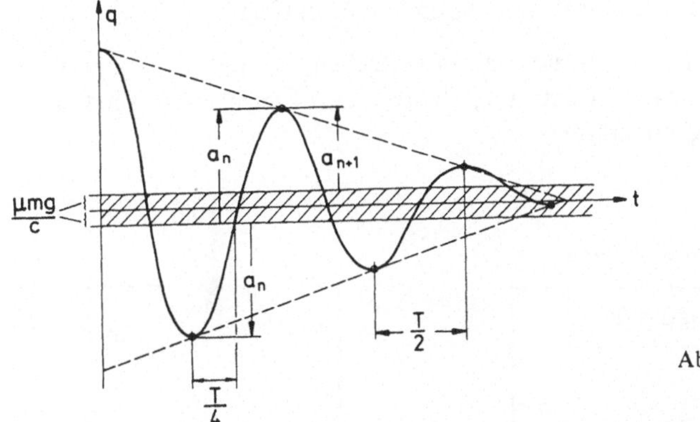

Abb. 2.9

Das normierte *Phasenporträt* eines einfachen, linearen Schwingers mit Dämpfung durch trockene Reibung besteht aus aneinandergefügten Halbkreisen, deren Mittelpunkt nach jeder Halbschwingung auf der q-Achse um jeweils $2\mu \frac{mg}{c}$ springt (Abb. 2.10). Die möglichen Gleichgewichtslagen erscheinen in der Phasenebene als eine *Senkenstrecke* auf der q-Achse, die durch $|q| \leqslant \mu \frac{mg}{c}$ begrenzt ist.

Die *Energieverluste* während einer Halbschwingung sind durch die Arbeit der Reibungskraft

$$A_R = \int F_R \, dq = -\mu \, mg \left| \int dq \right|$$

gegeben, wobei als Grenzen des Integrals jeweils die Umkehrpunkte der betreffenden Halbschwingung einzusetzen sind. Wegen des konstanten Betrages der Reibungskraft verläuft die Energieabnahme jeweils linear mit q. Im Energie-Diagramm stellt sich das so dar, wie es in Abb. 2.11 skizziert ist.

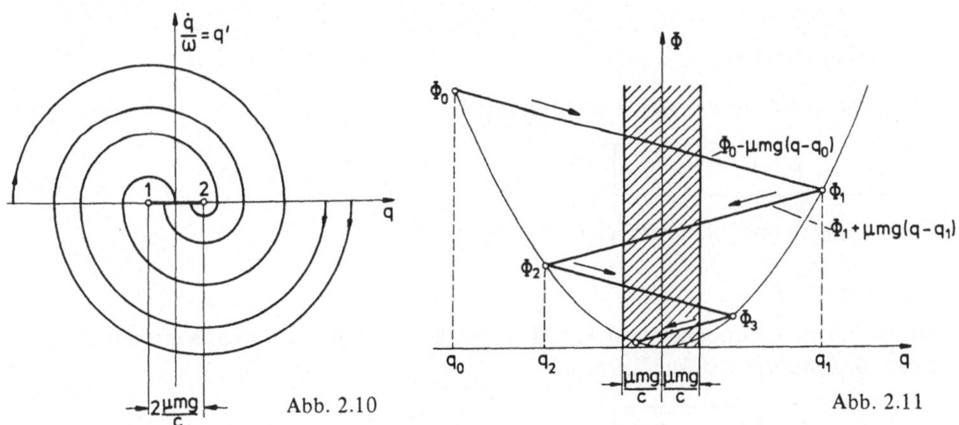

Abb. 2.10

Abb. 2.11

2.2.3. Geschwindigkeitsproportionale (*Newton*sche) Dämpfung

Für das in Abb. 2.12 skizzierte System eines einfachen, linearen Schwingers mit geschwindigkeitsproportionaler Dämpfung lautet die Gleichgewichtsbedingung (unter Einschluß der Trägheitskräfte)

$$m\ddot{q} + d\dot{q} + cq = 0.$$

Daraus folgt als *Bewegungsgleichung*

$$\ddot{q} + 2D\omega_0\dot{q} + \omega_0^2 q = 0$$

$$\text{mit } \omega_0^2 = \frac{c}{m}$$

$$D = \frac{d}{2m\omega_0} = \frac{d}{2\sqrt{cm}}.$$

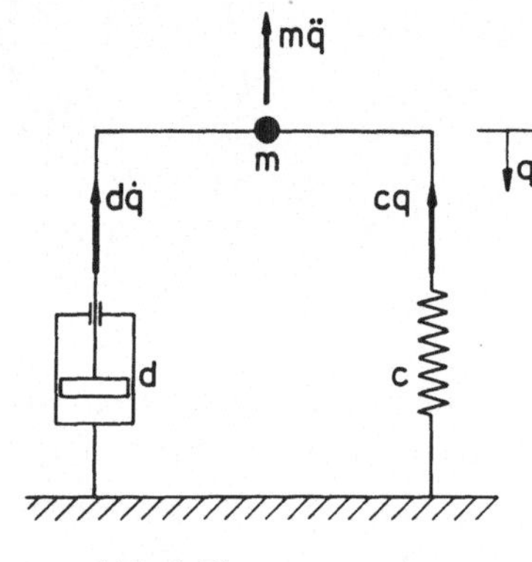

Abb. 2.12

ω_0 bezeichnet hierin die Kreis-Eigenfrequenz der *ungedämpften* Schwingung. D ist die (dimensionslose) *Dämpfungszahl* (nach *Lehr*).

Die *normierte Form der Bewegungsgleichung* erhalten wir, indem wir

$$\tau = \omega_0 t$$

als neue (unabhängige) Variable einführen. Das führt auf

$$q'' + 2Dq' + q = 0.$$

Hier ist es nun vorteilhaft, zu einer Darstellung in der *komplexen Zahlenebene* überzugehen. Das erreichen wir, indem wir $q(\tau)$ gleich dem Realteil einer komplexen Größe $\mathbf{z}(\tau)$ setzen:

$$q(\tau) = \text{Re}\{\mathbf{z}(\tau)\}.$$

$\mathbf{z}(\tau)$ gehorcht dabei der gleichen Differentialgleichung

$$\mathbf{z}'' + 2D\mathbf{z}' + \mathbf{z} = 0.$$

Zur Lösung dieser Differentialgleichung setzen wir an

$$\mathbf{z}(\tau) = \mathbf{a}\, e^{\boldsymbol{\lambda}\tau}$$

mit komplexen Größen $\mathbf{a}$ und $\boldsymbol{\lambda}$. Gehen wir damit in die Differentialgleichung, so folgt als *charakteristische Gleichung*

$$\boldsymbol{\lambda}^2 + 2D\boldsymbol{\lambda} + 1 = 0.$$

Je nach der Größe der Dämpfungszahl sind verschiedene Fälle zu unterscheiden:

a) $D < 1 \rightarrow \lambda = -D \pm i\sqrt{1-D^2}$,
b) $D > 1 \rightarrow \lambda = -D \pm \sqrt{D^2-1}$,
c) $D = 1 \rightarrow \lambda = -1$ (Doppelwurzel).

Wir wollen diese Fälle der Reihe nach betrachten.

Fall a): $D < 1$

Aus

$$z(\tau) = a_1^* e^{(-D+i\sqrt{1-D^2})\tau} + a_2^* e^{-(D+i\sqrt{1-D^2})\tau}$$

erhalten wir für $q(\tau)$ die *reelle Lösung*

$$q(\tau) = e^{-D\tau}\{a_1 \cos(\sqrt{1-D^2}\,\tau) + a_2 \sin(\sqrt{1-D^2}\,\tau)\}$$
$$= a e^{-D\tau} \cos\{\sqrt{1-D^2}\,\tau + \varphi\}$$

mit $a_1 = \mathrm{Re}\{a_1^* + a_2^*\} = q_0$

$$a_2 = -\mathrm{Im}\{a_1^* - a_2^*\} = \frac{q_0' + D q_0}{\sqrt{1-D^2}}$$

bzw. $a = \sqrt{a_1^2 + a_2^2}$, $\tan\varphi = \dfrac{-a_2}{a_1}$

und $\tau = \omega_0 t$.

Im *Ausschlag-Zeit-Diagramm* (Abb. 2.13) stellt sich diese Lösung als eine asymptotisch *abklingende Schwingung* mit der zeitabhängigen Amplitude

$$a(t) = a e^{-D\omega_0 t}$$

und mit der (zeitunabhängigen) Kreisfrequenz

$$\omega = \omega_0 \sqrt{1-D^2} < \omega_0$$

bzw. mit der Periode

$$T = \frac{2\pi}{\omega} = \frac{2\pi}{\omega_0\sqrt{1-D^2}}$$

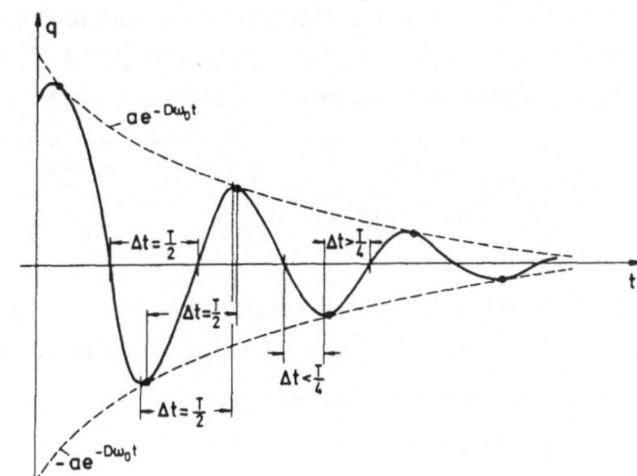

Abb. 2.13

dar. Die Frequenz der gedämpften Schwingung ist also kleiner als die der ungedämpften Schwingung. Für kleine Dämpfungen ist aber

$$\omega \approx \omega_0 .$$

Deshalb können wir bei kleinen Dämpfungen, sofern es nur auf die Ermittlung der Eigenfrequenz ankommt, die Dämpfung vernachlässigen.

Die Eigenschwingungen eines einfachen, linearen Schwingers mit geschwindigkeitsproportionaler Dämpfung sind *modifizierte harmonische Schwingungen* (vgl. Abschnitt 1.4) mit zeitabhängiger Amplitude. $a(t)$ ist die Gleichung der *Hüllkurve* im Ausschlag-Zeit-Diagramm (vgl. Abb. 2.13). Zu beachten ist, daß die Punkte, in denen die Ausschlagkurve die Hüllkurve berührt, nicht identisch mit den Extrema der Ausschläge sind.

Die *Nulldurchgänge* folgen einander in einem zeitlichen Abstand von $\Delta t = \frac{T}{2}$. Das gleiche gilt für die zeitliche Folge der *Extrema*. Die Berührungspunkte zwischen Hüllkurve und Ausschlagkurve liegen zeitlich in der Mitte zwischen zwei Nulldurchgängen. Hingegen ist der zeitliche Abstand zwischen Nulldurchgang und nachfolgendem Extremum kleiner als $\frac{T}{4}$, dementsprechend der zeitliche Abstand zwischen Extremum und nachfolgendem Nulldurchgang größer als $\frac{T}{4}$ (vgl. Abb. 2.13). Ferner wird $|\dot{q}|_{max}$ nicht bei $q = 0$ erreicht, sondern jeweils vor dem Nulldurchgang, und zwar zeitlich in der Mitte zwischen den beiden angrenzenden Extrema. Diese Verschiebungen sind eine Folge davon, daß wir es hier mit modifizierten harmonischen Schwingungen zu tun haben.

Das *Abklingen der Schwingung* läßt sich charakterisieren, indem wir den Quotienten

$$\frac{q(t)}{q(t+T)} = \frac{a\, e^{-D\omega_0 t} \cos(\omega t + \varphi)}{a\, e^{-D\omega_0 (t+T)} \cos\{\omega(t+T) + \varphi\}} = e^{D\omega_0 T} = e^{2\pi \frac{D}{\sqrt{1-D^2}}}$$

bilden. Daraus entnehmen wir, daß das Verhältnis zweier im Zeitabstand einer Periode T aufeinanderfolgender Ausschläge gleich einer festen Zahl ist. Dies gilt insbesondere auch für zwei im Zeitabstand T aufeinanderfolgender Extrema a_n und a_{n+1}. Den (natürlichen) *Logarithmus* dieser Zahl, d.h. die Größe

$$\boxed{\ln \frac{q(t)}{q(T+t)} = \ln \frac{a_n}{a_{n+1}} = 2\pi \frac{D}{\sqrt{1-D^2}} = \vartheta}$$

bezeichnet man als das *logarithmische Dekrement* der Schwingung. Die Umkehr der Beziehung zwischen logarithmischem Dekrement ϑ und Dämpfungszahl D ergibt

$$\boxed{D = \frac{\vartheta}{\sqrt{4\pi^2 + \vartheta^2}}} .$$

Für *kleine Dämpfungen* gilt

$$\vartheta \approx 2\pi D; \qquad D \approx \frac{\vartheta}{2\pi} \quad (D \ll 1).$$

Aufgrund dieser Beziehungen läßt sich die Dämpfung D aus der beobachtbaren (relativen) Amplitudenabnahme leicht bestimmen.

Das logarithmische Dekrement bzw. die Dämpfungszahl D ist auch ein Maß für die *Energieabnahme* pro Periode. Um dies zu zeigen, bilden wir zunächst das Verhältnis zwischen den potentiellen Energien zweier im Abstand T aufeinanderfolgender Extrema der Auslenkungen (für die jeweils E = 0 ist). Dafür gilt in unserem Beispiel (Abb. 2.12)

$$\frac{\Phi_{n+1}}{\Phi_n} = \frac{\frac{c}{2}\, a_{n+1}^2}{\frac{c}{2}\, a_n^2} = \left(\frac{a_{n+1}}{a_n}\right)^2 = e^{-2\vartheta}.$$

Dies Ergebnis gilt auch allgemein. Für die *bezogene Energieabnahme* erhalten wir mithin

$$\frac{\Delta\Phi_n}{\Phi_n} = \frac{\Phi_n - \Phi_{n+1}}{\Phi_n} = \frac{a_n^2 - a_{n+1}^2}{a_n^2} = 1 - e^{-2\vartheta}.$$

Für *kleine Dämpfungen* liefert die Reihenentwicklung

$$e^{-2\vartheta} = 1 - 2\vartheta + \frac{1}{2}(2\vartheta)^2 - \ldots,$$

also

$$\frac{\Delta\Phi_n}{\Phi_n} \approx 2\vartheta \quad (D \ll 1).$$

Zur Ermittlung des *Phasenporträts* eines einfachen, linearen Schwingers mit geschwindigkeitsproportionaler Dämpfung formen wir die normierte Bewegungsgleichung zunächst wieder um, indem wir

$$q'' = q' \frac{dq'}{dq}$$

setzen. Das ergibt zunächst

$$q'' + 2Dq' + q = q' \frac{dq'}{dq} + 2Dq' + q = 0.$$

Für das *Richtungsfeld der Phasenkurven* erhalten wir mithin (Abb. 2.14)

$$\boxed{\frac{dq'(q)}{dq} = -\left(\frac{q}{q'} + 2D\right).}$$

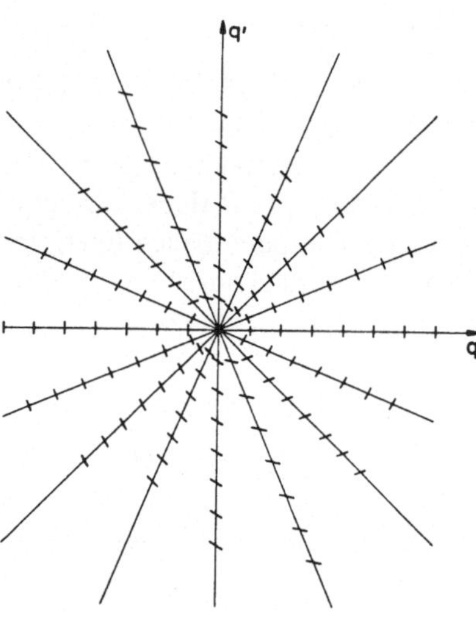

Abb. 2.14

Die *Isoklinen* dieses Richtungsfeldes sind *Gerade* ($\frac{q'}{q}$ = konst.) durch den Koordinaten-Ursprung. Das Richtungsfeld ist deshalb einfach zu konstruieren. Damit lassen sich die einzelnen *Phasenkurven* (*Trajektorien*) leicht graphisch ermitteln. Wir können aber die Gleichung für $q'(q)$ auch geschlossen lösen. Die obige Gleichung stellt nämlich eine *Ähnlichkeits-Differentialgleichung* für $q'(q)$ dar, deren allgemeine Form

$$\boxed{\frac{dq'(q)}{dq} = f\left(\frac{q'}{q}\right)}$$

lautet. Mit der Substitution

$$\frac{q'(q)}{q} = g(q) \rightarrow q'(q) = qg(q) \rightarrow \frac{dq'}{dq} = g(q) + q\,\frac{dg(q)}{dq}$$

geht diese Gleichung über in

$$\boxed{g(q) + q\,\frac{dg(q)}{dq} = f(g(q)).}$$

Diese Gleichung ist durch Trennung der Variablen integrierbar:

$$-\int_{q_0}^{q} \frac{dq}{q} = \int_{g_0}^{g} \frac{dg}{g - f(g)}$$

Die Ausführung der Integration mit

$$f(g) = -\left(2D + \frac{1}{g}\right)$$

ergibt für $D < 1$

$$q = q_0 \, \frac{1 + 2 D g_0 + g_0^2}{1 + 2 D g + g^2} \, e^{\frac{D}{\sqrt{1-D^2}}\left[\arctan \frac{D+g}{\sqrt{1-D^2}} - \arctan \frac{D+g_0}{\sqrt{1-D^2}}\right]} .$$

Beachten wir, daß

$$g = \frac{q'}{q} = \tan\alpha$$

ist, so liefert also die Integration die Phasenkurven in der Form

$$q = q(\alpha;\, q_0, \alpha_0) = q\left(\frac{q'}{q};\, q_0, \frac{q_0'}{q_0}\right).$$

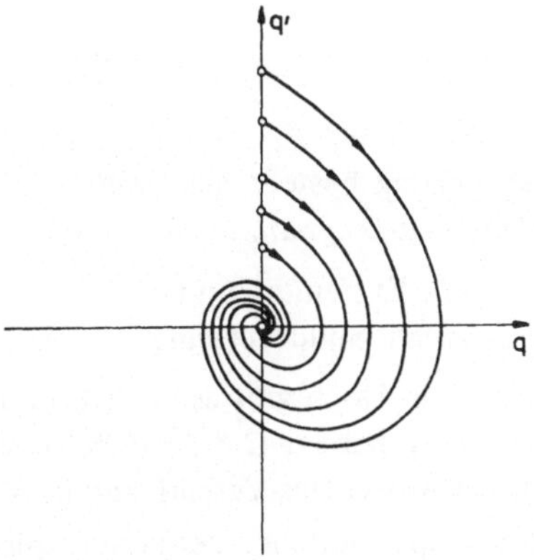

Abb. 2.15

Phasenporträt $D < 1$

Damit läßt sich das Phasenporträt zeichnen (Abb. 2.15). Wir haben bei der Auswertung lediglich noch zu beachten, daß die Phasenkurven stets rechtsherum durchlaufen werden, α also stetig abnimmt. Die Phasenkurven stellen für $D < 1$ einwärts verlaufende Spiralen dar, die sich dem Koordinaten-Ursprung (der Gleichgewichtslage!) asymptotisch nähern. Die *Gleichgewichtslage* erscheint als *Strudelpunkt* mit *Senkencharakter.*

Fall b): $D > 1$

Aus

$$z(\tau) = \mathbf{a}_1^* e^{(-D+\sqrt{D^2-1})\tau} + \mathbf{a}_2^* e^{-(D+\sqrt{D^2-1})\tau}$$

folgt für $q(\tau)$ die *reelle Lösung*

$$q(\tau) = e^{-D\tau}\{a_1 \cosh(\sqrt{D^2-1}\,\tau) + a_2 \sinh(\sqrt{D^2-1}\,\tau)\}$$

$$= \frac{1}{2}(a_1 + a_2) e^{(-D+\sqrt{D^2-1})\tau} + \frac{1}{2}(a_1 - a_2) e^{-(D+\sqrt{D^2-1})\tau}$$

mit

$$a_1 = \mathrm{Re}\{\mathbf{a}_1^* + \mathbf{a}_2^*\} = q_0,$$

$$a_2 = \mathrm{Re}\{\mathbf{a}_1^* - \mathbf{a}_2^*\} = \frac{q_0' + Dq_0}{\sqrt{D^2-1}}$$

und

$$\tau = \omega_0 t.$$

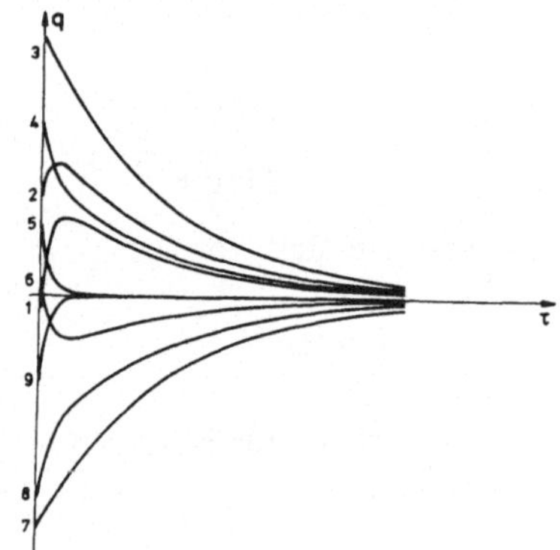

Abb. 2.16

Die Lösung besteht aus zwei verschieden schnell abklingenden Termen. Im *Ausschlag-Zeit-Diagramm* zeigt sich, daß die Ausschläge *höchstens*

ein Extremum und
einen Nulldurchgang

aufweisen. Doch gibt es auch Lösungen, die weder ein Extremum noch einen Nulldurchgang haben. Die Ausschläge verhalten sich also *aperiodisch*. Einige Beispiele für den Ausschlags-Verlauf sind in Abb. 2.16 skizziert.

Dieses aperiodische Verhalten spiegelt sich auch im *Phasenporträt* wieder. Wir können dieses formal in gleicher Weise wie im Falle $D < 1$ durch Integration der *Ähnlichkeits-Differentialgleichung* für $q'(q)$ erhalten, wobei sich freilich der Lösungscharakter wegen $D > 1$ ändert. Wir verzichten jedoch hier auf diese Integration, da wir die wichtigsten Eigenschaften der Lösungen bereits aus dem Richtungsfeld ablesen können, das durch

$$\frac{dq'(q)}{dq} = -\left(2D + \frac{q}{q'}\right)$$

bestimmt ist. Wiederum gilt, daß die *Isoklinen* dieses Richtungsfeldes *Gerade* sind. Wir finden jedoch jetzt (für $D > 1$) zwei Isoklinen, bei denen

$$\frac{dq'(q)}{dq} = \frac{q'}{q} = \tan\alpha$$

wird, bei denen also die Richtung der Phasenkurve mit der Richtung der betreffenden Isoklinen zusammenfällt (Abb. 2.17).

Die Richtung dieser beiden Isoklinen finden wir aus der Bedingung, daß für sie

$$\frac{dq'}{dq} = \tan\alpha = -\left(2D + \frac{1}{\tan\alpha}\right),$$

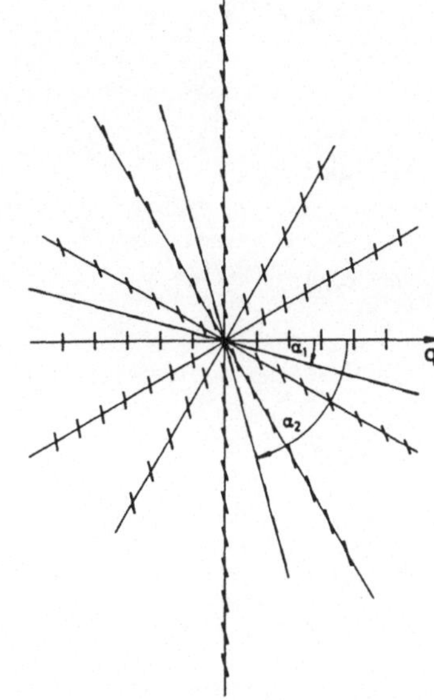

Abb. 2.17

also

$$\tan^2\alpha + 2D\tan\alpha + 1 = 0$$

sein muß. Daraus folgt

$$\boxed{\tan\alpha = -D \pm \sqrt{D^2 - 1}.}$$

Eine Phasenkurve kann eine solche Isokline nicht schneiden; sie muß asymptotisch in sie einmünden oder – falls der Anfangspunkt auf einer solchen Isokline liegt – ihr folgen. Eine genauere Betrachtung des Richtungsfeldes ergibt, daß *alle* Phasenkurven, deren Anfangspunkt *nicht* auf der durch

$$\boxed{\tan\alpha_2 = -D - \sqrt{D^2 - 1}}$$

gekennzeichneten Isokline liegt, *asymptotisch* in die Isokline einmünden, für die

$$\boxed{\tan\alpha_1 = -D + \sqrt{D^2 - 1}}$$

gilt (Abb. 2.18; die Numerierung einzelner Kurven entspricht der Numerierung in Abb. 2.16). Darin spiegelt sich das aperiodische Verhalten für $D > 1$ wider. Aus der Betrachtung der Bewegungsvorgänge in der Phasenebene ergibt sich ferner, daß für $D > 1$ die *Gleichgewichtslage* (der Koordinaten-Ursprung) ein *Knotenpunkt* (mit Senken-Charakter) wird (vgl. Abb. 2.18). Für Dämpfungen $D > 1$ ergibt sich also nicht nur quantitativ, sondern auch qualitativ ein anderes Verhalten als für $D < 1$.

Fall c): $D = 1$

In diesem *aperiodischen Grenzfall* erhalten wir wegen der *Doppelwurzel* $\lambda = -1$ als reelle Lösung

$$q(\tau) = a_1 e^{-\tau} + a_2 \tau e^{-\tau}$$

mit

$$a_1 = q_0$$
$$a_2 = q_0' + q_0$$

und

$$\tau = \omega_0 t.$$

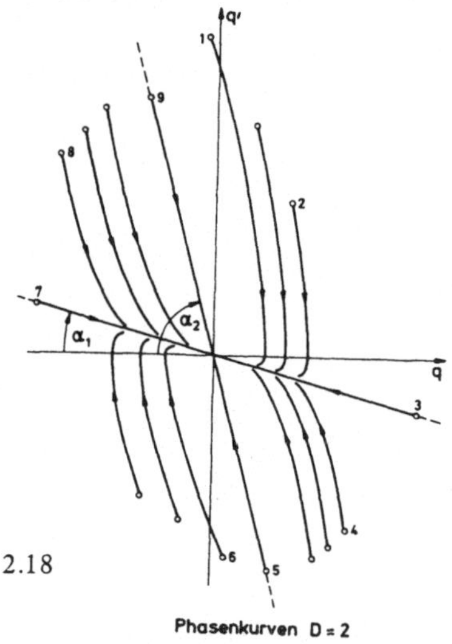

Abb. 2.18

Das allgemeine Lösungsverhalten stimmt mit den aperiodischen Lösungen für $D > 1$ qualitativ überein. Die beiden ausgezeichneten Isoklinen des Richtungsfeldes fallen jedoch in diesem Grenzfall $D = 1$ zusammen ($\tan \alpha = -1$, $\alpha = -\frac{\pi}{4}$).

2.3. Ein Beispiel für eine selbsterregte Schwingung

Selbsterregte Schwingungen sind grundsätzlich *nichtlineare* Probleme. In einigen Sonderfällen lassen sie sich jedoch mit den Methoden behandeln, die wir für die Untersuchung der Eigenschwingungen eines linearen Systems bereits kennengelernt haben. Ein Beispiel dafür wollen wir hier betrachten.

Ein linearer, einfacher Schwinger, z.B. ein Pendel oder die Unruhe einer Uhr (Kreis-Eigenfrequenz ω) mit geschwindigkeitsproportionaler Dämpfung (Dämpfungszahl $D < 1$), steuere die Energiezufuhr zu dem System (über einen Mechanismus oder elektrisch über Kontakte) in der Weise, daß jeweils beim Durchgang durch die Gleichgewichtslage *stoßartig* ein bestimmter Energiebetrag $\Delta E_{(+)}$ zugeführt werde. Zur Beschreibung dieser *idealen Stoßerregung* benutzen wir die sogenannte *Dirac-Funktion* (auch *Delta-Funktion* genannt), die wie folgt definiert ist (Abb. 2.19):

Es ist

$$\delta(x) = \begin{cases} 0 & \text{für } x \neq 0 \\ \to \infty & \text{für } x = 0 \end{cases}$$

mit der Eigenschaft

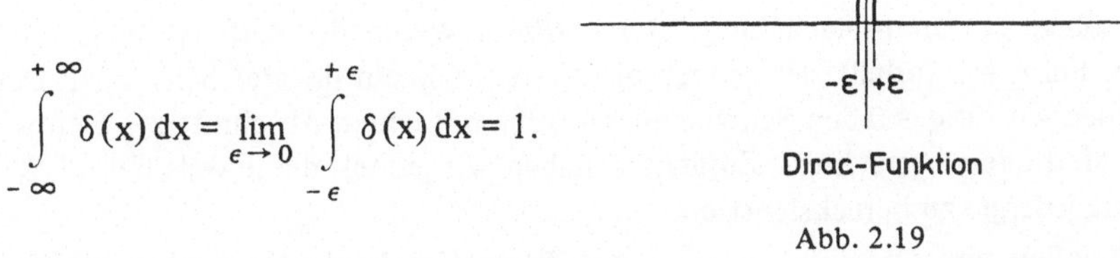

$$\int_{-\infty}^{+\infty} \delta(x)\,dx = \lim_{\epsilon \to 0} \int_{-\epsilon}^{+\epsilon} \delta(x)\,dx = 1.$$

Abb. 2.19

Hat die Koordinate x die Dimension einer Länge [L], so hat $\delta(x)$ die Dimension $[L^{-1}]$.

Anmerkung:

Die *Dirac*-Funktion ist ein sogenannte *verallgemeinerte Funktion.* Sie gehört zu der Klasse der *Distributionen.*

Mit Hilfe dieser *Dirac*-Funktion können wir nun die das Problem beschreibende Differentialgleichung in der Form

$$\ddot{q} + 2D\omega_0\dot{q} + \omega_0^2 q - \Delta e_{(+)}\,\delta(q)\,\mathrm{sgn}\,\dot{q} = 0$$

bzw. in der *normierten Form* (mit $\tau = \omega_0 t$)

$$\boxed{q'' + 2Dq' + q - \frac{1}{\omega_0^2}\,\Delta e_{(+)}\,\delta(q)\,\mathrm{sgn}\,q' = 0}$$

schreiben. Dabei ist $\Delta e_{(+)}$ die jeweils taktweise zugeführte *spezifische Energie.* Zu ihrer Definition schreiben wir die *kinetische Energie* E des Schwingers in der Form

$$E = \frac{1}{2}M(\dot{q})^2 = \frac{1}{2}M\omega_0^2(q')^2$$

und bilden dann

$$e = \frac{E}{M}.$$

Die Bedeutung von M, die sich aus der Schreibweise für E ergibt, hängt dabei von der Art der generalisierten Koordinate q ab. Hat q die Dimension einer Länge, so hat M die Dimension einer Masse; bedeutet q eine Zahl, so hat M die Dimension eines Massen-Trägheitsmomentes. Die zweite Bedeutung träfe für unser Beispiel zu, wenn q den Winkelausschlag des Pendels bzw. der Unruhe bezeichnet.

Anmerkung:

Die Einführung einer spezifischen Energie e ist in dieser Weise nur sinnvoll, wenn M konstant ist. Das trifft in unserem Beispiel zu, gilt aber für nichtlineare Systeme nicht allgemein (vgl. Band III, Abschnitt 10.2; vgl. auch Beispiel 4 in Tabelle 4.1). Wenn $M \neq$ konst. ist, muß man die spezifische Energie in anderer Weise einführen (vgl. Abschnitt 4.1.3.3).

Die obige Differentialgleichung ist *nichtlinear* wegen des Auftretens der δ-Funktion. Für $q \neq 0$ verhält sich jedoch das System wie ein linearer Schwinger. Deshalb können wir für $q \neq 0$ den Schwingungsvorgang mit den in Abschnitt 2.2.3 entwickelten Methoden betrachten. Zusätzlich haben wir jedoch die jeweils bei $q = 0$ zugeführte Energie zu berücksichtigen.

Wir wollen nun untersuchen, ob unter diesen Gegebenheiten *periodische Schwingungen* möglich sind und – gegebenenfalls – wie diese periodischen Schwingungen aussehen. In der Phasenebene müßten sich diese periodischen Schwingungen so darstellen, wie es in Abb. 2.20 skizziert ist. Für $q \neq 0$ erhalten wir jeweils eine gedämpfte Eigenschwingung, die wir (vgl. Abschnitt 2.2.3) durch

$$q(\tau) = a\,e^{-D\tau} \cos\{\sqrt{1-D^2}\,\tau + \varphi\}$$

beschreiben können. Da der Vorgang periodisch ist, genügt es, die *erste Halbschwingung* zu betrachten. Sie möge mit $\tau = 0$ im Punkte $0\,(q_0 = 0,\ q_0' > 0)$ beginnen. Aus der Bedingung, daß dann

$$\cos\varphi = 0 \quad \text{und} \quad -\{D\cos\varphi + \sqrt{1-D^2}\sin\varphi\} > 0$$

sein muß, folgt

$$\varphi = -\frac{\pi}{2}.$$

Der zweite Nulldurchgang (Punkt 1) wird bei

$$\sqrt{1-D^2}\,\tau_1 + \varphi = \frac{\pi}{2},$$

d.h. bei

$$\tau_1 = \frac{\pi}{\sqrt{1-D^2}}$$

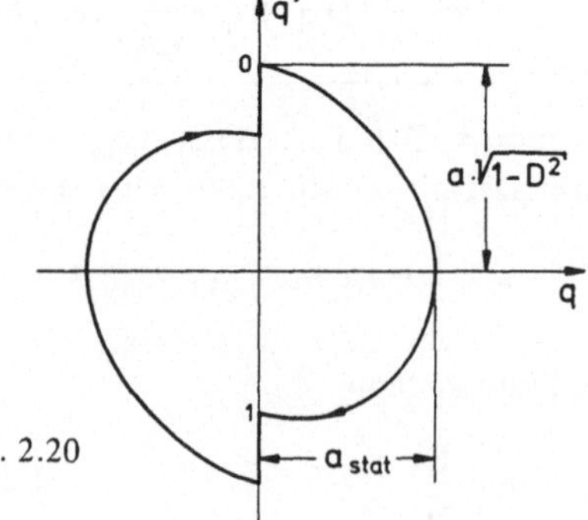

Abb. 2.20

erreicht. Die (normierten) Geschwindigkeiten zu diesen Zeitpunkten sind:

$$\tau = 0: \quad q_0' = \frac{1}{\omega_0}\dot{q}_0 = a\sqrt{1-D^2}$$

$$\tau = \tau_1: \quad q_1' = \frac{1}{\omega_0}\dot{q}_1 = -a\sqrt{1-D^2}\,e^{-\pi\frac{D}{\sqrt{1-D^2}}} = -a\sqrt{1-D^2}\,e^{-\frac{1}{2}\vartheta},$$

wobei ϑ das logarithmische Dekrement bezeichnet. Für den *spezifischen Energieverlust* während einer Halbschwingung erhalten wir somit

$$\frac{\Delta E_{(-)}}{M} = \Delta e_{(-)} = \frac{1}{2}\omega_0^2\{(q_0')^2 - (q_1')^2\} = \frac{1}{2}a^2\underbrace{\omega_0^2(1-D^2)}_{\omega^2}\{1-e^{-\vartheta}\}.$$

Dieser Energieverlust muß durch die Energiezufuhr bei jedem Nulldurchgang gedeckt werden, wenn periodische Schwingungen entstehen sollen. Es muß also

$$\frac{\Delta E_{(+)}}{M} = \Delta e_{(+)} = \frac{1}{2}a^2\omega^2\{1-e^{-\vartheta}\}$$

sein. Daraus folgt, daß im *stationären Zustand*

$$a = \frac{1}{\omega}\sqrt{\frac{2\,\Delta e_{(+)}}{1-e^{-\vartheta}}}$$

wird. a bedeutet nicht den *Extremalausschlag* a_{stat} der (stationären) periodischen Schwingung. a_{stat} ist vielmehr gleich $q(\tau^*)$ bei jenem Wert τ^* für den $q'(\tau^*) = 0$ wird. Für τ^* erhalten wir

$$\tau^* = \frac{1}{\sqrt{1-D^2}}\left\{\frac{\pi}{2} - \arctan\frac{D}{\sqrt{1-D^2}}\right\}.$$

Setzen wir das ein, so folgt

$$q(\tau^*) = a_{stat} = a\,e^{-D\tau^*}\underbrace{\cos\left\{\arctan\frac{D}{\sqrt{1-D^2}}\right\}}_{\sqrt{1-D^2}},$$

d.h.

$$\boxed{a_{stat} = a\sqrt{1-D^2}\,e^{-D\tau^*} = \frac{1}{\omega_0}\sqrt{\frac{2\,\Delta e_{(+)}}{1-e^{-\vartheta}}}\,e^{-D\tau^*}.}$$

Für Dämpfungen $D \ll 1$ läßt sich dieser Ausdruck durch Reihenentwicklung vereinfachen. Wir können dann

$$\vartheta \approx 2\pi D$$

$$\tau^* \approx \frac{\pi}{2} - D \rightarrow e^{-D\tau^*} \approx e^{-\frac{\pi}{2}D}$$

setzen und erhalten damit

$$\boxed{a_{stat} \approx \frac{1}{\omega_0}\sqrt{\frac{\Delta e_{(+)}}{\pi D}}\,.}$$

Ist die Amplitude kleiner als es dieser stationären Schwingung entspricht, so führt die Energiezufuhr zu einer Anfachung. Ist hingegen die Amplitude größer, so bewirkt die Dämpfung eine Annäherung an den stationären Vorgang. Die von uns ermittelte periodische Schwingung stellt also einen stabilen *Grenzzyklus* dar.

In Wirklichkeit ist eine solche *ideale Stoßerregung* nicht zu realisieren. Die Impuls- bzw. Energiezufuhr erstreckt sich stets über einen endlichen Zeitraum. Erst aus der genauen Erfassung dieses Vorganges – einschließlich der zu erwartenden Streuung – resultieren dann Aussagen über die mögliche Ganggenauigkeit einer Uhr usw. Darauf können wir hier nicht mehr eingehen.

Fragen:

1. Wie lautet die Bewegungsgleichung eines einfachen, linearen Schwingers bei konservativen Eigenschwingungen? Welches ist ihre normierte Form? Wie erfolgt die Normierung?
2. Wie lautet die allgemeine Lösung für diese konservativen Eigenschwingungen? Wieviel freie Konstante enthält sie? Wie sind diese zu bestimmen?
3. Welche Aussage liefert der Energiesatz für konservative Eigenschwingungen?
4. Welche Lage eines einfachen, linearen Schwingers wählt man zweckmäßig als Ausgangslage, von der aus man die Auslenkungen mißt?
5. Welche Beziehung besteht zwischen der Eigenfrequenz eines (vertikal schwingenden) einfachen, linearen Schwingers und seiner statischen Auslenkung unter seinem Eigengewicht?
6. Wie können wir die Federmasse näherungsweise berücksichtigen?
7. Welche Merkmale charakterisieren die Eigenschwingungen eines einfachen, linearen Schwingers bei einer Dämpfung durch trockene Reibung?
8. Welche Fälle sind bei den Eigenschwingungen eines einfachen, linearen Schwingers bei geschwindigkeitsproportionaler Dämpfung zu unterscheiden? Wie ist die Dämpfungszahl definiert?
9. Wie stellt sich die Lösung für $D < 1$ im Ausschlag-Zeit-Diagramm und wie in der Phasenebene dar?
10. Welche Merkmale charakterisieren die Lösung für $D > 1$ und im Grenzfall $D = 1$?

3. Heteronome Schwingungen eines einfachen, linearen Schwingers

Heteronome Schwingungen können durch zeitabhängige Störungen des Systems von außen oder durch zeitabhängige Veränderungen der Systemparameter entstehen. Im ersten Falle handelt es sich um *erzwungene Schwingungen,* im zweiten Falle um *parametererregte Schwingungen.* Wir beschränken uns in diesem Kapitel auf *einfache, lineare Schwinger mit geschwindigkeitsproportionaler Dämpfung.* Eine Dämpfung durch trockene Reibung lassen wir hier außer Betracht.

Bei den erzwungenen Schwingungen wollen wir wiederum voraussetzen, daß alle kinematischen Bindungen des Systems holonom und skleronom seien. Parametererregte Schwingungen können wir hingegen – wenigstens soweit es sich um zeitliche Veränderung von kinematischen Parametern handelt – gerade als Bewegungsvorgänge in Systemen mit rhenonomen kinematischen Bindungen deuten. Diese Betrachtungen wollen wir jedoch hier nicht vertiefen.

3.1. Erzwungene Schwingungen eines einfachen, linearen Schwingers

3.1.1. Allgemeines

Die *zeitabhängigen Störungen,* die zu *erzwungenen Schwingungen* führen, können sehr verschiedenen Ursprungs sein. Das sei an drei Beispielen belegt.

1. Beispiel (Abb. 3.1)

Ein einfacher, linearer Schwinger werde durch eine *zeitveränderliche Kraft* zu erzwungenen Schwingungen angeregt, wie es in Abb. 3.1 skizziert ist. Als *Bewegungsgleichung* des Systems erhalten wir

$$m\ddot{q} + d\dot{q} + cq - F(t) = 0, \qquad \text{bzw.}$$

$$\boxed{\ddot{q} + 2D\omega_0\dot{q} + \omega_0^2 q = \frac{1}{m}F(t) \quad \text{mit} \quad \omega_0^2 = \frac{c}{m} \text{ und } D = \frac{d}{2m\omega_0}.}$$

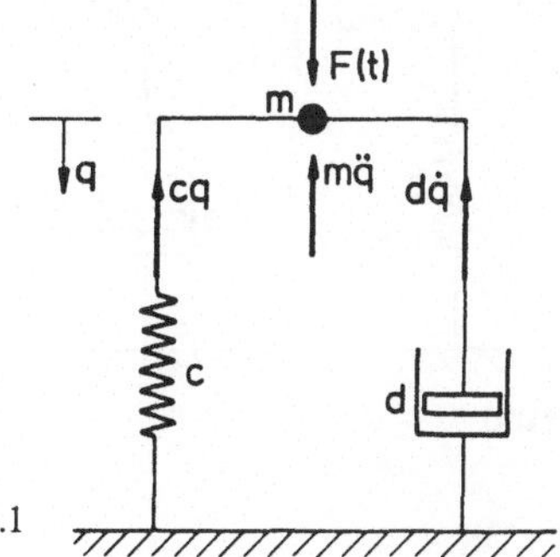

Abb. 3.1

2. Beispiel (Abb. 3.2)

Erfährt die Umgebung, gegen die ein einfacher, linearer Schwinger sich abstützt, zeitabhängig gegebene Verschiebungen u (t), so erhalten wir als *Bewegungsgleichung*

$$m\ddot{q} + d(\dot{q} - \dot{u}) + c(q - u) = 0,$$

d.h.

$$\ddot{q} + 2D\omega_0\dot{q} + \omega_0^2 q = \omega_0^2 u(t) + 2D\omega_0\dot{u}(t)$$

$$\text{mit} \quad \omega_0^2 = \frac{c}{m}$$

$$\text{und} \quad D = \frac{d}{2m\omega_0} .$$

3. Beispiel (Abb. 3.3)

Bewegt sich in einem federnd gelagerten Aggregat (Masse m_0), das als einfacher, linearer Schwinger zu betrachten ist, eine weitere Masse (m_1) in der Weise, daß u (t) gegeben ist (z.B. ein Rotor mit Unwucht), so entsteht für das Aggregat die *Bewegungsgleichung*

$$m_0\ddot{q} + d\dot{q} + cq + m_1(\ddot{q} + \ddot{u}) = 0,$$

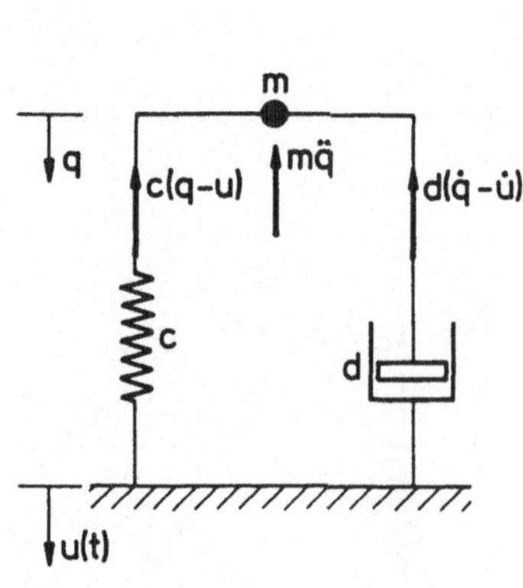

Abb. 3.2

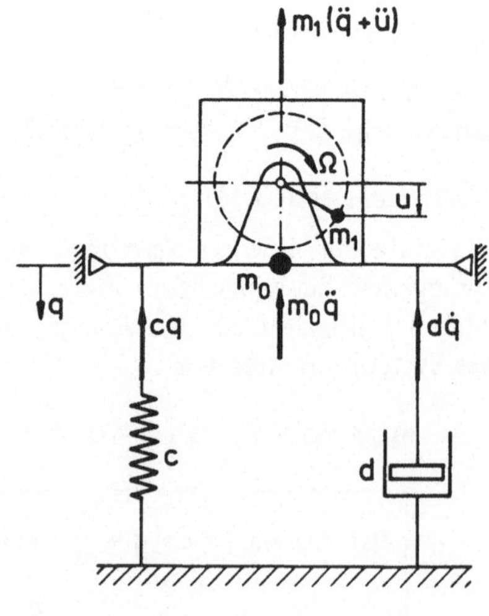

Abb. 3.3

d.h.

$$\ddot{q} + 2D\omega_0\dot{q} + \omega_0^2 q = -\frac{m_1}{m_0 + m_1}\ddot{u}(t)$$

$$\text{mit} \quad \omega_0^2 = \frac{c}{m_0 + m_1}$$

$$\text{und} \quad D = \frac{d}{2(m_0 + m_1)\omega_0} \; .$$

Wir entnehmen aus diesen Beispielen, daß sich die Bewegungsgleichung eines einfachen, linearen Schwingers mit geschwindigkeitsproportionaler Dämpfung bei skleronomen Bindungen stets auf die Form

$$\ddot{q} + 2D\omega_0\dot{q} + \omega_0^2 q = f^*(t)$$

bzw. auf die *normierte Form*

$$q'' + 2Dq' + q = f(\tau)$$

$$\text{mit} \quad \tau = \omega_0 t$$

$$\text{und} \quad f(\tau) = \frac{1}{\omega_0^2} f^*(t)$$

bringen läßt. $f^*(t)$ kann *periodisch* mit der Periode $T = \frac{2\pi}{\Omega}$ oder *nichtperiodisch* sein. Beide Fälle wollen wir im folgenden nacheinander betrachten.

3.1.2. Harmonische Erregung eines einfachen, linearen Schwingers

Wir betrachten einen *einfachen, linearen Schwinger* bei *harmonischer Erregung* mit der Kreisfrequenz Ω. Als *Bewegungsgleichung* erhalten wir

$$\ddot{q} + 2D\omega_0\dot{q} + \omega_0^2 q = \hat{f}^* \cos\Omega t$$

bzw. in *normierter Form*

$$q'' + 2Dq' + q = \hat{f}\cos\eta\tau$$

$$\text{mit} \quad \tau = \omega_0 t, \quad \hat{f} = \frac{\hat{f}^*}{\omega_0^2}$$

$$\text{und} \quad \eta = \frac{\Omega}{\omega_0} \; .$$

Den Nullphasenwinkel der Erregung haben wir dabei gleich Null gesetzt, was wir stets durch geeignete Wahl des Anfangszeitpunktes erreichen können.

Für die weiteren Betrachtungen gehen wir zweckmäßigerweise zur *komplexen Darstellung* über, indem wir (vgl. Abschnitte 1.3.3 und 2.2.3)

$$q(\tau) = \mathrm{Re}\{z(\tau)\}$$

setzen. Das führt auf die Differentialgleichung

$$\boxed{\begin{aligned} &z'' + 2Dz' + z = \hat{f}\, e^{i\eta\tau} \\ &\text{mit} \quad \tau = \omega_0 t \\ &\text{und} \quad \eta = \frac{\Omega}{\omega_0}\,. \end{aligned}}$$

Die Lösung dieser Differentialgleichung setzt sich zusammen aus

1. einer *partikulären Lösung* der *inhomogenen* Differentialgleichung und
2. der *allgemeinen Lösung* der *homogenen* Differentialgleichung.

Die *allgemeine Lösung der homogenen Differentialgleichung* beschreibt eine *Eigenschwingung,* deren freie Konstante sich aus der Anpassung der vollständigen Lösung an die *Anfangsbedingungen* ergeben. Da bei der in realen Systemen stets vorhandenen Dämpfung diese Eigenschwingung stets mehr oder weniger schnell abklingt, bleibt nach einiger Zeit nur noch die sogenannte *Dauerlösung* übrig, die eine *partikuläre Lösung der inhomogenen Differentialgleichung* darstellt.

Zur Ermittlung dieser *Dauerlösung* machen wir den *Ansatz*

$$\mathbf{z}(\tau) = \mathbf{a}\, e^{i\eta\tau}.$$

Setzen wir das in die Differentialgleichung ein, so folgt

$$\{-\eta^2 + 2D\eta i + 1\}\,\mathbf{a}\, e^{i\eta\tau} = \hat{f}\, e^{i\eta\tau},$$

d.h.

$$\mathbf{a} = \frac{\hat{f}}{1 - \eta^2 + 2D\eta i}\,.$$

Erweitern wir diesen Ausdruck mit $1 - \eta^2 - 2D\eta i$, so erhalten wir die komplexe Amplitude $\mathbf{a}$ der Schwingung in der üblichen Schreibweise:

$$\boxed{\mathbf{a}(\eta) = \underbrace{\frac{\hat{f}(1-\eta^2)}{(1-\eta^2)^2 + 4D^2\eta^2}}_{\mathrm{Re}\{\mathbf{a}\}} + \underbrace{\frac{-\hat{f}\,2D\eta}{(1-\eta^2)^2 + 4D^2\eta^2}}_{\mathrm{Im}\{\mathbf{a}\}}\, i}$$

Die komplexe Amplitude **a** repräsentiert im Zeigerbild (Abb. 3.4) die *Antwort des Schwingers* auf die durch $\hat{f}$ gegebene *harmonische Erregung*. Da **a** proportional $\hat{f}$ ist, ist es zweckmäßig, den Quotienten

$$\frac{\mathbf{a}}{\hat{f}} = \frac{1 - \eta^2 - 2D\eta i}{(1-\eta^2)^2 + 4D^2\eta^2} = V_a\, e^{i\varphi}$$

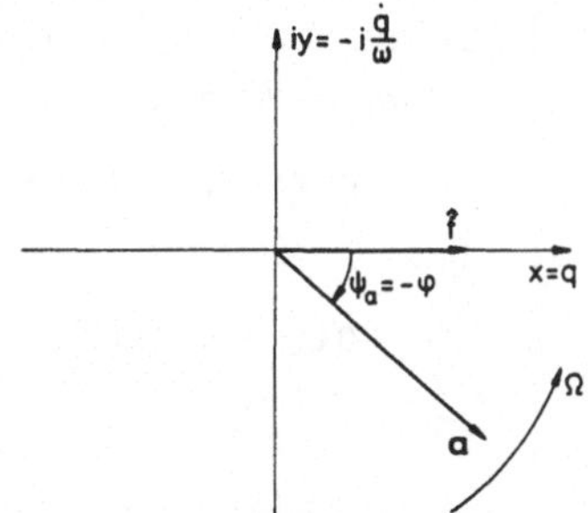

Abb. 3.4

Zeigerbild einer erzwungenen Schwingung

zu bilden, um das Antwortverhalten eines einfachen, linearen Schwingers (mit gegebener Dämpfung D) auf eine harmonische Erregung (mit $\frac{\Omega}{\omega_0} = \eta$) zu charakterisieren. Stellt man $\frac{\mathbf{a}}{\hat{f}}$ (für festes D, aber variables η) in der komplexen Zahlenebene dar, so erhält man die sogenannte *Ortskurve* eines Schwingers, die auch (komplexer) *Frequenzgang* $\mathbf{F}_M(\eta)$ genannt wird. In Abb. 3.5 sind einige solcher *Ortskurven* (*Frequenzgänge*) für verschiedene Dämpfungen D skizziert. Häufig trägt man auch anstelle der Ortskurven die *inversen Ortskurven*

$$\frac{\hat{f}}{\mathbf{a}} = \frac{1}{V_a} e^{-i\varphi} = \frac{1}{V_a} e^{i\psi_a} \quad (\text{mit } \psi_a = -\varphi)$$

auf. Die zu Abb. 3.5 korrespondierenden *inversen Ortskurven* sind in Abb. 3.6 dargestellt.

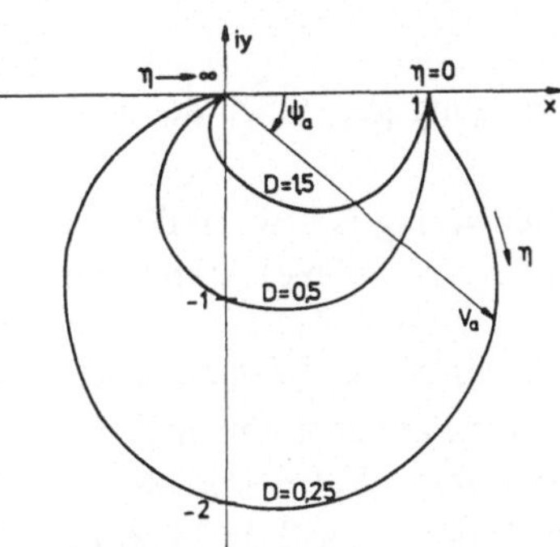

Ortskurven linearer Schwinger

Abb. 3.5

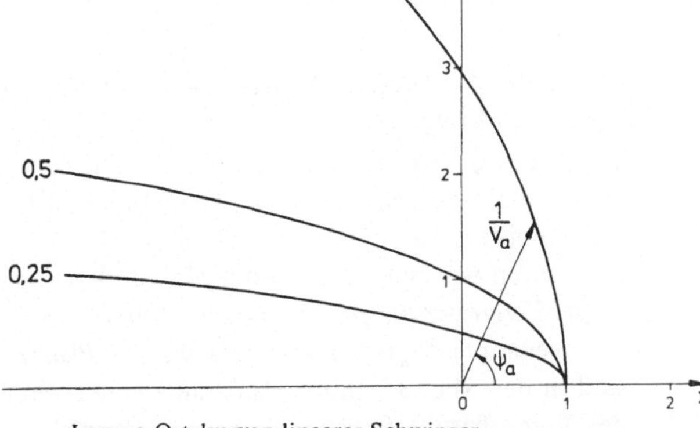

Inverse Ortskurven linearer Schwinger

Abb. 3.6

In *reeller Darstellung* erhalten wir als

> *Antwort des einfachen, linearen Schwingers auf eine harmonische Erregung*
>
> $$q(\tau) = \hat{q}\cos(\eta\tau + \varphi)$$
>
> bzw.
>
> $$q(t) = \hat{q}\cos(\Omega t + \varphi)$$
>
> mit
>
> $$\hat{q} = |\mathbf{a}| = \frac{\hat{f}}{\sqrt{(1-\eta^2)^2 + 4D^2\eta^2}} = V_a(\eta)\,\hat{f}$$
>
> und
>
> $$\varphi(\eta) = -\psi_a(\eta) = \arctan\frac{\operatorname{Im}\{\mathbf{a}\}}{\operatorname{Re}\{\mathbf{a}\}} = \arctan\frac{-2D\eta}{1-\eta^2}\;.$$

Der *Vergrößerungsfaktor*

$$V_a(\eta) = \frac{\hat{q}}{\hat{f}} = \frac{1}{\sqrt{(1-\eta^2)^2 + 4D^2\eta^2}}$$

gibt das Verhältnis der *Schwingungsamplitude* $\hat{q}$ zu der durch $\hat{f}$ gegebenen Amplitude der harmonischen Erregung an.

Der *Nacheilwinkel*

$$\psi_a(\eta) = -\varphi(\eta) = \arctan\frac{2D\eta}{1-\eta^2}$$

beschreibt die (negative) *Phasenverschiebung* der Schwingung gegenüber der harmonischen Erregung.

$V_a(\eta)$ und $\psi_a(\eta)$ behalten im übrigen auch dann ihre Bedeutung bei, wenn die Erregung nicht den Nullphasenwinkel Null hat, d.h. wenn ihre (komplexe) Amplitude nicht rein reell ist.

Betrachten wir den Vergrößerungsfaktor $V_a(\eta)$ als *Funktion* von η, so nennen wir $V_a(\eta)$ *Vergrößerungsfunktion* oder *Amplituden-Frequenzgang* (auch *Resonanzfunktion* genannt). $\psi_a(\eta)$ bezeichnen wir als *Phasen-Frequenzgang.* $V_a(\eta)$ und $\psi_a(\eta)$ sind in der Abb. 3.7 mit D als Parameter skizziert. Zu beachten ist, daß die Maxima der Vergrößerungsfunktion $V_a(\eta)$ – sie existieren nur für $0 < D \leqslant \frac{1}{2}\sqrt{2}$ – weder bei $\eta = 1$ noch bei $\eta = \sqrt{1-D^2}$, sondern bei $\eta = \sqrt{1-2D^2}$ auftreten. Die *Resonanz-Kreisfrequenz* fällt also bei $D \neq 0$ nicht mit der *Kreis-Eigenfrequenz* $\omega = \omega_0\sqrt{1-D^2}$

zusammen, sondern liegt etwas niedriger. Der geometrische Ort der Maxima ist in Abb. 3.7a mit eingezeichnet. Für die Beträge der Maxima gilt

$$V_{a\,max} = \frac{1}{2D\sqrt{1-D^2}} \;.$$

Für $D = 0$ versagt unsere Lösung im Resonanzfall ($\Omega = \omega_0$). Über die in diesem Falle anwendbaren Lösungsmethoden (z.B. das Verfahren der Variation der Konstanten oder die Reduktionsmethode) gibt die Theorie der linearen Differentialgleichungen Auskunft. Wir verzichten hier auf eine Herleitung und geben nur das Ergebnis an, kommen aber in Abschnitt 3.1.4 noch einmal auf diesen Fall zurück. Das Ergebnis lautet:

> *Antwort eines einfachen, linearen Schwingers* auf eine *harmonische Erregung im Resonanzfalle* ($\Omega = \omega_0$) *bei* $D = 0$:
>
> $$q(t) = \frac{1}{2}\,\hat{f}\,\omega_0 t \sin\omega_0 t.$$

Dies stellt eine *angefachte Schwingung* mit linear in der Zeit anwachsender Amplitude dar. In praxi wird diese Lösung meist nach wenigen Perioden der Erregung unbrauchbar, weil sich bei zunehmenden Ausschlägen gewisse Nichtlinearitäten des Systems sowie die stets vorhandene, wenn auch gelegentlich verschwindend kleine (dann aber meist nichtlineare) Dämpfung störend bemerkbar machen.

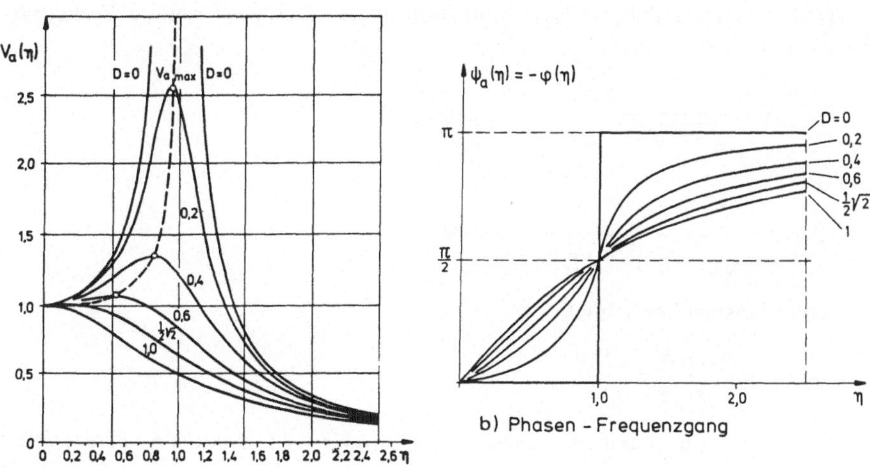

a) Vergrößerungsfunktion $V_a(\eta)$ (Amplituden-Frequenzgang)

b) Phasen - Frequenzgang

Abb. 3.7

Die Vergrößerungsfunktion $V_a(\eta)$ läßt entgegen der bisher mehr formalen Betrachtungsweise auch noch andere physikalische Deutungen zu. Dazu greifen wir auf das Beispiel einer Erregung durch eine zeitveränderliche Kraft zurück (Abb. 3.8 sowie das 1. Beispiel in Abschnitt 3.1.1). In diesem Beispiel bezeichnet

$$V_a(\eta) = \frac{\hat{q}}{\hat{f}} = \frac{\hat{q}\,\omega_0^2}{\hat{f}^*} = \frac{c\,\hat{q}}{\hat{F}}$$

a) das Verhältnis von maximaler *Federkraft* ($c\hat{q}$) zu maximaler *Erregerkraft* ($\hat{F}$),
b) das Verhältnis von *Amplitude der Schwingung* ($\hat{q}$) zur *statischen Auslenkung* $\frac{\hat{F}}{c}$ unter der maximalen Federkraft.

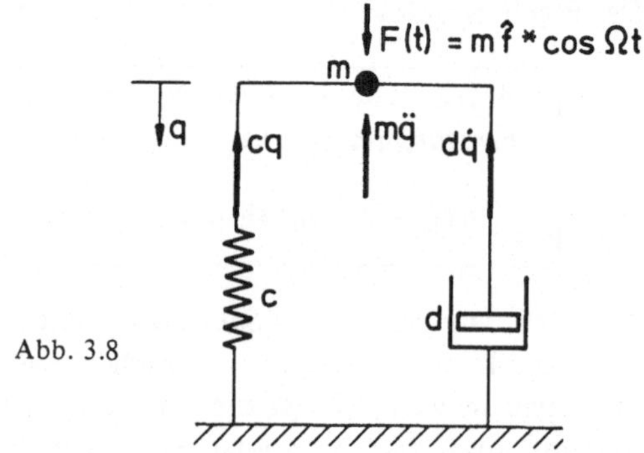

Abb. 3.8

Die zweite Bedeutung läßt besonders den Ursprung der Bezeichnung *Vergrößerungsfunktion* für $V_a(\eta)$ noch einmal anschaulich hervorteten. Die erste Bedeutung für $V_a(\eta)$ in diesem Beispiel legt es hingegen nahe, noch zwei weitere *Verhältniszahlen* einzuführen, nämlich

$$V_b(\eta) = \frac{2D\eta}{\sqrt{(1-\eta^2)^2 + 4D^2\eta^2}} = 2D\eta V_a(\eta)$$

und

$$V_c(\eta) = \frac{\eta^2}{\sqrt{(1-\eta^2)^2 + 4D^2\eta^2}} = \eta^2 V_a(\eta).$$

In unserem Beispiel bezeichnet

$$V_b(\eta) = \frac{2D\eta\,\hat{q}}{\hat{f}} = \frac{d\Omega\,\hat{q}}{\hat{F}}$$

das Verhältnis von maximaler *Dämpferkraft* ($d\Omega\hat{q}$) zu maximaler *Erregerkraft* ($\hat{F}$),

$$V_c(\eta) = \frac{\eta^2\,\hat{q}}{\hat{f}} = \frac{m\Omega^2\,\hat{q}}{\hat{F}}$$

das Verhältnis zwischen maximaler *Trägheitskraft* ($m\Omega^2\hat{q}$) zu maximaler *Erregerkraft* ($\hat{F}$).

Die Funktionen $V_b(\eta)$ und $V_c(\eta)$ sind in den Abbildungen 3.9 und 3.10 dargestellt. Sie werden im allgemeinen – wie $V_a(\eta)$ – ebenfalls als *Vergrößerungsfunktionen* bezeichnet und nur, wie hier geschehen, durch einen anderen Index von $V_a(\eta)$ unterschieden. Im übrigen spiegeln sich die verschiedenen Vergrößerungsfaktoren auch bei der Darstellung der Schwingung in der komplexen Zahlenebene (Zeigerdiagramm) wider, wenn wir die Antwort des Schwingers in ihre Komponenten zerlegen (Abb. 3.11) entsprechend der Beziehung

$$z = a\,e^{i\eta\tau} = \hat{f}\,e^{i\eta\tau} - 2Dz' - z'' = \{\hat{f} - 2D\eta\,a\,i + \eta^2 a\}\,e^{i\eta\tau}.$$

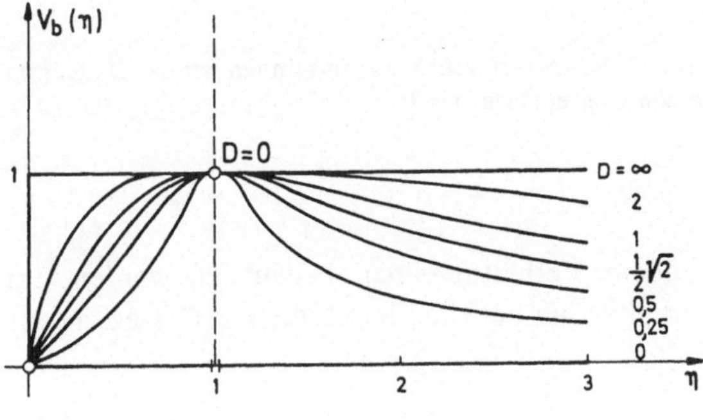

Abb. 3.9

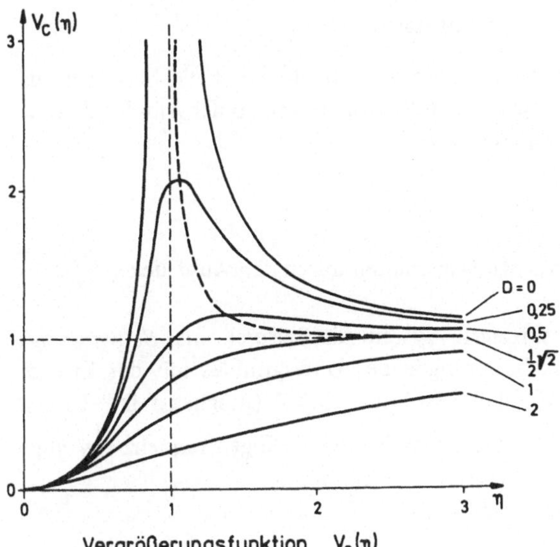

Abb. 3.10

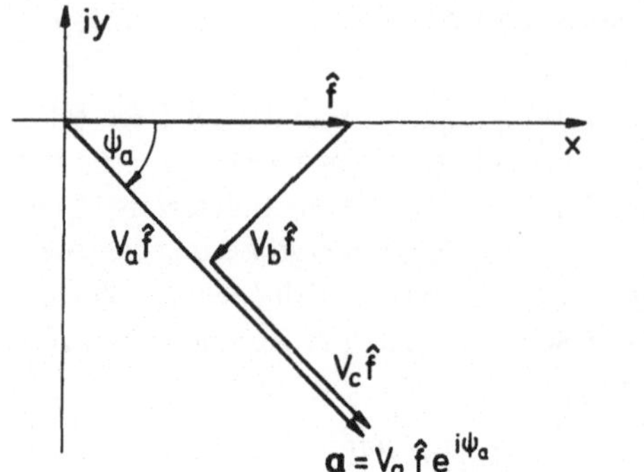

Abb. 3.11

Anmerkung:
Ändern wir in Abb. 3.11 die Pfeilrichtung des Antwortvektors **a**, so können wir das Diagramm der Abb. 3.11 als eine *Gleichgewichtsbedingung* entsprechend

$$\hat{f} e^{i\eta\tau} - z - 2Dz' - z'' = 0$$

interpretieren.

In anderen Beispielen können andere Verhältniszahlen bedeutsam werden. Im 2. Beispiel des Abschnittes 3.1.1 erhalten wir bei einer harmonischen Bewegung der Umgebung mit

$$u(t) = \hat{u} \cos \Omega t$$

für die rechte Seite der Schwingungs-Differentialgleichung beispielsweise

$$f(\tau) = \hat{u}\sqrt{1 + 4D^2\eta^2} \cos(\eta\tau + \varphi) \quad \text{mit} \quad \tan\varphi = 2D\eta.$$

Hinsichtlich der Antwort des Systems interessiert in diesem Falle besonders das Verhältnis der Amplitude $\hat{q}$ der erzwungenen Schwingungen zu der Amplitude $\hat{u}$ der Bewegung der Umgebung. Dafür erhalten wir

$$\frac{\hat{q}}{\hat{u}} = \frac{\hat{q}}{\hat{f}}\sqrt{1 + 4D^2\eta^2} = \sqrt{V_a^2(\eta) + V_b^2(\eta)}.$$

In diesem Falle wird also das Schwingungsverhalten durch den Ausdruck $\sqrt{V_a^2 + V_b^2}$ charakterisiert.

Betrachten wir das in Abb. 3.2 skizzierte System als Beispiel einer *Schwingungsisolierung* gegen harmonische Erschütterungen des Untergrundes mit der Erreger-Kreisfrequenz Ω, so erkennen wir, daß $\eta \gg 1$ und $D \ll 1$ (möglichst $D \to 0$) sein muß, damit $\frac{\hat{q}}{\hat{u}}$ hinreichend klein bleibt. Es muß also die Eigenfrequenz *tief* abgestimmt werden, d.h.

$$\frac{\omega_0}{\Omega} = \frac{1}{\eta} \ll 1$$

gemacht werden, wenn die Schwingungsisolierung wirksam sein soll. Eine kleine Restdämpfung kann dabei im Hinblick auf etwa auftretende Eigenschwingungen in manchen Fällen sinnvoll sein.

Analoge Überlegungen haben wir bei der Abstimmung von *Schwingungsmeßgeräten* anzustellen. Eine vereinfachte Prinzipskizze eines bestimmten Typs solcher Meßgeräte zeigt Abb. 3.12. Das Gehäuse dieses Gerätes macht die zu messenden bzw. aufzuzeichnenden Schwingungen

$$u(t) = \hat{u} \cos \Omega t$$

mit. Der *Relativausschlag* der Masse gegenüber dem Gehäuse ist

$$y(t) = q(t) - u(t).$$

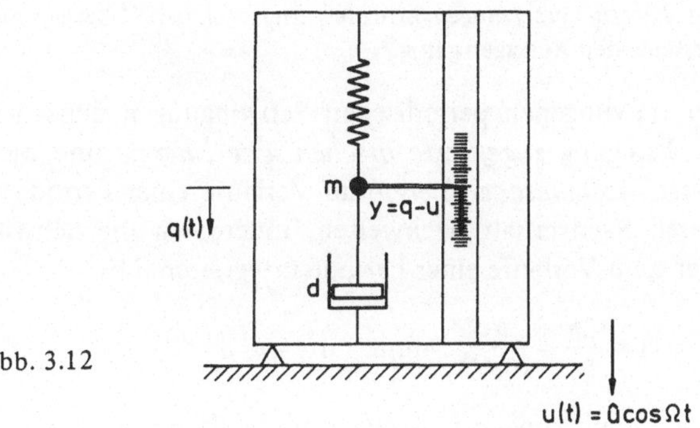

Abb. 3.12

Die Differentialgleichung für y (t) lautet (vgl. 2. Beispiel des Abschnittes 3.1)

$$\ddot{y} + 2D\omega_0\dot{y} + \omega_0^2 y = \Omega^2 \hat{u} \cos \Omega t$$

bzw.

$$\boxed{y'' + 2Dy' + y = \underbrace{\eta^2 \hat{u}}_{\hat{f}} \cos \eta\tau.}$$

Soll das Meßgerät die *Schwingwege* möglichst genau aufzeichnen, so muß

$$\frac{\hat{y}}{\hat{u}} = \eta^2 \frac{\hat{y}}{\hat{f}} = V_c(\eta) \approx 1$$

werden, und zwar für einen möglichst großen Bereich von η. Das wird erreicht, indem man

$$\eta > 3 \quad \text{und} \quad D \approx \frac{1}{2}\sqrt{2}$$

wählt, also das System *tief* abstimmt ($\frac{\omega_0}{\Omega} < \frac{1}{3}$). Sollen hingegen die *Schwingbeschleunigungen* aufgezeichnet werden, so ist

$$\frac{\hat{y}}{\eta^2 \hat{u}} = \frac{\hat{y}}{\hat{f}} = V_a(\eta) \approx 1$$

zu machen. Das erreicht man durch eine *hohe* Abstimmung ($\frac{\omega_0}{\Omega} > 3$), d.h. mit

$$\eta < \frac{1}{3} \quad \text{und} \quad D \approx \frac{1}{2}\sqrt{2}.$$

Anmerkung:

Eine Optimierung der Schwingungsmeßgeräte im Hinblick auf möglichst kleine *Amplituden-* und *Phasen-Verzerrungen* erfordert tiefergehende Überlegungen. Qualitativ bleiben aber die vorstehenden Aussagen gültig.

Bei erzwungenen periodischen Schwingungen müssen sich die dem System durch die Erregung *zugeführte mechanische Energie* und die durch die Dämpfung *dissipierte mechanische Energie* im Verlaufe einer Periode die Waage halten. Wir wollen diesen Sachverhalt nachweisen, indem wir die Schwingungs-Differentialgleichung über q im Verlaufe einer Periode integrieren. Mit

$$T = \frac{2\pi}{\Omega} = \frac{2\pi}{\omega_0}\frac{1}{\eta} \quad \text{und} \quad dq = q'\,d\tau$$

erhalten wir zunächst als *energetische Bilanzgleichung*

$$\omega_0^2 \int_0^{\frac{2\pi}{\eta}} q''\,q'\,d\tau + 2D\omega_0^2 \int_0^{\frac{2\pi}{\eta}} (q')^2\,d\tau + \omega_0^2 \int_0^{\frac{2\pi}{\eta}} q\,q'\,d\tau = \omega_0^2 \int_0^{\frac{2\pi}{\eta}} f(\tau)\,q'\,d\tau.$$

Die einzelnen Glieder dieser Bilanzgleichung stellen die im Verlaufe einer Periode *ausgetauschten spezifischen* (d.h. auf die Masse oder das Massen-Trägheitsmoment bezogenen) Energien e dar. Nun ist bei periodischen Schwingungen

$$\int_0^{\frac{2\pi}{\eta}} q''q'\,d\tau = \frac{1}{2}\,[(q')^2]_0^{\frac{2\pi}{\eta}} = 0$$

und ebenso

$$\int_0^{\frac{2\pi}{\eta}} qq'\,d\tau = \frac{1}{2}\,[q^2]_0^{\frac{2\pi}{\eta}} = 0.$$

In der Bilanzgleichung bleiben also nur übrig

die *dissipierte spezifische Energie:*

$$\Delta e_{(-)} = \omega_0^2 \, 2D \frac{1}{\eta} \int_0^{2\pi} \hat{q}^2 \eta^2 \sin^2(\eta\tau + \varphi) \, d(\eta\tau) = 2\pi D \hat{q}^2 \omega_0^2 \eta$$

und die *durch die Erregung zugeführte spezifische Energie:*

$$\Delta e_{(+)} = -\omega_0^2 \frac{1}{\eta} \int_0^{2\pi} \hat{f} \cos(\eta\tau) \hat{q} \eta \sin(\eta\tau + \varphi) \, d(\eta\tau)$$

$$= -\omega_0^2 \hat{f} \hat{q} \int_0^{2\pi} \cos(\eta\tau) \{\sin(\eta\tau)\cos\varphi + \cos(\eta\tau)\sin\varphi\} \, d(\eta\tau)$$

$$= -\omega_0^2 \hat{f} \hat{q} \pi \sin\varphi.$$

Mit

$$\sin\varphi = \frac{\tan\varphi}{\sqrt{1+\tan^2\varphi}} = \frac{-2D\eta}{\sqrt{(1-\eta^2)^2 + 4D^2\eta^2}}$$

und

$$\hat{f} = \hat{q}\sqrt{(1-\eta^2)^2 + 4D^2\eta^2}$$

folgt

$$\Delta e_{(+)} = 2\pi D \hat{q}^2 \omega_0^2 \eta,$$

mithin also, wie es sein muß,

$$\Delta e_{(+)} = \Delta e_{(-)} .$$

Diese letzte Beziehung gilt im übrigen allgemein für erzwungene, *periodische* Schwingungen eines einfachen Systems mit Dämpfung, also auch für nichtlineare Systeme.

3.1.3. Allgemeine periodische Erregung eines einfachen, linearen Schwingers

In Abschnitt 1.5 haben wir festgestellt, daß wir jede *periodische* Funktion, die den *Dirichlet*schen Bedingungen genügt, in eine konvergente *Fourier*-Reihe entwickeln können (harmonische Analyse). Deshalb können wir die Differentialgleichung für die erzwungenen Schwingungen eines einfachen, linearen Schwingers bei *periodischer Erregung* mit der Periode $T = \frac{2\pi}{\Omega}$ in der allgemeinen Form

$$\boxed{\ddot{q} + 2D\omega_0\dot{q} + \omega_0^2 q = \underbrace{f_0^* + \sum_{n=1}^{\infty} f_n^* \cos(n\Omega t + \varphi_n)}_{f^*(t)}}$$

schreiben. Durch Einführung von

$$\bar{q} = q - \frac{1}{\omega_0^2} f_0^*,$$

wobei

$$\frac{1}{\omega_0^2} f_0^* = q_m$$

den Mittelwert von q (statische Gleichgewichtslage) bezeichnet, geht diese Differentialgleichung über in

$$\ddot{\bar{q}} + 2D\omega_0 \dot{\bar{q}} + \omega_0^2 \bar{q} = \sum_{n=1}^{\infty} f_n^* \cos(n\Omega t + \varphi_n)$$

bzw. in

$$\bar{q}'' + 2D\bar{q}' + \bar{q} = \sum_{n=1}^{\infty} f_n \cos(n\eta\tau + \varphi_n)$$

$$\text{mit } \omega_0 t = \tau, \quad \frac{\Omega}{\omega_0} = \eta, \quad \frac{f_n^*}{\omega_0^2} = f_n.$$

Da die Differentialgleichung *linear* ist, lassen sich die zu den einzelnen Gliedern der rechten Seite gehörenden partikulären Lösungen der inhomogenen Differentialgleichung, also die sogenannten *Dauerlösungen* überlagern. Diese Lösungen lauten

$$\bar{q}_n(\tau) = V_{an}(n\eta) f_n \cos\{n\eta\tau + \varphi_n - \psi_{an}(n\eta)\}.$$

Ihre Überlagerung ergibt die

Dauerlösung der erzwungenen Schwingung (um die Mittellage) *bei periodischer Erregung:*

$$\bar{q}(\tau) = \sum_{n=1}^{\infty} \bar{q}_n(\tau) = \sum_{n=1}^{\infty} V_{an}(n\eta) f_n \cos\{n\eta\tau + \varphi_n - \psi_{an}(n\eta)\}.$$

Dieser Lösung sind dann gegebenenfalls im *Einschwingvorgang* noch die *Eigenschwingungen* des Systems (Lösungen der homogenen Differentialgleichung) mit den an die Anfangsbedingungen angepaßten Konstanten (vgl. Abschnitt 2.2.3) zu überlagern.

3.1.4. Nichtperiodische Erregung eines einfachen, linearen Schwingers

Wir betrachten zunächst ein spezielles Beispiel. Ein einfacher, linearer Schwinger (Abb. 3.13) werde zu einer Zeit $t = t^*$ aus der Ruhe heraus durch einen Impuls J angestoßen. Wir können diesen Vorgang durch die Differentialgleichung

$$\ddot{q} + 2D\omega_0\dot{q} + \omega_0^2 q = \underbrace{\frac{J}{m}\,\delta(t - t^*)}_{f^*(t)}$$

bzw. durch

$$q'' + 2Dq' + q = \underbrace{\frac{J}{m\omega_0^2}\,\delta(\tau - \tau^*)}_{f(\tau)}$$

$$\text{mit} \quad \tau = \omega_0 t$$

beschreiben. δ bezeichnet die in Abschnitt 2.3 eingeführte *Dirac*-Funktion, die hier die Dimension $[T^{-1}]$ hat. Im folgenden bevorzugen wir die erste Schreibweise, da bei nichtperiodischer Erregung die Einführung der neuen Variablen τ wenig Vorteile bringt.

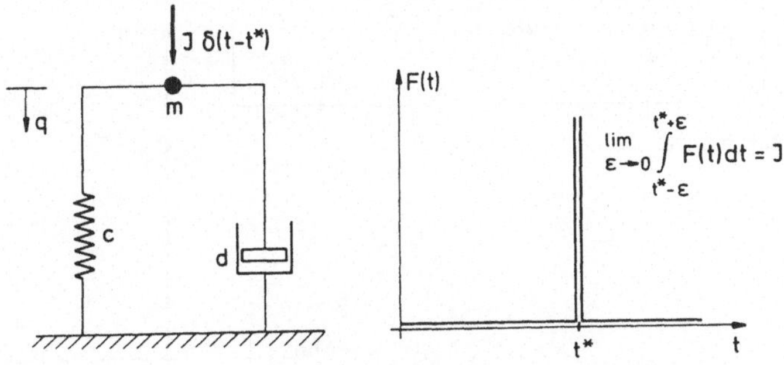

Abb. 3.13

Die Lösung unseres Problems finden wir in anschaulicher Weise aufgrund folgender Überlegungen:

1. Bis zur Zeit $t = t^*$ bleibt das System in *Ruhe.*
2. Zur Zeit $t = t^*$ erhält das System durch den Stoß mit dem Impuls J eine *Anfangsgeschwindigkeit*

$$\dot{q}^* = \frac{J}{m}.$$

3. Für $t > t^*$ führt das System *Eigenschwingungen* aus mit den Anfangsbedingungen

$$t = t^*: \quad q^* = 0$$
$$\dot{q}^* = \frac{J}{m} \; .$$

Deshalb erhalten wir als

Antwort des (zur Zeit t^*) *impulserregten, einfachen, linearen Schwingers bei* $D < 1$ (vgl. Abschnitt 2.2.3):

$$t < t^*: \quad q(t) = 0$$
$$t \geqslant t^*: \quad q(t) = \frac{J}{m\omega_0\sqrt{1-D^2}}\, e^{-D\omega_0(t-t^*)} \sin\{\omega_0\sqrt{1-D^2}(t-t^*)\}.$$

Dieses Ergebnis läßt sich zur Entwicklung der Lösung für den *allgemeinen Fall der nichtperiodischen Erregung* ($D < 1$) nutzen, die durch die Differentialgleichung

$$\ddot{q} + 2D\omega_0\dot{q} + \omega_0^2 q = f^*(t)$$
$f^*(t)$ beliebig

beschrieben wird. Dabei wollen wir voraussetzen, daß das System zur Zeit $t = 0$ in *Ruhe* sei, wir also mit den

Anfangsbedingungen: $t = 0: \quad q = 0, \quad \dot{q} = 0$

rechnen können.

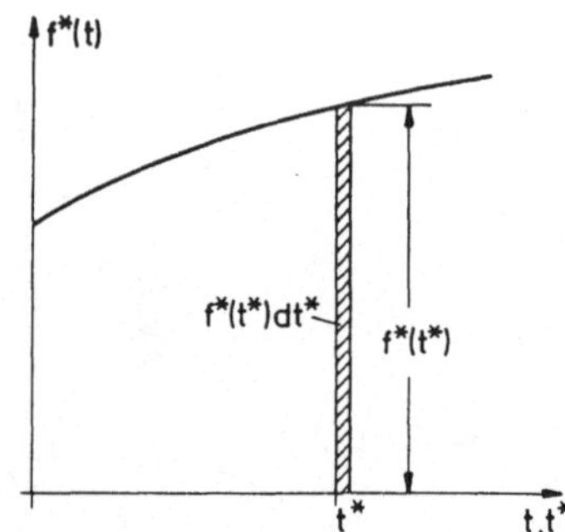

Abb. 3.14

Die Erregerfunktion $f^*(t)$ führt in einem Zeitintervall $[t^*, t^* + dt^*]$ dem System den *bezogenen Impuls* $f^*(t^*)\,dt^*$ zu (Abb. 3.14). Diese Impulszufuhr liefert einen Bewegungsanteil zu der Gesamtbewegung, der durch

$$dq = \begin{cases} 0 \quad \text{für} \quad t < t^* \\ \dfrac{f^*(t^*)\,dt^*}{\omega_0\sqrt{1-D^2}}\, e^{-D\omega_0(t-t^*)} \sin\{\omega_0\sqrt{1-D^2}(t-t^*)\} \quad \text{für } t \geqslant t^* \end{cases}$$

gegeben ist. Integrieren wir nun über alle Teilimpulse, so erhalten wir als

Antwort des einfachen, linearen Schwingers bei beliebiger Erregung ($D < 1$):

$$q(t) = \frac{1}{\omega_0 \sqrt{1-D^2}} \int_0^t e^{-D\omega_0 (t-t^*)} \sin\{\omega_0 \sqrt{1-D^2}(t-t^*)\} f^*(t^*)\, dt^*.$$

Dies ist das sogenannte *Duhamel*sche Integral unseres Schwingungsproblems. Es repräsentiert eine *partikuläre Lösung der inhomogenen Differentialgleichung bei beliebiger Erregungsfunktion* $f^*(t)$, wie man durch Einsetzen in die Differentialgleichung sofort nachprüfen kann, und gilt auch für den Fall, daß $D = 0$ wird. Man kann dieses Integral auch auf formalem Wege gewinnen, wie in der Theorie der Differentialgleichungen gezeigt wird.

Ist der Schwinger zur Zeit $t = 0$ nicht in Ruhe, so überlagert sich der durch das *Duhamel*sche Integral gegebenen partikulären Lösung noch eine *Eigenschwingung* mit den zur Zeit $t = 0$ gegebenen Anfangswerten.

Als ein *Beispiel* für die Anwendung der soeben entwickelten Lösungsmethode wählen wir die Erregung eines einfachen, linearen Schwingers durch eine *sprunghafte (spezifische) Belastung* von der Größe f_0^* zur Zeit $t = 0$ (Abb. 3.15a). Wir können eine solche Belastung formal mit Hilfe der sogenannten *Heaviside*schen *Sprungfunktion* (kurz *Sprungfunktion* oder auch *Einheitsfunktion* genannt) $1(x)$ beschreiben, die wie folgt definiert ist:

Es ist

$$1(x) = \begin{cases} 0 & \text{für } x < 0 \\ 1 & \text{für } x > 0. \end{cases}$$

(Für $x = 0$ ist $1(x)$ nicht definiert)

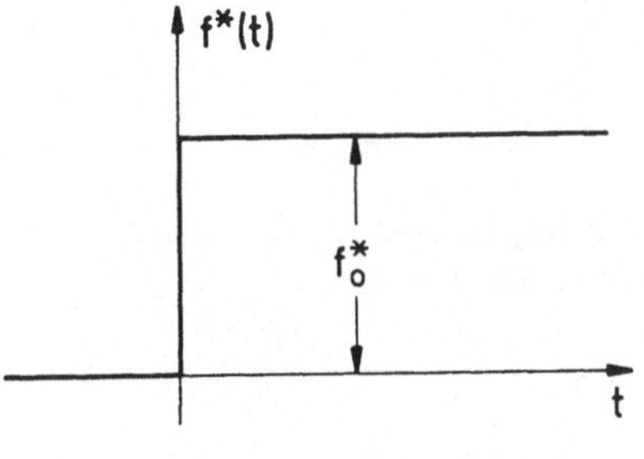

Abb. 3.15a

Anmerkung:

Die Sprungfunktion gehört – wie die *Dirac*-Funktion – zu den *verallgemeinerten Funktionen (Distributionen)*. Die *Dirac*-Funktion kann als Ableitung der Sprungfunktion betrachtet werden bzw. die Sprungfunktion als Integral der *Dirac*-Funktion.

Mit Hilfe dieser Sprungfunktion können wir nun im vorliegenden Falle schreiben:

$$\ddot{q} + 2D\omega_0 \dot{q} + \omega_0^2 q = f_0^* \cdot 1(t).$$

Dabei setzen wir voraus, daß für $t < 0$ das System in Ruhe sei. Das *Duhamel*sche Integral liefert für dieses Problem die Lösung

$$q(t) = \frac{f_0^*}{\omega_0\sqrt{1-D^2}} \int_{-\infty}^{t} e^{-D\omega_0(t-t^*)} \sin\{\omega_0\sqrt{1-D^2}(t-t^*)\} \cdot 1(t^*)\,dt^*$$

$$= \frac{f_0^*}{\omega_0\sqrt{1-D^2}} \int_{0}^{t} e^{-D\omega_0(t-t^*)} \sin\{\omega_0\sqrt{1-D^2}(t-t^*\}\,dt^*$$

$$= \frac{f_0^*}{\omega_0\sqrt{1-D^2}} \int_{0}^{t} e^{-D\omega_0\xi} \sin\{\omega_0\sqrt{1-D^2}\,\xi\}\,d\xi$$

$$= \frac{f_0^*}{\omega_0^2}\left\{1 - e^{-D\omega_0 t}\left[\cos(\omega_0\sqrt{1-D^2}\,t) + \frac{D}{\sqrt{1-D^2}}\sin(\omega_0\sqrt{1-D^2}\,t)\right]\right\}.$$

Wir erhalten also als

Antwort eines einfachen, linearen Schwingers bei sprunghafter Erregung $(D < 1)$:

$$q(t) = \frac{f_0^*}{\omega_0^2}\left\{1 - \frac{e^{-D\omega_0 t}}{\sqrt{1-D^2}}\cos\{\omega_0\sqrt{1-D^2}\,t + \varphi\}\right\}$$

$$\text{mit} \quad \arctan\varphi = \frac{-D}{\sqrt{1-D^2}}.$$

Dieses Ergebnis ist in Abb. 3.15b (mit verschiedenen Werten von D als Parameter) skizziert. Die Größe

$$q_{st} = \frac{f_0^*}{\omega_0^2}$$

beschreibt die *statische Gleichgewichtslage* des Systems für $t > 0$ unter der konstanten Belastung f_0^*. Wir können deshalb

$$\frac{q(t)\,\omega_0^2}{f_0^*} = \frac{q(t)}{q_{st}}$$

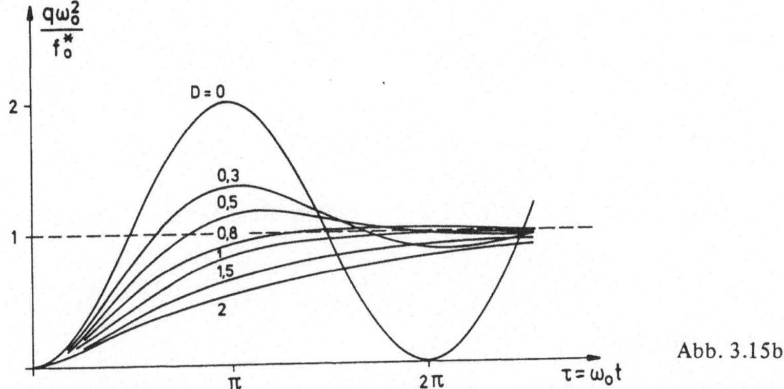

Abb. 3.15b

setzen. Die in Abb. 3.15b skizzierten Zeitverläufe stellen also das Verhältnis der zeitabhängigen Auslenkung q(t) zur statischen Auslenkung q_{st} dar. Wir erkennen, daß bei $D \to 0$ die Ausschläge im Maximum die doppelte Größe der statischen Auslenkung q_{st} erreichen. Man bezeichnet im übrigen die Beziehung $\frac{q(t)}{q_{st}}$ auch als Übergangsfunktion, weil es den Übergang in eine neue Gleichgewichtslage charakterisiert.

Anmerkung:

Wir können das vorliegende Problem auch in der Weise lösen, daß wir die Reaktion des Systems als Eigenschwingungen um die für $t > 0$ geltende neue Gleichgewichtslage q_{st} mit den zur Zeit $t = 0$ gegebenen Anfangsbedingungen betrachten. Hierzu können wir die in Abschnitt 2.2.3 gewonnenen Ergebnisse heranziehen.

Aus der Kenntnis der Reaktion eines einfachen linearen Schwingers auf eine sprunghafte Erregung können wir im übrigen auch die Antwort des Systems auf eine beliebige Erregung $f^*(t)$ in der Weise ableiten, daß wir $f^*(t)$ als eine stetige Folge differentieller Sprünge $1(t^*) \cdot df^*(t^*)$ betrachten. Die Überlagerung aller Teilvorgänge führt uns dann wieder auf das *Duhamel*sche *Integral*, das also auch auf diese Weise anschaulich zu gewinnen ist.

Das *Duhamel*sche *Integral* ist natürlich auch auf periodische Erregungen $f^*(t)$ anwendbar und liefert dann die in den Abschnitten 3.1.2 und 3.1.3 gewonnenen Ergebnisse. Als Beispiel wählen wir dafür den *Resonanzfall* der harmonischen Erregung bei verschwindender Dämpfung, für den wir in Abschnitt 3.1.2 nur das Ergebnis, jedoch nicht die Ableitung des Ergebnisses angegeben haben. Die Differentialgleichung lautet in diesem Falle ($D = 0$, $\Omega = \omega_0$)

$$\ddot{q} + \omega_0^2 q = \hat{f}^* \cos \omega_0 t.$$

Das *Duhamel*sche Integral liefert dafür als Lösung

$$q(t) = \frac{\hat{f}^*}{\omega_0} \int_0^t \sin \omega_0 (t - t^*) \cos \omega_0 t^* \, dt^*$$

$$= \frac{\hat{f}^*}{2\omega_0} \int_0^t \{\sin\omega_0(t-2t^*) + \sin\omega_0 t\}\, dt^*$$

$$= \frac{\hat{f}^*}{2\omega_0^2}\, \omega_0 t \sin\omega_0 t = \frac{1}{2}\, \hat{f}\, \omega_0 t \sin\omega_0 t.$$

Das ist aber gerade das in Abschnitt 3.1.2 für diesen Resonanzfall angegebene Ergebnis.

3.1.5. System-Identifikation

Bei unseren Betrachtungen sind wir bisher stets davon ausgegangen, daß uns die Parameter, die die Eigenschaften des Systems festlegen (z.B. c, m, d) gegeben sind. Es kommt jedoch auch vor, daß wir die Eigenschaften eines Systems nicht – oder nicht genau genug – kennen, um die Reaktion des Systems auf beliebige Erregungen vorausberechnen zu können. In diesem Falle können wir diese Parameter aus den Antworten erschließen, die das System auf bestimmte, wohl definierte Erregungen liefert.

Symbolisch betrachten wir bei dieser Vorgehensweise das System als ein unbekanntes Aggregat, das Speicher von kinetischer Energie (Massen), von potentieller Energie (Federn) sowie Dämpfer in unbekannter Anordnung enthält, also als eine Art *black box*, mit einem *Eingang*, über den das *Eingangssignal* (die Erregung) $f^*(t)$ eingegeben wird, und mit einem *Ausgang*, an dem das *Ausgangssignal* (die Antwort) $q(t)$ beobachtet werden kann (Abb. 3.16). Als *Test-Eingangssignale* (*Prüf-Funktionen*) eignen sich besonders *harmonische Funktionen, Sprungfunktionen* und *Dirac-Funktionen.*

Abb. 3.16

Hat unser System nur *einen* Eingang für Eingangssignale, also z.B. nur die Möglichkeit der Erregung durch eine zeitabhängige Kraft (vgl. 1. Beispiel in Abschnitt 3.1.1), und nur *einen* Ausgang, an dem die Antwort des Systems beobachtet werden kann, so können wir bei einem *linearen System* aus der Gegenüberstellung von Eingangs- und Ausgangssignal auch nur auf die globalen Systemparameter ω_0 und D sowie auf einen konstanten Maßstabsfaktor zwischen Eingang und Ausgang schließen. Den Maßstabsfaktor können wir dabei bereits in einem quasistatischen Versuch

ermitteln. Zur Festlegung der anderen Parameter genügt theoretisch *ein* Test. So liefert beispielsweise eine harmonische Erregung jeweils einen Punkt der betreffenden *Ortskurve.* Diese ist damit aber bei einem *linearen System* in ihrem ganzem Verlauf festgelegt. Deshalb können wir in *einem* Test ω_0 und D ermitteln. Ähnliches gilt für die anderen Prüf-Funktionen.
Können wir weitere Ausgangssignale beobachten, also z.B. Feder- und Dämpferkräfte getrennt messen, so können wir weitere Einblicke in die Struktur des Systems gewinnen. Mit solchen Überlegungen beschäftigt sich die Theorie der *System-Identifikation,* die auch nichtlineare Systeme in ihre Betrachtungen einbezieht. Darauf können wir hier nicht weiter eingehen.

3.2. Parametererregte Schwingungen eines einfachen, linearen Schwingers

3.2.1. Allgemeines

Wir beschränken uns hier auf *parametererregte Schwingungen einfacher, linearer Schwinger,* die man auch als *rheolineare Schwingungen* bezeichnet. Sie sind dadurch gekennzeichnet, daß gewisse Systemparameter zeitabhängig veränderlich (wir können auch sagen: gesteuert) sind. Die allgemeine Form der Differentialgleichung für solche Schwingungen lautet:

$$\ddot{q} + p_1(t)\,\dot{q} + p_2(t)\,q = 0.$$

Substitutieren wir

$$q(t) = y(t)\,e^{-\frac{1}{2}\int_0^t p_1(t)\,dt},$$

so geht die obige Differentialgleichung über in

$$\ddot{y}(t) + P(t)\,y(t) = 0$$

mit

$$P(t) = p_2(t) - \tfrac{1}{2}\,\dot{p}_1(t) - \tfrac{1}{4}\,p_1^2(t).$$

Wir beschränken uns hier auf solche Fälle, in denen $p_1(t)$ und $p_2(t)$ und damit auch $P(t)$ *periodisch* sind (Periode T). Dann ist die obige Differentialgleichung für $y(t)$ eine sogenannte *Hill*sche *Differentialgleichung.* Sie besitzt in jedem Falle mindestens eine *Lösung* von der Form

$$y(t) = c\,e^{\mu t}\,y^*(t).$$

$y^*(t)$ ist hierin eine periodische Funktion mit der Periode T, so daß

$$\boxed{y(t+T) = e^{\mu T}\, y(t)}$$

gilt. $y(t)$ ist also eine sogenannte *periodische Funktion zweiter Art.* μ ist der – im allgemeinen komplexe – *charakteristische Exponent.* Hat μ einen *positiven Realteil,* so wächst $y(t)$ mit $t \to \infty$ über alle Grenzen. Die Lösung ist dann *instabil.* Bei *negativem Realteil* geht $y(t \to \infty) \to 0$. Die Lösung ist dann *asymptotisch stabil.* Bei verschwindendem Realteil, also bei einem *rein imaginären* Exponenten μ *oszilliert* die Lösung *stationär.* Als Produkt einer Kreisfunktion mit einer periodischen Funktion bleibt die Lösung – sofern $y^*(t)$ beschränkt ist – ebenfalls beschränkt. Sie wird als *grenzstabil* bezeichnet. *Periodisch* ist die Lösung allerdings nur, wenn $i\mu \frac{T}{2\pi}$ eine rationale Zahl ist.
In die Klasse der *Hill*schen Differentialgleichungen fallen eine Reihe von Sonderfällen, denen wir bei der Beschreibung von parametererregten Schwingungen einfacher, linearer Schwingungen begegnen. Eines dieser Beispiele sei im folgenden etwas näher betrachtet.

3.2.2. Ein Beispiel für eine rheolineare Schwingung

Wir betrachten ein Pendel mit vertikal (harmonisch) bewegtem Aufhängepunkt (Abb. 3.17). In einem Bezugssystem, das die vertikalen Bewegungen $u(t)$ mitmacht und in dem deshalb der Aufhängepunkt des Pendels ruht, tritt neben der Gewichtskraft mg noch eine Trägheitskraft $m\ddot{u}$ auf.
Der *Drallsatz* liefert mithin

$$\underbrace{(\theta + m r_M^2)}_{\theta_{(0)}} \ddot{q} + m(g - \ddot{u})\, r_M \sin q = 0.$$

Für *kleine Schwingungen* können wir

$$\sin q \approx q$$

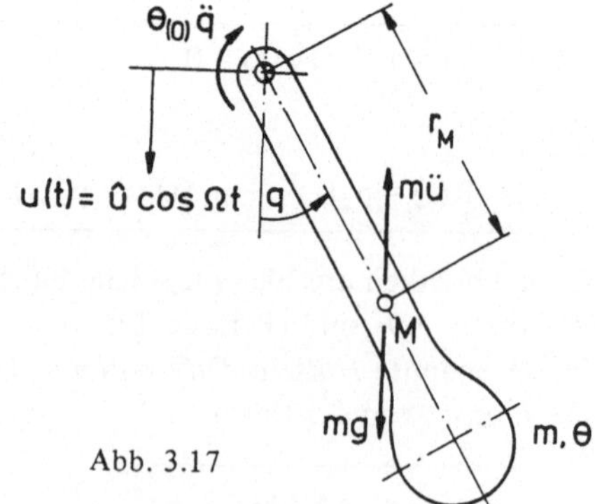

Abb. 3.17

setzen. Als *Bewegungsgesetz* erhalten wir deshalb in diesem Falle

$$\ddot{q} + \omega_0^2 \left\{ 1 + \frac{\Omega^2 \hat{u}}{g} \cos \Omega t \right\} q = 0$$

$$\text{mit} \quad \omega_0^2 = \frac{m g r_M}{\theta_{(0)}} .$$

Anmerkung:

Wir können das Pendel auch als ein System auffassen, bei dem die vertikale Bewegung des Aufhängepunktes (der zweite Freiheitsgrad) einer rheonomen Bindung unterliegt (vgl. Einleitung zu diesem Kapitel).

Das obige Bewegungsgesetz ist eine *Mathieu*sche *Differentialgleichung,* die einen Sonderfall der *Hill*schen *Differentialgleichung* darstellt. Durch die Substitution

$$\tau = \Omega t$$

überführen wir sie in ihre *Normalform*

$$q'' + \{\lambda + \gamma \cos \tau\} q = 0$$

$$\text{mit} \quad \lambda = \frac{\omega_0^2}{\Omega^2} = \frac{1}{\eta^2}$$

$$\text{und} \quad \gamma = \frac{1}{\eta^2} \frac{\Omega^2 \hat{u}}{g} = \frac{\omega_0^2 \hat{u}}{g} .$$

Die allgemeine Lösung der *Mathieu*schen Differentialgleichung hat die Form

$$q(\tau) = c_1 e^{\mu\tau} q_1^*(\tau) + c_2 e^{-\mu\tau} q_2^*(\tau),$$

wobei die $q_k^*(\tau)$ periodisch mit der Periode 2π sind. Die beiden *Fundamentallösungen*

$$q_1(\tau) = e^{\mu\tau} q_1^*(\tau) \quad \text{und} \quad q_2(\tau) = e^{-\mu\tau} q_2^*(\tau)$$

sind – abgesehen von Ausnahmefällen – linear unabhängig. Wir können sie deshalb einzeln betrachten. Ihre Überlagerung (mit den Konstanten c_k) dient der Erfüllung der Anfangsbedingungen, die hier nicht interessieren.

Da die $q_k^*(\tau)$ periodisch sind, lassen sie sich als *Fourier*-Reihen darstellen (vgl. Abschnitt 5.2). Wir erhalten dann die Fundamentallösungen in der Form

$$q_k(\tau) = e^{\pm\mu\tau} \sum_{n=-\infty}^{+\infty} a_{kn} e^{in\tau},$$

wobei zu k = 1 das Pluszeichen und k = 2 das Minuszeichen gehört. Setzen wir dies in die Differentialgleichung ein und beachten dabei, daß

$$q_k(\tau + 2\pi) = e^{\pm 2\pi\mu}\, q_k(\tau)$$

sein muß, so erhalten wir ein aus unendlich vielen Gleichungen bestehendes homogenes, lineares Gleichungssystem für die $\mathbf{a}_{kn}$, das nur nichttriviale Lösungen besitzt, wenn der *charakteristische Exponent* einen bestimmten Wert annimmt. Dieser Wert hängt nur von den Parametern λ und γ der *Mathieu*schen Differentialgleichung ab. Die Bestimmung des charakteristischen Exponenten μ und die Berechnung der zugehörigen Koeffizienten $\mathbf{a}_{kn}$, die iterativ erfolgen kann, übergehen wir hier in ihren Einzelheiten. Als wesentliches Ergebnis wollen wir nur festhalten, daß wir hinsichtlich des charakteristischen Exponenten μ drei Fälle zu unterscheiden haben:

1. μ rein *imaginär,* aber verschieden von $i\,\frac{n}{2}$ (n = beliebige ganze Zahl); dann erhalten wir *stationäre Schwingungen,* die allerdings nur dann exakt periodisch sind, wenn $i\mu$ eine rationale Zahl ist. Wir können diese Lösungen auch als *grenzstabil* bezeichnen, weil die von (geeignet eingeschränkten) Störungen verursachten Änderungen des Bewegungsablaufes beschränkt bleiben.
2. μ ist *komplex;* dann sind die Lösungen *instabil,* weil eine der beiden Fundamentallösungen mit $\tau \to \infty$ über alle Grenzen wächst.
3. Es ist $\mu = i\,\frac{n}{2}$; dann sind die beiden Fundamentallösungen nicht mehr unabhängig voneinander. In diesem Ausnahmefall tritt zusätzlich eine mit τ anwachsende Lösung auf, die – wie im 2. Fall – zu einer *instabilen* Lösung führt.

Wir können die von λ und γ abhängigen stabilen bzw. instabilen Lösungsbereiche in eine sogenannte *Stabilitätskarte* eintragen. Die *Stabilitätskarte* der *Mathieu*schen *Differentialgleichung,* deren Berechnung auf *Ince* und *Strutt* zurückgeht, ist in Abb. 3.18 dargestellt. In *stabilen* Bereichen haben wir Lösungen vom 1. Typ, in *instabilen* Bereichen Lösungen vom 2. Typ. Die Grenzen zwischen diesen Bereichen werden durch Lösungen vom 3. Typ gekennzeichnet. Die Grenzen selbst sind also zu den *instabilen* Bereichen zu zählen.

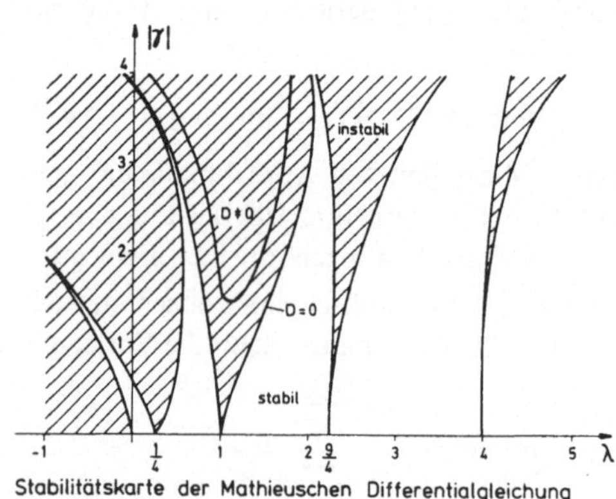

Abb. 3.18 Stabilitätskarte der Mathieuschen Differentialgleichung

Beschränken wir uns auf *kleine Zahlenwerte* so stellen wir fest, daß bei $\lambda > 0$ *instabile Bereiche* (wir können sie auch als *Resonanzbereiche* bezeichnen) bei

$$\lambda = \frac{1}{\eta^2} \approx \left(\frac{n}{2}\right)^2 \qquad (n = 1, 2, \dots),$$

d.h. bei

$$\frac{\Omega}{\omega_0} = 2, 1, \tfrac{2}{3}, \tfrac{1}{2}, \tfrac{2}{5}, \tfrac{1}{3}, \dots$$

auftreten. Das ist ein vollständig anderes Verhalten als bei erzwungenen Schwingungen.

Bei *Dämpfung* des Systems engen sich die instabilen Bereiche ein; für entsprechend kleine Zahlenwerte $|\gamma|$ bleiben die Lösungen dann auch für alle λ-Werte stabil. Eine solche Grenzkurve für $D \neq 0$ ist beispielhaft in die Stabilitätskarte mit eingezeichnet.

Negative Zahlenwerte von λ (d.h. $\omega_0^2 < 0$) entsprechen einem *stehenden Pendel* (in der oberen Totlage), das bei $\gamma = 0$ stets *instabil* ist. Der Stabilitätskarte entnehmen wir jedoch, daß die obere Totlage durch eine geeignete Wahl $|\gamma(\lambda)|$ stabilisiert werden kann. Ähnliche Phänomene der Stabilisierung sonst instabiler Gleichgewichtslagen erhalten wir, wenn die Bewegung des Aufhängepunktes in anderer Richtung erfolgt. Auf diese Weise sind auch gewisse *Auswanderungserscheinungen* zu erklären, die bei mechanisch anzeigenden Meßgeräten infolge periodischer Geräte-Erschütterungen auftreten können.

Fragen:

1. Wie sieht die allgemeine Form der Bewegungsgleichung für erzwungene Schwingungen eines einfachen, linearen Schwingers aus? Wie lautet sie in normierter Form? Wie erfolgt die Normierung?
2. Welche physikalische Bedeutung hat die sogenannte Dauerlösung erzwungener Schwingungen bei periodischer Erregung? Welches ist ihre mathematische Bedeutung?
3. Wie setzt sich die vollständige Lösung der Bewegungsgleichung für erzwungene Schwingungen eines einfachen, linearen Schwingers zusammen?
4. Welche Bedeutung haben bei harmonischer Erregung eines einfachen, linearen Schwingers die Begriffe: Ortskurve (komplexer Frequenzgang), Vergrößerungsfaktor, Vergrößerungsfunktion, Amplituden-Frequenzgang, Nacheilwinkel, Phasen-Frequenzgang? Welche Vergrößerungsfunktionen können wir unterscheiden, und wie lassen sie sich definieren?
5. Nach welchen Gesichtspunkten sind Federung und Dämpfung eines einfachen, linearen Systems zu bemessen, das gegen Störungen mit einer gegebenen Erregerfrequenz schwingungsisoliert gelagert werden soll?
6. Nach welchen Gesichtspunkten ist ein (mechanisches) Schwingungsmeßgerät abzustimmen, wenn es der Messung der Schwingwege bzw. der Schwingbeschleunigungen dienen soll?
7. Zu welcher Aussage führt die Betrachtung der Energie-Bilanz für erzwungene, periodische Schwingungen eines gedämpften Systems?
8. Wie läßt sich aufgrund der für die harmonische Erregung eines einfachen, linearen Systems gewonnenen Ergebnisse die Antwort eines solchen Systems auf beliebige periodische Erregungen ermitteln?
9. Mit welchen verallgemeinerten Funktionen können wir eine Impulserregung bzw. eine Erregung durch einen Sprung der Störfunktion beschreiben?
10. Welche Methode liefert uns die Antwort eines einfachen, linearen Schwingers auf beliebige nichtperiodische Erregung? Mit welchen (physikalischen) Überlegungen können wir diese Methode begründen?
11. Wie sieht die allgemeine Form der Bewegungsgleichung für parametererregte, einfache, lineare Schwinger aus? In welche einfachere Differentialgleichung läßt sie sich stets transformieren? Wie heißt diese bei periodischer Erregung? Welche allgemeine Form einer Lösung existiert stets? Wie unterscheiden sich stabile und instabile Lösungen dieses Typs?
12. Wie heißt die Differentialgleichung, die das Verhalten eines Schwerependels mit vertikal (harmonisch) bewegtem Aufhängepunkt beschreibt? Was läßt sich über das Stabilitätsverhalten dieses Pendels aussagen?

4. Nichtlineare Schwingungen eines einfachen Schwingers

Nichtlineare Schwingungsprobleme führen gegenüber linearen Problemen zu zahlreichen neuen Phänomenen. Sie sind nur in Sonderfällen geschlossen lösbar. Deshalb ist man bei ihrer Behandlung vielfach auf analytische und numerische Näherungsverfahren angewiesen. Angesichts der Fülle der Möglichkeiten, die sich sowohl hinsichtlich der Problemstellung als auch hinsichtlich der Lösungsverfahren ergeben, müssen wir uns hier auf einige beispielhafte Hinweise beschränken. Dabei wollen wir parametererregte Schwingungen aussparen und es diesbezüglich bei den in Abschnitt 3.2 angestellten Betrachtungen bewenden lassen. Hinzugefügt sei lediglich, daß einige der in Abschnitt 4.4 angesprochenen Methoden sich auch auf nichtlineare parametererregte Schwingungen übertragen lassen.

Im übrigen wollen wir wie bisher (abgesehen von Abschnitt 3.2) voraussetzen, daß die kinematischen Bindungen, denen die betrachteten Systeme unterliegen, jeweils holonom und skleronom seien.

4.1. Konservative Eigenschwingungen eines nichtlinearen einfachen Schwingers

4.1.1. Allgemeines

In der Tabelle 4.1 sind beispielhaft die Bewegungsgleichungen für einige *konservative nichtlineare Systeme* mit dem Freiheitsgrad $\lambda = 1$ zusammengestellt. Die generalisierte Koordinate $q(t)$ ist in diesen Beispielen so festgelegt, daß $q = 0$ jeweils der (bzw. einer) Gleichgewichtslage des Systems entspricht.

Wir behaupten:

Satz 4.1: Die *Bewegungsgleichung* für die *konservativen Eigenschwingungen eines nichtlinearen einfachen Schwingers* (mit skleronomen Bindungen) läßt sich stets auf die Form

$$\ddot{q} + f(q) = 0$$

bringen, wobei $f(q)$ die *Rückführfunktion* des Systems darstellt.

Tabelle 4.1

	System	Bewegungsgleichung	Rückführfunktion (qualitativ)	Phasenportrait (qualitativ)
1	a) Fadenpendel 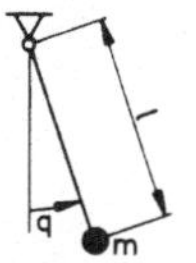 b) Körperpendel 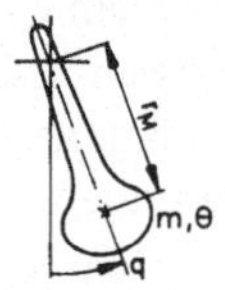	$\ddot{q} + \omega_0^2 \sin q = 0$ a) $\omega_0^2 = \frac{g}{l}$ b) $\omega_0^2 = \frac{mgr_M}{\Theta + mr_M^2}$	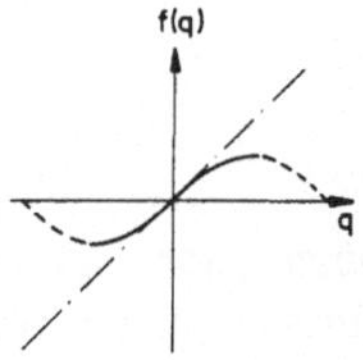 (unterlinear)	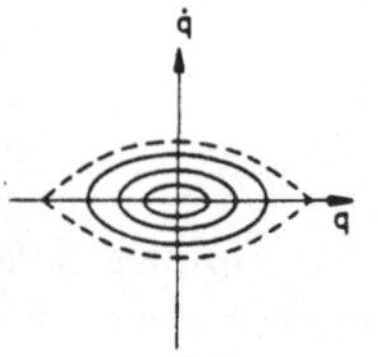 $\lvert q \rvert_{max} \leq \pi$
2	Rollschwinger 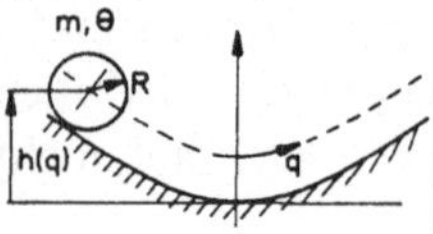	$\ddot{q} + \frac{mgR^2}{\Theta + mR^2} \frac{dh(q)}{dq} = 0$	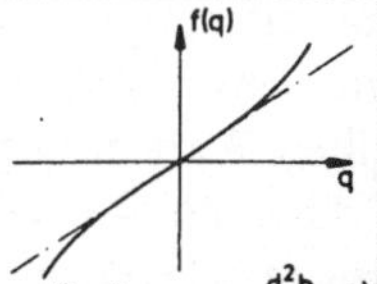 (überlinear, wenn $\frac{d^2h}{dq^2} > 0$)	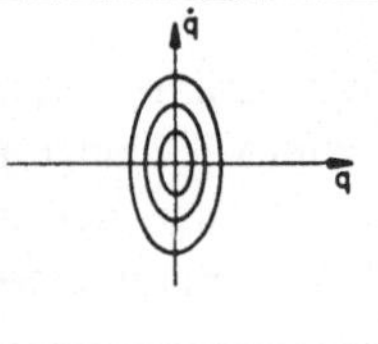
3	masselose, elastische Seile 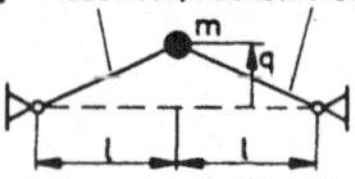 Seilvorspannkraft $(q=0)$: F_0 Seilfederkonstante : c	$\ddot{q} + \omega_0^2 \left\{1 + \frac{cl}{F_0}\left[\sqrt{1+(\frac{q}{l})^2} - 1\right]\right\} \frac{q}{\sqrt{1+(\frac{q}{l})^2}} = 0$ $\omega_0^2 = 2\frac{F_0}{ml}$	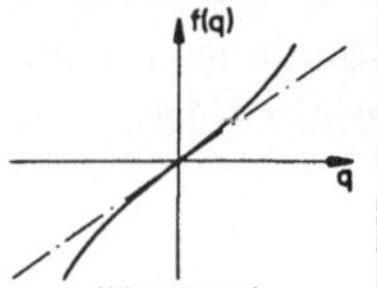 (überlinear)	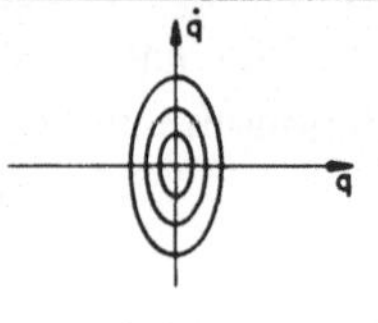
4	Rollpendel (hier Halb-Zylinder) 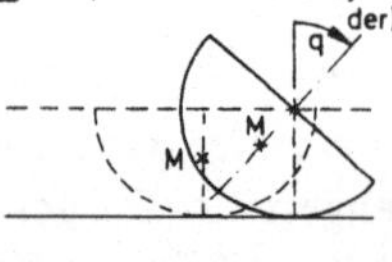	$\underbrace{\left\{\Theta + mR^2\left[1 + \frac{16}{9\pi^2} - \frac{8}{3\pi} \cdot \cos q\right]\right\}}_{M(q)} \ddot{q}$ $+ \frac{1}{2} mR^2 \frac{8}{3\pi} \sin q (\dot{q})^2 + \frac{4}{3\pi} mgR \sin q = 0$ geht mit $\bar{q} = \int_0^q \sqrt{M(q)}\, dq$ über in $\ddot{\bar{q}} + f(\bar{q}) = 0$	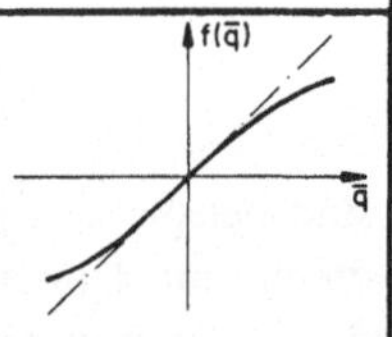	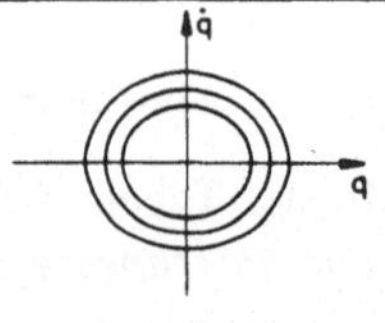
5	Wackelschwingung (hier Würfel) 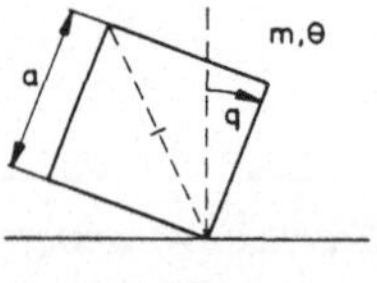	$\ddot{q} + \frac{mga}{2(\Theta + m\frac{a^2}{2})} \{\cos q \operatorname{sgn} q - \sin q\} = 0$	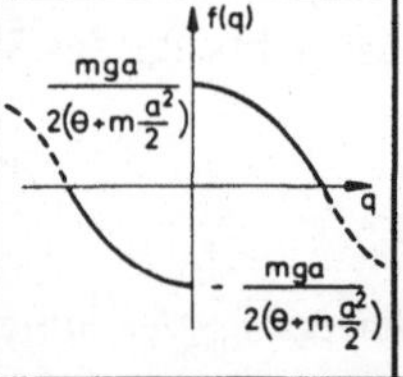 $\frac{mga}{2(\Theta + m\frac{a^2}{2})}$ $-\frac{mga}{2(\Theta + m\frac{a^2}{2})}$	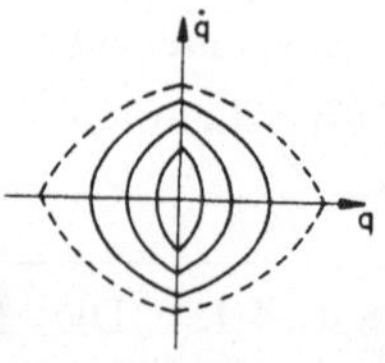
6	Schwinger mit Totbereich 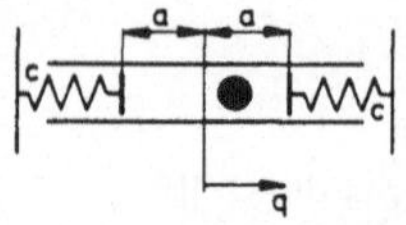	$\lvert q \rvert \leq a$: $\ddot{q} = 0$ $\lvert q \rvert \geq a$: $\ddot{q} + c\{q - a \operatorname{sgn} q\} = 0$	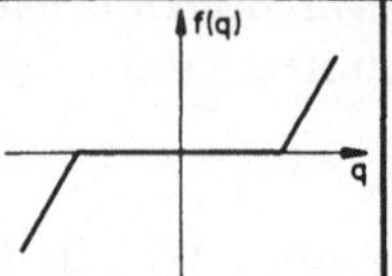	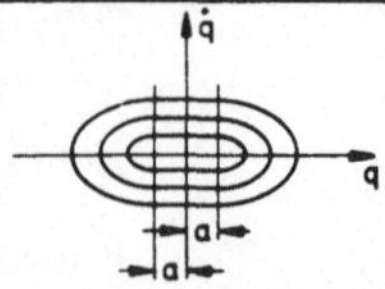

Um dies zu zeigen, gehen wir davon aus, daß wir bei den hier angesprochenen Problemen (mit skleronomen kinematischen Bindungen) allgemein

die kinetische Energie $E = \frac{1}{2} M(q)(\dot{q})^2$,

die potentielle Energie $\Phi = \Phi(q)$

setzen können. Die *Lagrange*schen Gleichungen zweiter Art (vgl. Band III, Abschnitt 10.2), die in unserem Falle (konservative Systeme mit Freiheitsgrad $\lambda = 1$) die Form

$$\boxed{\frac{d}{dt}\left(\frac{\partial L}{\partial \dot{q}}\right) - \frac{\partial L}{\partial q} = 0 \quad \text{mit} \quad L = E - \Phi}$$

annehmen, liefern mithin als allgemeine *Bewegungsgleichung*

$$\boxed{M(q)\ddot{q} + \frac{1}{2}\frac{dM(q)}{dq}(\dot{q})^2 + \frac{d\Phi}{dq} = 0.}$$

Ist $M(q) = \text{konst.}$, so erhalten wir unmittelbar (vgl. Beispiele 1–3, 5, 6 in Tabelle 4.1)

$$\ddot{q} + \frac{1}{M}\frac{d\Phi}{dq} = \ddot{q} + f(q) = 0.$$

Für $M(q) \neq \text{konst.}$ (vgl. Beispiel 4 in Tabelle 4.1) führen wir als neue Variable

$$\overline{q} = \int_0^q \sqrt{M(q)}\, dq$$

ein. Dann wird

$$\dot{\overline{q}} = \sqrt{M(q)}\,\dot{q} \qquad \rightarrow \dot{q} = \frac{1}{\sqrt{M(q)}}\dot{\overline{q}}$$

$$\ddot{\overline{q}} = \frac{1}{2\sqrt{M(q)}}\frac{dM}{dq}(\dot{q})^2 + \sqrt{M(q)}\,\ddot{q} \rightarrow \ddot{q} = \frac{1}{\sqrt{M(q)}}\ddot{\overline{q}} - \frac{1}{2M(q)}\frac{dM}{dq}(\dot{q})^2.$$

Setzen wir das in die allgemeine Bewegungsgleichung ein, so geht diese in die Grundform

$$\ddot{\overline{q}} + \frac{d\Phi(\overline{q})}{d\overline{q}} = \ddot{\overline{q}} + f(\overline{q}) = 0$$

über. Wir werden uns deshalb im folgenden nur noch mit dieser *Grundform der Bewegungsgleichung* (unter Weglassung der Überstreichung von q) befassen. Ferner setzen wir voraus, daß für die von uns betrachteten Schwingungsvorgänge stets

$$\boxed{q\,f(q) > 0}$$

bleibe, da Schwingungen um die Gleichgewichtslage $q = 0$ nur möglich sind, solange diese Bedingung erfüllt ist.

Anmerkung:

Bei der Überführung von Bewegungsgleichungen, die zunächst in anderer Form erscheinen, in die *Grundform* ist zu beachten, daß auch die Anfangsbedingungen sowie die Energieausdrücke usw. entsprechend zu transformieren sind. Darauf sei hier nachdrücklich hingewiesen.

In manchen Fällen erweist es sich als vorteilhaft, die Rückführfunktion $f(q)$ in der Umgebung der Gleichgewichtslage $q = 0$ in eine Reihe zu entwickeln entsprechend

$$f(q) = \left(\frac{df}{dq}\right)_{q=0} q + \frac{1}{2}\left(\frac{d^2f}{dq^2}\right)_{q=0} q^2 + \frac{1}{3!}\left(\frac{d^2f}{dq^3}\right)_{q=0} q^3 + \dots .$$

Vorauszusetzen ist dabei, daß die Rückführfunktion in der Umgebung der Gleichgewichtslage $q = 0$ holomorph (stetig und differentiierbar) ist. Der Konvergenzbereich einer solchen Reihenentwicklung und die Frage, mit welchem Glied die Reihe abgebrochen werden kann, sind jeweils gesondert zu prüfen. Ist die Rückführfunktion überdies ungerade, d.h. ist $f(-q) = -f(q)$, so treten nur ungerade Potenzen von q auf. Bei nichtholomorphen Rückführfunktionen kann die Reihenentwicklung gegebenenfalls abschnittsweise erfolgen.

Für die ungeraden Rückführfunktionen der Beispiele 1 und 3 aus der Tabelle 4.1 liefert z.B. die Reihenentwicklung:

Beispiel 1:

$$f(q) = \omega_0^2 \sin q = \omega_0^2 \left\{ q - \frac{1}{3!} q^3 + \frac{1}{5!} q^5 - \dots \right\};$$

Beispiel 3:

$$f(q) = \omega_0^2 \left\{ 1 + \frac{cl}{F_0} \left[\sqrt{1 + \left(\frac{q}{l}\right)^2} - 1 \right] \right\} \frac{q}{\sqrt{1 + \left(\frac{q}{l}\right)^2}}$$

$$= \omega_0^2 \left\{ q + \frac{1}{2l^2} \left[\frac{cl}{F_0} - 1 \right] q^3 - \frac{3}{8l^4} \left[\frac{cl}{F_0} - 1 \right] q^5 + \dots \right\} \qquad \text{für} \left| \frac{q}{l} \right| \leqslant 1.$$

Für die unstetige Rückführfunktion des Beispieles 5 ergibt eine abschnittsweise Reihenentwicklung

$$\cos q \operatorname{sgn} q - \sin q = \begin{cases} 1 - q - \frac{1}{2!} q^2 + \frac{1}{3!} q^3 + \frac{1}{4!} q^4 - \frac{1}{5!} q^5 \ldots & \text{für } q > 0 \\ \\ -1 - q + \frac{1}{2!} q^2 + \frac{1}{3!} q^3 - \frac{1}{4!} q^4 - \frac{1}{5!} q^5 \ldots & \text{für } q < 0. \end{cases}$$

Die Rückführfunktion des Beispieles 6 ist abschnittsweise linear und bereits in dieser Form gegeben. Aufs Ganze gesehen zählt sie dennoch zu den nichtlinearen Funktionen.

4.1.2. Integration der Bewegungsgleichung

Die Bewegungsgleichung eines konservativen, nichtlinearen einfachen Schwingers sei in der Form

$$\ddot{q} + f(q) = 0$$

$$\text{mit den Anfangsbedingungen} \quad q(0) = q_0, \quad \dot{q}(0) = \dot{q}_0$$

gegeben. Eine Lösung dieser Bewegungsgleichung in der Form $q(t)$ ist meist nicht auf direktem Wege zu gewinnen. Hingegen ist eine Integration dieser Bewegungsgleichung in der *Phasenebene* stets direkt möglich. Setzen wir nämlich

$$\ddot{q} = \frac{d(\dot{q})}{dq} \frac{dq}{dt} = \dot{q} \frac{d(\dot{q})}{dq} = \frac{1}{2} \frac{d(\dot{q})^2}{dq},$$

so folgt unmittelbar

$$\frac{1}{2} \{(\dot{q}(q))^2 - (\dot{q}_0)^2\} = - \int_{q_0}^{q} f(q)\, dq$$

oder

$$\dot{q}(q) = \pm \sqrt{(\dot{q}_0)^2 - 2 \int_{q_0}^{q} f(q)\, dq}.$$

Die Integration auf der rechten Seite ist – sofern sie nicht geschlossen durchführbar ist – in jedem Falle numerisch zu erledigen. Ist die Rückführfunktion f(q) *ungerade,* so genügt es, einen Quadranten der Phasenebene zu betrachten. Wir können im übrigen das Phasenporträt auch graphisch ermitteln, indem wir zunächst das *Richtungsfeld in der Phasenebene* zeichnen, für das

$$\boxed{\frac{d(\dot q)}{dq} = -\frac{f(q)}{\dot q}}$$

gilt, und dann in dieses Richtungsfeld die einzelnen Phasenkurven einzeichnen.

Die Integration der Bewegungsgleichung in der Phasenebene, die wir hier formal durch eine Umschreibung von $\ddot q$ erreicht haben, läßt sich auch aus dem *Energiesatz* ableiten. Dies sei am Beispiel des Fadenpendels (Beispiel 1a in Tabelle 4.1) gezeigt. Für dieses Fadenpendel ist

die kinetische Energie $E(q) = \frac{1}{2}\, m\, l^2 (\dot q(q))^2$,
die potentielle Energie $\Phi(q) = mg\, l(1 - \cos q)$.

Der *Energie-Erhaltungssatz* für konservative Systeme

$$\boxed{\Delta(E + \Phi) = 0}$$

ergibt somit

$$\frac{1}{2}\, m\, l^2 (\dot q)^2 = \frac{1}{2}\, m\, l^2 (\dot q_0)^2 - m g\, l(\cos q_0 - \cos q)$$

bzw.

$$\dot q(q) = \pm\sqrt{(\dot q_0)^2 - 2\omega_0^2(\cos q_0 - \cos q)} \quad \text{mit } \omega_0^2 = \frac{g}{l}\,.$$

Auf das gleiche Ergebnis führt aber auch die oben formal abgeleitete Beziehung

$$\dot q(q) = \pm\sqrt{(\dot q_0)^2 - 2\int_{q_0}^{q} f(q)\, dq}$$

mit

$$f(q) = \omega_0^2 \sin q.$$

Das aus diesem Ergebnis abzuleitende Phasenporträt des Fadenpendels ist in der Abb. 4.1 in der normierten Phasenebene (mit $q' = \frac{\dot q}{\omega_0}$) dargestellt.

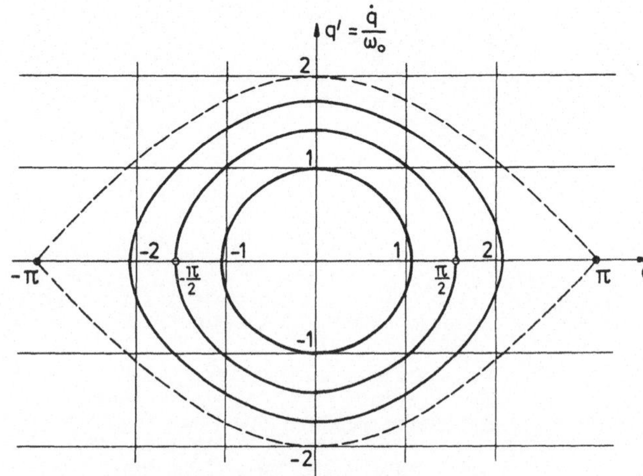

Abb. 4.1

Im nächsten Schritt können wir nun in bekannter Weise (vgl. Abschnitt 1.2)

$$t(q) = \underbrace{t_0}_{0} + \int_{q_0}^{q} \frac{dq}{\dot{q}(q)}$$

ermitteln und daraus durch Umkehr dieser Funktion schließlich q(t). Bei der Auswertung des Integrals ist darauf zu achten, daß für $\dot{q}(q)$ jeweils das richtige Vorzeichen zu wählen ist. Es kehrt sich nach jeder halben Periode an den Extremalstellen von q um.

Im Beispiel des *Fadenpendels* erhalten wir, wenn wir

$$\dot{q}_0 = 0 \quad \text{und} \quad q_0 = a > 0$$

als Anfangsbedingungen annehmen, für die *erste* Halbschwingung

$$t(q) = \int_{a}^{q} \frac{dq}{-\sqrt{-2\omega_0^2(\cos a - \cos q)}} = \frac{1}{\omega_0} \int_{q}^{a} \frac{dq}{\sqrt{2(\cos q - \cos a)}} .$$

Das ist ein *elliptisches Integral.* Um es auf die *Legendre*sche Normalform zu bringen, formen wir um, indem wir cos q durch

$$\cos q = 1 - 2\sin^2\frac{q}{2}$$

ausdrücken und

$$\sin \frac{q}{2} = \sin \frac{a}{2} \sin \psi = k \sin \psi$$

setzen, d.h.

$$\psi = \arc\sin \frac{\sin \frac{q}{2}}{\sin \frac{a}{2}}$$

und

$$k = \sin \frac{a}{2}.$$

Damit geht das obige Integral über in das *unvollständige elliptische Integral erster Gattung* in der Normalform von *Legendre*

$$\tau(\psi) = \omega_0 t(\psi) = \int_{\psi}^{\frac{\pi}{2}} \frac{d\psi}{\sqrt{1 - k^2 \sin^2 \psi}}.$$

Die Umkehr dieser Funktion liefert uns die Darstellung im Ausschlag-Zeit-Diagramm. Sie ergibt sich aus der Beziehung

$$\sin \psi = \frac{1}{k} \sin \frac{q}{2} = \mathrm{sn}(k, \tau).$$

Hierin ist $\mathrm{sn}(k; \tau)$ eine der *Jacobi*schen *elliptischen Funktionen* (*sinus amplitudinis*), die für $k = 0$ in die Kreisfunktion sinus übergeht. Die Schwingungsdauer T des Fadenpendels erhalten wir aus dem *vollständigen elliptischen Integral erster Gattung*

$$\omega_0 T(k) = 2\pi \frac{\omega_0}{\omega(k)} = 4 \int_0^{\frac{\pi}{2}} \frac{d\psi}{\sqrt{1 - k^2 \sin^2 \psi}}.$$

Das Verhältnis $\frac{T_0}{T(k)} = \frac{\omega(k)}{\omega_0}$ ist in Tabelle 4.2 in Abhängigkeit vom maximalen Ausschlag $q_0 = a$ aufgelistet.

Tabelle 4.2: Schwingungsdauer des Fadenpendels

a		$\frac{\omega(a)}{\omega_0}$ exakt	$\frac{\omega(a)}{\omega_0}$ aus Reihenentwicklung
Radiant	Grad		
$\frac{\pi}{36}$	5	0,999	0,999
$\frac{\pi}{18}$	10	0,998	0,998
$\frac{\pi}{12}$	15	0,996	0,996
$\frac{\pi}{6}$	30	0,983	0,983
$\frac{\pi}{4}$	45	0,962	0,960
$\frac{\pi}{3}$	60	0,932	0,928
$\frac{\pi}{2}$	90	0,847	0,828
$\frac{3}{4}\pi$	135	0,654	0,475
0,989 π	178	0,289	–
π	180	0	–

Für nicht zu große Ausschläge des Fadenpendels können wir von der in Abschnitt 4.1.1 angesprochenen Reihenentwicklung für die Rückführfunktion Gebrauch machen. Brechen wir die Reihe mit dem kubischen Glied ab, so erhalten wir

$$f(q) = \omega_0^2 \sin q \approx \omega_0^2 \left\{ q - \frac{1}{6} q^3 \right\}.$$

Damit $q f(q) > 0$ erfüllt bleibt, setzen wir voraus, daß in jedem Falle $q^2 < 6$ bleibe. Für $\dot{q}(q)$ erhalten wir mit dem obigen Näherungsansatz bei $\dot{q}_0 = 0$

$$\dot{q}(q) = \pm \sqrt{-2 \int_a^q f(q)\, dq} = \pm\, \omega_0 \sqrt{(a^2 - q^2) - \frac{1}{12}(a^4 - q^4)}.$$

Die Ermittlung des Phasenporträts ist, wie wir sehen, durch diese Reihenentwicklung wesentlich erleichtert. Um die Güte der Näherung abzuschätzen, wollen wir noch die sich aus diesem Näherungsansatz ergebende Schwingungsdauer T(a) berechnen. Das führt wiederum auf ein *vollständiges elliptisches Integral erster Gattung,* nämlich auf

$$\omega_0 T(a) = 2\pi \frac{\omega_0}{\omega(a)} = 4 \int_0^a \frac{dq}{\sqrt{(a^2 - q^2) - \frac{1}{12}(a^4 - q^4)}}$$

$$= \frac{4}{\sqrt{1 - \frac{a^2}{12}}} \int_0^1 \frac{d\left(\frac{q}{a}\right)}{\sqrt{\left[1 - \left(\frac{q}{a}\right)^2\right]\left[1 - \frac{a^2}{12 - a^2}\left(\frac{q}{a}\right)^2\right]}} .$$

Mit den Substitutionen

$$\frac{q}{q_0} = \frac{q}{a} = \sin\psi$$

und

$$\frac{a^2}{12 - a^2} = k^2$$

geht dieses Integral in die *Legendre*sche Normalform über. Die sich aus der Auswertung dieses Integrals ergebenden Verhältnisse

$$\frac{T_0}{T(a)} = \frac{\omega(a)}{\omega_0}$$

sind in die Tabelle 4.2 mit eingetragen. Ein Vergleich mit den exakten Ergebnissen zeigt, daß sich erst bei sehr großen Ausschlagswinkeln ($a > \frac{\pi}{2}$) beträchtliche Abweichungen für die Periodendauer bzw. die Frequenz ergeben.

Das Beispiel des Fadenpendels gibt uns bereits einige Hinweise auf gewisse allgemeine Erscheinungen, die wir bei nichtlinearen Schwingungen zu erwarten haben, sowie einen gewissen Einblick in die mathematischen Methoden zu ihrer Berechnung. Wir verzichten deshalb hier auf die Erörterung weiterer Beispiele. Als wichtigste Ergebnisse nehmen wir mit, daß bei nichtlinearen Eigenschwingungen eines einfachen Schwingers die Frequenz von der Amplitude der Eigenschwingungen abhängig wird, und daß die ebenfalls amplitudenabhängige Schwingungsform beträchtlich von der harmonischen Form abweichen kann.

Wir entnehmen den vorstehenden Betrachtungen aber auch, daß die Integration der Bewegungsgleichung bzw. die Ermittlung der Schwingungsdauer und der Schwingungsform sehr mühsam werden kann. Deshalb lohnt es sich, nach *Näherungsmethoden* zu suchen. Dabei haben wir hier vor allem analytische Näherungsansätze im Auge. Als letzte Möglichkeit bleibt uns natürlich immer noch die rein numerische Integration der Bewegungsgleichung. Zu ihrer Durchführung überführen wir zweckmäßigerweise die Bewegungsgleichung in ein System von zwei Differentialgleichungen erster Ordnung, indem wir

$$\dot{q} = p$$

setzen. Wir erhalten dann das Differentialgleichungssystem

$$\begin{aligned} \dot{q} &= p \\ \dot{p} &= -f(q) \end{aligned}$$

$$\text{mit den Anfangsbedingungen} \quad q(0) = q_0, \quad p(0) = \dot{q}_0.$$

Zur Vereinfachung der Schreibweise können wir q und p zu einer Spaltenmatrix **z** zusammenfassen:

$$\mathbf{z} = \begin{bmatrix} q \\ p \end{bmatrix} = \begin{bmatrix} q \\ \dot{q} \end{bmatrix}.$$

Wir bezeichnen diese Spaltenmatrix als den *Zustandsvektor,* weil sie den Zustand des Systems in der *Phasenebene* beschreibt. Die Bewegungsgleichung geht dann über in die sogenannte *Zustandsgleichung*

$$\dot{\mathbf{z}} = \mathbf{A}\mathbf{z}$$

$$\text{mit der } \textbf{System-Matrix } \mathbf{A} = \begin{bmatrix} 0 & 1 \\ -\frac{1}{q} f(q) & 0 \end{bmatrix}$$

$$\text{und den Anfangsbedingungen } \mathbf{z}(0) = \mathbf{z}_0 = \begin{bmatrix} q_0 \\ \dot{q}_0 \end{bmatrix}.$$

Diese Darstellungsweise eignet sich gut als Ausgangspunkt für die Anwendung numerischer Verfahren. Die weitere Vorgehensweise ist der einschlägigen Literatur zu entnehmen. Wir gehen hier darauf nicht weiter ein.

4.1.3. Näherungsverfahren

Bei der Betrachtung nichtlinearer Eigenschwingungen eines einfachen Schwingers steht häufig die Frage nach der sich ergebenden Eigenfrequenz der Schwingungen im Vordergrund; die Kenntnis des genauen zeitlichen Verlaufs ist dagegen vielfach von geringerer Bedeutung. Dementsprechend richten sich manche Verfahren nur auf die näherungsweise Ermittlung der Eigenfrequenz des Schwingers. Andere Verfahren liefern hingegen auch Näherungsaussagen über den Schwingungsverlauf.

Einige solcher Näherungsverfahren – teils von der ersten, teils von der zweiten Art – werden im folgenden näher vorgestellt. Um die Betrachtungen zu vereinfachen, wollen wir dabei allgemein voraussetzen, daß die *Rückführfunktion holomorph und ungerade* sei. Im übrigen wählen wir für alle Verfahren das gleiche Anwendungsbeispiel, nämlich eine Bewegungsgleichung von der Form

$$\ddot{q} + f(q) = \ddot{q} + \omega_0^2 q \{1 + \beta q^2\} = 0 \qquad (\beta \gtrless 0)$$

$\beta > 0$: überlinear; $\beta < 0$: unterlinear.

Wir können dann die verschiedenen Näherungsverfahren besser miteinander vergleichen.

Zum Vergleich wollen wir auch die exakte Lösung heranziehen. Die *Integration in der Phasenebene* (vgl. Abschnitt 4.1.2) ergibt für die vorstehende Bewegungsgleichung

$$\dot{q}(q) = \pm\, \omega_0 \sqrt{a^2 - q^2 + \frac{1}{2}\beta(a^4 - q^4)}$$

bzw.

$$\frac{\dot{q}(q)}{\omega_0 a} = \pm \sqrt{\left[1 - \left(\frac{q}{a}\right)^2\right] \left\{1 + \frac{1}{2}\beta a^2 \left[1 + \left(\frac{q}{a}\right)^2\right]\right\}}\,.$$

Tragen wir $\frac{\dot{q}}{\omega_0 a}$ über $\frac{q}{a}$ auf, so erhalten wir eine gute Übersicht über den Schwingungsverlauf, der bei dieser Darstellung nur noch von dem Parameter βa^2 abhängt (Abb. 4.2).

Anmerkung:

Wir können das als eine Darstellung in einer *reduzierten* normierten Phasenebene bezeichnen, weil wir alle Größen auf die Amplitude a beziehen.

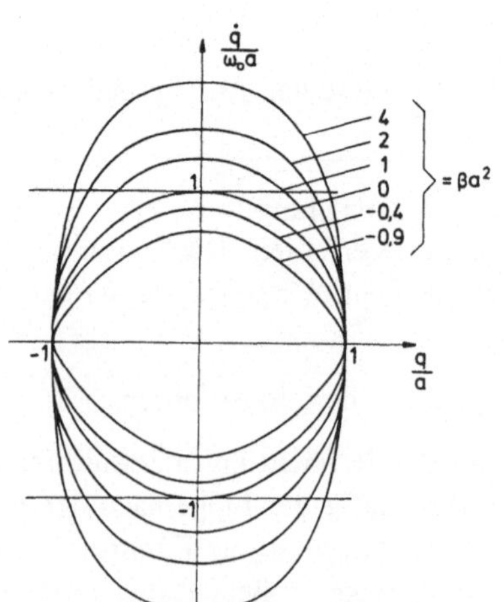

Abb. 4.2

Aus der Lösung in der Phasenebene können wir im nächsten Schritt (wie in Abschnitt 4.1.2 dargestellt) die Periodendauer bzw. die Frequenz der Eigenschwingungen ermitteln, die ebenfalls nur von βa^2 abhängt. Wir stoßen dabei wiederum auf elliptische Integrale. Auf Einzelheiten der Auswertung sei hier verzichtet. Die Ergebnisse der exakten Rechnung sind jedoch in Tabelle 4.3 auf Seite 97 zum Vergleich aufgenommen.

Wir wenden uns nun den Näherungsverfahren zu.

4.1.3.1. Einfache Linearisierung der Rückführfunktion

Bei diesem Näherungsverfahren wird die gegebene nichtlineare Bewegungsgleichung

$$\ddot{q} + f(q) = 0$$

durch eine *Linearisierung der Rückführfunktion* in eine lineare Differentialgleichung überführt, indem wir

$$f(q) = \tilde{\omega}^2 q$$

setzen, wobei $\tilde{\omega}^2$ ein noch geeignet zu bestimmender Näherungswert für die wahre Kreis-Eigenfrequenz

$$\omega^2 = \frac{2\pi}{T}$$

ist. Eine Linearisierung der Differentialgleichung bedeutet freilich zugleich, daß wir den Schwingungsverlauf näherungsweise als harmonisch annehmen. Es bleibt deshalb nur noch offen, in welcher Weise wir $\tilde{\omega}^2$ bestimmen.

Für *sehr kleine* Ausschläge können wir bei holomorphen Rückführfunktionen

$$\boxed{\tilde{\omega}^2 = \left(\frac{df}{dq}\right)_{q=0}}$$

setzen (Abb. 4.3). Das entspricht dem Abbruch der Reihenentwicklung von f(q) nach dem linearen Gliede (vgl. Abschnitt 4.1.1). In unserem Beispiel führt das auf

$$\tilde{\omega}^2 = \omega_0^2$$

unabhängig von der Schwingungs-Amplitude $|q|_{max} = a$. Für größere Ausschläge wird diese Vorgehensweise allerdings schnell unbrauchbar. Etwas weiter kommen wir, wenn wir beispielsweise

$$\boxed{\tilde{\omega}^2 = \frac{f(a)}{a}}$$

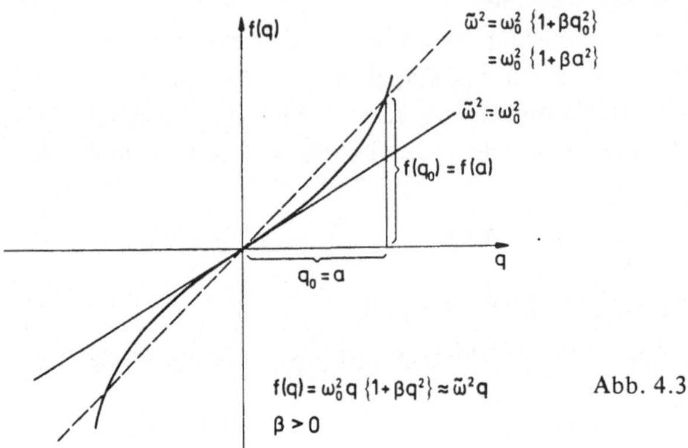

Abb. 4.3

setzen, also die Rückführfunktion f(q) durch eine Gerade (Sehne) durch den Punkt f(a) annähern. Das ergibt in unserem Beispiel (vgl. Abb. 4.3)

$$\tilde{\omega}^2(a) = \omega_0^2\{1 + \beta a^2\}.$$

Hier wird $\tilde{\omega} = \tilde{\omega}(a)$. Die zahlenmäßige Auswertung dieser Beziehung findet sich in der Gegenüberstellung mit den exakten Werten in der Tabelle 4.3 (Seite 97). Sie zeigt, daß für größere Werte von $|\beta a^2|$ die Abweichungen beträchtlich zunehmen. Zur Bestimmung von $\tilde{\omega}$ lassen sich freilich auch noch andere Ansätze machen, z.B. etwa mit Hilfe der Ausgleichsrechnung. Mit einigem Geschick und einiger Erfahrung kann man dabei zu besseren Näherungen für ω gelangen, die zumindest für Abschätzungen geeignet sind. Für genauere Rechnungen wird man jedoch zu anderen Verfahren übergehen, die geeigneter sind, die Nichtlinearität des Problems zu berücksichtigen.

4.1.3.2. Bereichsweise Linearisierung der Rückführfunktion

Das in Abschnitt 4.1.3.1 geschilderte Verfahren läßt sich verbessern und auf einen größeren Amplitudenbereich ausdehnen, indem wir zu einer *bereichsweisen Linearisierung der Rückführfunktion* übergehen und

$$\boxed{\begin{aligned}&\ddot{q} + \omega_i^2(q - q_i) + f_i = 0\\ &q_i \leqslant q \leqslant q_{i+1}, \qquad i = 0, 1, 2, \dots, n\end{aligned}}$$

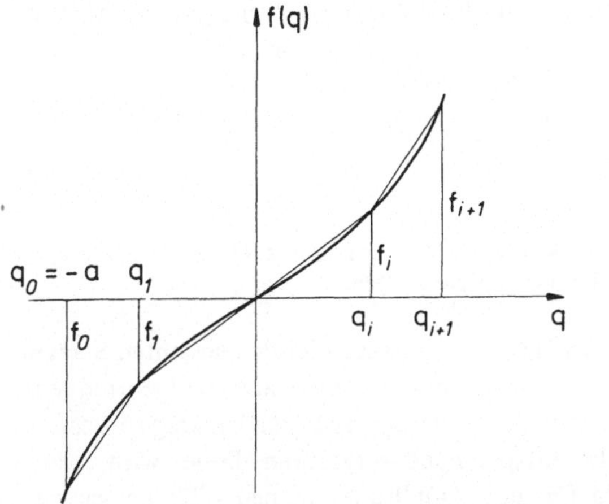

Abb. 4.4
Bereichsweise Linearisierung

ansetzen (Abb. 4.4). Bei der Festlegung der Bereichsgrenzen q_i sowie der Parameter ω_i^2 und f_i können wir wiederum verschiedene Wege gehen, indem wir etwa $f(q)$ durch einen Sehnen- oder Tangentenzug oder aber auch bereichsweise mit Hilfe der Ausgleichsrechnung annähern. Im übrigen können wir mit dieser Vorgehensweise auch unstetige Rückführfunktionen (s. Beispiel 5 in Tabelle 4.1) sowie Schwinger mit Totbereich (s. Beispiel 6 in Tabelle 4.1) erfassen.

Die Gesamtlösung erhalten wir durch *Anstückelung* der bereichsweise harmonischen Schwingungen. Dabei können wir uns auf eine Halbschwingung ($\dot{q} \geqslant 0$) beschränken. Die bereichsweise gültigen Lösungen in der Phasenebene sind (vgl. Abschnitt 4.1.2)

$$\dot{q}(q) = \sqrt{(\dot{q}_i)^2 - [\omega_i^2 (q - q_i)^2 + 2 f_i (q - q_i)]} \quad (q_i \leqslant q \leqslant q_{i+1}).$$

Speziell wird also

$$\boxed{\dot{q}_{i+1} = \sqrt{(\dot{q}_i)^2 - [\omega_i^2 (q_{i+1} - q_i)^2 + 2 f_i (q_{i+1} - q_i)]}.}$$

Die zugehörigen Zeiten können wir durch Umkehr der bereichsweisen Lösungen in der q, t-Ebene ermitteln. Für diese gilt (vgl. Abschnitt 2.1.1)

$$q(t) = q_i - \frac{f_i}{\omega_i^2} + a_{i1} \cos \omega_i (t - t_i) + a_{i2} \sin \omega_i (t - t_i) \quad (t_i \leqslant t \leqslant t_{i+1})$$

bzw. unter Berücksichtigung der für die einzelnen Bereiche jeweils gültigen Anfangsbedingungen

$$q(t) = q_i + \frac{f_i}{\omega_i^2} \{\cos \omega_i (t - t_i) - 1\} + \frac{\dot{q}_i}{\omega_i} \sin \omega_i (t - t_i) \qquad (t_i \leqslant t \leqslant t_{i+1}).$$

Anmerkung:

In einzelnen Bereichen kann ω_i^2 negativ werden. In den Lösungen q (t) sind dann die Kreisfunktionen durch die entsprechenden e-Funktionen zu ersetzen.

Bei dieser Vorgehensweise erhalten wir Näherungsaussagen für den gesamten Schwingungsverlauf und damit natürlich auch für die amplitudenabhängige Eigenfrequenz. Wir können im übrigen die Genauigkeit der Näherungsaussagen beliebig verbessern, indem wir die Anzahl der Bereiche entsprechend vergrößern. Dabei wird jedoch das Verfahren bald unhandlich, da für jede Amplitude ein neuer Rechengang erforderlich ist. Deshalb beschränkt man sich bei der Anwendung dieses Verfahrens meist auf solche Fälle, bei denen man im Hinblick auf die geforderte Genauigkeit mit wenigen Bereichen (etwa $n \leqslant 3$) auskommt.

Bei der Anwendung dieses Verfahrens auf unser Beispiel wollen wir die Rückführfunktion

$$f(q) = \omega_0^2 q \{1 + \beta q^2\}$$

der Einfachheit halber durch einen dreiteiligen Sehnenzug mit den Stützstellen bei $q_i = \pm a$ und $q_i = \pm \frac{1}{2} a$ ersetzen. Für einen solchen Sehnenzug gilt

$$\left.\begin{aligned} f_i &= f(q_i) \\ \omega_i^2 &= \frac{f_{i+1} - f_i}{q_{i+1} - q_i} \end{aligned}\right\} \quad q_i \leqslant q \leqslant q_{i+1}.$$

Die damit erhaltenen Näherungswerte für die amplitudenabhängige Eigenfrequenz sind ebenfalls in der vergleichenden Tabelle 4.3 (Seite 97) zu finden. Wir erkennen, daß eine solche abschnittsweise Linearisierung bereits zu einer wesentlichen Verbesserung gegenüber der einfachen Linearisierung führt.

4.1.3.3. Energetische Balance

Für *konservative Eigenschwingungen* gilt (vgl. Abschnitt 2.1.2)

$$\boxed{E + \Phi = \text{konst.},}$$

wobei

E die kinetische Energie,
Φ die potentielle Energie

des Systems bezeichnet. Daraus folgt (wegen $E_{min} = 0$)

$$E_{max} = \Phi_{max} - \Phi_{min} = (\Delta\Phi)_{max}.$$

$(\Delta\Phi)_{max}$ können wir bei Kenntnis der Rückführfunktion $f(q)$ bestimmen. E_{max} können wir *näherungsweise* ermitteln, indem wir geeignete *Annahmen* über den Schwingungsverlauf machen.

Es liegt nahe, doch ist es keineswegs notwendig, den Schwingungsverlauf näherungsweise als *harmonisch* mit noch unbekannter Kreisfrequenz $\tilde{\omega}$, also

$$\tilde{q}(t) = a \cos \tilde{\omega} t$$

anzusetzen. Dann erhalten wir *näherungsweise* für die

maximale (spezifische) kinetische Energie

$$\tilde{e}_{max} = \frac{1}{2} a^2 \tilde{\omega}^2 = \tilde{\omega}^2 \tilde{e}^*_{max}.$$

Andererseits ergibt sich für die

maximale Differenz der (spezifischen) potentiellen Energie

$$(\Delta\varphi)_{max} = \int_0^a f(q)\, dq.$$

Anmerkung:

Die spezifischen Energien e bzw. φ erhalten wir formal, indem wir (vgl. Abschnitt 4.1.1) q durch

$$\bar{q} = \int_0^q \sqrt{M(q)}\, dq$$

ersetzen. Analoges gilt für a. Ist M = konst., dann vereinfachen sich die Beziehungen, und es wird (vgl. Abschnitt 2.3)

$$e = \frac{E}{M}, \qquad \varphi = \frac{\Phi}{M}.$$

Da wir vorausgesetzt haben, daß die Bewegungsgleichung bereits jeweils auf die Grundform transformiert ist, lassen wir, wie oben geschehen, die Überstreichung von q und a wieder weg.

Die *energetische Balance* für den – näherungsweise als harmonisch angenommenen – Schwingungsvorgang fordert

$$\tilde{e}_{max} = (\Delta\varphi)_{max},$$

d.h.

$$\boxed{\tilde{\omega}^2(a) = \frac{(\Delta\varphi)_{max}}{\tilde{e}^*_{max}} = \frac{\int\limits_0^a f(q)\,dq}{\frac{1}{2}\,a^2}}\;.$$

In unserem Beispiel ergibt das

$$\tilde{\omega}^2(a) = \frac{\omega_0^2\,\frac{1}{2}\,a^2\,\{1 + \frac{1}{2}\,\beta a^2\}}{\frac{1}{2}\,a^2} = \omega_0^2\,\{1 + \frac{1}{2}\,\beta a^2\}.$$

Die entsprechenden Zahlenwerte sind wiederum in der vergleichenden Tabelle 4.3 zu finden.

4.1.3.4. Harmonische Balance

Das Verfahren geht wiederum davon aus, daß die Eigenschwingungen des konservativen nichtlinearen Systems *näherungsweise* als *harmonisch* angenommen werden können, wir also

$$\tilde{q}(t) = a\cos\tilde{\omega}t = a\cos\tau \qquad \text{mit } \tau = \tilde{\omega}t$$

setzen können. Es strebt jedoch – wie auch die noch folgenden Näherungsverfahren – auf eine ganz andere Weise eine Linearisierung der Bewegungsgleichung an. Gehen wir mit dem obigen Ansatz in die Bewegungsgleichung, die mit der neuen Variablen die Form

$$\tilde{\omega}^2 q''(\tau) + f(q(\tau)) = 0$$

annimmt, so erhalten wir

$$-a\,\tilde{\omega}^2\cos\tau + f(a\cos\tau) = 0.$$

Wir denken uns nun $f(a\cos\tau)$ in eine *Fourier*-Reihe entwickelt (vgl. Abschnitt 1.5). Das ergibt im Hinblick darauf, daß wir $f(q)$ als holomorph und ungerade vorausgesetzt haben

$$f(a\cos\tau) = \sum_{n=1}^{\infty} a_{1n}\cos(n\tau)$$

$$\text{mit} \quad a_{1n} = \frac{1}{\pi}\int\limits_0^{2\pi} f(a\cos\tau)\cos(n\tau)\,d\tau.$$

Tabelle 4.3: Vergleich verschiedener Näherungsverfahren hinsichtlich der Ergebnisse für $\frac{T_0}{\tilde{T}(a)} = \frac{\tilde{\omega}(a)}{\omega_0}$

βa^2	$\frac{\omega(a)}{\omega_0}$ exakt	nach 4.1.3.1	nach 4.1.3.2	nach 4.1.3.3	nach 4.1.3.4	nach 4.1.3.5	nach 4.1.3.6
− 0,9	0,506316	0,316328	0,572149	0,741620	0,570080	0,482810	0,641386
− 0,5	0,784550	0,707107	0,758814	0,866025	0,790563	0,783204	0,806297
− 0,25	0,900387	0,866025	0,888687	0,935414	0,901388	0,900367	0,904744
→ 0	1,0	1,0	1,0	1,0	1,0	1,0	1,0
+ 0,25	1,089118	1,118034	1,099267	1,060660	1,089725	1,089166	1,092324
+ 0,5	1,170774	1,224745	1,189840	1,118034	1,172604	1,170823	1,181941
+ 1,0	1,317729	1,414214	1,352262	1,224745	1,322876	1,317959	1,353827
+ 2,0	1,569100	1,732051	1,628223	1,414214	1,581139	1,569717	1,672510
+ 3,0	1,975951	2,236068	2,071630	1,732051	2,0	1,977559	2,233417

Beispiel: $f(q) = \omega_0^2 q \{1 + \beta q^2\}$

Wir brechen jedoch diese Reihe nach dem ersten Gliede ab, um die Gleichung zu linearisieren. Die Bewegungsgleichung geht damit über in

$$\{-a\tilde{\omega}^2 + a_{1I}\}\cos\tau = 0$$

und daraus folgt

$$\boxed{\tilde{\omega}^2(a) = \frac{a_{1I}}{a} = \frac{1}{a\pi}\int_0^{2\pi} f(a\cos\tau)\cos\tau\, d\tau.}$$

Wir können unsere Vorgehensweise auch so interpretieren:
Wir suchen für das gegebene nichtlineare System mit der Bewegungsgleichung

$$\ddot{q} + f(q) = 0$$

ein *lineares Ersatzsystem*, das der Gleichung

$$\ddot{q} + \tilde{\omega}^2 q = 0$$

genügt. Unter der Annahme, daß $q(t)$ harmonisch sei, balancieren wir den Ersatzausdruck $\tilde{\omega}^2 q$ mit $f(q)$ so aus, daß $\tilde{\omega}^2 q$ mit der aus der harmonischen Analyse von $f(q)$ sich ergebenden Grundschwingung übereinstimme:

$$\tilde{\omega}^2 \underbrace{a\cos\tau}_{q} = a_{1I}\cos\tau \rightarrow \tilde{\omega}^2 = \frac{a_{1I}}{a}.$$

Dieser Sachverhalt hat dem Verfahren, das auf *Krylov* und *Bojoljubov* zurückgeht, den Namen *harmonische Balance* gegeben.

Die Anwendung auf unser Beispiel ergibt

$$\tilde{\omega}^2(a) = \frac{a_{1I}}{a} = \frac{\omega_0^2}{a\pi}\int_0^{2\pi} a\cos\tau\,\{1 + \beta a^2\cos^2\tau\}\cos\tau\, d\tau = \omega_0^2\,\{1 + \tfrac{3}{4}\beta a^2\}.$$

Die entsprechenden Zahlenwerte finden sich wiederum in der vergleichenden Tabelle 4.3 (Seite 97).

4.1.3.5. Verfahren nach Galerkin

Der Grundgedanke des nach *Galerkin* benannten Verfahrens kann – abweichend von der Entstehungsgeschichte des Verfahrens (vgl. hierzu Abschnitt 6.3.3.2) – im Hinblick auf die hier zu betrachtenden Probleme wie folgt interpretiert werden:

Wir machen für die zu lösende Differentialgleichung

$$\ddot{q} + f(q) = 0$$

einen geeigneten *Näherungsansatz* von der Form

$$\tilde{q}(t) = \sum_{n=1}^{r} c_n \tilde{q}_n(t)$$

und verlangen, daß der durch den Näherungsansatz entstehende *gewogene, über eine Periode gemittelte Fehler* verschwindet, wenn als *Gewichtsfunktionen* jeweils die einzelnen Ansatzfunktionen $\tilde{q}_n(t)$ verwendet werden.

Wir verlangen also

$$\int_0^{2\pi} \left\{ \sum_n c_n \ddot{\tilde{q}}_n(t) + f\left(\sum_n c_n \tilde{q}_n(t) \right) \right\} \tilde{q}_n(t) \, d(\tilde{\omega} t) = 0 \qquad \text{für } n = 1, 2, \dots, r \, .$$

Diese Vorschrift liefert r Gleichungen, aus denen wir $\tilde{\omega}$ und die Verhältnisse der c_n zueinander bestimmen können. Die Zahlenwerte der c_n selbst ergeben sich aus der vorgegebenen Amplitude der Schwingung. Die Ansatzfunktionen $\tilde{q}_n$ müssen alle die Periode $T = \frac{2\pi}{\tilde{\omega}}$ bzw. ganzzahlige Bruchteile davon besitzen, damit für den Gesamt-Ansatz unabhängig von den Zahlenwerten c_n eine Periodizität der Lösung mit der Periode T gewährleistet ist. Wählt man, was nahe liegt, für die einzelnen Ansatzfunktionen wiederum *harmonische* Funktionen, so wird man auf Ansätze von der Form

$$\tilde{q}(t) = \sum_{n=1}^{r} c_n \cos(n\tau) \qquad (n = 1, 3, 5, \dots)$$

$$\text{mit} \quad \tau = \tilde{\omega} t$$

geführt.

Anmerkung:

Die entsprechenden Sinus-Glieder (bzw. die entsprechenden Null-Phasenwinkel φ_n) brauchen wir hier nicht zu berücksichtigen, weil wir hier nur konservative Eigenschwingungen betrachten. Überdies fallen die Glieder mit geradem n fort, weil wir $f(q)$ als ungerade Funktion vorausgesetzt haben. In allgemeineren Fällen müssen wir den Ansatz entsprechend vervollständigen.

Beschränken wir uns auf einen *eingliedrigen* Ansatz,

$$\tilde{q}(\tau) = c_1 \cos\tau = a \cos\tau ,$$

so liefert die *Galerkin*sche Vorschrift die Bedingung

$$\int_0^{2\pi} \{\underbrace{-a\,\widetilde{\omega}^2 \cos\tau}_{\ddot{\widetilde{q}}} + \underbrace{f(a\cos\tau)}_{f(\widetilde{q})}\}\underbrace{\cos\tau}_{\widetilde{q}}\, d\tau = 0.$$

Daraus resultiert für $\widetilde{\omega}^2(a)$ dasselbe Ergebnis wie bei der harmonischen Balance, das wir deshalb hier nicht weiter zu erörtern brauchen. Wir gehen deshalb in unserem Anwendungsbeispiel gleich zu einem *zweigliedrigen Ansatz*

$$\widetilde{q}(\tau) = c_1 \cos\tau + c_3 \cos 3\tau \qquad \text{mit } c_1 + c_3 = a$$

über. Damit erhalten wir nach *Galerkin* die beiden *Bedingungsgleichungen*

$$\int_0^{2\pi} \{-c_1\widetilde{\omega}^2 \cos\tau - c_3\, 9\,\widetilde{\omega}^2 \cos 3\tau + \\ + \omega_0^2\,[c_1 \cos\tau + c_3 \cos 3\tau + \beta(c_1\cos\tau + c_3 \cos 3\tau)^3]\} \cos\tau\, d\tau = 0$$

$$\int_0^{2\pi} \{-c_1\widetilde{\omega}^2 \cos\tau - c_3\, 9\,\widetilde{\omega}^2 \cos 3\tau + \\ + \omega_0^2\,[c_1 \cos\tau + c_3 \cos 3\tau + \beta(c_1\cos\tau + c_3 \cos 3\tau)^3]\} \cos 3\tau\, d\tau = 0.$$

Die Auswertung der Integrale ergibt

$$\left(\frac{\widetilde{\omega}}{\omega_0}\right)^2 = 1 + \frac{3}{4}\beta\,[c_1^2 + c_1 c_3 + 2c_3^2]$$

$$c_3\left(\frac{\widetilde{\omega}}{\omega_0}\right)^2 = \frac{1}{9}\{c_3 + \tfrac{1}{4}\beta\,[c_1^3 + 6c_1^2 c_3 + 3c_3^3]\}.$$

Daraus ist unter Beachtung von $c_1 + c_3 = a$ schließlich $\frac{\widetilde{\omega}(a)}{\omega_0}$ zu berechnen. Die entsprechenden Zahlenwerte für $\frac{\widetilde{\omega}(a)}{\omega_0}$ sind wiederum in Tabelle 4.3 zu finden.

4.1.3.6. Störungsrechnung

Ausgangspunkt ist wiederum unsere Differentialgleichung

$$\ddot{q}(t) + f(q) = 0 \quad \text{bzw.} \quad \omega^2 q''(\tau) + f(q) = 0 \quad \text{mit} \quad \tau = \omega t.$$

Die Rückführfunktion $f(q)$ zerlegen wir in einen linearen und in einen davon abweichenden nichtlinearen Anteil, indem wir schreiben

$$f(q) = \omega_0^2\,[q + \epsilon f^*(q)].$$

Dabei wollen wir den die Größe der Abweichung kennzeichnenden *Störparameter* ϵ im Sinne der *Störungsrechnung* (vgl. Band III, Abschnitt 2.3.3 sowie 7.2.2.1) als klein voraussetzen. Die Störung verursacht sowohl eine Änderung der Frequenz wie des Schwingungsverlaufes. Wir nehmen nun an, daß wir die Abweichungen nach Potenzen von ϵ in eine Reihe entwickeln können und setzen darum an:

$$\omega = \omega_0 + \epsilon\omega_1 + \epsilon^2\omega_2 + \ldots,$$
$$q(\tau) = q_0(\tau) + \epsilon q_1(\tau) + \epsilon^2 q_2(\tau) + \ldots .$$

Gehen wir mit diesem Ansatz in die Differentialgleichung, so folgt zunächst

$$[\omega_0^2 + 2\epsilon\omega_0\omega_1 + \epsilon^2\omega_1^2 + 2\epsilon^2\omega_0\omega_2 + \ldots][q_0'' + \epsilon q_1'' + \epsilon^2 q_2'' + \ldots]$$
$$+ \omega_0^2[q_0 + \epsilon q_1 + \epsilon^2 q_2 + \ldots] + \epsilon\omega_0^2 f^*(q_0 + \epsilon q_1 + \ldots) = 0.$$

$f^*(q)$ können wir nun, da die Rückführfunktion als holomorph vorausgesetzt ist, ebenfalls noch in eine Reihe entwickeln, sofern $f(q)$ nicht ohnehin als Potenzreihe gegeben ist. Ordnen wir diese nach Potenzen von ϵ, so erhalten wir

$$f^*(q) = f_0^*(q_0) + \epsilon f_1^*(q_0, q_1) + \epsilon^2 f_2^*(q_0, q_1, q_2) + \ldots .$$

Auch die übrigen Glieder der Differentialgleichung wollen wir nach Potenzen von ϵ ordnen und erhalten so schließlich nach Division durch ω_0^2:

$$\begin{aligned}
0 = {} & q_0'' + q_0 \\
& + \epsilon\left\{q_1'' + q_1 + 2\frac{\omega_1}{\omega_0}q_0'' + f_0^*(q_0)\right\} \\
& + \epsilon^2\left\{q_2'' + q_2 + 2\frac{\omega_1}{\omega_0}q_1'' + \left[\left(\frac{\omega_1}{\omega_0}\right)^2 + 2\frac{\omega_2}{\omega_0}\right]q_0'' + f_1^*(q_0, q_1)\right\} \\
& + \epsilon^3\{\ldots\ldots\} + \ldots\ldots .
\end{aligned}$$

Soll diese Differentialgleichung für beliebige (wenn auch hinreichend kleine) Werte des Störparameters ϵ erfüllt sein, so müssen die Koeffizienten der einzelnen Potenzen von ϵ jeweils für sich verschwinden. Aus dieser Forderung ergibt sich das nachstehende System von Differentialgleichungen

$$\begin{aligned}
& q_0''(\tau) + q_0(\tau) = 0 \\
& q_1''(\tau) + q_1(\tau) = -2\frac{\omega_1}{\omega_0}q_0''(\tau) - f_0^*(q_0) \\
& q_2''(\tau) + q_2(\tau) = -2\frac{\omega_1}{\omega_0}q_1''(\tau) - \left[\left(\frac{\omega_1}{\omega_0}\right)^2 + 2\frac{\omega_2}{\omega_0}\right]q_0''(\tau) - f_1^*(q_0, q_1) \\
& \ldots\ldots\ldots\ldots\ldots\ldots .
\end{aligned}$$

Dieses System ist rekursiv lösbar. Wie wir dabei vorzugehen haben, wollen wir anhand unseres Beispieles erörtern. In unserem Beispiel lautet die Rückführfunktion

$$f(q) = \omega_0^2 \{q + \beta q^3\} = \omega_0^2 \{q + \epsilon\beta_0 q^3\} = \omega_0^2 \{q + \epsilon f^*(q)\}.$$

Hierin haben wir

$$\beta = \epsilon\beta_0$$

gesetzt, wobei β_0 eine konstante Bezugsgröße und ϵ der als Variable zu betrachtende Störparameter ist. Für $f^*(q)$ ergibt die Reihenentwicklung nach ϵ:

$$f^*(q) = \beta_0 q^3 = \underbrace{\beta_0 q_0^3}_{f_0^*(q_0)} + \epsilon \underbrace{\beta_0 3 q_0^2 q_1}_{f_1^*(q_0, q_1)} + \epsilon^2 \underbrace{\beta_0 \{3 q_0 q_1^2 + 3 q_0^2 q_2\}}_{f_2^*(q_0, q_1, q_2)} + \dots .$$

Damit geht das Differentialgleichungs-System über in

$$q_0''(\tau) + q_0(\tau) = 0$$

$$q_1''(\tau) + q_1(\tau) = -2\frac{\omega_1}{\omega_0} q_0''(\tau) - \beta_0 q_0^3(\tau)$$

$$q_2''(\tau) + q_2(\tau) = -2\frac{\omega_1}{\omega_0} q_1''(\tau) - \left[\left(\frac{\omega_1}{\omega_0}\right)^2 + 2\frac{\omega_2}{\omega_0}\right] q_0''(\tau) - 3\beta_0 q_0^2(\tau) q_1(\tau)$$

$$\cdots\cdots\cdots\cdots\cdots\cdots .$$

Die erste Gleichung hat – unter Berücksichtigung der Anfangsbedingungen – die Lösung

$$q_0(\tau) = a_0 \cos\tau.$$

Die zweite Gleichung lautet somit nach Einsetzen von $q_0(\tau)$

$$q_1''(\tau) + q_1(\tau) = 2\frac{\omega_1}{\omega_0} a_0 \cos\tau - \beta_0 a_0^3 \cos^3\tau.$$

Ersetzen wir hierin noch $\cos^3\tau$ durch

$$\cos^3\tau = \frac{1}{4}\cos 3\tau + \frac{3}{4}\cos\tau,$$

so folgt schließlich

$$q_1''(\tau) + q_1(\tau) = a_0 \left\{2\frac{\omega_1}{\omega_0} - \frac{3}{4}\beta_0 a_0^2\right\} \cos\tau - \frac{1}{4}\beta_0 a_0^3 \cos 3\tau.$$

Damit $q_1(\tau)$ periodisch (und damit beschränkt) bleibt (Vermeidung des Resonanzfalles!) muß

$$2\frac{\omega_1}{\omega_0} - \frac{3}{4}\beta_0 a_0^2 = 0$$

sein, d.h.

$$\frac{\omega_1}{\omega_0} = \frac{3}{8}\beta_0 a_0^2$$

werden. Damit reduziert sich die obige Differentialgleichung für $q_1(\tau)$ auf

$$q_1''(\tau) + q_1(\tau) = -\frac{1}{4}\beta_0 a_0^3 \cos 3\tau .$$

Die allgemeine Lösung der homogenen Differentialgleichung für $q_1(\tau)$ können wir in $q_0(\tau)$ einbeziehen. Es verbleibt also nur noch die partikuläre Lösung der inhomogenen Differentialgleichung. Sie lautet

$$q_1(\tau) = a_1 \cos 3\tau = \frac{1}{32}\beta_0 a_0^3 \cos 3\tau .$$

Wir wollen das Verfahren mit diesem Schritt abbrechen, vernachlässigen also alle in ϵ nichtlinearen Terme und setzen (mit $\epsilon\beta_0 = \beta$)

$$q(\tau) = q_0(\tau) + \epsilon q_1(\tau) = a_0 \cos\tau + \frac{1}{32}\beta a_0^3 \cos 3\tau$$

$$\widetilde{\omega} = \omega_0 + \epsilon\omega_1 = \omega_0\left\{1 + \frac{3}{8}\beta a_0^2\right\}.$$

Wegen

$$q(0) = a_0 + \frac{1}{32}\beta a_0^3 = a$$

erhalten wir eine kubische Gleichung für a_0. Ihre Auflösung liefert $a_0(\beta a^2)$ und damit schließlich $\widetilde{\omega}(a)$. Die entsprechenden Zahlenwerte für $\frac{\widetilde{\omega}(a)}{\omega_0}$ sind wiederum der Tabelle 4.3 zu entnehmen.

4.1.3.7. Einige ergänzende Bemerkungen

Vergleichen wir die Ergebnisse, die wir für die Eigenfrequenz mit den verschiedenen Näherungsverfahren erhalten haben, so finden wir zunächst, daß die einfachen Linearisierungen der Differentialgleichung nur beschränkt brauchbar sind. Andererseits ist zu erkennen, daß insbesondere die *harmonische Balance,* das Verfahren von *Galerkin* sowie die *Störungsrechnung* in weitem Rahmen gute Näherungen für die Eigenfrequenz zu liefern vermögen. Es zeigt sich aber auch, daß sich der Mehraufwand an Rechnung, den wir etwa beim Verfahren nach *Galerkin* für einen zweigliedrigen Ansatz gegenüber einem eingliedrigen Ansatz zu erbringen haben, im allgemeinen nicht lohnt, wenn es nur um die Ermittlung der Eigenfrequenz geht. Ebenso ist die Störungsrechnung meist zu aufwendig, wenn nur nach der Eigenfrequenz gefragt ist. Deshalb werden wir uns bei der näherungsweisen Ermittlung der Eigenfrequenz meist mit einem *eingliedrigen Ansatz* beim Verfahren von *Galerkin* begnügen, der ja im Ergebnis mit dem Verfahren der *harmonischen Balance* übereinstimmt. Einen Einblick in den zeitlichen Verlauf der Schwingungen gewinnen wir freilich erst, wenn wir beim Verfahren nach *Galerkin* mindestens einen geeigneten zweigliedrigen Ansatz machen oder wenn wir die Störungsrechnung benutzen bzw. die Differentialgleichung bereichsweise linearisieren.

Neben den hier beschriebenen, sehr allgemein anwendbaren Näherungsverfahren gibt es weitere Näherungsverfahren, die in einzelnen Fällen durchaus Vorteile haben können. Wir verzichten jedoch hier darauf, auf sie einzugehen, und verweisen dazu auf das weiterführende Schrifttum.

4.2. Gedämpfte Eigenschwingungen eines nichtlinearen einfachen Schwingers

4.2.1. Allgemeines

Wir betrachten zwei Beispiele. Im ersten Beispiel (Abb. 4.5) handelt es sich um eine in einer vertikalen Ebene schwingende Punktmasse m. Die Trägheitswirkungen aller übrigen Massen des Systems seien vernachlässigbar. Feder und Dämpfer mögen eine lineare Charakteristik haben (Federkonstante: c; Dämpferkonstante: d). Als *Bewegungsgleichung* dieses Systems erhalten wir

$$\ddot{q} + 4\frac{d}{m}\dot{q}\sin^2 q + \frac{g}{l}\sin q\left(1 + \frac{cl}{mg}\cos q\right) = 0.$$

Für *sehr kleine* Ausschläge ($q \ll 1$) können wir näherungsweise

$$\ddot{q} + \delta^* q^2 \dot{q} + \omega_0^2 q = 0$$

$$\text{mit} \quad \omega_0^2 = \frac{g}{l}\left(1 + \frac{cl}{mg}\right) \quad \text{und} \quad \delta^* = 4\frac{d}{m}$$

setzen.

Im zweiten Beispiel (Abb. 4.6) besteht das System aus einem translatorisch schwingenden Körper (Masse: m) mit einer linearen Feder (Federkonstante: c). Der Bewegungswiderstand des umgebenden Mediums gehorche einem quadratischen Widerstandsgesetz. Als Bewegungsgleichung erhalten wir in diesem Falle

$$\ddot{q} + \delta\,(\dot{q})^2 \operatorname{sgn}\dot{q} + \omega_0^2 q = 0$$

$$\text{mit} \quad \omega_0^2 = \frac{c}{m} \quad \text{und} \quad \delta = \frac{k}{m}.$$

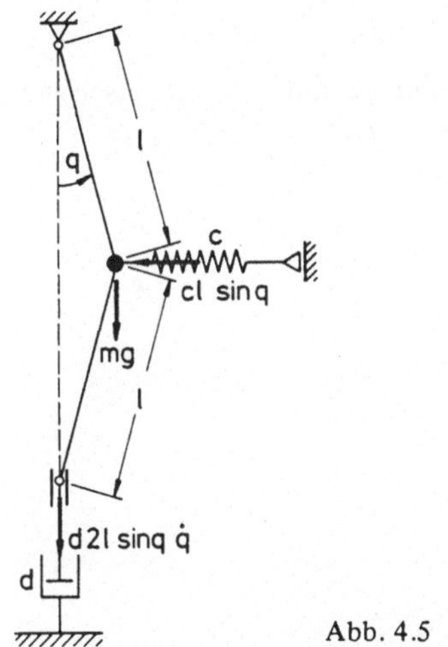

Abb. 4.5

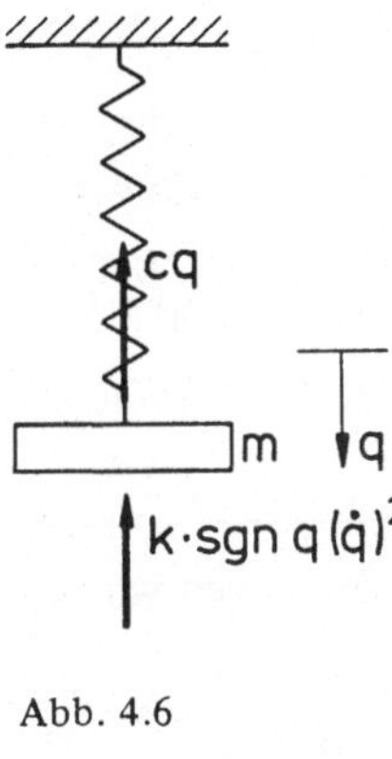

Abb. 4.6

Aus diesen beiden Beispielen können wir bereits ablesen:

Satz 4.2: Die *Bewegungsgleichung* für *nichtlineare* (*durchweg*) *gedämpfte Eigenschwingungen* eines einfachen Schwingers (mit skleronomen Bindungen) läßt sich stets auf die Form

$$\ddot{q} + F(q, \dot{q}) = \ddot{q} + g(q, \dot{q}) + f(q) = 0$$

bringen, wobei

$g(q, \dot{q})$ mit $\dot{q}\, g(q, \dot{q}) > 0$ die *Dämpfung*,

$f(q)$ mit $q\, f(q) > 0$ die konservative *Rückführfunktion*

darstellt. In manchen Fällen (s. Beispiel 2) vereinfacht sich die Bewegungsgleichung zu

$$\ddot{q} + g(\dot{q}) + f(q) = 0.$$

---

1. Anmerkung:

Sofern in der Bewegungsgleichung zunächst noch ein Term $h(q, (\dot{q})^2)$ auftritt, der $(\dot{q})^2$ enthält und zu den *Trägheitswirkungen* gehört, so läßt sich dieser in der in Abschnitt 4.1.1 angegebenen Weise wegtransformieren. Es sei hier vorausgesetzt, daß dies bereits jeweils durchgeführt ist. Solche Terme sind im übrigen leicht daran zu erkennen, daß für sie $\dot{q}\, h(q, \dot{q}) > 0$ *nicht* im ganzen Bereich gilt.

2. Anmerkung:

Das Auftreten von *rheonomen*, kinematischen Bindungen lassen wir hier wiederum außer Betracht (vgl. Abschnitt 4.1.1).

4.2.2. Integration der Bewegungsgleichung

Wir gehen davon aus, daß die *Bewegungsgleichung* der gedämpften Eigenschwingungen eines nichtlinearen einfachen Schwingers in der Form

$$\ddot{q} + F(q,\dot{q}) = 0$$
$$\text{mit den Anfangsbedingungen } q(0) = q_0, \quad \dot{q}(0) = \dot{q}_0$$

gegeben sei. Setzen wir wiederum

$$\ddot{q} = \frac{d(\dot{q})}{dq}\frac{dq}{dt} = \dot{q}\frac{d(\dot{q})}{dq},$$

so geht die Bewegungsgleichung über in

$$\frac{d(\dot{q})}{dq} = \frac{-F(q,\dot{q})}{\dot{q}}.$$

Diese Beziehung ordnet jedem Punkt der *Phasenebene* (q, $\dot{q}$-Ebene) eine bestimmte Richtung der durch diesen Punkt verlaufenden *Phasenkurve* zu. Wir können deshalb aus dieser Beziehung bzw. aus

$$\frac{1}{2}\, d(\dot{q})^2 = -F(q,\dot{q})\, dq$$

bei gegebenen Anfangsbedingungen (erforderlichenfalls durch graphische oder numerische Integration) jeweils die zugehörige Phasenkurve ermitteln. Teilen wir $F(q, \dot{q})$ in

$$F(q,\dot{q}) = g(q,\dot{q}) + f(q)$$

auf, so wird

$$\dot{q}(q) = \pm \sqrt{(\dot{q}_0)^2 - 2\int_{q_0}^{q} f(q)\, dq - 2\int_{q_0}^{q} g(q,\dot{q})\, dq}.$$

Dieser Ausdruck ist für jede *Halbschwingung* gesondert auszuwerten. Das erste Integral unter der Wurzel ist dabei stets unmittelbar auswertbar. Für das zweite Integral unter der Wurzel gilt dies freilich im allgemeinen nicht. Es lassen sich jedoch meist – zumindest bei schwacher Dämpfung – geeignete Näherungen für dieses Integral angeben, etwa indem man zunächst $\dot{q}(q)$ ohne Berücksichtigung der Dämpfung ermittelt.

Der obige Ausdruck für $\dot{q}(q)$ läßt sich im übrigen auch aus *energetischen Betrachtungen* ableiten; denn es gilt

$$E(q) = E_0 + \Phi_0 - \Phi(q) - \Delta A_D,$$

wobei ΔA_D die durch Dämpfung dissipierte Energie bezeichnet.

Als Beispiel für eine geschlossen durchführbare Integration der Bewegungsgleichung in der Phasenebene wählen wir den *Schwinger mit quadratischem Widerstandsgesetz* (s. das vorstehende 2. Beispiel). In diesem Fall liefert die Umformung der Bewegungsgleichung

$$\boxed{\begin{gathered}\frac{d(\dot{q})^2}{dq} + 2\delta(\dot{q})^2 \operatorname{sgn}\dot{q} + 2\omega_0^2 q = 0 \\ \text{mit} \quad \omega_0^2 = \frac{c}{m} \quad \text{und} \quad \delta = \frac{k}{m}.\end{gathered}}$$

Diese lineare Differentialgleichung 1. Ordnung für $(\dot{q}(q))^2$ hat die allgemeine Lösung

$$(\dot{q})^2 = \begin{cases} e^{-2\delta q}\left[C_i - 2\omega_0^2 \int\limits_{q_{0i}}^{q} q\, e^{2\delta q}\, dq\right] & \text{für } \dot{q} > 0 \\[2ex] e^{2\delta q}\left[C_k - 2\omega_0^2 \int\limits_{q_{0k}}^{q} q\, e^{-2\delta q}\, dq\right] & \text{für } \dot{q} < 0. \end{cases}$$

Hierin stellen C_i bzw. C_k die jeweils für eine Halbschwingung geltenden Integrationskonstanten und q_{0i} bzw. q_{0k} die entsprechenden Anfangswerte von q dar. Beachten wir, daß zu Beginn jeder Halbschwingung $\dot{q} = 0$ ist, so ergibt sich zunächst

$$C_i = C_k = 0.$$

Werten wir noch die Integrale aus, so erhalten wir schließlich

$$(\dot{q})^2 = \begin{cases} \dfrac{\omega_0^2}{2\delta^2}\, e^{-2\delta q}\left[(1 - 2\delta q)\, e^{2\delta q} - (1 - 2\delta q_{0i})\, e^{2\delta q_{0i}}\right] & \text{für} \quad \dot{q} > 0 \\[2ex] \dfrac{\omega_0^2}{2\delta^2}\, e^{2\delta q}\left[(1 + 2\delta q)\, e^{-2\delta q} - (1 + 2\delta q_{0k})\, e^{-2\delta q_{0k}}\right] & \text{für} \quad \dot{q} < 0 \end{cases}$$

bzw. zusammenfassend

$$(\dot{q})^2 = \frac{\omega_0^2}{2\delta^2}\,\{1 - 2\delta q \operatorname{sgn}\dot{q} - e^{2\delta(q_{0n}-q)\operatorname{sgn}\dot{q}}\,[1 - 2\delta q_{0n} \operatorname{sgn}\dot{q}]\},$$

wobei q_{0n} den Ausschlag zu Beginn der *n*-ten Halbschwingung bezeichnet.

Die Ermittlung der Schwingungsdauer mit Hilfe der Beziehung

$$\int dt = \int \frac{dq}{\dot{q}(q)}$$

ist im vorliegenden Fall nicht mehr geschlossen durchführbar. Hier sind wir auf numerische Verfahren oder auf Näherungsverfahren angewiesen. Wir kommen darauf zurück.

Die vorstehenden Überlegungen lassen sich ohne grundsätzliche Schwierigkeiten auf Schwinger mit nichtlinearen Rückführfunktionen übertragen. Die Bewegungsgleichung lautet dann

$$\frac{d(\dot{q})^2}{dq} + 2\delta(\dot{q})^2 \operatorname{sgn}\dot{q} + 2f(q) = 0.$$

Als Lösung dieser Differentialgleichung erhalten wir unter Berücksichtigung der jeweiligen Anfangsbedingungen

$$(\dot{q})^2 = -\frac{1}{2\delta^2}\, e^{-2\delta q \operatorname{sgn}\dot{q}} \int_{q_{0n}}^{q} f(q)\, e^{2\delta q \operatorname{sgn}\dot{q}}\, dq.$$

Als Aufgabe verbleibt dann jeweils nur noch die Auswertung des Integrals.

Die Fälle, in denen eine geschlossene Lösung der Bewegungsgleichung für die gedämpften Eigenschwingungen eines nichtlinearen einfachen Schwingers möglich ist, bilden die Ausnahme. So ist z.B. schon beim ersten Beispiel von Abschnitt 4.2.1 eine geschlossene Lösung nicht mehr möglich, selbst wenn wir uns auf kleine Ausschläge beschränken. Deshalb sind wir vielfach auf Näherungsverfahren angewiesen. Die rein numerischen Verfahren lassen wir hier außer Betracht und verweisen diesbezüglich auf das einschlägige Schrifttum.

4.2.3. Näherungsverfahren

Die Einsatzmöglichkeiten der einfachen bzw. bereichsweisen Linearisierung der Bewegungsgleichungen als Näherungsverfahren für gedämpfte Eigenschwingungen eines nichtlinearen einfachen Schwingers sind mehr noch als bei konservativen

Eigenschwingungen beschränkt. Wir übergehen deshalb hier diese Verfahren. Im übrigen sei hierzu auf die Abschnitte 4.1.3.1 und 4.1.3.2 verwiesen. Die dort entwickelten Überlegungen lassen sich – soweit solche Linearisierungen überhaupt sinnvoll sind – ohne grundsätzliche Schwierigkeiten auf gedämpfte Eigenschwingungen ausdehnen. Dies gilt insbesondere für die Fälle, in denen die Dämpfung zwar nichtlinear, aber linear in $\dot{q}$ ist (vgl. 1. Beispiel in 4.2.1).

Wir wenden uns hier den anderen in 4.1.3 bereits erörterten Näherungsverfahren zu und wollen sehen, ob – und gegebenenfalls mit welchen Änderungen – sie sich auf gedämpfte Eigenschwingungen übertragen lassen. Zusätzlich wollen wir noch ein weiteres Näherungsverfahren einführen, das sich speziell auf nichtperiodische Schwingungen bezieht, wie sie bei gedämpften Eigenschwingungen vorliegen.

Allgemein wollen wir noch voraussetzen, daß es sich in allen betrachteten Fällen um *schwache Dämpfungen* handelt.

4.2.3.1. Energetische Balance

Wir gehen aus von der allgemeinen Aussage, daß

$$\boxed{E(q) + \Phi(q) = E_0 + \Phi_0 - \Delta A_D}$$

ist, wobei E_0 bzw. Φ_0 die kinetische bzw. potentielle Energie im Anfangszustand und ΔA_D die durch Dämpfung dissipierte Energie bezeichnet. Betrachten wir eine volle Schwingung von einer Extremlage (a_n) bis zur nächsten mit gleichen Vorzeichen (a_{n+1}), so folgt

$$\Phi(a_n) - \Phi(a_{n+1}) = \Delta A_D$$

oder auch

$$\int_{a_{n+1}}^{a_n} f(q)\,dq = -\int_{t_n}^{t_n+T} g(q,\dot{q})\,\dot{q}\,dt.$$

Machen wir nun einen geeigneten Näherungsansatz für $q(t)$, so können wir die Amplitudenabnahme abschätzen. Es liegt nahe, für die einzelnen Schwingungen – wir können auch in Halbschwingungen vorgehen – als Näherung

$$\tilde{q}(t) = a_n \cos \tilde{\omega} t$$

anzusetzen, sofern die Dämpfung schwach ist, also

$$\frac{a_n - a_{n+1}}{a_n} \ll 1$$

bleibt.

Im Beispiel 2 des Abschnittes 4.2.1 erhalten wir ausgehend von

$$\ddot{q} + \delta(\dot{q})^2 \operatorname{sgn} \dot{q} + \omega_0^2 q = 0$$

mit dem Ansatz

$$\widetilde{q}(t) = a_n \cos \omega_0 t$$

zunächst

$$\int_{a_{n+1}}^{a_n} \omega_0^2 q \, dq = -\delta \int_{t_n}^{t_{n+1}} (-a_n \omega_0 \sin \omega_0 t)^2 \operatorname{sgn} \dot{q} (-a_n \omega_0 \sin \omega_0 t) \, dt$$

bzw.

$$\frac{\omega_0^2}{2} \{a_n^2 - a_{n+1}^2\} = 2\delta a_n^3 \omega_0^2 \int_0^\pi \sin^3 \tau \, d\tau = \frac{8}{3} \delta a_n^3 \omega_0^2.$$

Daraus folgt dann

$$\frac{a_n^2 - a_{n+1}^2}{a_n^2} = \frac{16}{3} \delta a_n.$$

Wir wollen dieses Ergebnis mit der Amplitudenabnahme bei einem Schwinger mit linearer Dämpfung vergleichen, für den (vgl. Abschnitt 2.2.3) die Bewegungsgleichung

$$\ddot{q} + 2 D \omega_0 \dot{q} + \omega_0^2 q = 0$$

lautet. Für diesen linearen Schwinger gilt bei schwacher Dämpfung

$$\frac{a_n^2 - a_{n+1}^2}{a_n^2} = 4\pi D.$$

Stellen wir das dem obigen Ergebnis gegenüber, so finden wir, daß wir aufgrund der energetischen Balance den nichtlinearen Schwinger unseres Beispiels näherungsweise durch einen linearen mit der amplitudenabhängigen Dämpfung

$$\widetilde{D}(a) = \frac{4}{3\pi} \delta a$$

ersetzen können. Als Abschätzung für die Eigenfrequenz, deren Berechnung in Abschnitt 4.2.2 offengeblieben war, erhalten wir damit ferner

$$\widetilde{\omega}(a) = \omega_0 \sqrt{1 - \widetilde{D}^2(a)} = \omega_0 \sqrt{1 - \frac{16}{9\pi^2} \delta^2 a^2}.$$

Anmerkung:
Bei nichtlinearer Rückführfunktion können wir zunächst mit Hilfe energetischer Betrachtungen die ungedämpfte Eigenfrequenz abschätzen, wie in Abschnitt 4.1.3.3 gezeigt, und dann weiter verfahren wie hier geschehen.

4.2.3.2. Harmonische Balance

Wir gehen davon aus, daß die *Bewegungsgleichung* in der allgemeinen Form

$$\ddot{q} + F(q, \dot{q}) = \ddot{q} + g(q, \dot{q}) + f(q) = 0$$

gegeben sei. Bei *schwacher Dämpfung* können wir nun für die Dauer *einer* vollen Schwingung, die die Anfangsamplitude a hat, näherungsweise ansetzen

$$\tilde{q}(t) = a \cos \omega_0 t = a \cos \tau.$$

$F(q, \dot{q})$ können wir für die Dauer *einer* vollen Schwingung näherungsweise ebenfalls als periodisch annehmen und einer harmonischen Analyse unterwerfen, wobei wir nur die Grundschwingung berücksichtigen wollen. Wir setzen also

$$F(q, \dot{q}) = a_{11} \cos \tau + \dot{a}_{21} \sin \tau = a_{11} \frac{1}{a} \tilde{q} - a_{21} \frac{1}{a} \dot{\tilde{q}},$$

mit

$$a_{11} = \frac{1}{\pi} \int_0^{2\pi} F(a \cos \tau, -a \omega_0 \sin \tau) \cos \tau \, d\tau.$$

$$a_{21} = \frac{1}{\pi} \int_0^{2\pi} F(a \cos \tau, -a \omega_0 \sin \tau) \sin \tau \, d\tau.$$

Hängt die Dämpfungsfunktion g nur von $\dot{q}$ ab, läßt sich also $F(\dot{q}, q)$ aufspalten in

$$F(\dot{q}, q) = g(\dot{q}) + f(q),$$

so vereinfachen sich diese Ausdrücke zu

$$a_{11} = \frac{1}{\pi} \int_0^{2\pi} f(a \cos \tau) \cos \tau \, d\tau.$$

$$a_{21} = \frac{1}{\pi} \int_0^{2\pi} g(-a \omega_0 \sin \tau) \sin \tau \, d\tau.$$

Die harmonische Balance überführt die nichtlineare Bewegungsgleichung in die lineare Differentialgleichung

$$\omega_0^2 \tilde{q}'' - \frac{a_{2l}}{a} \tilde{q}' + \frac{a_{1l}}{a} \tilde{q} = 0,$$

deren Lösung bekannt ist (vgl. Abschnitt 2.2.3).

Anmerkung:

Es mag überraschend sein, daß der *periodische Ansatz*, den wir zunächst gemacht haben, schließlich auf eine *nichtperiodische Lösung* q (t) führt. Die Erklärung dafür liegt darin begründet, daß wir ja in dem periodischen Ansatz nur *näherungsweise* die Amplitude a als konstant (für eine Schwingung) betrachtet haben. Das schließt nicht aus, daß wir *nachträglich* Aussagen für die zeitliche Änderung der Amplitude ($\tilde{D}(a)$) und für $\tilde{\omega}^2(a)$ gewinnen.

Wir wollen nun diese Vorgehensweise auf unsere beiden Beispiele aus Abschnitt 4.2.1 anwenden. Im ersten Falle folgt aus

$$\underbrace{\ddot{q} + \delta^* q^2 \dot{q} + \omega_0^2 q}_{F(q,\dot{q})} = \ddot{q} + g(q,\dot{q}) + f(q) = 0$$

für die Koeffizienten der harmonischen Analyse von $F(q,\dot{q})$

$$a_{1l} = \frac{1}{\pi} \int_0^{2\pi} \{\delta^* a^2 \cos^2\tau(-a\,\omega_0 \sin\tau) + \omega_0^2 a \cos\tau\} \cos\tau \, d\tau = a\,\omega_0^2$$

$$a_{2l} = \frac{1}{\pi} \int_0^{2\pi} \{\delta^* a^2 \cos^2\tau(-a\,\omega_0 \sin\tau) + \omega_0^2 a \cos\tau\} \sin\tau \, d\tau = -\frac{1}{4}\,\delta^* a^3 \omega_0 .$$

Damit liefert die *harmonische Balance* in diesem Falle näherungsweise die lineare Differentialgleichung

$$\omega_0^2 \tilde{q}'' + \frac{1}{4} \delta^* a^2 \omega_0 \tilde{q}' + \omega_0^2 \tilde{q} = 0$$

bzw.

$$\tilde{q}'' + 2\tilde{D}(a)\tilde{q}' + \tilde{q} = 0$$

$$\text{mit} \quad \tilde{D}(a) = \frac{1}{8} \frac{\delta^* a^2}{\omega_0} .$$

Für die Eigenfrequenz der gedämpften Schwingung ergibt sich damit ferner

$$\widetilde{\omega}^2(a) = \omega_0 \sqrt{1 - \widetilde{D}^2(a)} = \omega_0 \sqrt{1 - \frac{1}{64} \frac{\delta^{*2} a^4}{\omega_0^2}} .$$

Im zweiten Beispiel folgt aus

$$\underbrace{\ddot{q} + \delta(\dot{q})^2 \operatorname{sgn} \dot{q} + \omega_0^2 q}_{F(q,\dot{q})} = \ddot{q} + g(\dot{q}) + f(q) = 0$$

für die harmonische Analyse von $F(q, \dot{q})$

$$a_{1l} = \frac{\omega_0^2}{\pi} \int_0^{2\pi} a \cos\tau \cos\tau \, d\tau = a\,\omega_0^2$$

$$a_{2l} = -\frac{2\delta}{\pi} \int_0^{\pi} a^2 \omega_0^2 \sin^2\tau \sin\tau \, d\tau = -\frac{8}{3\pi} \delta a^2 \omega_0^2 .$$

Damit liefert die *harmonische Balance* für dieses Beispiel näherungsweise

$$\boxed{\begin{array}{l} \widetilde{q}'' + 2\widetilde{D}(a)\,\widetilde{q}' + \widetilde{q} = 0 \\ \text{mit} \quad \widetilde{D}(a) = \frac{4}{3\pi} \delta a. \end{array}}$$

Das gleiche Ergebnis erhielten wir für dieses Beispiel mit dem Verfahren der *energetischen Balance.* Die beiden Verfahren sind jedoch keineswegs äquivalent. Sie können durchaus zu voneinander abweichenden Ergebnissen führen, wie wir bereits bei den ungedämpften nichtlinearen Eigenschwingungen (Abschnitte 4.1.3.3 und 4.1.3.4) gesehen haben.

4.2.3.3. Verfahren der langsam veränderlichen Amplitude

Bei diesem Näherungsverfahren gehen wir mit einem *Näherungsansatz*

$$\widetilde{q}(t) = a(t) \cos \widetilde{\omega} t$$

in die Bewegungsgleichung, der die zeitliche Änderung der Amplitude im Ansatz berücksichtigt. Zugleich wollen wir jedoch annehmen, das Abklingen der Amplitude erfolge so langsam, daß

$$\frac{|\dot{a}|}{a\omega_0} \ll 1 \qquad \text{und} \qquad \frac{|\ddot{a}|}{a\omega_0^2} \ll 1$$

bleibt. Bei hinreichend schwacher Dämpfung ist das sicherlich erlaubt.

Mit diesem Ansatz erhalten wir zunächst

$$\dot{\tilde{q}}(t) = \dot{a}(t)\cos\tilde{\omega}t - a(t)\tilde{\omega}\sin\tilde{\omega}t$$
$$\ddot{\tilde{q}}(t) = \ddot{a}(t)\cos\tilde{\omega}t - 2\dot{a}(t)\tilde{\omega}\sin\tilde{\omega}t - a\tilde{\omega}^2\cos\tilde{\omega}t.$$

Häufig geht man nun davon aus, daß man bei langsam veränderlicher Amplitude in diesen Ausdrücken für $\dot{\tilde{q}}$ und $\ddot{\tilde{q}}$ jeweils die ersten Glieder der rechten Seite vernachlässigen kann. Es ist aber nicht recht einzusehen, warum man dann nicht auch das zweite Glied von $\ddot{\tilde{q}}$ vernachlässigen darf. Wir behalten deshalb vorerst alle Glieder bei und gehen damit in die Bewegungsgleichung. Als Beispiel wählen wir dazu das erste Beispiel aus Abschnitt 4.2.1 mit

$$\boxed{\ddot{q} + \delta^* q^2\dot{q} + \omega_0^2 q = 0}$$

und erhalten hierfür

$$\ddot{a}\cos\tilde{\omega}t - 2\dot{a}\,\tilde{\omega}\sin\tilde{\omega}t - a\tilde{\omega}^2\cos\tilde{\omega}t$$
$$+ \delta^* a^2\cos^2\tilde{\omega}t\,\{\dot{a}\cos\tilde{\omega}t - a\tilde{\omega}\sin\tilde{\omega}t\} + \omega_0^2 a\cos\tilde{\omega}t = 0.$$

Mit

$$\cos^3\tilde{\omega}t = \frac{3}{4}\cos\tilde{\omega}t + \frac{1}{4}\cos 3\tilde{\omega}t$$

und

$$\cos^2\tilde{\omega}t\sin\tilde{\omega}t = \sin\tilde{\omega}t - \sin^3\tilde{\omega}t = \frac{1}{4}\sin\tilde{\omega}t + \frac{1}{4}\sin 3\tilde{\omega}t$$

geht diese Gleichung nach Umordnung über in

$$\{-2\dot{a}\tilde{\omega} - \frac{1}{4}\delta^* a^3\tilde{\omega}\}\sin\tilde{\omega}t + \{\ddot{a} + a(\omega_0^2 - \tilde{\omega}^2) + \frac{3}{4}\delta^* a^2\dot{a}\}\cos\tilde{\omega}t$$
$$+ \frac{1}{4}\delta^* a^2\{\dot{a}\cos 3\tilde{\omega}t - a\tilde{\omega}\sin 3\tilde{\omega}t\} = 0.$$

Den letzten Term, der die höheren harmonischen Funktionen enthält, vernachlässigen wir, wie auch bei den anderen Näherungsverfahren. Es verbleiben somit nur noch die beiden Terme mit $\sin\tilde{\omega}t$ und $\cos\tilde{\omega}t$. Damit die so reduzierte Gleichung für jede beliebige Zeit t erfüllt ist, müssen die Koeffizienten von $\sin\tilde{\omega}t$ und $\cos\tilde{\omega}t$ jeweils für sich verschwinden. Das führt auf die Bedingungen

$$2\dot{a}\tilde{\omega} + \frac{1}{4}\delta^* a^3\tilde{\omega} = 0 \quad \text{und} \quad a\left\{\omega_0^2 - \tilde{\omega}^2\left[1 - \frac{\ddot{a}}{a\tilde{\omega}^2} - \frac{3}{4}\delta^* a^2\frac{\dot{a}}{a\tilde{\omega}^2}\right]\right\} = 0.$$

Aus der ersten Bedingung ergibt sich

$$\boxed{\frac{\dot{a}}{a} = -\frac{1}{8}\delta^* a^2.}$$

Unter Benutzung dieses Ergebnisses können wir die zweite Bedingung überführen in

$$\boxed{\left(\frac{\tilde{\omega}}{\omega_0}\right)^2 = 1 + \frac{\ddot{a}}{a\omega_0^2} + 6\left(\frac{\dot{a}}{a\omega_0}\right)^2.}$$

Da voraussetzungsgemäß

$$\frac{|\ddot{a}|}{a\omega_0^2} \ll 1 \qquad \text{und} \qquad \frac{|\dot{a}|}{a\omega_0} \ll 1$$

sein sollen, folgern wir

$$\tilde{\omega}^2 \approx \omega_0^2.$$

Dieses Ergebnis würden wir auch erhalten haben, wenn wir von Anfang an in $\dot{\tilde{q}}$ das Glied mit $\dot{a}$ und in $\ddot{\tilde{q}}$ (nur) das Glied mit $\ddot{a}$ unterdrückt hätten. Nachträglich erhalten wir also die Bestätigung dafür, daß man so vorgehen darf. Machen wir von dieser Voraussetzung keinen Gebrauch, so können wir aus der ersten Bedingung noch ableiten

$$\ddot{a} = -\frac{3}{8}\,\delta^* a^2 \dot{a}$$

und damit die zweite Bedingung überführen in

$$\omega_0^2 - \tilde{\omega}^2 \left[1 - \frac{3}{64}\left(\frac{\delta^* a^2}{\tilde{\omega}}\right)^2 + \frac{3}{32}\left(\frac{\delta^* a^2}{\tilde{\omega}}\right)^2\right] = 0.$$

Das ergibt als Näherung

$$\tilde{\omega}^2 = \omega_0^2 \left\{1 - \frac{3}{64}\left(\frac{\delta^* a^2}{\omega_0}\right)^2\right\}.$$

Hinsichtlich der Amplitudenänderung liefert das vorstehende Verfahren im Rahmen der Näherung dasselbe Ergebnis wie das Verfahren der harmonischen Balance. Für die Eigenfrequenz fallen die Ergebnisse jedoch etwas unterschiedlich aus.

Anmerkung:

Das Verfahren läßt sich in der Weise verallgemeinern, daß man in den Ansatz einen langsam veränderlichen Nullphasenwinkel (und damit eine veränderliche Eigenfrequenz) einbezieht. Im vorliegenden Beispiel bringt dies allerdings nichts.

4.2.3.4. Einige ergänzende Bemerkungen

Sowohl das Verfahren von *Galerkin* als auch die Störungsrechnung lassen sich als weitere Näherungsverfahren für die Berechnung nichtlinearer gedämpfter Eigenschwingungen heranziehen, wobei die Ansätze entsprechend zu modifizieren sind.

Wenn diese Verfahren jedoch mehr leisten sollen als die bisher betrachteten, dann steigt der Rechenaufwand meist beträchtlich. Wir gehen deshalb hier nicht darauf ein.

Wir sind im übrigen bei der Erörterung der vorstehenden Näherungsverfahren stets davon ausgegangen, daß es sich um *schwach gedämpfte* Eigenschwingungen handeln möge, d.h. daß die äquivalente Dämpfung $\tilde{D}(a) \ll 1$ herauskommt. Bei technischen Problemen wird diese Voraussetzung – sofern nicht konstruktiv eine starke Dämpfung gewollt ist – meist erfüllt sein. Haben wir es mit stark gedämpften Schwingungen zu tun, so muß man im Einzelfall zusehen, wie man am besten weiterkommt. Häufig wird man dann zu numerischen Verfahren übergehen, zumal bei starker Dämpfung die Schwingungen ja schnell abklingen.

4.3. Selbsterregte Schwingungen eines einfachen Schwingers

4.3.1. Allgemeines

Selbsterregte Schwingungen sind gekennzeichnet durch das Zusammenspiel von Dämpfung und Anfachung. Stationäre selbsterregte Schwingungen sind grundsätzlich nur in *nichtlinearen* Systemen möglich. Das im Abschnitt 2.3 behandelte Beispiel war nur deshalb mit den Methoden für lineare Systeme lösbar, weil das Verhalten des Schwingers zwischen den Phasen der Energiezufuhr (also jeweils bereichsweise) linear war. Im übrigen haben wir bei diesem Beispiel den Zustand der stationären (periodischen) Schwingungen mit Hilfe einer *energetischen Balance* ermittelt.

Allgemeinere Probleme von selbsterregten Schwingungen sind selten geschlossen lösbar. Wir sind deshalb vielfach auf Näherungsverfahren angewiesen. Dabei können wir auf uns bereits bekannte Methoden zurückgreifen. Einige von ihnen liefern freilich nur Näherungsaussagen über Eigenfrequenz und Amplitude der stationären (periodischen) Schwingungen. Andere erlauben auch weitergehende Aussagen, z.B. über die Stabilität des stationären Zustandes oder über den zeitlichen Schwingungsverlauf.

Im Hinblick darauf, daß wir mit den zu erörternden Näherungsverfahren bereits vertraut sind, können wir uns im folgenden kurz fassen. Wir beschränken uns auch jeweils auf ein Beispiel. Dafür wählen wir die *Van der Pol*sche Gleichung

$$\boxed{\ddot{q} - (\alpha - \delta^* q^2)\,\dot{q} + \omega_0^2 q = 0.}$$

Sie beschreibt das Schwingungsverhalten eines Systems, das hinsichtlich der Dämpfung dem ersten Beispiel des Abschnittes 4.2.1 entspricht, bei dem jedoch gleichzeitig eine Anfachung vorhanden ist, die proportional zu $\dot{q}$ ist.

Anmerkung:

Die *Van der Pol*sche Gleichung spielt auch in der Elektronik eine bedeutsame Rolle. Sie beschreibt dort das Verhalten gewisser Schwingungsgeneratoren.

4.3.2. Energetische Balance

Im stationären Schwingungszustand müssen sich im Verlauf jeder vollen Schwingung die von dem Antrieb zugeführte Energie sowie die von der Dämpfung dissipierte Energie gegenseitig die Waage halten. Das führt in unserem Beispiel auf die Bedingung

$$\int_t^{t+T} \alpha \dot{q}\dot{q}\,dt - \int_t^{t+T} \delta^* q^2 \dot{q}\dot{q}\,dt = 0.$$

Anmerkung:

Diese Beziehung können wir auch formal aus der Bewegungsgleichung ableiten, indem wir sie mit $\dot{q}$ multiplizieren und über eine Periode integrieren. Dabei wird wegen der Periodizität der stationären Schwingung

$$\int_t^{t+T} \ddot{q}\dot{q}\,dt = \frac{1}{2}\int_t^{t+T} d(\dot{q})^2 = 0$$

$$\int_t^{t+T} \omega_0^2 q\dot{q}\,dt = \frac{1}{2}\omega_0^2 \int_t^{t+T} d(q^2) = 0.$$

Wir setzen nun *näherungsweise* an

$$\tilde{q}(t) = a\cos\tilde{\omega}t = a\cos\tau.$$

Aus der Differentialgleichung lesen wir ab, daß für $\dot{q} = 0$

$$-a\tilde{\omega}^2 + a\omega_0^2 = 0,$$

also

$$\tilde{\omega}^2 = \omega_0^2$$

sein muß. Gehen wir nun mit unserem Ansatz in die obige energetische Balance-Bedingung, so folgt

$$\int_0^{2\pi} \alpha a^2 \omega_0 \sin^2\tau\,d\tau - \int_0^{2\pi} \delta^* a^2 \cos^2\tau\, a^2\omega_0 \sin^2\tau\,d\tau = 0$$

bzw.

$$\alpha a^2 \omega_0 \pi - \delta^* a^4 \omega_0 \frac{\pi}{4} = 0,$$

d.h.

$$\boxed{a_{stat} = 2\sqrt{\frac{\alpha}{\delta^*}},}$$

wobei a_{stat} die Amplitude der *stationären Schwingung* bezeichnet.

4.3.3. Verfahren nach Galerkin

Der naheliegende einfache Ansatz

$$\tilde{q}(t) = a \cos \omega_0 t$$

führt bei dem vorliegenden Beispiel zu keinem Ergebnis. Die mit diesem Ansatz sich ergebenden Integrale verschwinden entweder oder heben sich gegenseitig auf, wie leicht nachzuprüfen ist. Wir greifen zu einem Trick und setzen

$$\tilde{q}(t) = a_1 \cos \tilde{\omega} t + a_2 \sin \tilde{\omega} t = a \cos(\tilde{\omega} t + \varphi)$$

mit beliebigem Nullphasenwinkel φ an. Die Vorschrift von *Galerkin* führt dann auf die beiden Bedingungen

$$\frac{1}{\tilde{\omega}} \int_0^{2\pi} \{a(\omega_0^2 - \tilde{\omega}^2) \cos(\tau + \varphi) + [\alpha - \delta^* a^2 \cos^2(\tau + \varphi)]\, a\, \tilde{\omega} \sin(\tau + \varphi)\} \cos \tau \, d\tau = 0$$

$$\frac{1}{\tilde{\omega}} \int_0^{2\pi} \{a(\omega_0^2 - \tilde{\omega}^2) \cos(\tau + \varphi) + [\alpha - \delta^* a^2 \cos^2(\tau + \varphi)]\, a\, \tilde{\omega} \sin(\tau + \varphi)\} \sin \tau \, d\tau = 0.$$

Die Ausführung der Integrationen ergibt

$$\pi a \left\{ (\omega_0^2 - \tilde{\omega}^2) \cos \varphi + \left[\alpha - \frac{1}{4} \delta^* a^2\right] \tilde{\omega} \sin \varphi \right\} = 0 \qquad \text{bzw.}$$

$$\pi a \left\{ -(\omega_0^2 - \tilde{\omega}^2) \sin \varphi + \left[\alpha - \frac{1}{4} \delta^* a^2\right] \tilde{\omega} \cos \varphi \right\} = 0.$$

Diese beiden Bedingungen sind für beliebige Werte φ nur zu erfüllen, wenn

$$\boxed{\tilde{\omega}^2 = \omega_0^2 \quad \text{und} \quad a = a_{stat} = 2\sqrt{\frac{\alpha}{\delta^*}}}$$

wird. Dasselbe Ergebnis lieferte die energetische Balance; gegenüber der energetischen Balance hat jedoch das Verfahren von Galerkin den Vorzug, daß es auf mehrgliedrige Ansätze mit entsprechend vielen Bestimmungsgleichungen für die noch freien Parameter erweiterbar ist, während die energetische Balance unmittelbar immer nur eine Bestimmungsgleichung liefert und deshalb im Ansatz auf einen freien Parameter beschränkt ist.

4.3.4. Harmonische Balance

Entsprechend dem Grundgedanken dieses Verfahrens machen wir für die Bewegungsgleichung

$$\ddot{q} - (\alpha - \delta^* q^2)\dot{q} + \omega_0^2 q = \ddot{q} + F(q, \dot{q}) = 0$$

näherungsweise den Ansatz

$$\tilde{q}(t) = a \cos \omega_0 t = a \cos \tau$$

und überführen zugleich $F(\tilde{q}, \dot{\tilde{q}})$ auf dem Wege der *harmonischen Analyse* näherungsweise in

$$F(\tilde{q}, \dot{\tilde{q}}) \approx a_{1l} \cos(\omega_0 t) + a_{2l} \sin \omega_0 t \approx \frac{a_{1l}}{a} \tilde{q}(\tau) - \frac{a_{2l}}{a} \tilde{q}'(\tau).$$

Für unser Beispiel erhalten wir

$$a_{1l} = \frac{1}{\pi} \int_0^{2\pi} \{[\alpha - \delta^* a^2 \cos^2 \tau] a \omega_0 \sin \tau + \omega_0^2 a \cos \tau\} \cos \tau \, d\tau$$

$$a_{2l} = \frac{1}{\pi} \int_0^{2\pi} \{[\alpha - \delta^* a^2 \cos^2 \tau] a \omega_0 \sin \tau + \omega_0^2 a \cos \tau\} \sin \tau \, d\tau.$$

Die Auswertung der Integrale ergibt

$$a_{1l} = \omega_0^2 a$$

$$a_{2l} = \omega_0 a \left[\alpha - \frac{1}{4} \delta^* a^2\right].$$

Damit erhalten wir näherungsweise die linearisierte Differentialgleichung

$$\tilde{q}'' + 2\tilde{D}(a)\tilde{q}' + \tilde{q} = 0$$

$$\text{mit} \quad \tilde{D}(a) = \frac{1}{8\omega_0}[\delta^* a^2 - 4\alpha].$$

Stationäre (periodische) Schwingungen stellen sich ein für

$$\tilde{D}(a) = 0, \quad \text{d.h. für } a = a_{stat} = 2\sqrt{\frac{\alpha}{\delta^*}}\,.$$

Das stimmt mit den früheren Ergebnissen überein. Dem Wert für $\tilde{D}(a)$ können wir jedoch ferner entnehmen, daß

$$\begin{aligned} &\tilde{D}(a) < 0 \quad \text{für} \quad a < a_{stat},\\ &\tilde{D}(a) > 0 \quad \text{für} \quad a > a_{stat}. \end{aligned}$$

Das bedeutet, daß der *stationäre* Zustand *stabil* ist. Die harmonische Balance liefert also gegenüber den zuvor erörterten Näherungsverfahren zusätzliche Aussagen über das Verhalten des Schwingers im instationären Bereich.

4.3.5. Verfahren der langsam veränderlichen Amplitude

Mit Hilfe dieses Verfahrens lassen sich ebenfalls Informationen über das Verhalten des Schwingers im instationären Bereich gewinnen. Ausgangspunkt ist – wie in Abschnitt 4.2.3.3 – der *Näherungsansatz*

$$\tilde{q}(t) = a(t)\cos\tilde{\omega}t.$$

Damit gehen wir in die Bewegungsgleichung unseres Beispiels und erhalten

$$\begin{aligned} &\ddot{a}\cos\tilde{\omega}t - 2\dot{a}\,\tilde{\omega}\sin\tilde{\omega}t - a\,\tilde{\omega}^2\cos\tilde{\omega}t\\ &\qquad - \{\alpha - \delta^* a^2\cos^2\tilde{\omega}t\}\{\dot{a}\cos\tilde{\omega}t - a\,\tilde{\omega}\sin\tilde{\omega}t\} + \omega_0^2\,a\cos\tilde{\omega}t = 0. \end{aligned}$$

Nach Umformung der Potenzen der trigonometrischen Funktionen und nach entsprechender Umordnung geht diese Gleichung über in

$$\begin{aligned} &\left\{-2\dot{a}\,\tilde{\omega} + \alpha\,a\,\tilde{\omega} - \frac{1}{4}\,\delta^* a^3\,\tilde{\omega}\right\}\sin\tilde{\omega}t\\ &\quad + \left\{\ddot{a} + a(\omega_0^2 - \tilde{\omega}^2) - \left[\alpha - \frac{3}{4}\,\delta^* a^2\right]\dot{a}\right\}\cos\tilde{\omega}t\\ &\quad + \frac{1}{4}\,\delta^* a^2\,\{\dot{a}\cos 3\tilde{\omega}t - a\,\tilde{\omega}\sin 3\tilde{\omega}t\} = 0. \end{aligned}$$

Unter Vernachlässigung der höheren harmonischen Funktionen folgen daraus die Bedingungen

$$\frac{\dot{a}}{a} = \frac{1}{2}\left\{\alpha - \frac{1}{4}\,\delta^* a^2\right\} \qquad \left(\frac{\tilde{\omega}}{\omega_0}\right)^2 = 1 - \left[\alpha - \frac{3}{4}\,\delta^* a^2\right]\frac{\dot{a}}{a\,\omega_0^2} + \frac{\ddot{a}}{a\,\omega_0^2}\,.$$

Die erste Bedingung liefert eine Aussage über die zeitliche Änderung der Amplitude. Insbesondere finden wir wiederum, daß im *stationären Zustand* (d.h. für $\dot{a} = 0$)

$$\boxed{a = a_{stat} = 2\sqrt{\frac{\alpha}{\delta^*}}}$$

wird. Außerdem entnehmen wir der Gleichung für $\dot{a}$, daß der stationäre Zustand stabil ist. Das deckt sich mit dem Ergebnis der harmonischen Balance.

Die zweite Bedingung ergibt eine Aussage über $\tilde{\omega}^2(a)$. Für den *stationären Zustand* ($\dot{a} = 0$, $\ddot{a} = 0$) finden wir unmittelbar

$$\boxed{\tilde{\omega} = \omega_0 .}$$

Für den *instationären Zustand* können wir $\omega^2(a)$ anhand der gleichen Überlegungen wie in Abschnitt 4.2.3.3 abschätzen.

4.3.6. Ergänzende Bemerkungen

Auf die Erörterung weiterer Beispiele und Verfahren verzichten wir hier. Im Einzelfalle können manchmal gewisse Modifikationen der hier betrachteten Verfahren erforderlich sein. Die vorstehenden Überlegungen sollten nur einen Einblick vermitteln, wie die schon im Zusammenhang mit anderen Problemen eingeführten Näherungsverfahren sich auch auf selbsterregte Schwingungen anwenden lassen und wie weit ihre Aussagemöglichkeit jeweils reicht.

Müssen wir auf *numerische Methoden* zurückgreifen, so überführen wir zunächst zweckmäßig die Bewegungsgleichung wiederum in die am Ende des Abschnittes 4.1.2 eingeführte *Zustandsgleichung.* Wir haben dabei lediglich $f(q)$ durch $F(q, \dot{q})$ zu ersetzen.

4.4. Erzwungene Schwingungen eines nichtlinearen einfachen Schwingers bei harmonischer Erregung

4.4.1. Allgemeines

Bei *nichtlinearen Systemen* gilt das *Superpositionsprinzip* nicht mehr. Es lassen sich deshalb beispielsweise im Einschwingvorgang bei einer periodischen Erregung die Eigenschwingungen und die erzwungenen Schwingungen nicht mehr separat betrachten und dann additiv zusammensetzen. Es lassen sich ferner auf verschiedene Erregungen zurückgehende erzwungene Bewegungen nicht mehr einfach überlagern. Deshalb hilft uns auch bei einer beliebigen periodischen Erregung die harmonische Analyse nicht recht weiter, da wir die jeweils zugehörigen Lösungen nicht überlagern können.

Aus diesem Grunde beschränken wir uns hier auf eine *harmonische Erregung* mit der Frequenz Ω also auf Probleme von der Form

$$\ddot{q} + F(q, \dot{q}) = \ddot{q} + g(q, \dot{q}) + f(q) = \hat{h}^* \cos \Omega t$$

Anmerkung:

Um Verwechselungen mit der Rückführfunktion zu vermeiden, bezeichnen wir hier die Erregung mit $h^*(t)$ bzw. $h(\tau)$.

Den Einschwingvorgang wollen wir dabei außer Betracht lassen. Uns interessieren also nur die nach Abklingen des Einschwingvorganges übrig bleibenden periodischen Schwingungen. Geschlossene Lösungen sind für Probleme dieser Art nur in Ausnahmefällen zu gewinnen. Wir gehen deshalb hier nur auf Näherungslösungen ein. Dabei beschränken wir uns auf Systeme, deren *Bewegungsgleichung* wir in der Form

$$\ddot{q} + 2D\omega_0\dot{q} + \omega_0^2 q\{1 + \beta q^2\} = \ddot{q} + g(\dot{q}) + f(q) = \hat{h}^* \cos \Omega t$$

schreiben können, also auf Systeme mit linearer (geschwindigkeitsproportionaler) Dämpfung und nichtlinearer Rückführfunktion. Als Näherungsverfahren wollen wir das Verfahren von *Galerkin,* die harmonische Balance sowie die Störungsrechnung anwenden.

4.4.2. Verfahren von Galerkin und harmonische Balance

Wir schreiben die Bewegungsgleichung unseres Beispiels in der Form

$$q'' + 2Dq' + q + \beta q^3 = \hat{h} \cos \eta\tau$$

mit $\tau = \omega_0 t$ als neuer Variabler,

$$\eta = \frac{\Omega}{\omega_0} \quad \text{und} \quad \hat{h} = \frac{\hat{h}^*}{\omega_0^2} .$$

Mit dem Ansatz

$$\tilde{q}(\tau) = a \cos(\eta\tau + \varphi)$$

erhalten wir nach der Vorschrift von *Galerkin* als Bedingungen

$$\int_0^{2\pi} \{a(1-\eta^2)\cos(\eta\tau+\varphi) + \beta a^3 \cos^3(\eta\tau+\varphi) - 2D\eta a \sin(\eta\tau+\varphi) - \hat{h}\cos\eta\tau\}\cos\eta\tau \, d(\eta\tau) = 0$$

$$\int_0^{2\pi} \{a(1-\eta^2)\cos(\eta\tau+\varphi) + \beta a^3 \cos^3(\eta\tau+\varphi) - 2D\eta a \sin(\eta\tau+\varphi) - \hat{h}\cos\eta\tau\}\sin\eta\tau \, d(\eta\tau) = 0.$$

Die Auswertung der Integrale ergibt die beiden Gleichungen

$$\{1+\frac{3}{4}\beta a^2 - \eta^2\}\cos\varphi - 2D\eta\sin\varphi = \hat{h}$$

$$-\{1+\frac{3}{4}\beta a^2 - \eta^2\}\sin\varphi - 2D\eta\cos\varphi = 0.$$

Als Auflösung der zweiten Gleichung erhalten wir zunächst

$$\boxed{\tan\varphi = \frac{-2D\eta}{1+\frac{3}{4}\beta a^2 - \eta^2}}\ .$$

Drücken wir nun $\cos\varphi$ und $\sin\varphi$ durch dieses Ergebnis für $\tan\varphi$ aus, so liefert die erste Gleichung

$$\frac{a}{\hat{h}} = \frac{1}{\sqrt{(1+\frac{3}{4}\beta a^2 - \eta^2)^2 + 4D^2\eta^2}}$$

bzw.

$$\boxed{a^2\{(1+\tfrac{3}{4}\beta a^2 - \eta^2)^2 + 4D^2\eta^2\} = \hat{h}^2,}$$

also eine kubische Gleichung für $a^2(\hat{h}, \eta, D)$. Nach ihrer Lösung können wir dann auch $\varphi(\hat{h}, \eta, D)$ bestimmen.

Zu dem gleichen Ergebnis führt uns die *harmonische Balance* der Ausgangsgleichung. Setzen wir nämlich (mit $\tilde{q} = a\cos\eta\tau$)

$$F(\tilde{q}, \dot{\tilde{q}}) \approx a_{1l}\cos\eta\tau + a_{2l}\sin\eta\tau$$

mit

$$a_{1l} = \frac{1}{\pi}\int_0^{2\pi} F(\tilde{q}, \dot{\tilde{q}})\cos\eta\tau \, d(\eta\tau) = a\{1+\tfrac{3}{4}\beta a^2\}$$

und

$$a_{21} = \frac{1}{\pi} \int_0^{2\pi} F(\tilde{q}, \dot{\tilde{q}}) \sin \eta\tau \, d(\eta\tau) = -2 D \eta a,$$

so überführen wir die Ausgangsgleichung durch die harmonische Balance näherungsweise in die Gleichung

$$\boxed{\tilde{q}'' - \frac{a_{21}}{a} \tilde{q}' + \frac{a_{11}}{a} \tilde{q} = \tilde{q}'' + 2 D \tilde{q}' + (1 + \tfrac{3}{4} \beta a^2) \tilde{q} = \hat{h} \cos \eta\tau.}$$

Wir können diese Gleichung als die Bewegungsgleichung eines *linearen Systems* auffassen, bei dem jedoch die ungedämpfte Eigenfrequenz

$$\omega^{*2}(a) = \omega_0^2 (1 + \tfrac{3}{4} \beta a^2)$$

nun *amplitudenabhängig* ist. Die Lösung dieser Schwingungsgleichung führt wiederum auf das obige Ergebnis.

Die Amplitude a hängt nichtlinear von $\hat{h}$ (und η) ab. Deshalb wird die Vergrößerungsfunktion V_a, die das Verhältnis von a zu $\hat{h}$ beschreibt, abhängig von η *und* $\hat{h}$ (D betrachten wir als *fest* gegeben):

$$\frac{a}{\hat{h}} = V_a(\eta, \hat{h}).$$

Bei linearen Systemen hängt V_a nur von η ab (vgl. Abschnitt 3.1.2). In den Abbildungen 4.7 und 4.8 ist der Verlauf von V_a jeweils für einen festen Wert von $\hat{h}$ in Abhängigkeit von η dargestellt, und zwar in 4.7 für eine *unterlineare* und in 4.8 für eine *überlineare Rückführfunktion.* Wir sehen, daß für bestimmte Wertebereiche von η und $\hat{h}$ die Lösung *mehrdeutig* werden kann. Das gilt auch für den Phasenverschiebungswinkel φ, dessen Verlauf wir hier nicht weiter betrachten wollen.

Welche Lösungen stabil und welche instabil sind, können wir beispielsweise mit Hilfe von Energiebetrachtungen feststellen, indem wir für eine gestörte Bewegung die Energiezufuhr durch die Erregerkraft und die dissipierte Energie miteinander vergleichen. Überwiegt die Energiezufuhr durch die Erregerkraft, so bedeutet das eine Anfachung der Bewegung. Im anderen Falle erhalten wir eine Dämpfung. Wir gehen hier auf Einzelheiten nicht weiter ein, sondern stellen lediglich fest, daß Grenzen zwischen stabilen und instabilen Bereichen jeweils durch eine vertikale Tangente an die Kurve $V_a(\eta, \hat{h})$ gekennzeichnet sind (Abb. 4.9).

a/ĥ
β = -0,04 < 0 unterlinear
ĥ = 1
0,5
0,25
0,1785
0,1
D=0
0,1
D=0
0,1785
0,25
0,5
η

Abb. 4.7

a/ĥ
β = 0,04 > 0 überlinear
ĥ = 1
D=0
D=0,05
0,1
0,25
0,5
1,0
η

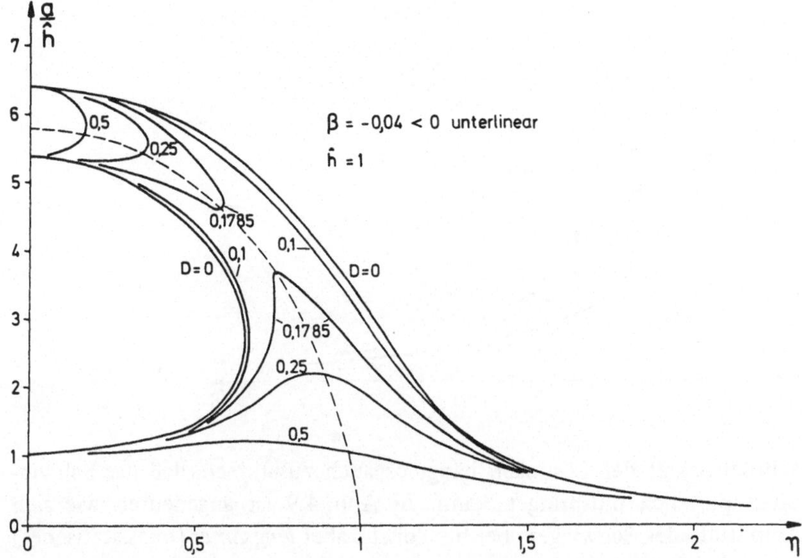

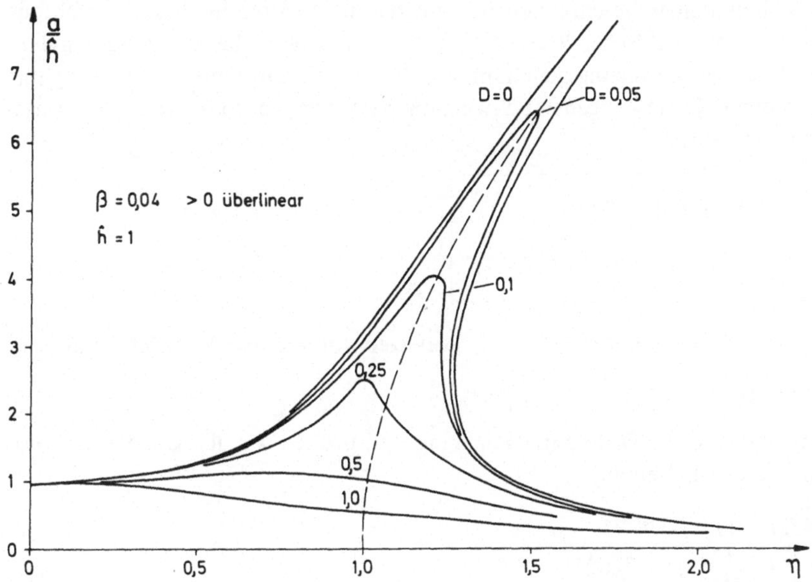

Abb. 4.8

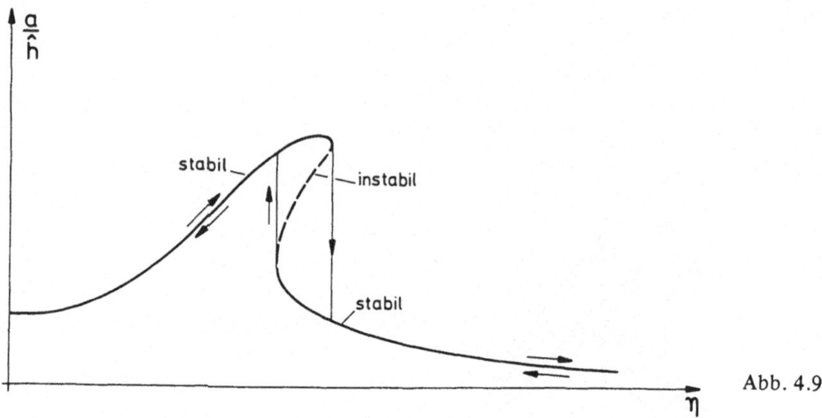

Abb. 4.9

Mit der Mehrdeutigkeit der Lösungen hängt es auch zusammen, daß das Schwingungsverhalten plötzlich umspringen kann. In Abb. 4.9 ist angedeutet, wie sich etwa die Amplitude des Schwingers bei $\hat{h}$ = const., aber *langsamer* (quasistatischer) Veränderung von η (d.h. Ω) verhält.

4.4.3. Störungsrechnung

Der Einfachheit halber beschränken wir uns bei der Erörterung dieses Verfahrens auf ein System mit kubischer Rückführfunktion wie zuvor, aber mit verschwindender Dämpfung. Die Bewegungsgleichung der durch eine harmonische Erregung mit der Kreisfrequenz Ω erzwungenen Schwingung schreiben wir im Sinne der Störungsrechnung in der Form

$$\boxed{\begin{gathered} q'' + q + \epsilon\beta_0 q^3 = \hat{h}\cos\eta\tau \\ \text{mit} \quad \tau = \omega_0 t \quad \text{und} \quad \eta = \frac{\Omega}{\omega_0} \;. \end{gathered}}$$

Die Lösung $q(\tau)$ denken wir uns nach Potenzen von ϵ entwickelt, setzen also an

$$q(\tau) = q_0(\tau) + \epsilon q_1(\tau) + \epsilon^2 q_2(\tau) + \dots \,.$$

Gehen wir damit in die Differentialgleichung und ordnen wir alle Glieder nach Potenzen von ϵ, so erhalten wir

$$\begin{aligned} 0 = {} & q_0'' + q_0 - \hat{h}\cos\eta\tau \\ & + \epsilon\{q_1'' + q_1 + \beta_0 q_0^3\} \\ & + \epsilon^2\{q_2'' + q_2 + 3\beta_0 q_0^2 q_1\} \\ & + \dots\dots\dots\dots \,. \end{aligned}$$

Soll diese Gleichung für beliebige (wenn auch hinreichend kleine) Werte des Störparameters ϵ erfüllt sein, so haben wir zu fordern

$$q_0'' + q_0 = \hat{h} \cos \eta\tau$$
$$q_1'' + q_1 = - \beta_0 q_0^3$$
$$q_2'' + q_2 = - 3 \beta_0 q_0^2 q_1$$
$$\dots\dots\dots\dots\dots\dots .$$

Dieses Gleichungssystem können wir rekursiv lösen. Die Lösung der ersten Gleichung ergibt (bei Unterdrückung der allgemeinen Lösung der homogenen Differentialgleichung)

$$q_0(\tau) = \frac{\hat{h}}{1-\eta^2} \cos \eta\tau .$$

Damit geht die zweite Gleichung über in

$$q_1'' + q_1 = - \beta_0 \left(\frac{\hat{h}}{1-\eta^2}\right)^3 \cos^3 \eta\tau$$
$$= - \beta_0 \left(\frac{\hat{h}}{1-\eta^2}\right)^3 \left\{\frac{3}{4} \cos \eta\tau + \frac{1}{4} \cos 3\eta\tau\right\} .$$

Ihre Lösung lautet – wiederum bei Unterdrückung der allgemeinen Lösung der homogenen Gleichung –

$$q_1(\tau) = - \frac{3}{4} \beta_0 \frac{\hat{h}^3}{(1-\eta^2)^4} \cos \eta\tau - \frac{1}{4} \beta_0 \frac{\hat{h}^3}{(1-\eta^2)^3(1-9\eta^2)} \cos 3\eta\tau .$$

Anmerkung:

Unterdrücken wir in $q_0(\tau)$ die Eigenschwingungen (d.h. die allgemeine Lösung der homogenen Differentialgleichung) nicht, so treten in der Gleichung für $q_1(\tau)$ auf der rechten Seite noch weitere Terme auf. Darin wirkt sich die Kopplung zwischen Eigenschwingungen und erzwungenen Schwingungen aus. Wir verfolgen das hier jedoch nicht weiter.

Wir wollen mit $q_1(\tau)$ die Entwicklung abbrechen und erhalten damit als Näherungslösung für die erzwungene Schwingung (mit $\beta = \epsilon \beta_0$)

$$\boxed{\begin{aligned} q(\tau) &= q_0(\tau) + \epsilon q_1(\tau) \\ &= \frac{\hat{h}}{1-\eta^2} \left\{1 - \frac{3}{4} \frac{\beta \hat{h}^2}{(1-\eta^2)^3}\right\} \cos \eta\tau - \frac{1}{4} \frac{\beta \hat{h}^3}{(1-\eta^2)^3(1-9\eta^2)} \cos 3\eta\tau . \end{aligned}}$$

Wir entnehmen diesem Ergebnis bereits, daß bei einer erzwungenen Schwingung eines nichtlinearen Systems nicht nur die Grundschwingung, sondern zugleich auch eine Folge von *Oberschwingungen* angeregt wird. Infolgedessen treten auch weitere Resonanzfrequenzen auf, nach der obigen Lösung z.B. (neben $\eta = 1$) $\eta = \frac{1}{3}$. Umgekehrt läßt sich zeigen, daß bei einer Erregung mit der Frequenz einer Oberschwingung zugleich auch die Grundschwingung angeregt werden kann. Um das nachzuweisen, setzen wir in unserem Beispiel einmal probeweise

$$q(\tau) = a \cos \frac{1}{3} \eta \tau$$

an. Das führt nach Einsetzen in die Ausgangsgleichung bei entsprechender Umformung auf die Bedingung

$$a \left\{ 1 + \frac{3}{4} \beta a^2 - \frac{1}{9} \eta^2 \right\} \cos \frac{1}{3} \eta \tau + \left\{ \frac{1}{4} \beta a^3 - \hat{h} \right\} \cos \eta \tau = 0.$$

Sie ist erfüllt mit

$$a = \sqrt[3]{\frac{4 \hat{h}}{\beta}}$$

und

$$\eta = 3 \sqrt{1 + \frac{3}{4} \beta a^2}.$$

Wird also die Erregerfrequenz gleich der dreifachen Eigenfrequenz des Schwingers, für die wir ja in unserem Beispiel im Abschnitt 4.1 näherungsweise

$$\tilde{\omega}(a) = \omega_0 \sqrt{1 + \frac{3}{4} \beta a^2}$$

ermittelt haben, dann wird auch die Grundschwingung in der Eigenfrequenz mit angeregt.

Anmerkung:

Die in 4.4.2 angewandten Näherungsverfahren gaben – aufgrund ihres einfachen harmonischen Lösungsansatzes – über das Auftreten von Oberschwingungen, zusätzliche Resonanzstellen usw. keine Auskunft. Die daraus abgeleiteten Diagramme in den Abbildungen 4.7 und 4.8 geben deshalb auch nicht alle Einzelheiten der beobachtbaren Erscheinungen wieder. Das Verfahren von *Galerkin* läßt sich aber entsprechend erweitern, um auch solche zusätzlichen Phänomene zu erfassen.

4.4.4. Einige ergänzende Bemerkungen

Wir können den vorstehenden Ausführungen entnehmen, daß wir bei erzwungenen Schwingungen mit der Kreisfrequenz Ω eines nichtlinearen einfachen Schwingers mit vielen Phänomenen zu rechnen haben, die bei linearen Systemen nicht auftreten. Da ist einmal die gleichzeitige Anregung von *Oberschwingungen* mit Kreisfrequenzen $\omega = n\Omega$ (n ganzzahlig), aber auch das mögliche Auftreten von *Unterschwingungen* mit Kreisfrequenzen $\omega = \frac{1}{n}\,\Omega$. Als Folge davon ergeben sich *zusätzliche Resonanzstellen.* Treten *zwei* Erregungen mit verschiedenen Frequenzen (Ω_1, Ω_2) gleichzeitig auf, so können wir bei den entstehenden Schwingungen auch sogenannte *Kombinationsfrequenzen* mit $\omega = n\Omega_1 \pm m\Omega_2$ beobachten.

Wir haben ferner festgestellt, daß sich Eigenschwingungen und erzwungene Schwingungen nicht mehr trennen lassen. Deshalb kann die Antwort eines Systems auf eine periodische Erregung auch wesentlich von den Anfangsbedingungen abhängen. Ähnliches gilt, wenn die Schwingung bei mehrdeutigen Lösungen plötzlich umspringt. Damit kommen auch Stabilitätsfragen ins Spiel, die bei linearen Systemen so nicht auftreten.

Vielfach wird man bei der Integration der Bewegungsgleichung auf *numerische Methoden* zurückgreifen müssen. Dazu geht man zweckmäßig von der *Zustandsgleichung* aus, die bei erzwungenen Schwingungen die Form

$$\dot{\mathbf{z}} = \mathbf{A}\mathbf{z} + \mathbf{h}^*(t)$$

mit

$$\mathbf{z} = \begin{bmatrix} q \\ \dot{q} \end{bmatrix}, \qquad \mathbf{A} = \begin{bmatrix} 0 & 1 \\ -\frac{1}{q}\,F(q,\dot{q}) & 0 \end{bmatrix}, \qquad \mathbf{h}^* = \begin{bmatrix} 0 \\ h^*(t) \end{bmatrix}$$

annimmt.

Diese Hinweise mögen hier genügen. Im übrigen sei auf das weiterführende Schrifttum verwiesen.

Fragen:

1. Welches ist die Grundform der Bewegungsgleichung für die konservativen Eigenschwingungen eines nichtlinearen einfachen Schwingers? Wie läßt sich diese Bewegungsgleichung in der Phasenebene integrieren?
2. Welche Möglichkeiten gibt es, die Rückführfunktion zu linearisieren?
3. Auf welchen Grundgedanken basieren jeweils die folgenden Näherungsverfahren für nichtlineare konservative Eigenschwingungen, nämlich
   a) die energetische Balance,
   b) die harmonische Balance,
   c) das Verfahren von *Galerkin,*
   d) die Störungsrechnung?

   Welche der Verfahren liefern nur Näherungswerte für die Eigenfrequenz, welche auch Aussagen über den Schwingungsverlauf?
4. Welches ist die allgemeine Form der Bewegungsgleichung eines gedämpften, nichtlinearen einfachen Schwingers?
5. Wie läßt sich das Phasenporträt eines gedämpften, nichtlinearen einfachen Schwingers ermitteln?
6. Welche Näherungsverfahren bieten sich für die nichtlinearen Schwingungen eines gedämpften einfachen Schwingers an? Auf welchen Grundgedanken basieren sie?
7. Welcher Unterschied besteht zwischen den Bewegungsgleichungen für selbsterregte Schwingungen und denen für gedämpfte Schwingungen?
8. Welche Näherungsverfahren bieten sich für die Untersuchung von selbsterregten Schwingungen eines einfachen Schwingers an? Welche Verfahren liefern nicht nur Aussagen über die notwendigen Bedingungen für das Auftreten stationärer Schwingungen, sondern auch über die Stabilität dieser Schwingungen?
9. Mit welchen Näherungsverfahren lassen sich erzwungene, stationäre Schwingungen eines nichtlinearen einfachen Schwingers bei harmonischer Erregung untersuchen?
10. Welche grundlegenden Unterschiede (bzw. zusätzliche Phänomene) sind bei den erzwungenen Schwingungen eines nichtlinearen einfachen Schwingers (bei harmonischer Erregung) im Vergleich zum Verhalten eines linearen Schwingers zu beobachten?

5. Koppelschwingungen in linearen Systemen

Wir gehen nun zu Systemen über, deren Freiheitsgrad $\lambda > 1$, aber endlich ist. Deformierbare (massebehaftete) Körper schließen wir also aus. Im übrigen wollen wir voraussetzen, daß alle kinematischen Bindungen, denen das System unterliegt, *holonom* seien und daß das System – im allgemeinen – eine *stabile Gleichgewichtslage* besitze, um die es Schwingungen ausführen kann.

Zur Beschreibung der Bewegungen des Systems führen wir die *generalisierten Koordinaten* $q_i (i = 1, 2, ...)$ ein. Die sich ergebenden λ Bewegungsgleichungen (gewöhnliche Differentialgleichungen zweiter Ordnung für die q_i) sind im allgemeinen nicht unabhängig voneinander, die zeitlichen Änderungen der q_i also miteinander gekoppelt. Deshalb sprechen wir von *Koppelschwingungen.*

In den folgenden Betrachtungen wollen wir uns auf *lineare Systeme* beschränken, d.h. auf solche Systeme, bei denen die sich ergebenden λ Bewegungsgleichungen alle linear sind. Damit schließen wir u.a. auch selbsterregte Schwingungen aus dem Kreise unserer Betrachtungen aus. Für parametererregte Schwingungen gilt dies hingegen nicht von vorneherein. Bei der Erörterung von Beispielen, aber auch bei allgemeineren Betrachtungen des Bewegungsverhaltens solcher Systeme werden wir uns jedoch auf *Eigenschwingungen* und auf *erzwungene Schwingungen* beschränken, also auf Systeme von gewöhnlichen Differentialgleichungen zweiter Ordnung mit *konstanten* Koeffizienten.

5.1. Das Aufstellen der Bewegungsgleichungen

Wir beginnen mit einigen einfachen Beispielen, um verschiedene Möglichkeiten für die Vorgehensweise beim Aufstellen der Bewegungsgleichungen zu erörtern. Als erstes Beispiel wählen wir ein ebenes System entsprechend Abb. 5.1, das etwa

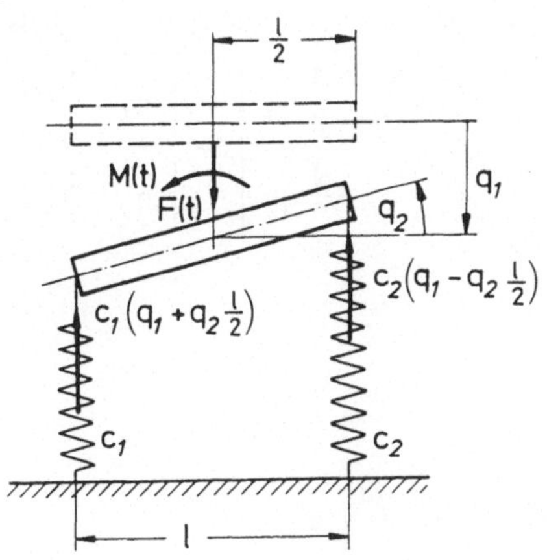

Abb. 5.1

eine Fundamentplatte (Masse m, Trägheitsmoment θ) auf elastischen Stützen (Federkonstanten c_i), die wir als masselos betrachten, darstellen möge. Die (stets vorhandene) Dämpfung vernachlässigen wir. Wir wählen zunächst die vertikale Auslenkung q_1 und die Drehung q_2 als generalisierte Koordinaten und erhalten nach dem *Befreiungsprinzip* als

Bewegungsgleichungen:

für die vertikale Bewegung des Massen-Mittelpunktes:

$$m\ddot{q}_1 + c_1\left(q_1 + \frac{l}{2} q_2\right) + c_2\left(q_1 - \frac{l}{2} q_2\right) = F(t),$$

für die Drehung um den Massen-Mittelpunkt:

$$\theta\ddot{q}_2 + c_1\left(q_1 + \frac{l}{2} q_2\right)\frac{l}{2} - c_2\left(q_1 - q_2\frac{l}{2}\right)\frac{l}{2} = M(t),$$

bzw. nach Umordnung

$$\boxed{\begin{aligned} m\ddot{q}_1 + (c_1 + c_2)q_1 \boxed{+ (c_1 - c_2)\frac{l}{2} q_2} &= F(t) \\ \theta\ddot{q}_2 \boxed{+ (c_1 - c_2)\frac{l}{2} q_1} + (c_1 + c_2)\frac{l^2}{4} q_2 &= M(t). \end{aligned}}$$

Bei dieser Wahl der generalisierten Koordinaten erscheinen die Bewegungsgleichungen in den Ausschlägen q_i bzw. in den Federkräften gekoppelt (die Koppelterme sind oben jeweils eingerahmt). Wir bezeichnen das auch als *Ausschlagskopplung* (bzw. als *Federkopplung*). Die Koeffizienten der Kopplungsterme sind hier symmetrisch. Sie verschwinden übrigens, wenn $c_1 = c_2$ wird.

Benutzen wir für das gleiche Beispiel als generalisierte Koordinaten (Abb. 5.2)

$$\left.\begin{aligned} \bar{q}_1 &= q_1 + \frac{l}{2} q_2 \\ \bar{q}_2 &= q_1 - \frac{l}{2} q_2 \end{aligned}\right\} \rightarrow \left\{\begin{aligned} q_1 &= \frac{1}{2}(\bar{q}_1 + \bar{q}_2) \\ q_2 &= \frac{1}{l}(\bar{q}_1 - \bar{q}_2), \end{aligned}\right.$$

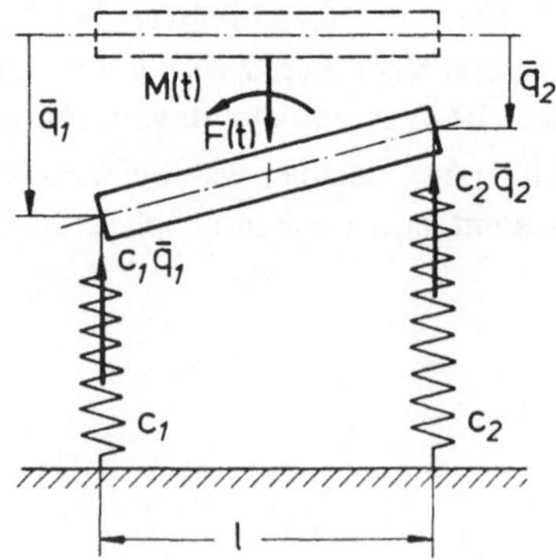

Abb. 5.2

so erhalten wir als

Bewegungsgleichungen:

$$\begin{array}{l} \frac{m}{2}\ddot{\bar{q}}_1 \boxed{+\frac{m}{2}\ddot{\bar{q}}_2} + c_1\bar{q}_1 \boxed{+c_2\bar{q}_2} = F(t) \\ \boxed{\frac{\theta}{l}\ddot{\bar{q}}_1} - \frac{\theta}{l}\ddot{\bar{q}}_2 \boxed{+c_1\frac{l}{2}\bar{q}_1} - c_2\frac{l}{2}\bar{q}_2 = M(t). \end{array}$$

Sie erscheinen sowohl in den Ausschlägen wie in den Beschleunigungen gekoppelt. Überdies sind jetzt die Koeffizienten der Koppelterme unsymmetrisch. Formal können wir hier z.B. die Ausschlagskopplung noch leicht eliminieren, indem wir die erste Gleichung mit $\frac{l}{2}$ multiplizieren und sie dann zur zweiten addieren bzw. von der zweiten subtrahieren. Es bleibt dann nur noch eine (symmetrische) Beschleunigungskopplung übrig, nun allerdings verbunden mit einer Kopplung der Erregungen auf der rechten Seite.

Wir entnehmen diesem Beispiel, daß die Art, wie die Bewegungsgleichungen gekoppelt erscheinen, von der Wahl der generalisierten Koordinaten, aber auch von der Vorgehensweise bei der Aufstellung der Bewegungsgleichungen abhängt. Deshalb eignet sich eine vordergründige Unterscheidung nach dem Auftreten von Koppelgliedern nicht zu einer Charakterisierung der Gleichungssysteme. Weitergehende Fragen zur Struktur der Gleichungssysteme schieben wir jedoch vorerst noch auf, kommen aber im Abschnitt 5.2 auf diese Frage zurück.

Als zweites Beispiel betrachten wir einen einseitig eingespannten elastischen Stab (EJ = konst.), der an seinem freien Ende einen scheibenförmigen Körper (Masse m, Trägheitsmoment θ) trägt und ebene Schwingungen ausführt (Abb. 5.3). Zusätzlich sei ein geschwindigkeitsproportionaler Dämpfer (Dämpferkonstante d) angeordnet, wie es Abb. 5.3 zeigt.

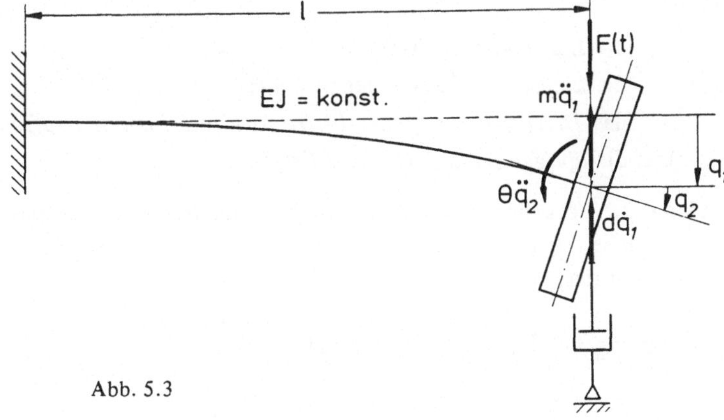

Abb. 5.3

Bei der Aufstellung der Bewegungsgleichungen wollen wir hier einen etwas anderen Weg als beim ersten Beispiel gehen. Wir drücken die Auslenkungen q_i mit Hilfe der Einflußgrößen δ_{ik} (vgl. Band II, Abschnitt 6.4.2) durch die auf das (linear-elastische) System einwirkenden Kräfte (einschließlich der Trägheitswirkungen nach dem Prinzip von *d'Alembert*; vgl. Band III, Abschnitt 4.5) aus und erhalten für unser Beispiel als

Bewegungsgleichungen:

$$q_1 = -\delta_{11}(m\ddot{q}_1 + d\dot{q}_1 - F(t)) - \delta_{12}\theta\ddot{q}_2$$
$$q_2 = -\delta_{21}(m\ddot{q}_1 + d\dot{q}_1 - F(t)) - \delta_{22}\theta\ddot{q}_2$$

mit

$$\delta_{11} = \frac{1}{3}\frac{l^3}{EJ}, \quad \delta_{22} = \frac{l}{EJ}, \quad \delta_{12} = \delta_{21} = \frac{1}{2}\frac{l^2}{EJ},$$

bzw. nach Umordnung

$$\boxed{\begin{aligned} \frac{m}{3}\frac{l^3}{EJ}\ddot{q}_1 + \frac{1}{2}\frac{\theta l^2}{EJ}\ddot{q}_2 + \frac{d}{3}\frac{l^3}{EJ}\dot{q}_1 + q_1 &= \frac{1}{3}\frac{l^3}{EJ}F(t) \\ \frac{m}{2}\frac{l^2}{EJ}\ddot{q}_1 + \frac{\theta l}{EJ}\ddot{q}_2 + \frac{d}{2}\frac{l^2}{EJ}\dot{q}_1 + q_2 &= \frac{1}{2}\frac{l^2}{EJ}F(t). \end{aligned}}$$

Einen dritten Weg zur Aufstellung der Bewegungsgleichungen eröffnen die *Lagrange*schen Gleichungen zweiter Art (vgl. Band III, Abschnitt 10.2), die wir hier in der Form

$$\boxed{\frac{d}{dt}\left(\frac{\partial E}{\partial \dot{q}_i}\right) - \frac{\partial E}{\partial q_i} + \frac{\partial \Phi}{\partial q_i} = \frac{d}{dt}\left(\frac{\partial L}{\partial \dot{q}_i}\right) - \frac{\partial L}{\partial q_i} = Q_i \qquad (i = 1, 2, \ldots, \lambda)}$$

schreiben wollen, wobei

$L = E - \Phi$	die *Lagrange*sche Funktion
$E = E(q_i, \dot{q}_i, t)$	die *kinetische Energie* des Systems
$\Phi = \Phi(q_i)$	das *Potential der (generalisierten) konservativen Kräfte*
$Q_i = Q_i(q_i, \dot{q}_i, t)$	die *übrigen (generalisierten) Kräfte*

bezeichnet. Wir wenden diese Vorgehensweise auf das in Abb. 5.4 skizzierte Beispiel an, das ein einfaches Getriebe darstellt. $GJ_{T\,i,k}$ bezeichnet hierbei die jeweils konstante Torsionssteifigkeit der masselos angenommenen Wellen. Mit

$$E = \frac{1}{2}\theta_1(\dot{q}_1)^2 + \frac{1}{2}\underbrace{\left[\bar{\theta}_2 + \left(\frac{\bar{r}_2}{\bar{\bar{r}}_2}\right)^2 \bar{\bar{\theta}}_2\right]}_{\theta_2}(\dot{q}_2)^2 + \frac{1}{2}\theta_3(\dot{q}_3)^2$$

$$\Phi = \frac{1}{2}\,\frac{GJ_{T\,1,2}}{l_{1,2}}\,(q_2 - q_1)^2 + \frac{1}{2}\,\frac{GJ_{T\,2,3}}{l_{2,3}}\,(q_3 - \frac{\bar{r}_2}{\bar{\bar{r}}_2}\,q_2)^2$$

$$Q_1 = M_1(t)$$

$$Q_3 = M_3(t)$$

liefern die *Lagrange*schen Gleichungen zweiter Art die

Bewegungsgleichungen:

$$\begin{aligned}
&\theta_1\,\ddot{q}_1 + \frac{GJ_{T\,1,2}}{l_{1,2}}\,q_1 - \frac{GJ_{T\,1,2}}{l_{1,2}}\,q_2 &&= M_1(t)\\
&\theta_2\,\ddot{q}_2 - \frac{GJ_{T\,1,2}}{l_{1,2}}\,q_1 + \left[\frac{GJ_{T\,1,2}}{l_{1,2}} + \frac{GJ_{T\,2,3}}{l_{2,3}}\left(\frac{\bar{r}_2}{\bar{\bar{r}}_2}\right)^2\right] q_2 \\
&\qquad\qquad - \frac{GJ_{T\,2,3}}{l_{2,3}}\,\frac{\bar{r}_2}{\bar{\bar{r}}_2}\,q_3 &&= 0\\
&\theta_3\,\ddot{q}_3 - \frac{GJ_{T\,2,3}}{l_{2,3}}\,\frac{\bar{r}_2}{\bar{\bar{r}}_2}\,q_2 + \frac{GJ_{T\,2,3}}{l_{2,3}}\,q_3 &&= M_3(t).
\end{aligned}$$

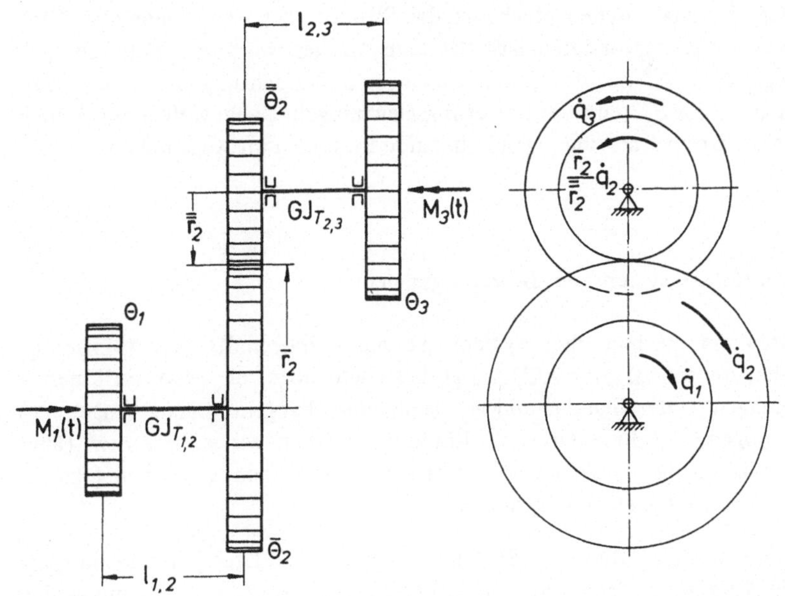

Abb. 5.4

Dieses System weist insofern eine Besonderheit auf, als es – entgegen unseren allgemeinen Voraussetzungen – keine *stabile* Gleichgewichtslage besitzt. Wir erkennen das daran, daß für

$$q_2 = q_1 \quad \text{und} \quad q_3 = \frac{\bar{r}_2}{\bar{\bar{r}}_2}\, q_2$$

keine Rückstellmomente auftreten, obwohl alle $q_i \neq 0$ sein können. Das System besitzt nur eine *indifferente* Gleichgewichtslage, die Starrkörper-Rotationen ohne Störung des Gleichgewichts erlaubt. Gegenüber diesen Starrkörper-Rotationen kann das System jedoch Koppelschwingungen mit dem Freiheitsgrad $\lambda = 2$ ausführen. Wir können diese Starrkörper-Rotationen im übrigen aus dem Gleichungssystem eliminieren, indem wir $\bar{q}_1 = q_2 - q_1$ und $\bar{q}_2 = q_3 - \bar{r}_2/\bar{\bar{r}}_2\, q_2$ als neue Variable einführen. Wir verzichten hier jedoch darauf und lassen somit – als Sonderfall – auch indifferente Gleichgewichtslagen zu.

Der Weg über die *Lagrange*schen Gleichungen zweiter Art erweist sich insbesondere bei komplexeren Systemen als leichter durchführbar und im Ergebnis – in dem System der Bewegungsgleichungen – leichter durchschaubar. Das erste ergibt sich daraus, daß am Ausgangspunkt dieses Weges im wesentlichen die beiden *skalaren* Ausdrücke für die kinetische und die potentielle Energie stehen, die oft leichter aufzustellen sind als die Bewegungsgleichungen für alle Teile des Systems unter Anwendung des Befreiungsprinzips. Das zweite ist die Folge davon, daß der systematische Weg der analytischen Mechanik die Struktur des sich ergebenden Gleichungssystems klarer hervortreten läßt. Deshalb machen wir diese Methode auch zum Ausgangspunkt der nachfolgenden allgemeinen Betrachtungen über die möglichen Strukturen des Systems der Bewegungsgleichungen. Dabei wollen wir freilich insbesondere die Koppelschwingungen in linearen Systemen im Auge haben.

5.2. Die Struktur des Systems der Bewegungsgleichungen

Wir betrachten ein mechanisches System, das aus n starren Körpern (Masse m_ν, Massen-Trägheitstensor $\mathbf{\Theta}_\nu, \nu = 1, 2, \dots, n$) bestehen möge, die gewissen kinematischen Bindungen (untereinander und an die als ruhend angenommene Umgebung) unterliegen mögen. Die kinematischen Bindungen wollen wir als *holonom* (aber nicht notwendig als *skleronom*) voraussetzen. Der verbleibende Freiheitsgrad sei $\lambda \leqslant 6n$ (bzw. $\lambda \leqslant 3n$ bei ebenen Systemen).

Die momentane Konfiguration des Systems und damit die Lage jedes Teilkörpers ist durch die Angabe der *generalisierten Koordinaten* q_i $(i = 1, 2, \dots, \lambda)$ und – bei rheonomen Bindungen – der Zeit t eindeutig zu beschreiben, da wir alle kinematischen Bindungen als holonom vorausgesetzt haben. Für den Geschwindigkeitszustand der einzelnen Teilkörper folgt daraus

$$\left.\begin{aligned} \mathbf{v}_\nu &= \sum_i \frac{\partial \mathbf{r}_\nu}{\partial q_i}\dot{q}_i + \frac{\partial \mathbf{r}_\nu}{\partial t} \\ \boldsymbol{\omega}_\nu &= \sum_i \frac{\partial \boldsymbol{\varphi}_\nu}{\partial q_i}\dot{q}_i + \frac{\partial \boldsymbol{\varphi}_\nu}{\partial t} \end{aligned}\right\} \quad \begin{aligned} \nu &= 1, 2, \dots, n \\ i &= 1, 2, \dots, \lambda. \end{aligned}$$

Dabei beschreibt $\mathbf{r}_\nu(q_i, t)$ die Lage des Massen-Mittelpunktes und $\boldsymbol{\varphi}_\nu(q_i, t)$ die Orientierung des Teilkörpers ν im Beobachtungsraum. $\mathbf{v}_\nu$ stellt dementsprechend die Geschwindigkeit des jeweiligen Massen-Mittelpunktes und $\boldsymbol{\omega}_\nu$ die jeweilige Rotationsgeschwindigkeit um diesen Massen-Mittelpunkt dar. Für die *kinetische Energie* des Systems ergibt sich (vgl. Band III, Abschnitt 5.4)

$$\begin{aligned} E &= \sum_\nu \frac{1}{2}\{m_\nu \mathbf{v}_\nu \cdot \mathbf{v}_\nu + \boldsymbol{\omega}_\nu \cdot \boldsymbol{\Theta}_\nu \cdot \boldsymbol{\omega}_\nu\} \\ &= \sum_\nu \frac{1}{2}\left\{m_\nu \sum_i \sum_k \left(\frac{\partial \mathbf{r}_\nu}{\partial q_i}\dot{q}_i + \frac{\partial \mathbf{r}_\nu}{\partial t}\right)\cdot\left(\frac{\partial \mathbf{r}_\nu}{\partial q_k}\dot{q}_k + \frac{\partial \mathbf{r}_\nu}{\partial t}\right)\right. \\ &\quad \left. + \sum_i \sum_k \left(\frac{\partial \boldsymbol{\varphi}_\nu}{\partial q_i}\dot{q}_i + \frac{\partial \boldsymbol{\varphi}_\nu}{\partial t}\right)\cdot \boldsymbol{\Theta}_\nu \cdot \left(\frac{\partial \boldsymbol{\varphi}_\nu}{\partial q_k}\dot{q}_k + \frac{\partial \boldsymbol{\varphi}_\nu}{\partial t}\right)\right\}. \end{aligned}$$

Dies können wir auch in der Form

$$\boxed{E = \frac{1}{2}\sum_i \sum_k M_{ik}\,\dot{q}_i\,\dot{q}_k + \sum_i (g_i\,\dot{q}_i) + \frac{1}{2}h}$$

schreiben, wobei

$$\begin{aligned} M_{ik} = M_{ki} &= \sum_\nu \left\{m_\nu \frac{\partial \mathbf{r}_\nu}{\partial q_i}\cdot\frac{\partial \mathbf{r}_\nu}{\partial q_k} + \frac{\partial \boldsymbol{\varphi}_\nu}{\partial q_i}\cdot \boldsymbol{\Theta}_\nu \cdot \frac{\partial \boldsymbol{\varphi}_\nu}{\partial q_k}\right\} = M_{ik}(q_i, t) \\ g_i &= \sum_\nu \left\{m_\nu \frac{\partial \mathbf{r}_\nu}{\partial q_i}\cdot\frac{\partial \mathbf{r}_\nu}{\partial t} + \frac{\partial \boldsymbol{\varphi}_\nu}{\partial q_i}\cdot \boldsymbol{\Theta}_\nu \cdot \frac{\partial \boldsymbol{\varphi}_\nu}{\partial t}\right\} = g_i(q_i, t) \\ h &= \sum_\nu \left\{m_\nu \frac{\partial \mathbf{r}_\nu}{\partial t}\cdot\frac{\partial \mathbf{r}_\nu}{\partial t} + \frac{\partial \boldsymbol{\varphi}_\nu}{\partial t}\cdot \boldsymbol{\Theta}_\nu \cdot \frac{\partial \boldsymbol{\varphi}_\nu}{\partial t}\right\} = h(q_i, t) \end{aligned}$$

ist. Für die *potentielle Energie* des Systems gilt definitionsgemäß

$$\Phi = \Phi(q_i).$$

Gehen wir damit in die *Lagrange*schen Gleichungen zweiter Art, so erhalten wir

$$Q_i = \frac{d}{dt}\left(\frac{\partial E}{\partial \dot{q}_i}\right) - \frac{\partial E}{\partial q_i} + \frac{\partial \Phi}{\partial q_i} = \sum_k M_{ik}\, \ddot{q}_k + \sum_r \sum_s \frac{\partial M_{is}}{\partial q_r}\, \dot{q}_r \dot{q}_s$$

$$- \frac{1}{2} \sum_r \sum_s \frac{\partial M_{rs}}{\partial q_i}\, \dot{q}_r \dot{q}_s + \frac{\partial \Phi}{\partial q_i}$$

$$+ \sum_k \frac{\partial M_{ik}}{\partial t}\, \dot{q}_k + \sum_k \left(\frac{\partial g_i}{\partial q_k} - \frac{\partial g_k}{\partial q_i}\right) \dot{q}_k + \frac{\partial g_i}{\partial t} - \frac{1}{2} \cdot \frac{\partial h}{\partial q_i}.$$

Die in der letzten Zeile enthaltenen Terme treten nur bei *rheonomen* Bindungen auf. Dabei repräsentieren die Ausdrücke

$\frac{\partial g_i}{\partial t} - \frac{1}{2} \cdot \frac{\partial h}{\partial q_i}$ die bei festgehaltenen Koordinaten ($\dot{q}_i = 0$) noch auftretenden generalisierten *Trägheitskräfte,*

$\sum_k \left(\frac{\partial g_i}{\partial q_k} - \frac{\partial g_k}{\partial q_i}\right) \dot{q}_k$ die sogenannten *gyroskopischen Kräfte* G_i, deren Gesamtarbeit $\sum_i G_i \dot{q}_i$ stets verschwindet, wie man unmittelbar erkennt.

Bei unseren weiteren Betrachtungen schließen wir nun *rheonome* kinematische Bindungen aus, beschränken uns also auf sogenannte *zeitinvariante Systeme.* Damit reduziert sich unser Gleichungssystem zunächst auf

$$\boxed{\begin{array}{l} \sum_k M_{ik}\, \ddot{q}_k + \sum_r \sum_s \left\{\frac{\partial M_{is}}{\partial q_r} - \frac{1}{2} \frac{\partial M_{rs}}{\partial q_i}\right\} \dot{q}_r \dot{q}_s + \frac{\partial \Phi}{\partial q_i} - Q_i = 0 \\ \text{mit} \quad M_{ik} = M_{ik}(q_i), \quad \Phi = \Phi(q_i), \quad Q_i = Q_i(q_i, \dot{q}_i, t). \end{array}}$$

Um zu *linearen Bewegungsgleichungen* zu kommen, fordern wir weiter, daß – gegebenenfalls nach einer geeigneten Koordinaten-Transformation (vgl. Abschnitt 4.1.1) –

1. die Elemente der Matrix M_{ik} *unabhängig* von den q_i sind bzw. daß der Ausdruck für die *kinetische Energie* $E(\dot{q}_i)$ sich als *quadratische Form* mit *konstanten Koeffizienten* ergibt,
2. die *potentielle Energie* $\Phi(q_i)$ sich als *quadratische Form* mit *konstanten Koeffizienten* schreiben läßt, d.h. als

$$\Phi(q_i) = \sum_i \sum_k C_{ik}\, q_i\, q_k,$$

3. die generalisierten, *nicht-konservativen Kräfte* sich in der Form

$$Q_i(\dot{q}_i, t) = -\sum_k D_{ik}\,\dot{q}_k + f_i(t)$$

darstellen lassen, wobei D_{ik} wiederum eine konstante Matrix ist.

Das nunmehr *lineare System der Bewegungsgleichungen* nimmt dann – bei Benutzung der symbolischen *Matrizenschreibweise* – die Form

$$\boxed{\mathbf{M}\ddot{\mathbf{q}} + \mathbf{D}\dot{\mathbf{q}} + \mathbf{C}\mathbf{q} = \mathbf{f}(t)}$$

an. Hierin ist

q die Spaltenmatrix der *generalisierten Koordinaten* $q_i(t)$
M die quadratische *Massen*-Matrix mit den konstanten Elementen M_{ik}
D die quadratische *Dämpfungs*-Matrix mit den konstanten Elementen D_{ik}
C die quadratische *Feder*- oder *Steifigkeits*-Matrix mit den konstanten Elementen C_{ik}
f die Spaltenmatrix der *Erregung* (*Störkräfte*) mit den Elementen $f_i(t)$

1. Anmerkung:

Wir verwenden im folgenden für quadratische Matrizen stets fettgedruckte Großbuchstaben, für Spalten-Matrizen hingegen fettgedruckte Kleinbuchstaben. Transponierte Matrizen bezeichnen wir durch einen hochgestellten Index T, z.B. $\mathbf{M}^T$.

2. Anmerkung:

Gehen wir bei der Aufstellung der Bewegungsgleichungen den im zweiten Beispiel des Abschnittes 5.1 eingeschlagenen Weg, so erhalten wir das System der Bewegungsgleichungen zunächst in der Form

$$\boxed{\mathbf{C}^{-1}\mathbf{M}\ddot{\mathbf{q}} + \mathbf{C}^{-1}\mathbf{D}\dot{\mathbf{q}} + \mathbf{q} = \mathbf{C}^{-1}\mathbf{f}(t).}$$

$\mathbf{C}^{-1}$ ist die *Inverse* der *Steifigkeits*-Matrix, die auch als *Nachgiebigkeits*-Matrix bezeichnet wird.

Die *Massen*-Matrix und die *Steifigkeits*-Matrix sind, wenn die Bewegungsgleichungen mit Hilfe der *Lagrange*schen Gleichungen zweiter Art aufgestellt wurden, stets *symmetrisch,* d.h.

$$\mathbf{M}^T = \mathbf{M} \quad \text{bzw.} \quad M_{ik} = M_{ki},$$
$$\mathbf{C}^T = \mathbf{C} \quad \text{bzw.} \quad C_{ik} = C_{ki}.$$

Das ergibt sich für die *Massen*-Matrix unmittelbar aus der Definition der M_{ik}. Für die *Steifigkeits*-Matrix folgt das aus

$$\frac{\partial^2 \Phi}{\partial q_k \partial q_i} = \frac{\partial}{\partial q_k}\left(\frac{\partial \Phi}{\partial q_i}\right) = \frac{\partial}{\partial q_k}\left(\sum_k C_{ik} q_k\right) = C_{ik}$$

$$= \frac{\partial}{\partial q_i}\left(\frac{\partial \Phi}{\partial q_k}\right) = \frac{\partial}{\partial q_i}\left(\sum_i C_{ki} q_i\right) = C_{ki}.$$

Ferner können wir aus der physikalischen Bedeutung der mit der *Massen*- bzw. mit der *Steifigkeits*-Matrix gebildeten quadratischen Formen ($E(\dot{q}_i)$ bzw. $\Phi(q_i)$) unmittelbar schließen, daß

1. die *Massen*-Matrix **M** *positiv definit* ist, d.h.

   $E(\dot{q}_i) > 0$ für $\dot{q}_i \neq 0$,

2. die *Steifigkeits*-Matrix **C** bei *stabilem Gleichgewicht* ebenfalls *positiv definit* ist, d.h.

   $\Phi(q_i) > 0$ für $q_i \neq 0$,

   sofern wir $\Phi(0) = 0$ setzen. Wir wollen jedoch – in *Sonderfällen* – auch Steifigkeits-Matrizen zulassen, die *positiv semi-definit* sind (vgl. 3. Beispiel in Abschnitt 5.1).

Auch die *Dämpfungs*-Matrix **D** ist symmetrisch, wenn man das System der Bewegungsgleichungen mit Hilfe der *Lagrange*schen Gleichungen aufstellt. Es läßt sich nämlich zeigen, daß sich die generalisierten Dämpfungskräfte Q_i^D aus einer sogenannten *Dissipationsfunktion* $\Psi(\dot{q}_i)$ ableiten lassen:

$$Q_i^D = -\frac{\partial \Psi}{\partial \dot{q}_i}.$$

Im Falle *linearer Dämpfung* folgt aus

$$Q_i^D = -\sum_k D_{ik} \dot{q}_k$$

für die *Dissipationsfunktion* die *quadratische Form*

$$\Psi(q_i) = \frac{1}{2} \sum_i \sum_k \dot{q}_i D_{ik} \dot{q}_k = \frac{1}{2} \dot{\mathbf{q}}^T \mathbf{D} \dot{\mathbf{q}},$$

und daraus ist in gleicher Weise wie bei der Steifigkeits-Matrix auf die *Symmetrie* der *Dämpfungs*-Matrix zu schließen.

Ferner gilt, daß die Dissipationsfunktion *positiv semi-definit*, also

$$\Psi(\dot{q}_i) \geqslant 0$$

ist. Das Gleichheitszeichen müssen wir dabei hier einschließen, weil die Dämpfung nicht von *allen* $\dot{q}_i$ abzuhängen braucht (vgl. das zweite Beispiel in Abschnitt 5.1, wo die Dämpfung unabhängig von q_2 ist).

Leiten wir die Bewegungsgleichungen nicht mit Hilfe der *Lagrange*schen Gleichungen zweiter Art, sondern in anderer Weise ab, so kann es sein, daß wir *unsymmetrische* Matrizen erhalten, wie dies den ersten beiden Beispielen in Abschnitt 5.1 zu entnehmen ist. Das System der Bewegungsgleichungen läßt sich jedoch in jedem Falle – unabhängig von der Wahl der generalisierten Koordinaten q_i – zumindest nachträglich symmetrisieren. Bei Benutzung der *Lagrange*schen Gleichungen zweiter Art fällt das System der Bewegungsgleichungen jedoch stets von vorneherein in symmetrischer Form an. Ein Grund mehr, diesem Verfahren bei der Aufstellung der Bewegungsgleichungen in vielen Fällen den Vorzug zu geben. Wir können uns im übrigen von diesen mehr zufälligen Unterschieden durch die Feststellung freimachen, daß unter unseren Voraussetzungen **M**, **C**, **D** in jedem Falle sogenannte *diagonalähnliche Matrizen* sind, d.h. solche, die durch eine sogenannte *Ähnlichkeits-Transformation* auf *Diagonalform* gebracht werden können. Wir kommen darauf in Abschnitt 5.3.1 zurück.

Die Bewegungsgleichungen der von uns hier betrachteten *zeitinvarianten Schwingungssysteme* bilden ein System von linearen Differentialgleichungen zweiter Ordnung mit konstanten Koeffizienten. Wir bezeichnen ein solches System als *Matrizen-Differentialgleichung.* Dementsprechend werden wir in der Folge im allgemeinen abkürzend von der *Bewegungsgleichung eines Systems* (statt vom System der Bewegungsgleichungen eines Systems) sprechen.

Abschließend weisen wir noch darauf hin, daß es im Hinblick auf den zur Lösung erforderlichen Rechenaufwand nützlich sein kann, die Matrizen-Differentialgleichung noch in der einen oder anderen Weise umzuformen. Darauf gehen wir jedoch im folgenden – bei der Erörterung der einzelnen Problemklassen – nur am Rande ein und verweisen hierzu im übrigen auf das einschlägige Schrifttum.

5.3. Eigenschwingungen eines linearen konservativen Systems

5.3.1. Die allgemeine Lösung des Differential-Gleichungssystems

Für *konservative Eigenschwingungen* eines *linearen Systems* mit dem Freiheitsgrad λ nimmt die *Bewegungsgleichung* die Form

$$\boxed{\mathbf{M}\ddot{\mathbf{q}} + \mathbf{C}\mathbf{q} = \mathbf{0}}$$

an. Da alle Terme aufgrund der Kopplung das gleiche Zeitverhalten aufweisen müssen, gehen wir mit dem *Lösunganansatz*

$$\mathbf{q} = \mathbf{a}\cos(\omega t + \varphi)$$

in die Bewegungsgleichung und erhalten

$$\{-\mathbf{M}\,\mathbf{a}\,\omega^2 + \mathbf{C}\,\mathbf{a}\}\cos(\omega t + \varphi) = \mathbf{0}.$$

Daraus folgt die Bedingung

$$\boxed{\{\mathbf{C} - \omega^2\mathbf{M}\}\,\mathbf{a} = \mathbf{0}.}$$

Sie stellt ein allgemeines *Matrizen-Eigenwertproblem* dar. Nicht-triviale Lösungen $\mathbf{a} \neq \mathbf{0}$ existieren nur für bestimmte *Eigenwerte* ω_i^2, die der Bedingung

$$\boxed{\det|\mathbf{C} - \omega^2\mathbf{M}| = 0}$$

genügen. Zu den einzelnen Wurzeln dieser algebraischen Gleichung vom Grade λ für ω^2 – auch *charakteristische Gleichung* genannt – gehören als Lösungen des Eigenwert-Problems die – als Spaltenmatrix zu schreibenden – *Eigenvektoren* $\mathbf{a}_i$, die allerdings jeweils nur bis auf einen konstanten Faktor bestimmt sind. Wir können deshalb die Eigenvektoren noch *normieren,* indem wir fordern

$$\boxed{\mathbf{a}_i^{\mathrm{T}}\,\mathbf{M}\,\mathbf{a}_i = 1.}$$

Für das allgemeine Matrizen-Eigenwertproblem, auf das wir mit unserem Lösungsansatz geführt worden sind, gilt im übrigen

---

Satz 5.1: Bei allgemeinen *Matrizen-Eigenwertproblemen*

$$\{\mathbf{C} - \omega^2\mathbf{M}\}\,\mathbf{a} = \mathbf{0}$$

mit symmetrischen und positiv definiten λ-reihigen quadratischen Matrizen $\mathbf{C}$ und $\mathbf{M}$ sind alle λ *Eigenwerte* ω_i^2 *reell* und *positiv.* Sie lassen sich deshalb in folgender Weise ordnen:

$$0 < \omega_1^2 \leqslant \omega_2^2 \leqslant \omega_3^2 \ldots \leqslant \omega_\lambda^2.$$

Dabei sind mehrfache Eigenwerte entsprechend ihrer Vielfachheit zu zählen.

Die den Eigenwerten ω_i^2 zugeordneten *Eigenvektoren* $\mathbf{a}_i$ bilden ein System von λ *linear unabhängigen Vektoren* (Spaltenmatrizen), die *im verallgemeinerten Sinne orthogonal* sind. Für sie gilt also, sofern die Eigenvektoren zugleich normiert sind,

$$\mathbf{a}_i^{\mathrm{T}}\,\mathbf{M}\,\mathbf{a}_k = \delta_{ik}; \quad \mathbf{a}_i^{\mathrm{T}}\,\mathbf{C}\,\mathbf{a}_k = \omega_i^2\,\delta_{ik}$$

$$\delta_{ik} = \begin{cases} 0 & \text{für } i \neq k \\ 1 & \text{für } i = k. \end{cases}$$

Auf einen Beweis des vorstehenden Satzes verzichten wir hier und verweisen dazu auf das einschlägige Schrifttum. Wir merken lediglich noch an, daß wir im Falle *mehrfacher* Eigenwerte, d.h. bei $\omega_i^2 = \omega_{i+1}^2 = \ldots = \omega_{i+p}^2$ zunächst einen p-dimensionalen Vektorraum (Eigenraum) erhalten, in dem p voneinander unabhängige Eigenvektoren noch beliebig festgelegt werden können.

Im übrigen ist die verallgemeinerte Orthogonalität der Eigenvektoren für den Fall $\omega_i^2 \neq \omega_k^2$ sehr einfach zu zeigen. Aus

$$\{\mathbf{C} - \omega_i^2 \mathbf{M}\} \mathbf{a}_i = \mathbf{0} \qquad \text{und}$$

$$\{\mathbf{C} - \omega_k^2 \mathbf{M}\} \mathbf{a}_k = \mathbf{0}$$

folgt durch Multiplikation von links mit $\mathbf{a}_i^T$ bzw. $\mathbf{a}_k^T$ und anschließender Differenzbildung

$$0 = \underbrace{\mathbf{a}_k^T \mathbf{C} \mathbf{a}_i - \mathbf{a}_i^T \mathbf{C} \mathbf{a}_k}_{0} - \omega_i^2 \mathbf{a}_k^T \mathbf{M} \mathbf{a}_i + \omega_k^2 \mathbf{a}_i^T \mathbf{M} \mathbf{a}_k = \{\omega_k^2 - \omega_i^2\} \mathbf{a}_i^T \mathbf{M} \mathbf{a}_k .$$

Daraus ist die verallgemeinerte Orthogonalität der Eigenvektoren $\mathbf{a}_i$ und $\mathbf{a}_k$ für $\omega_i^2 \neq \omega_k^2$ sofort abzulesen. Sie gilt aber auch für die zu einem mehrfachen Eigenwert gehörenden Eigenvektoren.

Anmerkung:

Ist die Steifigkeits-Matrix $\mathbf{C}$ nur positiv semi-definit, d.h. hat das System eine indifferente Gleichgewichtslage, so tritt auch der Eigenwert $\omega^2 = 0$ auf, und es gilt dann

$$0 \leqslant \omega_1^2 \leqslant \omega_2^2 \leqslant \ldots \leqslant \omega_\lambda^2.$$

Die übrigen Aussagen bleiben davon unberührt.

Aus der Tatsache, daß die Eigenvektoren $\mathbf{a}_i$ in dem von den λ generalisierten Koordinaten q_i aufgespannten linearen Vektorraum ein System von λ linear unabhängigen Vektoren bilden, folgt

---

Satz 5.2: (Entwicklungssatz) Jeder Vektor $\tilde{\mathbf{q}}$, der dem von den generalisierten Koordinaten q_i aufgespannten linearen Vektorraum angehört, ist durch die Eigenvektoren $\mathbf{a}_i$ des in diesem Vektorraum definierten Matrizen-Eigenwertproblems

$$\{\mathbf{C} - \omega^2 \mathbf{M}\} \mathbf{a} = \mathbf{0}$$

ausdrückbar bzw. nach diesen $\mathbf{a}_i$ zu entwickeln:

$$\tilde{\mathbf{q}} = \sum_i c_i \mathbf{a}_i .$$

Für die Entwicklungs-Koeffizienten c_i gilt wegen der verallgemeinerten Orthogonalität der $\mathbf{a}_i$:

$$c_i = \mathbf{a}_i^T \mathbf{M} \tilde{\mathbf{q}} = \frac{1}{\omega_i^2} \mathbf{a}_i^T \mathbf{C} \tilde{\mathbf{q}}.$$

Aus den Sätzen 5.1 und 5.2 ergibt sich unmittelbar

Satz 5.3: Die *allgemeine Lösung* für die *Eigenschwingungen eines linearen, konservativen Systems* mit dem Freiheitsgrad λ, das der Bewegungsgleichung

$$\mathbf{M}\ddot{\mathbf{q}} + \mathbf{C}\mathbf{q} = \mathbf{0}$$

gehorcht, lautet

$$\mathbf{q}(t) = \sum_i c_i \mathbf{a}_i \cos(\omega_i t + \varphi_i)$$

wobei

ω_i^2 die *Eigenwerte*

und $\mathbf{a}_i$ die jeweils zugehörigen (normierten) *Eigenvektoren*

des Matrizen-Eigenwertproblems

$$\{\mathbf{C} - \omega^2 \mathbf{M}\}\mathbf{a} = \mathbf{0}$$

darstellen. Die Parameter c_i und φ_i sind aus den 2λ Anfangsbedingungen des Systems zu bestimmen.

Aus der allgemeinen Form der Lösung läßt sich ferner ableiten

---

Satz 5.4: Die *Eigenschwingungen eines linearen konservativen Systems* sind, wenn die Gleichgewichtslage *stabil* ist, d.h. die Steifigkeits-Matrix positiv definit ist, *stabil* (genauer: *grenzstabil*).

Kleine Störungen führen also nur zu begrenzten Abweichungen im Bewegungsablauf.

Für die Berechnung der Eigenwerte und Eigenvektoren sind zahlreiche numerische Verfahren entwickelt worden. Welches Verfahren im Einzelfalle vorteilhaft ist, hängt von der jeweiligen Struktur der Matrizen **M** und **C** ab. Oft ist es zweckmäßig, zur Erleichterung der Berechnung der Eigenwerte und der Eigenvektoren noch gewisse *Umformungen* des Gleichungssystems vorzunehmen und dabei auch lineare Transformationen der generalisierten Koordinaten q_i, d.h. sogenannte *Ähnlichkeits-Transformationen*, einzubeziehen. Die Matrizen können bei solchen Umformungen auch unsymmetrisch werden. Die Eigenwerte des Systems ändern sich jedoch dabei nicht.

Dieser Sachverhalt macht – mit umgekehrter Blickrichtung – noch einmal deutlich, daß es gar nicht so sehr darauf ankommt, welche Form bei der Aufstellung der Bewegungsgleichungen die Massen- und die Steifigkeits-Matrix zunächst annehmen.

Entscheidend ist vielmehr, daß die bei den hier erörteten Schwingungsproblemen auftretenden Matrizen jeweils zur *Klasse der diagonalähnlichen Matrizen* gehören, welche Form auch immer sie bei der Aufstellung des linearen Gleichungssystems oder bei dessen nachfolgenden Umformungen annehmen mögen. Diese Klasse ist dadurch gekennzeichnet, daß die betreffenden Matrizen jeweils in eine *Diagonal-Matrix* übergehen, wenn man durch eine *Ähnlichkeits-Transformation* auf das durch die Eigenvektoren $\mathbf{a}_i$ festgelegte System der *Eigenachsen* der Matrix übergeht.

Für die hier betrachteten linearen Koppelschwingungen bedeutet das

---

Satz 5.5: Das System der Bewegungsgleichungen für die *Eigenschwingungen eines linearen konservativen Systems* (mit dem Freiheitsgrad λ),

$$\mathbf{M}\ddot{\mathbf{q}} + \mathbf{C}\mathbf{q} = \mathbf{0}$$

läßt sich *entkoppeln,* wenn wir die generalisierten Koordinaten durch eine *lineare Transformation* in die sogenannten *Haupt-Koordinaten*

$$\mathbf{q}^* = \mathbf{A}^{-1}\mathbf{q}$$

überführen. Die Transformations-Matrix $\mathbf{A}^{-1}$ ist die Inverse der (quadratischen) Modal-Matrix $\mathbf{A}$, deren λ Spalten von den Eigenvektoren $\mathbf{a}_i$ des Matrizen-Eigenwertproblems

$$\{\mathbf{C} - \omega^2\mathbf{M}\}\mathbf{a} = \mathbf{0}$$

gebildet werden:

$$\mathbf{A} = \left[\begin{array}{c|c|c|c} \mathbf{a}_1 & \mathbf{a}_2 & & \mathbf{a}_\lambda \end{array}\right].$$

Das Gleichungssystem geht bei dieser Transformation in die Diagonalform

$$\ddot{q}_i^* + \omega_i^2\, q_i^* = 0$$

über mit den Lösungen

$$q_i^*(t) = \hat{q}_i^* \cos(\omega_i t + \varphi_i),$$

deren freie Parameter $\hat{q}_i^*$ und φ_i in bekannter Weise aus den Anfangswerten zu bestimmen sind. Die (entkoppelten) Lösungen $q_i^*(t)$ bezeichnen wir als *Hauptschwingungen* (bzw. Normalschwingungen) des Systems.

Die Transformation auf *Haupt-Koordinaten* können wir so interpretieren, daß wir zunächst die generalisierten Koordinaten $q_i(t)$ mit Hilfe des Entwicklungssatzes durch die Eigenvektoren ausdrücken. Das führt auf

$$q_i(t) = \sum_k A_{ik}\, q_k^*(t)$$

bzw.

$$\mathbf{q}(t) = \mathbf{A}\,\mathbf{q}^*(t).$$

Multiplikation von links mit $\mathbf{A}^{-1}$ liefert dann die Haupt-Koordinaten

$$\mathbf{q}^*(t) = \mathbf{A}^{-1}\,\mathbf{q}(t).$$

Die Transformations-Vorschrift für die (zunächst beliebig gewählten) generalisierten Koordinaten q_i in die Haupt-Koordinaten q_i^* ist im übrigen auch aus der Forderung abzuleiten, daß für Haupt-Koordinaten die quadratischen Formen für die kinetische und die potentielle Energie zugleich in die Diagonalform

$$E = \frac{1}{2}\sum_i M_{ii}(\dot{q}_i^*)^2, \qquad \Phi = \frac{1}{2}\sum_i C_{ii}(q_i^*)^2$$

übergehen sollen; denn nur dann erscheinen die mit Hilfe der *Lagrange*schen Gleichungen zweiter Art abgeleiteten Bewegungsgleichungen entkoppelt. Wir bezeichnen das auch als *Transformation auf Hauptachsen* (oder kürzer: *Hauptachsen-Transformation*).

5.3.2. Ein Beispiel

Wir wollen die allgemeinen Aussagen der Sätze 5.3 und 5.5 an einem einfachen Beispiel demonstrieren. Für das in Abb. 5.5 skizzierte System lautet die

Bewegungsgleichung

$$\boxed{\begin{aligned} m_1\ddot{q}_1 \qquad\qquad + (c_1 + c_2)q_1 - c_2 q_2 &= 0 \\ m_2\ddot{q}_2 \qquad - c_2 q_1 + c_2 q_2 &= 0 \end{aligned}}$$

bzw. als Matrizen-Differentialgleichung geschrieben

$$\mathbf{M}\ddot{\mathbf{q}} + \mathbf{C}\mathbf{q} = \mathbf{0}$$

mit

$$\mathbf{q} = \begin{bmatrix} q_1 \\ q_2 \end{bmatrix}, \quad \mathbf{M} = \begin{bmatrix} m_1 & 0 \\ 0 & m_2 \end{bmatrix}, \quad \mathbf{C} = \begin{bmatrix} c_1 + c_2 & -c_2 \\ -c_2 & c_2 \end{bmatrix}.$$

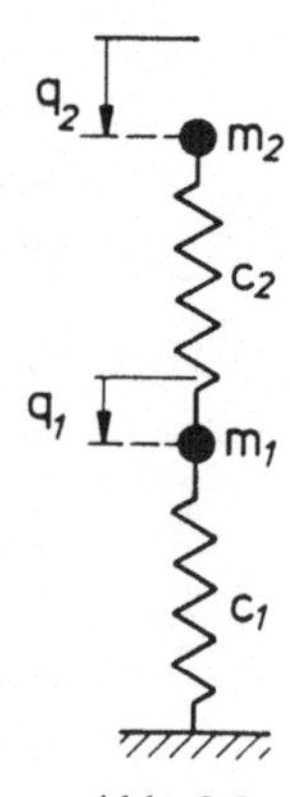

Abb. 5.5

Der Lösungsansatz

$$\mathbf{q} = \mathbf{a} \cos(\omega t + \varphi)$$

führt auf das Matrizen-Eigenwertproblem

$$\{\mathbf{C} - \omega^2 \mathbf{M}\}\,\mathbf{a} = \mathbf{0},$$

das nur nichttriviale Lösungen hat, wenn

$$\det|\mathbf{C} - \omega^2 \mathbf{M}| = \det \begin{vmatrix} c_1 + c_2 - \omega^2 m_1 & -c_2 \\ -c_2 & c_2 - \omega^2 m_2 \end{vmatrix} = 0$$

wird. Daraus resultiert für ω^2 die (quadratische) *charakteristische Gleichung*

$$\boxed{\omega^4 - \left\{\frac{c_1 + c_2}{m_1} + \frac{c_2}{m_2}\right\}\omega^2 + \frac{c_1 + c_2}{m_1}\,\frac{c_2}{m_2} - \frac{c_2^2}{m_1 m_2} = 0.}$$

Zur Abkürzung führen wir nun

$$\frac{c_1 + c_2}{m_1} = \frac{C_{11}}{M_{11}} = \omega_1^{*2}$$

$$\frac{c_2}{m_2} = \frac{C_{22}}{M_{22}} = \omega_2^{*2}$$

$$\frac{c_2^2}{(c_1 + c_2)\,c_2} = \frac{C_{12}^2}{C_{11}\,C_{22}} = k_A^2$$

ein. Dabei bedeutet

ω_1^{*2} die Kreis-Eigenfrequenz der Masse m_1 bei festgehaltener Masse m_2 ($q_2 = 0$);

ω_2^{*2} die Kreis-Eigenfrequenz der Masse m_2 bei festgehaltener Masse m_1 ($q_1 = 0$);

k_A den sogenannten Kopplungsgrad in den Ausschlägen.

Damit geht die obige Gleichung über in

$$\boxed{\omega^4 - (\omega_1^{*2} + \omega_2^{*2})\,\omega^2 + (1 - k_A^2)\,\omega_1^{*2}\omega_2^{*2} = 0.}$$

Ihre beiden *Lösungen* sind

$$\boxed{\left.\begin{matrix}\omega_1^2 \\ \omega_2^2\end{matrix}\right\} = \frac{1}{2}\left\{\omega_1^{*2} + \omega_2^{*2} \mp \sqrt{(\omega_1^{*2} + \omega_2^{*2})^2 - 4\,(1 - k_A^2)\,\omega_1^{*2}\,\omega_2^{*2}}\right\}.}$$

Wir lesen daraus unmittelbar ab, daß für $k_A^2 \neq 0$

$$\omega_1^2 < \omega_1^{*2} \quad \text{und} \quad \omega_2^2 > \omega_2^{*2}$$

wird. Wir werden später noch allgemein zeigen, daß bei Ankopplung eines weiteren schwingungsfähigen Systems an ein bereits bestehendes System die tiefste Eigenfrequenz des Gesamtsystems stets niedriger (oder allenfalls gleich hoch) liegt als die tiefste Eigenfrequenz des Ausgangssystems.

Die zu den beiden Eigenwerten ω_i^2 gehörenden *Eigenvektoren* $\mathbf{a}_i$ sind

$$\mathbf{a}_i = \begin{bmatrix} 1 \\ \dfrac{c_1 + c_2 - m_1\,\omega_i^2}{c_2} \end{bmatrix} = \begin{bmatrix} 1 \\ \dfrac{c_2}{c_2 - m_2\,\omega_i^2} \end{bmatrix} .$$

Führen wir zur Abkürzung

$$\frac{c_1 + c_2 - m_1\,\omega_i^2}{c_2} = \frac{c_2}{c_2 - m_2\omega_i^2} = \xi_i$$

ein, so lassen sich die Eigenvektoren in der Form

$$\mathbf{a}_i = \begin{bmatrix} 1 \\ \xi_i \end{bmatrix}$$

schreiben. Auf eine Normierung der Eigenvektoren verzichten wir hier.

Die allgemeine Lösung der gekoppelten Eigenschwingungen nimmt damit die folgende Form an

$$q_1(t) = c_1\,a_{11}\cos(\omega_1 t + \varphi_1) + c_2 a_{21}\cos(\omega_2 t + \varphi_2)$$

$$q_2(t) = c_1 \underbrace{\xi_1\,a_{11}}_{a_{12}} \cos(\omega_1 t + \varphi_1) + c_2 \underbrace{\xi_2 a_{21}}_{a_{22}} \cos(\omega_2 t + \varphi_2).$$

Die vier freien Konstanten c_i und φ_i sind aus den Anfangsbedingungen in bekannter Weise zu ermitteln. Aus den Gleichungen für die ξ_i entnehmen wir noch, daß

$$\xi_1 > 0, \quad \xi_2 < 0$$

ist. Das bedeutet, daß bei der niedrigen Eigenkreisfrequenz ω_1 die beiden Massen m_1 und m_2 im Gleichtakt, bei der höheren Eigenkreisfrequenz ω_2 jedoch im Gegentakt schwingen.

Die aus den Eigenvektoren $\mathbf{a}_i$ gebildete Modal-Matrix $\mathbf{A}$ (vgl. Satz 5.4) ist

$$\mathbf{A} = \begin{bmatrix} 1 & 1 \\ \xi_1 & \xi_2 \end{bmatrix} .$$

Ihre Inverse ist

$$A^{-1} = \frac{1}{\xi_2 - \xi_1} \begin{bmatrix} \xi_2 & -1 \\ -\xi_1 & 1 \end{bmatrix}.$$

Als Haupt-Koordinaten erhalten wir mithin für das vorliegende System

$$q^* = A^{-1} q = \begin{bmatrix} \dfrac{\xi_2 q_1 - q_2}{\xi_2 - \xi_1} \\ \\ -\dfrac{\xi_1 q_1 - q_2}{\xi_2 - \xi_1} \end{bmatrix}.$$

Durch Einführung der Haupt-Koordinaten läßt sich die Bewegungsgleichung auf Diagonalform bringen

$$\ddot{q}_1^* + \omega_1^2 q_1^* = 0$$
$$\ddot{q}_2^* + \omega_2^2 q_2^* = 0$$

mit den (entkoppelten) Lösungen, die die sogenannten *Hauptschwingungen* des Systems beschreiben:

$$q_1^*(t) = \hat{q}_1^* \cos(\omega_1 t + \varphi_1)$$
$$q_2^*(t) = \hat{q}_2^* \cos(\omega_2 t + \varphi_2).$$

Wir verifizieren das im übrigen sehr einfach unter Benutzung der zuvor für $q_i(t)$ gefundenen Lösungen. Durch Einsetzen in die Ausdrücke für q_i^* erhalten wir nämlich

$$q_1^*(t) = \frac{\xi_2 q_1(t) - q_2(t)}{\xi_2 - \xi_1} = \underbrace{c_1 a_{11}}_{\hat{q}_1^*} \cos(\omega_1 t + \varphi_1)$$

$$q_2^*(t) = -\frac{\xi_1 q_1(t) - q_2(t)}{\xi_2 - \xi_1} = \underbrace{c_2 a_{21}}_{\hat{q}_2^*} \cos(\omega_2 t + \varphi_2),$$

also gerade die entkoppelten Hauptschwingungen.

5.3.3. Der Rayleigh-Quotient und darauf basierende Näherungsverfahren

5.3.3.1. Der Rayleigh-Quotient und ein erstes Näherungsverfahren

Im Satz 5.2 haben wir festgestellt, daß wir jeden Vektor $\widetilde{q}$, der dem von den generalisierten Koodinaten q_i aufgespannten linearen Vektorraum angehört, nach den

Eigenvektoren a_i des in diesem Vektorraum definierten Matrizen-Eigenwertproblems

$$\{\mathbf{C} - \omega^2 \mathbf{M}\}\mathbf{a} = \mathbf{0}$$

entwickeln können:

$$\tilde{q} = \sum_i c_i a_i .$$

Wir führen nun *per definitionem* den sogenannten *Rayleigh-Quotienten* ein (benannt nach Lord *Rayleigh*, 1842–1919):

Definition 5.1: Für das im Raume der *generalisierten Koordinaten* q_i definierte *Matrizen-Eigenwertproblem*

$$\{\mathbf{C} - \omega^2 \mathbf{M}\}\mathbf{a} = \mathbf{0}$$

mit *symmetrischen* und *positiv definiten* Matrizen **M** und **C** definieren wir den Ausdruck

$$R[\tilde{q}] = \frac{\tilde{q}^T \mathbf{C} \tilde{q}}{\tilde{q}^T \mathbf{M} \tilde{q}}$$

als *Rayleigh*-Quotienten, wobei $\tilde{q}$ ein beliebiger Vektor in dem von den a_i aufgespannten linearen Vektorraum sein möge.

Setzen wir $\tilde{q}$ gleich einem der Eigenvektoren a_i des Eigenwertproblems, so geht der *Rayleigh*-Quotient in den zugehörigen Eigenwert ω_i^2 über, wie wir unmittelbar erkennen:

$$\boxed{R[a_i] = \frac{a_i^T \mathbf{C} a_i}{a_i^T \mathbf{M} a_i} = \omega_i^2 .}$$

Wir können in diesem Falle bei den von uns betrachteten Problemen den *Rayleigh*-Quotienten auch als den Quotienten von der zur *i*-ten Eigenschwingungsform gehörenden, maximalen Differenz der potentiellen Energie und der maximalen, auf ω_i^2 bezogenen kinetischen Energie E^*_{max} deuten (vgl. Abschnitt 2.1.2.3)

$$R[a_i] = \omega_i^2 = \frac{(\Delta\Phi(a_i))_{max}}{E^*_{max}(a_i)} .$$

Das erhellt den physikalischen Hintergrund der Bedeutung des *Rayleigh*-Quotienten.

Setzen wir in den *Rayleigh*-Quotienten einen beliebigen Vektor $\widetilde{\mathbf{q}}$ ein, so folgt unter Benutzung des Entwicklungssatzes zunächst

$$R[\widetilde{\mathbf{q}}] = \frac{\left\{\sum_i c_i \mathbf{a}_i^T\right\} \mathbf{C} \left\{\sum_i c_i \mathbf{a}_i\right\}}{\left\{\sum_i c_i \mathbf{a}_i^T\right\} \mathbf{M} \left\{\sum_i c_i \mathbf{a}_i\right\}}.$$

Wegen der verallgemeinerten Orthogonalität der Eigenvektoren $\mathbf{a}_i$ wird daraus

$$R[\widetilde{\mathbf{q}}] = \frac{\sum_i c_i^2 \omega_i^2}{\sum_i c_i^2},$$

und zwar unabhängig davon, ob wir die Eigenvektoren $\mathbf{a}_i$ zuvor normiert haben oder nicht.

Im Hinblick darauf, daß

$$\omega_1^2 \leqslant \omega_2^2 \leqslant \ldots \leqslant \omega_\lambda^2$$

gilt, folgt

$$R[\widetilde{\mathbf{q}}] = \frac{\sum_i c_i^2 \omega_i^2}{\sum_i c_i^2} \geqslant \omega_1^2.$$

Es gilt also

Satz 5.6: Setzen wir in den *Rayleigh*-Quotienten, der zu dem Matrizen-Eigenwertproblem

$$\{\mathbf{C} - \omega^2 \mathbf{M}\}\mathbf{a} = \mathbf{0}$$

mit diagonalähnlichen, positiv definiten Matrizen $\mathbf{C}$ und $\mathbf{M}$ gehört, einen beliebigen Vektor $\widetilde{\mathbf{q}}$ ein, so gilt

$$R[\widetilde{\mathbf{q}}] = \frac{\widetilde{\mathbf{q}}^T \mathbf{C} \widetilde{\mathbf{q}}}{\widetilde{\mathbf{q}}^T \mathbf{M} \widetilde{\mathbf{q}}} \geqslant \omega_1^2.$$

Der niedrigste Eigenwert ω_1^2 stellt also das Minimum aller Zahlenwerte dar, die der *Rayleigh*-Quotient annehmen kann, wenn $\widetilde{\mathbf{q}}$ alle in dem gegebenen Vektorraum zulässigen Variationen durchläuft.

Energetisch betrachtet bedeutet die Aussage von Satz 5.6, daß wir die niedrigste Eigenfrequenz des Systems erhöhen, wenn wir ihm eine Schwingungsform $\tilde{q}$ aufzwingen, die von der durch a_1 gekennzeichneten Eigenschwingungsform abweicht.

Diesen Sachverhalt können wir zur Ermittlung einer *oberen Schranke für den niedrigsten Eigenwert* ω_1^2 und damit zu einer näherungsweisen Berechnung von ω_1^2 ausnutzen, indem wir in $R[\tilde{q}]$ einen beliebigen (aber festen) Vektor $\tilde{q}$ einsetzen. Dabei hängt die Güte der Näherung natürlich von einer geeigneten Wahl von $\tilde{q}$, d.h. von einer geeigneten Annahme über die Form der Grundschwingung ab.

Wir können aus Satz 5.6 aber auch eine Methode zur exakten Bestimmung der Eigenwerte ω_i^2 ableiten. Lassen wir nämlich $\tilde{q}$ noch von $\lambda - 1$ freien Parametern ζ_k in der Weise abhängen, daß die Variation der ζ_k den gesamten von den q_i aufgespannten Vektorraum überdeckt, dann führen die Bedingungen

$$\frac{\partial R[\tilde{q}(\zeta_k)]}{\partial \zeta_k} = 0 \qquad k = 1, 2, \dots, \lambda - 1$$

auf ein System von $\lambda - 1$ Gleichungen für die ζ_k, das λ Lösungen hat. Jede dieser Lösungen präsentiert einen Vektor $\tilde{q}_i(\zeta_{ki})$, der sich als ein Eigenvektor a_i des Problems erweist. Setzen wir diese Vektoren nacheinander in den *Rayleigh*-Quotienten ein, so erhalten wir schließlich die λ Eigenwerte ω_i^2.

Wir wollen diese beiden Vorgehensweisen an dem Beispiel aus Abschnitt 5.3.2 (Abb. 5.5) demonstrieren. Zur Gewinnung eines Näherungswertes und zugleich einer oberen Schranke für ω_1^2 wählen wir ein Ausschlagsverhältnis, wie es der statischen Auslenkung unter Eigengewicht entspricht, nämlich

$$\frac{\tilde{q}_2}{\tilde{q}_1} = 1 + \frac{m_2}{m_1 + m_2} \frac{c_1}{c_2} ,$$

setzen also, da es auf einen konstanten Faktor nicht ankommt,

$$\tilde{q} = \begin{bmatrix} 1 \\ 1 + \dfrac{m_2}{m_1 + m_2} \dfrac{c_1}{c_2} \end{bmatrix} .$$

Damit wird

$$\omega_1^2 \leqslant R[\tilde{q}] = \tilde{\omega}_1^2 = \frac{c_1 + c_2 - 2c_2 \left[1 + \dfrac{m_2}{m_1 + m_2} \dfrac{c_1}{c_2}\right] + c_2 \left[1 + \dfrac{m_2}{m_1 + m_2} \dfrac{c_1}{c_2}\right]^2}{m_1 + m_2 \left[1 + \dfrac{m_2}{m_1 + m_2} \dfrac{c_1}{c_2}\right]^2}$$

Um einen zahlenmäßigen Vergleich durchzuführen, nehmen wir einmal an, es sei

$$c_1 = c_2 = c \quad \text{und} \quad m_1 = m_2 = m.$$

Dann folgt $\left(\text{mit } \frac{2c}{m} = \omega_1^{*2}\right)$

$$R[\tilde{q}] = \tilde{\omega}_1^2 = \underbrace{\frac{5}{26}}_{0{,}1923} \omega_1^{*2} \geqslant \omega_1^2 = \underbrace{\frac{1}{4}\{3-\sqrt{5}\}}_{0{,}1909} \omega_1^{*2}$$

Der Fehler ist also kleiner als 1 %.

Für die Ermittlung der ω_i^2 aus der Variationsaufgabe

$$R[\tilde{q}(\zeta_k)] \to \text{Minimum (bzw. stationär)}$$

setzen wir

$$\tilde{q} = \begin{bmatrix} 1 \\ \zeta \end{bmatrix}.$$

Damit wird

$$R[\tilde{q}(\zeta)] = \frac{c_1 + c_2 - 2c_2\zeta + c_2\zeta^2}{m_1 + m_2\zeta^2}.$$

Die Forderung

$$\frac{\partial R[\tilde{q}(\zeta)]}{\partial \zeta} = 0$$

führt auf

$$0 = \frac{1}{(m_1 + m_2\zeta^2)^2}\{(m_1 + m_2\zeta^2)(-2c_2 + 2c_2\zeta) - (c_1 + c_2 - 2c_2\zeta + c_2\zeta^2)\,2m_2\zeta\}$$

bzw. auf

$$\zeta^2 - \left\{\frac{c_1 + c_2}{c_2} - \frac{m_1}{m_2}\right\}\zeta - \frac{m_1}{m_2} = \zeta^2 - \frac{m_1}{m_2}\left\{\frac{\omega_1^{*2}}{\omega_2^{*2}} - 1\right\}\zeta - \frac{m_1}{m_2} = 0.$$

Die beiden Lösugnen

$$\zeta_{1,2} = \frac{1}{2}\frac{m_1}{m_2}\left\{\frac{\omega_1^{*2}}{\omega_2^{*2}} - 1 \pm \sqrt{\left(\frac{\omega_1^{*2}}{\omega_2^{*2}} - 1\right)^2 + 4\frac{m_2}{m_1}}\right\}$$

führen, wie sich durch Ausrechnen nachweisen läßt, zu den exakten Eigenschwingungsformen mit $\zeta_i = \xi_i$ und damit auch zu den exakten Eigenwerten ω_i^2 des Problems.

Die vorstehenden Beispielrechnungen zeigen bereits, daß der Weg zur Bestimmung der Eigenfrequenzen über die Variation des *Rayleigh*-Quotienten zumindest nicht weniger mühsam ist als die direkte Bestimmung der Eigenfrequenzen. Mehr Vorteile bietet die Benutzung des *Rayleigh*-Quotienten zur Ermittlung von Näherungen für die niedrigste Eigenfrequenz. Bei plausiblen näherungsweisen Ansätzen für die erste Eigenschwingungsform erzielt man meist schon sehr gute Näherungen für die niedrigste Eigenfrequenz, die sich im übrigen auch noch schrittweise verbessern lassen, wie im folgenden Abschnitt gezeigt wird.

Es lassen sich mit Hilfe des *Rayleigh*-Quotienten auch obere Schranken für die höheren Eigenwerte ermitteln. Macht man nämlich einen Ansatz, der im verallgemeinerten Sinne *orthogonal* zu den (exakten) r ersten Eigenschwingungsformen ist, so erhält man eine obere Schranke für den $r + 1$-ten Eigenwert. Da man jedoch die entsprechenden Eigenschwingungsformen meist nicht exakt kennt, kommt diesem Verfahren kaum eine praktische Bedeutung zu.

5.3.3.2. Verfahren der schrittweisen Näherung

Wir können das *allgemeine* Matrizen-Eigenwertproblem

$$\{\mathbf{C} - \omega^2 \mathbf{M}\}\,\mathbf{a} = \mathbf{0},$$

auf das wir bei den konservativen Eigenschwingungen eines linearen Systems geführt wurden, in das *spezielle* Eigenwertproblem

$$\left\{\mathbf{C}^{-1}\mathbf{M} - \frac{1}{\omega^2}\mathbf{E}\right\}\mathbf{a} = \mathbf{0}$$

überführen, wobei $\mathbf{E}$ die *Eins*-Matrix

$$\mathbf{E} = \begin{bmatrix} 1 & & & \\ & 1 & & \\ & & \ddots & \\ & & & 1 \end{bmatrix}$$

bezeichnet. Mit Hilfe des Entwicklungssatzes läßt sich nun – wir wollen das hier nicht durchführen – beweisen

---

Satz 5.7: Für das Matrizen-Eigenwertproblem

$$\left\{\mathbf{B} - \frac{1}{\omega^2}\mathbf{E}\right\}\mathbf{a} = 0$$

mit diagonalähnlicher (d.h. auf Diagonalform transformierbarer) positiv definiter Matrix $\mathbf{B}$ konvergiert die Folge

$$\underset{(\nu+1)}{\tilde{\mathbf{q}}} = \mathbf{B}\,\underset{(\nu)}{\tilde{\mathbf{q}}} \qquad \nu = 0, 1, 2, \ldots$$

gegen den zu dem dominanten (höchsten) Eigenwert $\frac{1}{\omega_1^2}$ gehörenden Eigenvektor $\mathbf{a}_1$.

Ausgehend von einem beliebigen Anfangsvektor $\underset{(0)}{\tilde{q}}$ erhalten wir also durch fortlaufende Multiplikation mit **B** immer bessere Näherungen für den Eigenvektor $\mathbf{a}_1$:

$$\mathbf{a}_1 \approx \underset{(\nu)}{\tilde{q}} = \underbrace{\mathbf{B}\mathbf{B}\,.....\,\mathbf{B}}_{\mathbf{B}^\nu}\underset{(0)}{\tilde{q}}$$

Erscheint uns die Näherung hinreichend gut, so gehen wir damit in den *Rayleigh*-Quotienten des Ausgangsproblems und gewinnen damit dann auch eine entsprechende Näherung (obere Schranke) für den zugehörigen Eigenwert ω_1^2:

$$\omega_1^2 \leqslant \underset{(\nu)}{\tilde{\omega}^2} = \frac{\underset{(\nu)}{\tilde{q}^T}\,\mathbf{C}\,\underset{(\nu)}{\tilde{q}}}{\underset{(\nu)}{\tilde{q}^T}\,\mathbf{M}\,\underset{(\nu)}{\tilde{q}}}\,.$$

Dafür können wir wegen

$$\underset{(\nu)}{\tilde{q}} = \mathbf{B}\underset{(\nu-1)}{\tilde{q}} = \mathbf{C}^{-1}\mathbf{M}\underset{(\nu-1)}{\tilde{q}}$$

auch schreiben

$$\boxed{\omega_1^2 \leqslant \underset{(\nu)}{\tilde{\omega}^2} = \frac{\underset{(\nu)}{\tilde{q}^T}\,\mathbf{M}\,\underset{(\nu-1)}{\tilde{q}}}{\underset{(\nu)}{\tilde{q}^T}\,\mathbf{M}\,\underset{(\nu)}{\tilde{q}}}\,.}$$

Häufig genügt schon ein Iterationsschritt, um gute Näherungen für ω_1^2 zu erhalten, sofern der Ausgangsvektor $\underset{(0)}{\tilde{q}}$ nicht zu ungünstig gewählt ist. Hierzu sei noch folgendes angemerkt:

Allgemein können wir $\underset{(\nu)}{\tilde{q}}$ aufgrund der Beziehung

$$\underset{(\nu)}{\tilde{q}} = \mathbf{C}^{-1}\mathbf{M}\underset{(\nu-1)}{\tilde{q}}$$

als die zu der *Belastung* $\mathbf{M}\underset{(\nu-1)}{\tilde{q}}$ gehörende *statische Auslenkung* des Systems deuten. Dies macht nachträglich verständlich, warum wir in dem Beispiel des Abschnites 5.3.3.1 mit einem Ansatz $\tilde{q}$, der der statischen Auslenkung des Systems unter Eigengewicht entsprach, eine so gute Näherung für ω_1^2 erhalten haben. Dieses Vorgehen läßt sich nämlich nach den obigen Ausführungen als ein erster Schritt des Verfahrens der schrittweisen Näherung deuten, ausgehend von

$$\underset{(0)}{\tilde{q}} = \begin{bmatrix} 1 \\ 1 \end{bmatrix}.$$

$\mathbf{M}\underset{(0)}{\tilde{q}}$ repräsentiert nämlich gerade eine in die Richtung der q_i fallende, den Massen m_i proportionale Belastung, in unserem Beispiel also etwa das vertikal wirkende Eigengewicht, wobei es auf einen konstanten Faktor nicht ankommt.

5.3.3.3. Die Formeln von Dunkerley und Southwell

Wir wollen nun Systeme betrachten, bei denen sich die *kinetische Energie* auf voneinander unabhängige Träger verteilt, diese verschiedenen Energieträger (Massen) jedoch jeweils für sich mit dem Gesamtsystem der Speicher *potentieller Energie* ein schwingungsfähiges System bilden. Als Beispiel betrachten wir das – schon in Abschnitt 5.3.2 untersuchte – System, das sich entsprechend Abb. 5.6 in zwei Teilsysteme der angegebenen Art aufteilen läßt. Die Massen-Matrix spaltet sich dabei additiv auf in

$$\mathbf{M} = \sum_{\mu} \underset{(\mu)}{\mathbf{M}} \qquad (\mu = 1, 2).$$

Für das Gesamtsystem gilt

$$\omega_1^2 = \frac{\mathbf{a}_1^T \mathbf{C} \mathbf{a}_1}{\mathbf{a}_1^T \mathbf{M} \mathbf{a}_1} = \frac{\mathbf{a}_1^T \mathbf{C} \mathbf{a}_1}{\mathbf{a}_1^T \left(\sum\limits_{\mu} \underset{(\mu)}{\mathbf{M}}\right) \mathbf{a}_1}$$

bzw.

$$\frac{1}{\omega_1^2} = \sum_{\mu} \frac{\mathbf{a}_1^T \underset{(\mu)}{\mathbf{M}} \mathbf{a}_1}{\mathbf{a}_1^T \mathbf{C} \mathbf{a}_1} .$$

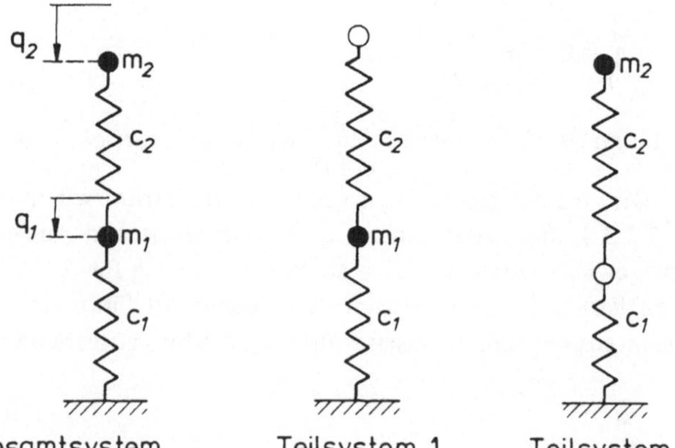

Abb. 5.6

Die niedrigsten Kreis-Eigenfrequenzen der einzelnen Teilsysteme seien $\underset{(\mu)}{\omega_1}$. Nun gilt, da die einzelnen Teilsysteme jeweils für sich (in der Regel) von a_1 abweichende Eigenschwingungsformen haben,

$$\underset{(\mu)}{\omega_1^2} \leqslant \frac{a_1^T C a_1}{a_1^T \underset{(\mu)}{M} a_1} \quad \text{bzw.} \quad \frac{1}{\underset{(\mu)}{\omega_1^2}} \geqslant \frac{a_1^T \underset{(\mu)}{M} a_1}{a_1^T C a_1} .$$

Deshalb wird

$$\frac{1}{\omega_1^2} = \sum_\mu \frac{a_1^T \underset{(\mu)}{M} a_1}{a_1^T C a_1} \leqslant \sum_\mu \frac{1}{\underset{(\mu)}{\omega_1^2}}$$

oder

$$\boxed{\omega_1^2 \geqslant \frac{1}{\sum_\mu \frac{1}{\underset{(\mu)}{\omega_1^2}}} .}$$

Das ist die *Formel von Dunkerley* (1894). Sie liefert eine *untere Schranke* für den niedrigsten Eigenwert in den Fällen, in denen sich das Gesamtsystem wie angegeben in mehrere Teilsysteme mit verschiedenen Trägern kinetischer Energie aufspalten läßt.

In unserem Beispiel ist, wie wir ohne lange Rechnung erkennen (es gibt jeweils nur eine Eigenfrequenz der Teilsysteme):

$$\underset{(1)}{\omega^2} = \frac{c_1}{m_1} ; \qquad \underset{(2)}{\omega^2} = \frac{c_1 c_2}{(c_1 + c_2) m_2} .$$

Also gilt

$$\omega_1^2 \geqslant \frac{1}{\frac{m_1}{c_1} + \frac{m_2 (c_1 + c_2)}{c_1 c_2}} .$$

Setzen wir für einen zahlenmäßigen Vergleich wiederum wie in Abschnitt 5.3.1

$$c_1 = c_2 = c \quad \text{und} \quad m_1 = m_2 = m$$

so folgt

$$\omega_1^2 \geqslant \frac{1}{6} \omega_1^{*2} \quad \text{mit} \quad \omega_1^{*2} = \frac{2c}{m} .$$

Ziehen wir noch die in Abschnitt 5.3.1 gewonnenen Ergebnisse heran, so können wir einschranken

$$0{,}1667\,\omega_1^{*2} \leqslant \omega_1^2 \leqslant 0{,}1923\,\omega_1^{*2}$$
$$(\text{exakt: } \omega_1^2 = 0{,}1919\,\omega_1^{*2}).$$

Die mit der Formel von *Dunkerley* gewonnene *untere* Schranke fällt hier also nicht sehr scharf aus (Abweichung etwa 13 %), doch hilft sie, sichere Schranken für ω_1^2 anzugeben.

Ein Gegenstück zur Formel von *Dunkerley* erhalten wir für solche Systeme, bei denen sich das System der Speicher *potentieller Energie* in voneinander unabhängige Teilsysteme aufspalten läßt, die mit dem Gesamtsystem der Träger *kinetischer Energie* jeweils schwingungsfähige Systeme bilden. In diesem Falle ist die Steifigkeits-Matrix additiv aufspaltbar in

$$\mathbf{C} = \sum_\nu \underset{(\nu)}{\mathbf{C}}\,.$$

Für das Gesamtsystem gilt dann

$$\omega_1^2 = \frac{\mathbf{a}_1^T \left(\sum_\nu \underset{(\nu)}{\mathbf{C}}\right) \mathbf{a}_1}{\mathbf{a}_1^T\,\mathbf{M}\,\mathbf{a}_1}\,.$$

Für die Kreis-Eigenfrequenzen $\underset{(\nu)}{\omega_1}$ können wir nun wiederum schließen

$$\underset{(\nu)}{\omega_1^2} \leqslant \frac{\mathbf{a}_1^T\,\underset{(\nu)}{\mathbf{C}}\,\mathbf{a}_1}{\mathbf{a}_1^T\,\mathbf{M}\,\mathbf{a}_1}\,.$$

Deshalb gilt

$$\boxed{\omega_1^2 \geqslant \sum_\nu \underset{(\nu)}{\omega_1^2}.}$$

Das ist die *Formel von Southwell* (1921). Sie liefert ebenfalls – sofern die Anwendungsbedingungen gegeben sind – eine *untere Schranke* für ω_1^2 des Gesamtsystems.

Als einfaches Beispiel betrachten wir das in Abb. 5.7 skizzierte System. Es stellt einen an einer rotierenden Welle gelenkig gelagerten starren Stab dar, der unter der Wirkung einer Rückstell-Drehfeder und der Fliehkraft Schwingungen ausführen kann. Wir beschränken uns dabei auf *axiale* Schwingungen, also auf einen Freiheitsgrad $\lambda = 1$. Alles Wesentliche können wir aber bereits daran erkennen.

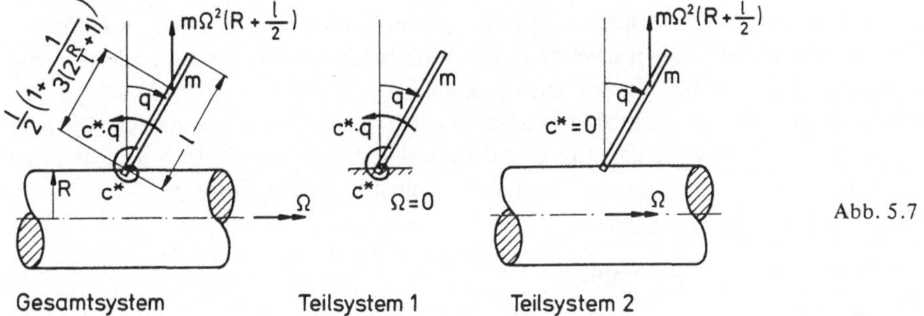

Abb. 5.7

Für die beiden Teilsysteme erhalten wir

$$\underset{(1)}{\omega^2} = \frac{c^*}{\frac{1}{3}\,m\,l^2};$$

$$\underset{(2)}{\omega^2} = \frac{m\,\Omega^2\left(R+\frac{l}{2}\right)\frac{l}{2}\left[1+\frac{1}{3\left(2\frac{R}{l}+1\right)}\right]}{\frac{1}{3}\,m\,l^2} = \left[1+\frac{3}{2}\frac{R}{l}\right]\Omega^2.$$

Für das Gesamtsystem gilt deshalb

$$\omega^2 \geqslant \frac{c^*}{\frac{1}{3}\,m\,l^2} + \left[1+\frac{3}{2}\frac{R}{l}\right]\Omega^2.$$

In diesem Falle gilt sogar das Gleichheitszeichen, weil beide Teilprobleme hier die gleiche Schwingungsform haben. Die Formel von *Southwell* liefert hier also exakt die Eigenfrequenz des Gesamtsystems. Wir entnehmen im übrigen dem Beispiel, daß wir in solchen Fällen, bei denen sich die Rückstellwirkung der Fliehkraft eines rotierenden Systems den sonstigen Rückstellwirkungen additiv überlagert,

$$\omega_I^2 \geqslant \underset{(1)}{\omega_I^2} + c\,\Omega^2$$

setzen können, wobei $\underset{(1)}{\omega_I^2}$ sich auf das nichtrotierende System bezieht und der Parameter c natürlich problemabhängig ist.

5.4. Gedämpfte Eigenschwingungen eines linearen Systems

Für *gedämpfte Eigenschwingungen* eines *linearen Systems* nimmt die *Bewegungsgleichung* mit dem Freiheitsgrad λ die Form

$$\boxed{\mathbf{M}\ddot{\mathbf{q}} + \mathbf{D}\dot{\mathbf{q}} + \mathbf{C}\mathbf{q} = \mathbf{0}}$$

an. Die Matrizen **M**, **D**, **C** sind bei Ableitung der Bewegungsgleichung mit Hilfe der *Lagrange*schen Gleichungen zweiter Art symmetrisch, andernfalls zumindest diagonalähnlich, d.h. jeweils einzeln auf Diagonalform transformierbar. **M** ist positiv definit. Für **C** setzen wir das ebenfalls voraus, gehen also davon aus, daß das System eine *stabile* Gleichgewichtslage für $q_i = 0$ habe (vgl. hierzu Abschnitt 5.3.1). Bei der Matrix **D** wollen wir hingegen zulassen, daß sie positiv semi-definit sei.

Gehen wir mit dem *Lösungsansatz*

$$q(t) = a\, e^{st} \qquad (s \text{ komplex})$$

in das System der Bewegungsgleichungen, so erhalten wir

$$\{\mathbf{M} s^2 + \mathbf{D} s + \mathbf{C}\}\, a = 0.$$

Dies ist wiederum ein *Matrizen-Eigenwertproblem.* Nichttriviale Lösungen für a existieren nur, wenn

$$\boxed{\det |\mathbf{M} s^2 + \mathbf{D} s + \mathbf{C}| = 0}$$

wird. Das ist die *charakteristische Gleichung* des Problems. Die Determinante ist ein Polynom in s vom Grade 2λ mit reellen Koeffizienten. Deshalb hat die charakteristische Gleichung nur *reelle und konjugiert komplexe Wurzeln*, wobei $\bar{s}_k$ die zu s_k konjugiert komplexe Wurzel ist. Überdies folgt aus der Struktur der Matrizen, daß der *Realteil* der Wurzeln *nicht positiv* sein kann. Daraus folgern wir

---

Satz 5.8: Eigenschwingungen eines linearen Systems sind bei positiv semi-definiter Dämpfungs-Matrix stabil, wenn die ungedämpfte Schwingung stabil ist.

Wie viele Wurzeln reell und wie viele konjugiert komplex sind, hängt von den Zahlenwerten der *Dämpfungs*-Matrix ab. Uns interessieren hier insbesondere Probleme mit hinreichend *schwacher Dämpfung,* bei denen wir noch wirklich von Schwingungen sprechen können, d.h. Probleme, bei denen nur konjugiert komplexe Wurzeln auftreten:

$$\left.\begin{matrix} s_k \\ \bar{s}_k \end{matrix}\right\} = -D_k \pm \omega_k i \quad \left\{\begin{matrix} k = 1, 2, \dots, \lambda \\ i = \text{imaginäre Einheit.} \end{matrix}\right.$$

Ist **D** positiv definit, so sind alle $D_k \neq 0$, und wir bezeichnen das System als *vollständig gedämpft.* Ist **D** nur positiv semi-definit, so werden einzelne $D_k = 0$. Das System bleibt aber *durchdringend gedämpft,* d.h. ohne Anfachung in irgendwelchen Schwingungen.

Die zu den Eigenwerten s_k bzw. $\bar{s}_k$ gehörenden Eigenvektoren a_k bzw. $\bar{a}_k$ sind bei $D_k \neq 0$ ebenfalls komplex. Das hat zur Folge, daß wir bei einer – formal durchführbaren – Transformation auf Hauptachsen (s. Satz 5.5) auf *komplexe Haupt-Koordinaten* und *komplexe Hauptschwingungen* geführt werden, die keine anschauliche Bedeutung haben. Dahinter steckt, daß sich gedämpfte Eigenschwingungen eines linearen Systems in der Regel nicht mehr entkoppeln lassen. Eine Ausnahme bildet die sogenannte *modale Dämpfung,* bei der die Dämpfungs-Matrix sich als eine Linear-Kombination der Massen-Matrix und der Steifigkeits-Matrix darstellen läßt:

$$\mathbf{D} = \mu\,\mathbf{M} + \gamma\,\mathbf{C}.$$

Dann läßt sich das Eigenwertproblem überführen in

$$\Big\{\mathbf{C} - \underbrace{\Big[-\frac{s^2 + \mu s}{1 + \gamma s}\Big]}_{\nu^2}\mathbf{M}\Big\}\,\mathbf{a} = 0$$

mit λ positiven Eigenwerten ν_i^2 (aber konjugiert komplexen Wurzeln $s_k, \bar{s}_k$) und mit reellen Eigenvektoren $\mathbf{a}_i$. Das Problem läßt sich also in diesem Falle auf reelle Hauptachsen transformieren und damit entkoppeln. Diesen Ausnahmefall wollen wir hier aber nicht im einzelnen weiterverfolgen.
Aus den vorstehenden Überlegungen folgt

Satz 5.9: Die allgemeine Lösung für die gedämpften Eigenschwingungen eines linearen Systems, das der Bewegungsgleichung

$$\mathbf{M}\ddot{\mathbf{q}} + \mathbf{D}\dot{\mathbf{q}} + \mathbf{C}\mathbf{q} = \mathbf{0}$$

gehorcht, läßt sich in der Form

$$\mathbf{q}(t) = \sum_i c_i\,\mathbf{a}_i\,e^{s_i t} + \bar{c}_i\,\bar{\mathbf{a}}_i\,e^{\bar{s}_i t} \qquad (i = 1, 2, \dots, \lambda)$$

angeben, wobei die Größen c_i, $\mathbf{a}_i$, s_i reell oder komplex sein können. Es bezeichnet

s_i bzw. $\bar{s}_i$ die *Eigenwerte*

$\mathbf{a}_i$ bzw. $\bar{\mathbf{a}}_i$ die *Eigenvektoren*

des Matrizen-Eigenwertproblems

$$\{\mathbf{M}s^2 + \mathbf{D}s + \mathbf{C}\}\,\mathbf{a} = \mathbf{0},$$

c_i bzw. $\bar{c}_i$ die freien aus den Anfangswerten zu bestimmenden Parameter der Lösung.

Sind die Eigenwerte komplex, so sind $\bar{s}_i$, $\bar{\mathbf{a}}_i$, $\bar{c}_i$ jeweils die konjugiert komplexen Größen zu s_i, $\mathbf{a}_i$, c_i. Sind die Eigenwerte reell, so sind auch alle anderen Größen reell. Es bezeichnen dann jedoch $\bar{s}_i$, $\bar{a}_i$, $\bar{c}_i$ von s_i, a_i, c_i verschiedene reelle Größen.

Bei hinreichend *schwacher Dämpfung*, wenn also *nur* konjugiert komplexe Wurzeln

$$\left.\begin{matrix} s_k \\ \bar{s}_k \end{matrix}\right\} = -D_k \pm \omega_k i$$

auftreten, wobei auch einzelne D_k Null sein können, läßt sich die Lösung in die reelle Form

$$q_i(t) = \sum_k c_{ik}\, e^{-D_k t} \cos(\omega_k t + \varphi_{ik})$$

überführen. Die $2\lambda^2$ Parameter c_{ik} und φ_{ik} lassen sich dabei durch die 2λ freien Parameter c_i bzw. $\bar{c}_i$ ausdrücken.

Im übrigen entnehmen wir den vorstehenden Betrachtungen, daß die vollständige Berechnung gedämpfter Eigenschwingungen zumindest bei größeren Systemen sehr mühsam werden kann. Man geht deshalb in vielen Fällen zu numerischen Methoden über.

Dazu überführen wir zweckmäßig das System der Bewegungsgleichungen in ein System von Differentialgleichungen erster Ordnung, indem wir (vgl. Abschnitt 4.1.2)

$$\dot{q} = p$$

setzen und

$$z = \begin{bmatrix} q \\ \hline p \end{bmatrix} = \begin{bmatrix} q \\ \hline \dot{q} \end{bmatrix}$$

als *Zustandsvektor* einführen, der den Zustand des Systems im *Phasenraum* beschreibt. Aus

$$\mathbf{M}\ddot{\mathbf{q}} + \mathbf{D}\dot{\mathbf{q}} + \mathbf{C}\mathbf{q} = \mathbf{0} \qquad \text{und}$$
$$\dot{q} = p$$

entsteht dann die *Zustandsgleichung*

$$\dot{z} = A z$$

mit

$$A = \left[\begin{array}{c|c} 0 & E \\ \hline -M^{-1}C & -M^{-1}D \end{array}\right].$$

Die *allgemeine Lösung* dieser Zustandsgleichung läßt sich in der Form

$$\boxed{z(t) = e^{At} z(0)}$$

schreiben, wobei e^{At} als Matrizen-Funktion zu verstehen ist. Numerische Lösungen der Zustandsgleichungen setzen nun teils bei der Zustandsgleichung selbst, teils bei ihrer allgemeinen Lösung an (z.B. durch Reihen-Entwicklung der Matrizen-Funktion). Hierzu sei auf das einschlägige Schrifttum verwiesen.

5.5. Erzwungene Schwingungen eines linearen Systems

5.5.1. Allgemeine Problemstellung

Die erzwungenen Schwingungen eines linearen Systems werden durch die *Bewegungsgleichung*

$$\boxed{\mathbf{M}\ddot{\mathbf{q}} + \mathbf{D}\dot{\mathbf{q}} + \mathbf{C}\mathbf{q} = \mathbf{f}(t)}$$

beschrieben. Dabei sollen für die Matrizen **M, D, C** wiederum die bisherigen Voraussetzungen gelten. Die Erregerfunktion $\mathbf{f}(t)$ kann periodisch sein, d.h.

$$\mathbf{f}(t + T) = \mathbf{f}(t).$$

Wir werden aber auch nichtperiodische Erregungen betrachten.

Die Antwort des Systems auf die gegebene Erregung setzt sich additiv zusammen aus

a) der *allgemeinen Lösung des homogenen Problems,* also den Eigenschwingungen des Systems, und
b) aus einer *partikulären Lösung des inhomogenen Problems.*

Bei periodischer Erregung bezeichnen wir die partikuläre Lösung des inhomogenen Problems auch als *Dauerlösung,* da sie – bei der in Wirklichkeit stets vorhandenen Dämpfung – nach Abklingen des Einschwingvorganges allein übrig bleibt. Die 2λ freien Konstanten der allgemeinen Lösung des homogenen Problems dienen der Anpassung der Gesamtlösung an die Anfangsbedingungen.

Bei *verschwindender* oder bei *modaler Dämpfung* können wir das System der Bewegungsgleichungen durch eine *Transformation* auf *Haupt-Koordinaten* (Hauptachsen-Transformation) *entkoppeln.* Wir können dann jede einzelne der *Hauptschwingungen* mit der zugehörigen Erregung für sich betrachten und sie nach den gleichen Methoden behandeln wie wir sie für einfache lineare Schwinger entwickelt haben. Das ist möglich, weil sich aufgrund der *Orthogonalität* der – in diesen Fällen reellen – *Eigenvektoren* die einzelnen Hauptschwingungen nicht gegenseitig beeinflussen. Man nennt diese Vorgehensweise *modale Analyse* der erzwungenen Schwingungen. In vielen Fällen werden wir jedoch – auch dann, wenn eine modale Analyse mit reellen Eigenvektoren möglich ist – auf die oft sehr aufwendige Hauptachsen-Transformation verzichten und das Problem direkt zu lösen versuchen. Auf die rein numerischen Lösungsverfahren gehen wir dabei wiederum nur am Rande ein.

5.5.2. Periodische Erregung

Jede *periodische Erregung*, die den *Dirichlet*schen Bedingungen genügt, können wir mittels einer *harmonischen Analyse* in eine Reihe von harmonischen Erregungen entwickeln (vgl. Abschnitte 1.5 und 3.1.3). Die zu den einzelnen Reihengliedern gehörenden Antworten des Systems können wir wegen der Linearität der Systeme additiv überlagern. Deshalb genügt es bei periodischer Erregung eines linearen Systems, die Antwort des Systems auf eine harmonische Erregung, etwa mit der Kreisfrequenz Ω, zu untersuchen, also von

$$\mathbf{f}(t) = \hat{\mathbf{f}} \cos \Omega t$$

auszugehen. Dabei kann $\hat{\mathbf{f}}$ noch von Ω abhängen. Wie schon bei der periodischen Erregung eines einfachen linearen Schwingers (vgl. Abschnitt 3.1.2), erweist es sich auch hier als vorteilhaft, zur komplexen Schreibweise überzugehen. Als *Bewegungsgleichung* erhalten wir dann

$$\boxed{\mathbf{M}\ddot{\mathbf{q}} + \mathbf{D}\dot{\mathbf{q}} + \mathbf{C}\mathbf{q} = \hat{\mathbf{f}}\, e^{i\Omega t} \qquad (\hat{\mathbf{f}} \text{ reell}).}$$

Für die partikuläre Lösung des inhomogenen Problems, also für die Dauerlösung, setzen wir an

$$\boxed{\mathbf{q}(t) = \hat{\mathbf{q}}\, e^{i\Omega t} \qquad (\hat{\mathbf{q}} \text{ komplex}).}$$

Dann entsteht das lineare Gleichungssystem

$$\boxed{\{-\Omega^2\mathbf{M} + i\Omega\mathbf{D} + \mathbf{C}\}\hat{\mathbf{q}} = \hat{\mathbf{f}},}$$

das eine eindeutige Lösung hat, solange

$$\det |\mathbf{C} - \Omega^2\mathbf{M} + i\Omega\mathbf{D}| \neq 0$$

ist. Die Lösung erhalten wir zunächst in der Form

$$\boxed{\hat{\mathbf{q}} = \{\mathbf{C} - \Omega^2\mathbf{M} + i\Omega\mathbf{D}\}^{-1}\, \hat{\mathbf{f}}.}$$

Wir bezeichnen in Analogie zu den erzwungenen harmonischen Schwingungen eines einfachen Schwingers (vgl. Abschnitt 3.1.2) die von Ω abhängige Matrix

$$\mathbf{F}_M(\Omega) = \{\mathbf{C} - \Omega^2\mathbf{M} + i\,\Omega\mathbf{D}\}^{-1},$$

die den Zusammenhang zwischen $\hat{q}$ und $\hat{f}$ vermittelt als die (komplexe) *Frequenzgang-Matrix*.

Anmerkung:

Wir schreiben hier $\hat{q}$ anstelle von a, um Verwechslungen mit den Eigenvektoren des homogenen Problems zu vermeiden.

Die Auftrennung von $\hat{q}$ in Real- und Imaginärteil ergibt

$$\begin{bmatrix} \mathrm{Re}\{\hat{q}\} \\ \hline \mathrm{Im}\{\hat{q}\} \end{bmatrix} = \left[\begin{array}{c|c} \mathbf{C} - \Omega^2\mathbf{M} & \Omega\mathbf{D} \\ \hline -\Omega\mathbf{D} & \mathbf{C} - \Omega^2\mathbf{M} \end{array}\right]^{-1} \begin{bmatrix} \hat{f} \\ \hline \mathbf{0} \end{bmatrix}$$

Anmerkung:

Wenn $\hat{f}$ komplex ist, so steht in der Spaltenmatrix auf der rechten Seite oben der Realteil und unten der Imaginärteil von $\hat{f}$.

Daraus können wir für jedes $\hat{q}_i$

$$|\hat{q}_i| = \sqrt{(\mathrm{Re}\{\hat{q}_i\})^2 + (\mathrm{Im}\{\hat{q}_i\})^2}$$

und

$$\tan\varphi_i = \frac{\mathrm{Im}\{\hat{q}_i\}}{\mathrm{Re}\{\hat{q}_i\}}$$

ermitteln und schließlich die Lösung in der reellen Form

$$\boxed{q_i(t) = |\hat{q}_i| \cos(\Omega t + \varphi_i)}$$

angeben.

Auf einen wesentlichen Unterschied zwischen komplexer und reeller Darstellung der Lösung sei hier noch ausdrücklich hingewiesen. Während Real- und Imaginärteil der komplexen Lösung $\hat{q}$ linear von $\hat{f}$ abhängen, gilt dies für $|\hat{q}_i|$ und φ_i bei $D \neq 0$ nicht. Wir können deshalb den Zusammenhang von $|\hat{q}_i|$ und φ_i mit den $\hat{f}_i$ bei $D \neq 0$ nicht durch eine lineare Matrizen-Operation beschreiben. Dennoch können wir jeweils für eine bestimmte, durch $\hat{f}$ gegebene Erregungsart $|\hat{q}_i|$ und φ_i in Abhängigkeit von Ω darstellen und erhalten so den zu dem jeweiligen $\hat{f}$ gehörenden *Amplituden-Frequenzgang* $|\hat{q}_i(\Omega)|$ bzw. *Phasen-Frequenzgang* $\varphi_i(\Omega)$. Dazu ist noch anzumerken, daß bei einer proportionalen Änderung der Erreger-Amplituden, d.h. bei $\hat{f}^* = c\hat{f}$ (c = reelle Zahl), sich die $|\hat{q}_i|$ um den gleichen Faktor c ändern, während die φ_i davon unberührt bleiben. Die Amplituden- und Phasen-Frequenzgänge hängen deshalb im wesentlichen nur von den Verhältnissen der $\hat{f}_i$ zueinander (und natürlich von den Dämpfungsverhältnissen, die wir jedoch als fest gegeben betrachten) ab.

Die Beziehungen vereinfachen sich wesentlich, wenn die Dämpfung des Systems verschwindet ($D \to 0$). Dann wird

$$\boxed{\hat{q} = \{C - \Omega^2 M\}^{-1} \hat{f}}$$

reell, und die Lösung lautet dann

$$\boxed{q_i(t) = \hat{q}_i \cos \Omega t \qquad (\hat{q}_i \lesseqgtr 0).}$$

Die Beziehungen zwischen den Amplituden $|\hat{q}_i|$ und den $\hat{f}_i$ werden in diesem Falle linear. Die komplexe Frequenzgang-Matrix wird – sehen wir vom Vorzeichen der $\hat{q}_i$ ab – zur reellen *Amplituden-Frequenzgang-Matrix* $V_a(\Omega)$, die wir auch als *Vergrößerungsfaktoren-Matrix* (vgl. Abschnitt 3.1.2) bezeichnen können. Der *Phasen-Frequenzgang* reduziert sich schließlich auf die Feststellung des Vorzeichens von $\hat{q}_i(\Omega)$.

Einen guten Einblick in das Lösungsverhalten ungedämpfter Systems gewinnen wir, wenn wir entsprechend Satz 5.2 $\hat{q}$ nach den Eigenvektoren a_i entwickeln, also

$$\boxed{\hat{q} = \sum_i c_i a_i}$$

setzen. Dabei wollen wir voraussetzen, daß die Eigenvektoren normiert sind (vgl. Satz 5.1). Ausgehend von

$$\{C - \Omega^2 M\} \hat{q} = \{C - \Omega^2 M\} \left(\sum_i c_i a_i\right) = \hat{f}$$

erhalten wir, indem wir diese Gleichung der Reihe nach von links mit den transponierten (normierten) Eigenvektoren a_i^T multiplizieren

$$a_i^T \{C - \Omega^2 M\} \left(\sum_i c_i a_i\right) = c_i (\omega_i^2 - \Omega^2) = a_i^T \hat{f}$$

also

$$\boxed{c_i = \frac{1}{\omega_i^2 - \Omega^2} a_i^T \hat{f}.}$$

Daraus lesen wir ab:

Satz 5.10: Stimmt bei harmonischer Erregung eines ungedämpften linearen Systems die Erregerfrequenz mit einer der Eigenfrequenzen des Systems überein, ist also

$$\Omega = \omega_i \qquad (i = 1, 2, \dots, \lambda),$$

so tritt (strenge) *Resonanz* ein, sofern

$$\mathrm{a}_i^{\mathrm{T}} \, \hat{\mathrm{f}} \neq 0$$

ist. Im Resonanzfalle erhalten wir mit der Zeit unbeschränkt anwachsende Amplituden.

Die letzte Aussage des Satzes 5.10 folgt aus der Tatsache, daß wir bei ungedämpften linearen Systemen die Schwingungen durch eine Transformation auf Haupt-Koordinaten entkoppeln und dann die einzelnen Hauptschwingungen für sich getrennt wie Schwingungen eines einfachen Schwingers betrachten können. Für diese hatten wir aber im Resonanzfalle linear mit der Zeit anwachsende Ausschläge gefunden (vgl. Abschnitte 3.1.2 und 3.1.4).

Eine auftretende Resonanz ($\Omega = \omega_i$) muß sich nicht in allen Koordinaten q_i zugleich bemerkbar machen, da die Eigenvektoren a_i jeweils orthogonal zu einzelnen oder mehreren q_i sein können. Dies folgt im übrigen auch schon daraus, daß wir ja die Schwingungen durch den Übergang auf Haupt-Koordinaten entkoppeln können und daß dann jeweils nur eine Hauptschwingung von der Resonanz betroffen ist.

Ist $\mathrm{a}_i^{\mathrm{T}} \hat{\mathrm{f}} = 0$, tritt also der Fall ein, den wir in Satz 5.10 ausgeschlossen haben, so wird von der durch $\hat{\mathrm{f}}$ gegebenen Form der Erregung die i-te Eigenschwingung nicht angeregt. Dementsprechend wird $c_i = 0$, und es tritt deshalb bei $\Omega = \omega_i$ auch keine (strenge) Resonanz, sondern nur eine sogenannte *Scheinresonanz* auf, bei der die Ausschläge endlich bleiben. Bei geringfügigen Änderungen der Erregungsform $\hat{\mathrm{f}}$ bzw. der Systemparameter (und damit der a_i) tritt bei ungedämpften Systemen die Resonanz jedoch voll in Erscheinung. Deshalb muß man in praxi bei $\Omega = \omega_i$ immer mit der Gefahr des Auftretens einer Resonanz rechnen.

Ist das System (vollständig) gedämpft, so bleiben die Amplituden stets endlich. Der *Amplituden-Frequenzgang* weist jedoch, sofern die Dämpfung hinreichend schwach ist, in λ Frequenzbereichen Amplituden-Überhöhungen gegenüber der statischen Auslenkung auf (von Scheinresonanzen einmal abgesehen). Wir sprechen in diesem Falle, wenn wir den Gegensatz zur (strengen) Resonanz deutlich machen wollen, von *Resonanzerscheinungen.* Bei schwacher Dämpfung können die Amplituden-Überhöhungen immer noch sehr große Werte annehmen. Außerdem liegen in diesem Falle die Maxima der Amplituden-Überhöhungen bei Frequenzen, die sich nur wenig von den ungedämpften Eigenfrequenzen des Systems unterscheiden. Deshalb können wir – sofern es nur auf die Vermeidung von Resonanzerscheinungen ankommt – bei der Ermittlung der Resonanzbereiche vielfach die Dämpfung vernachlässigen.

Abschließend wollen wir noch ein einfaches Beispiel betrachten. Für das in Abb. 5.8 skizzierte System erhalten wir als *Bewegungsgleichung*

$$\begin{aligned} m_1 \ddot{q}_1 \qquad & + (c_1 + c_2) q_1 - c_2 q_2 = \hat{F} \cos \Omega t \\ m_2 \ddot{q}_2 \qquad & - c_2 q_1 + c_2 q_2 = 0 \end{aligned}$$

oder in Matrizenschreibweise

$$\boxed{\mathbf{M} \ddot{\mathbf{q}} + \mathbf{C} \mathbf{q} = \hat{\mathbf{f}} \cos \Omega t}$$

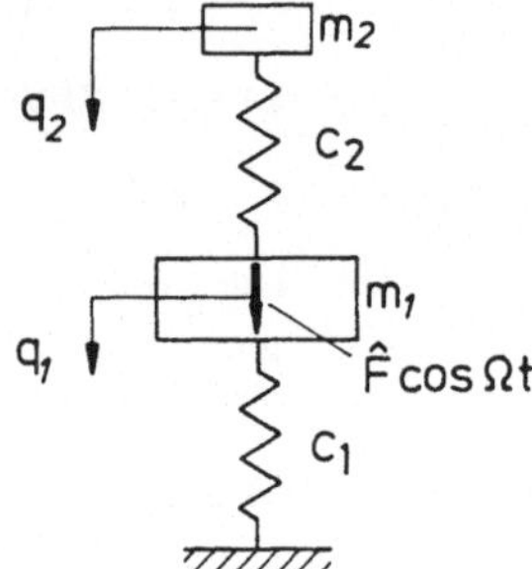

Abb. 5.8

mit

$$\mathbf{q} = \begin{bmatrix} q_1 \\ q_2 \end{bmatrix}, \quad \mathbf{M} = \begin{bmatrix} m_1 & 0 \\ 0 & m_2 \end{bmatrix}, \quad \mathbf{C} = \begin{bmatrix} c_1 + c_2 & -c_2 \\ -c_2 & c_2 \end{bmatrix}, \quad \hat{\mathbf{f}} = \begin{bmatrix} \hat{F} \\ 0 \end{bmatrix}.$$

Der Übergang zur komplexen Schreibweise erübrigt sich, solange wir eine Dämpfung des Systems außer Acht lassen.

Für die *Dauerlösung*

$$\mathbf{q}(t) = \hat{\mathbf{q}} \cos \Omega t$$

folgt aus

$$\{\mathbf{C} - \Omega^2 \mathbf{M}\} \hat{\mathbf{q}} = \hat{\mathbf{f}}$$

bzw.

$$\hat{\mathbf{q}} = \{\mathbf{C} - \Omega^2 \mathbf{M}\}^{-1} \hat{\mathbf{f}}$$

als Ergebnis

$$\hat{q}_1 = \frac{\left\{1 - \left(\frac{\Omega}{\omega_2^*}\right)^2\right\} (1 - k_A^2)}{\left\{1 - \left(\frac{\Omega}{\omega_2^*}\right)^2\right\} \left\{1 - \left(\frac{\Omega}{\omega_1^*}\right)^2\right\} - k_A^2} \; \frac{\hat{F}}{c_1}$$

$$\hat{q}_2 = \frac{1 - k_A^2}{\left\{1 - \left(\frac{\Omega}{\omega_2^*}\right)^2\right\} \left\{1 - \left(\frac{\Omega}{\omega_1^*}\right)^2\right\} - k_A^2} \; \frac{\hat{F}}{c_1}$$

Dabei haben wir zur Abkürzung

$$\frac{c_1 + c_2}{m_1} = \frac{C_{11}}{M_{11}} = \omega_1^{*2}$$

$$\frac{c_2}{m_2} = \frac{C_{22}}{M_{22}} = \omega_2^{*2}$$

$$\frac{c_2^2}{(c_1 + c_2)\, c_2} = \frac{C_{12}^2}{C_{11}\, C_{22}} = k_A^2$$

gesetzt (vgl. Abschnitt 5.3.2).

Wir ersehen aus dem obigen Ergebnis, daß die Ausschläge q_1 (t) der Masse m_1, an der die Erregerkraft F (t) angreift, verschwinden, wenn

$$\Omega = \omega_2^{*2}$$

wird. Die Schwingungs-Amplitude der Masse m_2 bleibt dagegen bei allen Erreger-Frequenzen von Null verschieden.

Diesen Sachverhalt nutzt man zur *Schwingungstilgung* aus. Es geht dabei darum, bestimmte Ausschläge eines linearen Systems bei einer gegebenen harmonischen Erregung (charakterisiert durch $\hat{f}$ und Ω) durch eine geeignete *Abstimmung* des Systems bzw. durch *Ankoppeln* eines weiteren Systems (des *Schwingungstilgers*) zum Verschwinden zu bringen.

Wir betrachten hier den zweiten Fall, das nachträgliche Ankoppeln eines Schwingungstilgers, stützen uns aber dabei im wesentlichen auf das zuvor betrachtete Beispiel, das wir nur ein wenig anders interpretieren wollen. Gegeben sei uns als Ausgangssystem ein einfacher linearer Schwinger (Abb. 5.9a) mit der Eigenfrequenz

$$\omega_0^2 = \frac{c_1}{m_1}$$

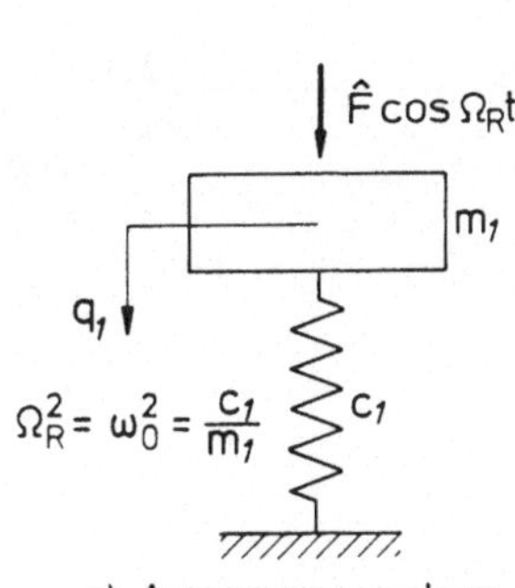

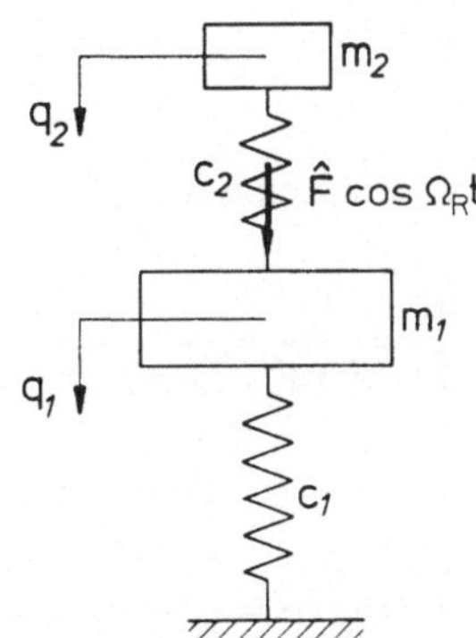

Abb. 5.9 a) Ausgangssystem b) System mit Schwingungstilger

und der harmonischen Erregung

$$F(t) = \hat{F} \cos \Omega_R t \qquad (\Omega_R \text{ fest}).$$

Die durch die Erregung hervorgerufenen Schwingungen q_1 (t) sollen nun durch Ankoppeln eines zweiten Systems (vgl. Abb. 5.9b) getilgt werden. Dabei ist natürlich der Fall besonders interessant, daß im Ausgangssystem gerade (strenge) Resonanz auftritt, also

$$\Omega_R^2 = \omega_0^2 = \frac{c_1}{m_1}$$

ist. Diesen Fall wollen wir nun weiter verfolgen.

Die oben gewonnenen Ergebnisse lehren uns, daß die Ausschläge q_1 (t) bei einer Erregung mit der Kreisfrequenz Ω_R getilgt werden, wenn der Schwingungstilger so abgestimmt wird, daß

$$\omega_2^{*2} = \frac{c_2}{m_2} = \Omega_R^2$$

wird. Wir wollen uns jedoch mit dieser Aussage allein nicht begnügen, sondern noch einmal den Frequenzgang des gesamten Systems betrachten. Beachten wir, daß in unserem Falle ($\omega_0^2 = \omega_2^{*2} = \Omega_R^2$)

$$\omega_1^* = \frac{c_1 + c_2}{m_1} = \frac{c_1}{m_1} + \frac{c_2}{m_2}\frac{m_2}{m_1} = \omega_0^2 \{1 + \mu\}$$

und

$$k_A^2 = \frac{c_2}{c_1 + c_2} = \frac{c_2}{m_2}\,\frac{m_1}{c_1 + c_2}\,\frac{m_2}{m_1} = \frac{\mu}{1 + \mu}$$

mit

$$\mu = \frac{m_2}{m_1}$$

wird, so erhalten wir nach kurzer Zwischenrechnung $\left(\text{mit } \eta = \frac{\Omega}{\omega_0}\right)$

$$\frac{\hat{q}_1}{\frac{\hat{F}}{c}} = \frac{\hat{q}_1}{q_{1\,st}} = \frac{1 - \eta^2}{(1 - \eta^2)^2 - \mu\eta^2}$$

$$\frac{\hat{q}_2}{\frac{\hat{F}}{c}} = \frac{\hat{q}_2}{q_{1\,st}} = \frac{1}{(1 - \eta^2)^2 - \mu\eta^2}\,.$$

Der Frequenzgang dieses Systems ist in Abb. 5.10 für ein Massenverhältnis $\mu = 0{,}2$ dargestellt. Die Eigenfrequenzen des gekoppelten Systems liegen nunmehr bei

$$\frac{\Omega^2}{\omega_0^2} = \eta^2 = \frac{1}{2}\{2 + \mu \pm \sqrt{\mu(4+\mu)}\}.$$

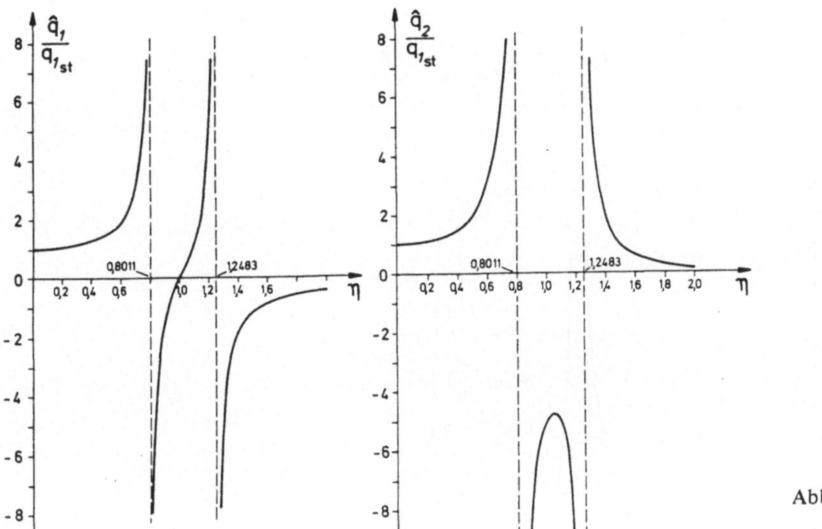

Abb. 5.10

Wir entnehmen im übrigen den Ergebnissen, daß es darauf ankommt, das Massenverhältnis μ hinreichend groß zu machen, den Schwingungstilger also entsprechend zu dimensionieren, um zu gewährleisten, daß

a) im Auslegepunkt ($\eta = 1$) die Amplitude des Tilgers selbst hinreichend klein bleibt (sie ist dort $\sim \frac{1}{\mu}$) und
b) die neuen Resonanzfrequenzen hinreichend weit von der alten Resonanzfrequenz ω_0 entfernt liegen, damit bei kleinen Schwankungen von η nicht sogleich wieder große Amplituden $|\hat{q}_1|$ auftreten.

Im Hinblick auf den bereits unter b) angesprochenen Gesichtspunkt erweist es sich im übrigen vielfach als zweckmäßig, den Schwingungstilger mit einer gewissen Dämpfung zu versehen (Abb. 5.11). Der Einfluß einer solchen Dämpfung auf den Amplituden-Frequenzgang

$$V_{a1} = \frac{|\hat{q}_1|}{q_{st}}$$

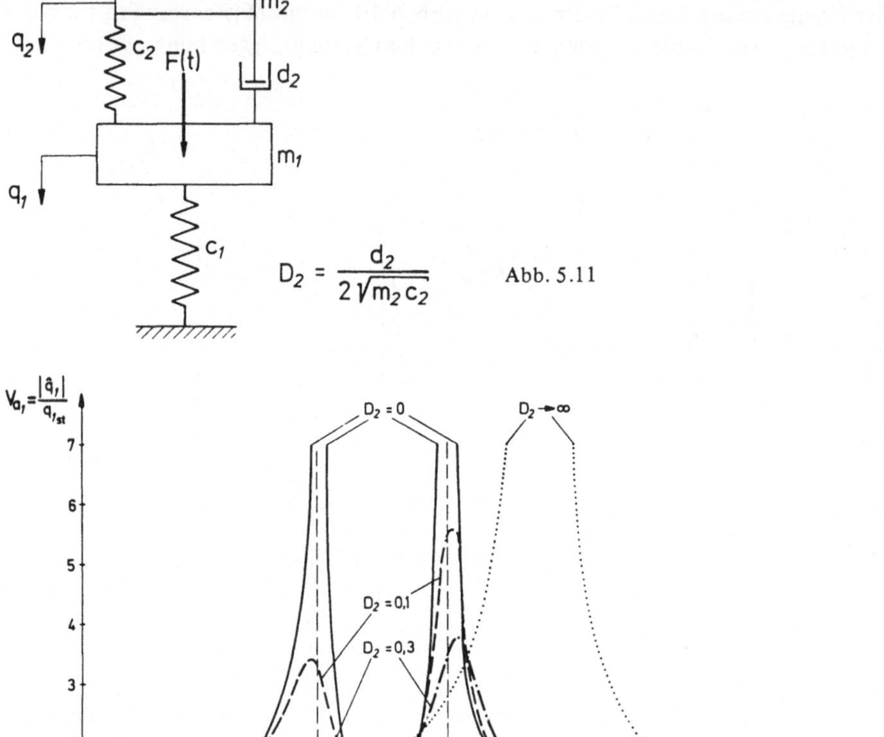

Abb. 5.11

Abb. 5.12

ist qualitativ der Abb. 5.12 zu entnehmen. Dabei ist angenommen, daß die Dämpfung des Ausgangssystemes vernachlässigbar klein ist. Als Auswirkungen einer solchen Dämpfung stellen wir fest:

1. Es gibt keine vollständige Tilgung mehr.
2. Die Vergrößerungsfunktionen $V_a(\eta, D_2)$ (für q_1 und q_2) sind im ganzen Bereich endlich, solange D_2 endlich bleibt.
3. Die Maximalbeträge für V_a nehmen zunächst mit zunehmender Dämpfung ab, dann wieder zu.
4. Die Vergrößerungsfunktion $V_{a1}(\eta, D_2)$ geht durch zwei Fixpunkte. Wir finden sie aus der Bedingung

$$\frac{dV_{a1}}{dD_2} = 0.$$

Die Lage der Fixpunkte ist abhängig von der Abstimmung des Tilgers.

5. Die Abstimmung des Tilgers läßt sich nach verschiedenen Gesichtspunkten optimieren, beispielsweise im Hinblick auf die Forderung, daß die benachbarten Maxima von V_{a1} (η, D_2) gleich hoch liegen sollen.

Wesentliche Züge der vorstehenden Überlegungen lassen sich auf solche Fälle übertragen, in denen bereits das Ausgangssystem ein System mit mehreren Freiheitsgraden ist. So können wir beispielsweise für *jedes* lineare Ausgangssystem, das von *einer* harmonischen Kraft (bzw. einem Moment) zu erzwungenen Schwingungen angeregt wird, einen einfachen Schwingungstilger angeben, der diese Schwingungen des Ausgangssystems tilgt, und zwar nach folgender *Vorschrift* (Abb. 5.13):

Man kopple am Punkt der Erregung einen einfachen, linearen Schwinger (bestehend aus Masse und Feder) in der Weise an, daß

a) die Trägheitswirkungen des angekoppelten Schwingers mit den Erregerkräften ein Gleichgewichtssystem bilden können und
b) die Eigenfrequenz des angekoppelten Systems bei festgehaltenem Koppelpunkt mit der Erregerfrequenz übereinstimmt.

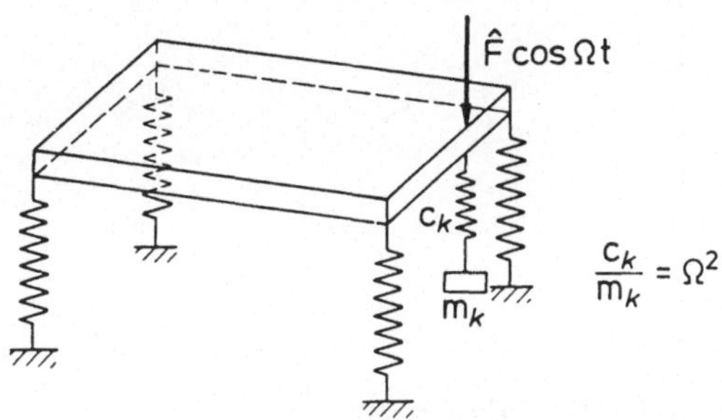

Abb. 5.13

In praxi wird man allerdings nicht immer nach dieser Vorschrift verfahren können, weil z.B. der Angriffspunkt der Erregerkraft nicht zugängig ist. Dann tauchen neue Fragen auf, so z.B. die Frage nach der Äquivalenz von verschiedenen Tilgersystemen, oder die Frage, ob bzw. wie weitgehend eine Schwingungstilgung unter bestimmten Restriktionen für das anzukoppelnde System überhaupt noch möglich ist. Dies ist ein eigener Themenkreis, den wir hier nicht weiter verfolgen können.

5.5.3. Nichtperiodische Erregung

Bei *ungedämpften linearen Systemen* (bzw. bei Systemen mit *modaler Dämpfung*) können wir das System (einschließlich der generalisierten Kräfte) auf *Haupt-Koordinaten* transformieren und so die Schwingungen entkoppeln. Jede der angeregten *Hauptschwingungen* können wir dann mit den Methoden, die wir für nichtperiodische Erregung eines einfachen linearen Schwingers entwickelt haben (vgl. Abschnitt 3.1.4), für sich untersuchen. Wir können aber auf diese Entkopplung auch verzichten und damit in unsere Überlegungen auch gedämpfte lineare Systeme einbeziehen, wenn wir in folgender Weise vorgehen.

1. Wir überführen die *Bewegungsgleichung* des Systems

$$\boxed{\mathbf{M}\ddot{\mathbf{q}} + \mathbf{D}\dot{\mathbf{q}} + \mathbf{C}\mathbf{q} = \mathbf{f}(t)}$$

in die *Zustandsgleichung* (vgl. Abschnitt 5.4)

$$\dot{\mathbf{z}} = \mathbf{A}\mathbf{z} + \widetilde{\mathbf{f}}(t)$$

mit

$$\mathbf{z} = \begin{bmatrix} \mathbf{q} \\ \hline \dot{\mathbf{q}} \end{bmatrix}$$

$$\mathbf{A} = \left[\begin{array}{c|c} \mathbf{0} & \mathbf{E} \\ \hline -\mathbf{M}^{-1}\mathbf{C} & -\mathbf{M}^{-1}\mathbf{D} \end{array}\right]$$

$$\widetilde{\mathbf{f}}(t) = \begin{bmatrix} \mathbf{0} \\ \hline \mathbf{M}^{-1}\,\mathbf{f}(t) \end{bmatrix}.$$

2. Wir ermitteln ein System von 2λ *Fundamentallösungen,* die
   a) alle der *homogenen Zustandsgleichung*

   $$\dot{\mathbf{z}} = \mathbf{A}\mathbf{z},$$

   b) einzeln den 2λ *verschiedenen Anfangsbedingungen* zur Zeit t^*

$$z_i(t^*) = \begin{bmatrix} 1 \\ 0 \\ \vdots \\ \hline \vdots \\ \\ 0 \end{bmatrix}, \begin{bmatrix} 0 \\ 1 \\ \vdots \\ \hline \vdots \\ \\ 0 \end{bmatrix}, \ldots, \begin{bmatrix} 0 \\ \\ \vdots \\ \hline \vdots \\ 0 \\ 1 \end{bmatrix}$$

genügen. Wir bezeichnen diese Fundamentallösungen – in obiger Weise geordnet – mit $\varphi_i(t, t^*)$ $(i = 1, 2, \ldots, 2\lambda)$ und fügen sie zur

Fundamentalmatrix

$$\Phi(t, t^*) = \left[\varphi_1(t, t^*) \;\vdots\; \varphi_2(t, t^*) \;\vdots\; \ldots \;\vdots\; \varphi_{2\lambda}(t, t^*) \right]$$

zusammen. Die Fundamentalmatrix kann auch (vgl. Abschnitt 5.4) in der Form

$$\mathbf{\Phi}(t, t^*) = e^{\mathbf{A}(t - t^*)}\,\mathbf{z}(t^*)$$

geschrieben werden.

3. Mit Hilfe der Fundamentalmatrix finden wir

Satz 5.11: Die *allgemeine Lösung für die erzwungenen Schwingungen eines linearen Systems* (bei periodischer oder nichtperiodischer Erregung) mit der *Zustandsgleichung*

$$\dot{\mathbf{z}} = \mathbf{A}\,\mathbf{z} + \tilde{\mathbf{f}}(t)$$

und der

Anfangsbedingung $\mathbf{z}(t = 0) = \mathbf{z}(0)$ lautet

$$\mathbf{z}(t) = \mathbf{\Phi}(t, 0)\,\mathbf{z}(0) + \int_0^t \mathbf{\Phi}(t, t^*)\,\tilde{\mathbf{f}}(t^*)\,dt^*$$

mit der *Fundamentalmatrix*

$$\mathbf{\Phi}(t, t^*) = e^{\mathbf{A}(t - t^*)}.$$

Wir können diese allgemeine Lösung auch aus *Impulsbetrachtungen* herleiten, wie wir das bei der nichtperiodischen Erregung eines einfachen, linearen Schwingers in Abschnitt 3.1.4 getan haben, und erkennen dann die Analogie zum *Duhamel*schen Integral, das dort die allgemeine Lösung repräsentiert.

Im konkreten Einzelfall sind die erzwungenen nichtperiodischen Schwingungen eines linearen Systems selten in geschlossener Form darstellbar. Man ist deshalb meist auf numerische Verfahren angewiesen. Diese setzen teils bei der Zustandsgleichung selbst, teils bei ihrer allgemeinen Lösung an. Entsprechende Rechenprogramme stehen bei den Rechenzentren im allgemeinen jedem Benutzer zur Verfügung. Wir gehen deshalb hier nicht weiter darauf ein und verweisen im übrigen auf das einschlägige Schrifttum.

Fragen:

1. Welche Vorgehensweisen bieten sich für das Aufstellen der Bewegungsgleichungen eines Systems mit endlichem Freiheitsgrad an? Welcher Weg erweist sich in besonderer Weise als systematisch?
2. Unter welchen Bedingungen erhalten wir für ein solches System lineare Bewegungsgleichungen? In welcher Form läßt sich dieses lineare Gleichungssystem mit Hilfe der Matrizen-Schreibweise schreiben? Welche Aussagen können wir über die in diesem Gleichungssystem auftretende Massen-Matrix, Steifigkeits-Matrix und Dämpfungs-Matrix machen?
3. Welchen Lösungsansatz machen wir für die Eigenschwingungen eines linearen, konservativen Systems? Warum führt dieser Ansatz auf ein Matrizen-Eigenwertproblem? Aus welcher Bedingung ermitteln wir die Eigenwerte dieses Problems? Wie finden wir die jeweils zugehörigen Eigenvektoren? Welche Eigenschaften haben diese Eigenvektoren? Was besagt der Entwicklungssatz?
4. Warum und wie läßt sich das System der Bewegungsgleichungen eines linearen, konservativen Systems entkoppeln? Warum geht das bei gedämpften Eigenschwingungen im allgemeinen nicht mehr?
5. Wie ist der *Rayleigh*-Quotient für das Eigenschwingungsproblem eines linearen, konservativen Systems definiert? Welche Eigenschaften hat er? Wie läßt sich darauf ein einfaches Näherungsverfahren aufbauen? Warum und wie läßt es sich zu einem Verfahren der schrittweisen Näherung ausbauen?
6. Welche Voraussetzungen gelten für die Anwendbarkeit der Formel von *Dunkerley* bzw. der Formel von *Southwell* auf Eigenschwingungsprobleme eines linearen, konservativen Systems? Was liefern diese Formeln?
7. Wie lautet das Gleichungssystem für die erzwungenen Schwingungen eines linearen Systems?
8. Welchen Lösungsansatz machen wir für periodisch erregte Schwingungen eines linearen Systems? Welchen Zusammenhang erhalten wir zwischen den Amplituden der Erregung und den Amplituden der entstehenden Schwingungen? Warum ist dieser Zusammenhang bei gedämpften Systemen nichtlinear?
9. In welchen Fällen tritt in linearen Systemen (strenge) Resonanz auf, in welchen Fällen Scheinresonanz? Wie verhält es sich mit den Resonanzerscheinungen bei gedämpften Systemen?
10. Wie läßt sich in linearen Systemen eine Schwingungstilgung erzielen?
11. Wie können wir die Bewegungsgleichung eines linearen Systems in die Zustandsgleichung überführen? Wie ist diese Zustandsgleichung bei Eigenschwingungen bzw. bei erzwungenen Schwingungen aufgebaut?
12. Warum eignet sich die Zustandsgleichung eines linearen (zeitinvarianten) Systems besonders als Ausgangspunkt für numerische Verfahren?

6. Schwingungen eines linear-elastischen Kontinuums, insbesondere Stabschwingungen

6.1. Allgemeines

Bisher haben wir nur *Systeme mit endlichem Freiheitsgrad* λ betrachtet. Dazu waren *vereinfachende Annahmen* nötig. So haben wir z.B. die Teilkörper als starr, die kinematischen Bindungen als unnachgiebig und die nachgiebigen Verbindungen als masselos angesehen. Unter diesen Annahmen konnten wir die Lage des Systems (holonome Bindungen vorausgesetzt) durch λ generalisierte Koordinaten bzw. den Zustand im Phasenraum durch 2λ Zustandsgrößen jeweils eindeutig beschreiben.

In Wirklichkeit sind jedoch die nachgiebigen Verbindungen, die uns teils als Speicher potentieller Energie (Federn, elastische Stäbe usw.), teils als Dämpfer begegnet sind, keineswegs masselos. Andererseits können wir auch die Teilkörper als Träger kinetischer Energie keineswegs immer als starr betrachten. Das zwingt uns, *deformierbare Körper* (Kontinua) in unsere Betrachtungen einzubeziehen. Dabei wollen wir uns auf *linear-elastische Kontinua* beschränken und uns insbesondere auf die Schwingungen *eindimensionaler* Kontinua, d.h. von Stäben, konzentrieren.

Der wesentliche Unterschied zu den Systemen mit endlichem Freiheitsgrad besteht darin, daß wir den momentanen Zustand des Systems nicht mehr durch eine endliche Anzahl von Zahlenangaben festlegen, sondern nur noch durch Funktionen, nämlich durch Angabe des *Verschiebungs-* und des *Geschwindigkeitsfeldes*, beschreiben können. Im allgemeinen Fall sind diese Felder Funktionen der drei Orts-Koordinaten und der Zeit, also von vier unabhängigen Variablen. Bei Stäben (und Seilen) reduziert sich – im Rahmen der elementaren Theorie – die Anzahl der unabhängigen Variablen auf zwei, nämlich auf *eine Orts-Koordinate* und die *Zeit*. Viele grundlegenden Erscheinungen lassen sich jedoch bereits aus der Betrachtung solcher (räumlich) eindimensionaler Kontinua ableiten. Diese Feststellung macht es uns leichter, unsere Betrachtungen entsprechend einzuschränken.

Die weitergehende Beschränkung auf *linear-elastische* Kontinua beinhaltet zunächst, daß wir (vgl. Band II, Kapitel 1 und 2)

a) *geometrische Linearität,* d.h. einen linearen Zusammenhang zwischen Verschiebungen und Verzerrungen, und

b) *physikalische Linearität,* d.h. lineare Beziehungen zwischen Spannungen und Verzerrungen voraussetzen. Das bedingt wiederum, daß die Verzerrungen und Rotationen der Körperelemente hinreichend klein bleiben. Ferner bedeutet die Beschränkung auf *elastische* Kontinua, daß wir die auf inelastischen (irreversiblen) Prozessen im Innern der Körper beruhende *Werkstoff-Dämpfung* außer Acht lassen. Auch von *äußeren Dämpfungen* wollen wir im allgemeinen absehen, beschränken uns also im allgemeinen auf *lineare konservative Systeme.* Dabei wollen wir ferner voraussetzen, daß die Systeme eine *stabile Gleichgewichtslage* besitzen, um die sie Schwingungen ausführen können.

6.2. Die Differentialgleichungen der Stabschwingungen und allgemeine Ansätze zu ihrer Lösung

Wir wollen mit unseren Betrachtungen im Rahmen der *elementaren Elastizitätstheorie der Stäbe* bleiben, deren Methoden und wesentlichen Ergebnisse für den Bereich der Elasto-Statik wir hier als bekannt voraussetzen (vgl. Band I und II). Zur Vereinfachung wollen wir uns dabei – von einigen ergänzenden Bemerkungen abgesehen – auf solche Probleme beschränken, für die die folgenden *Voraussetzungen* gelten (Abb. 6.1):

1. Die Stabachse sei gerade (Stabachse = x-Achse);
2. die y- und die z-Achse seien Hauptachsen jeden Querschnittes;
3. für jeden Querschnitt falle Mittelpunkt und Schubmittelpunkt zusammen;
4. die Torsion sei frei von Wölbbehinderung;
5. die Deformationen infolge Querkraft seien vernachlässigbar;
6. der Werkstoff sei homogen;
7. Temperaturänderungen seien vernachlässigbar.

Unter diesen Voraussetzungen lassen sich

a) die Formänderungen des Stabes eindeutig beschreiben durch die Angabe der *Verschiebungen* $\mathbf{u}(x, t)$ der Punkte der Stabachse und der *Verdrehungen* $\varphi_x(x, t)$ der Querschnitte um die Stabachse,
b) die *Längs-*, *Biege-* und *Torsions-Schwingungen* des Stabes entkoppeln und deshalb jeweils getrennt betrachten.

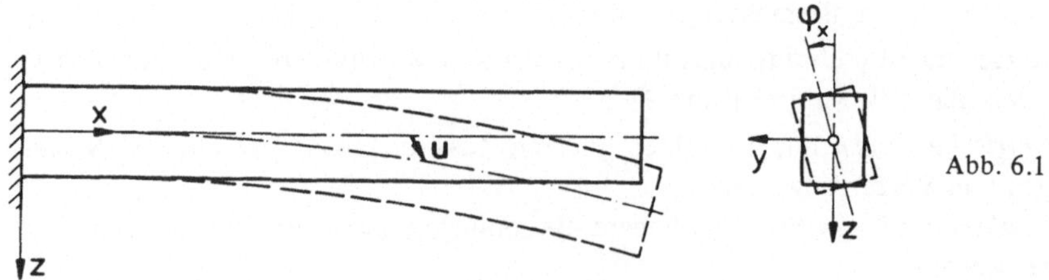

Abb. 6.1

Wir bezeichnen die diesen Voraussetzungen unterworfenen Schwingungen von Stäben als die *elementaren Stabschwingungen.*

Bei der Aufstellung der Differentialgleichungen für die elementaren Stabschwingungen können wir so vorgehen, daß wir die an einem beliebig herausgeschnittenen Stabelement angreifenden Kräfte betrachten, die – unter Einschluß der Trägheitswirkungen – ein Gleichgewichtssystem bilden müssen. Drücken wir die Schnittgrößen (N, M_y, M_z, M_T) mit Hilfe der Formänderungsgesetze durch die entsprechenden kinematischen Größen (**u** und φ_x) aus, so gelangen wir zu den Bewegungsgleichungen. Das Ergebnis dieser Betrachtungen ist in Tabelle 6.1 festgehalten.

Tabelle 6.1: Elementare Stabschwingungen

	Kräfte am Stabelement	Formänderungsgesetz	Bewegungsgleichung
Längs-schwingung $u_x = u_x(x,t)$	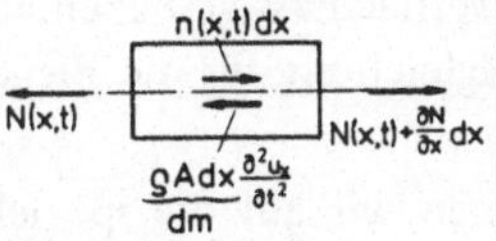 $n(x,t)dx$; $N(x,t)$; $N(x,t) + \frac{\partial N}{\partial x}dx$; $\underbrace{\varrho A dx}_{dm} \frac{\partial^2 u_x}{\partial t^2}$	$N(x,t) = EA(x)\frac{\partial u_x}{\partial x}$	$\frac{\partial}{\partial x}\left\{EA(x)\frac{\partial u_x}{\partial x}\right\} - \varrho A(x)\frac{\partial^2 u_x}{\partial t^2} = -n(x,t)$
Torsions-schwingung $\varphi_x = \varphi_x(x,t)$	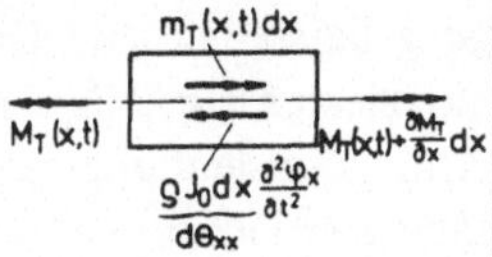 $m_T(x,t)dx$; $M_T(x,t)$; $M_T(x,t) + \frac{\partial M_T}{\partial x}dx$; $\underbrace{\varrho J_0 dx}_{d\Theta_{xx}} \frac{\partial^2 \varphi_x}{\partial t^2}$	$M_T(x,t) = GJ_T\frac{\partial \varphi_x}{\partial x}$	$\frac{\partial}{\partial x}\left\{GJ_T(x)\frac{\partial \varphi_x}{\partial x}\right\} - \varrho J_0(x)\frac{\partial^2 \varphi_x}{\partial t^2} = -m_T(x,t)$
Biege-schwingung $u_z = u_z(x,t)$	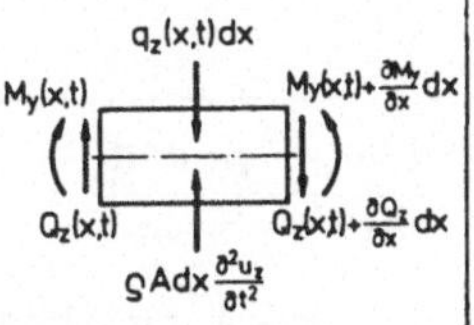 $q_z(x,t)dx$; $M_y(x,t)$; $M_y(x,t) + \frac{\partial M_y}{\partial x}dx$; $Q_z(x,t)$; $Q_z(x,t) + \frac{\partial Q_z}{\partial x}dx$; $\varrho A dx \frac{\partial^2 u_z}{\partial t^2}$	$M_y(x,t) = -EJ_{yy}\frac{\partial^2 u_z}{\partial z^2}$	$\frac{\partial^2}{\partial x^2}\left\{EJ_{yy}(x)\frac{\partial^2 u_z}{\partial x^2}\right\} + \varrho A(x)\frac{\partial^2 u_z}{\partial t^2} = q_z(x,t)$

Hierzu ist noch folgendes anzumerken. Bei den elementaren Biegeschwingungen haben wir nur Schwingungen in der x, z-Ebene betrachtet. Für die Schwingungen in der x, y-Ebene gelten analoge Gleichungen. Bei den Ableitungen der Gleichungen für die Biegeschwingungen haben wir die Trägheitswirkungen aus der Rotation der Stabelemente um die y- bzw. z-Achse vernachlässigt. Wir kommen darauf noch einmal zurück.

Die *Bewegungsgleichungen* der elementaren Stabschwingungen sind *lineare partielle Differentialgleichungen* mit den unabhängigen Variablen x und t. Sie stellen *Anfangswert/Randwert-Probleme* dar: Die Lösungen haben die zur Zeit t = 0 gegebenen *Anfangsbedingungen* sowie (für alle t) die jeweiligen *Randbedingungen* zu erfüllen. Betrachten wir nur die *Eigenschwingungen* des Systems, so erhalten wir jeweils eine *homogene Differentialgleichung mit homogenen Randbedingungen (homogenes Problem)*. Bei *erzwungenen Schwingungen* wird das *Problem inhomogen*. Dieses kann sich sowohl in einer nicht verschwindenden rechten Seite der Differentialgleichung, als auch in inhomogenen Randbedingungen äußern. Die vollständige Lösung des Problems besteht in diesem Falle aus einer partikulären Lösung des inhomogenen Problems und der allgemeinen Lösung des homogenen Problems, die der Anpassung der Lösung an die Anfangsbedingungen dient.

Die – analog aufgebauten – Differentialgleichungen für die elementaren *Längs- und Torsionsschwingungen* sind vom *hyperbolischen Typ*, stellen also sogenannte *Wellengleichungen* dar, während die Differentialgleichung für die elementaren *Biegeschwingungen parabolisch ausgeartet* ist. Dieser Unterschied ist darauf zurückzuführen, daß wir bei der Aufstellung der Bewegungsgleichung für die elementaren Biegeschwingungen die Deformationen infolge der Querkraft und die Trägheitswirkungen aus der Rotation der Stabelemente vernachlässigt haben. Nehmen wir diese Einflüsse mit, so wird auch die Differentialgleichung für die Biegeschwingungen hyperbolisch (s. Tabelle 6.3).

Bei *hyperbolischen Differentialgleichungen* können wir auf die speziell dafür entwickelten Lösungsmethoden zurückgreifen. Wir wollen darauf nicht näher eingehen, sondern nur am *Beispiel der elementaren Längsschwingungen* zeigen, wie sich hier die allgemeine Lösung als *Wellenausbreitungsvorgang* darstellen läßt. Dazu betrachten wir die Eigenschwingungen des in Abb. 6.2 skizzierten einseitig eingespannten Stabes mit konstantem Querschnitt, dessen Anfangsauslenkung und Anfangsgeschwindigkeit vorgegeben sein. Die *Bewegungsgleichung* lautet:

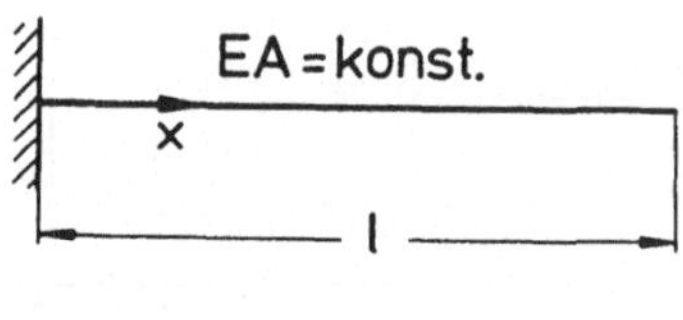

Abb. 6.2

$$\frac{\partial^2 u_x}{\partial x^2} - \frac{\rho}{E}\frac{\partial^2 u_x}{\partial t^2} = 0$$

mit den Anfangsbedingungen:

$$u_x(x, 0) = u_0(x)$$

$$\frac{\partial u_x}{\partial t}(x, 0) = v_0(x)$$

und den Randbedingungen:

$$u_x(0, t) = 0$$

$$\left(\frac{\partial u_x}{\partial x}\right)_{(l, t)} = 0 .$$

Nach *d'Alembert* (1717–1783) können wir die allgemeine Lösung in der Form

$$u_x(x,t) = f_1(x - ct) + f_2(x + ct)$$

$$\text{mit} \quad c = \sqrt{\frac{E}{\rho}} : \text{ Schallgeschwindigkeit}$$

ansetzen, wobei f_1 und f_2 *beliebige Funktionen* des Argumentes $x - ct$ bzw. $x + ct$ darstellen. Die Richtigkeit dieses Ansatzes ergibt sich unmittelbar durch Einsetzen. Ferner machen wir uns leicht klar (indem wir $x \mp ct$ = konst. setzen), daß $f_1(x - ct)$ eine mit der Geschwindigkeit c nach rechts fortschreitende Welle, $f_2(x + ct)$ eine nach links fortschreitende Welle beschreibt, wobei die Funktionen f_1 bzw. f_2 jeweils das *Profil der Welle* bestimmen. Die Ermittlung der zunächst willkürlichen Funktionen f_1 und f_2 aus den Rand- und Anfangsbedingungen kann mühsam sein. Wir verfolgen deshalb diesen Lösungsweg hier nicht weiter, obwohl er für die Untersuchung mancher Probleme, z.B. der Ausbreitung impulsartiger Störungen, sehr nützlich sein kann.

Für die Untersuchung von Schwingungsproblemen, wie wir sie im Auge haben, erweist sich eine andere Vorgehensweise meist als vorteilhafter. Sie hat zudem den Vorzug, daß sie sehr allgemein, also auch auf die nicht-hyperbolischen Differentialgleichungen der elementaren Biegeschwingungen anwendbar ist. Dabei beschränken wir uns vorerst auf die *Eigenschwingungen,* also auf die Lösung des *homogenen Problems.* Hierfür machen wir – *D. Bernoulli* (1700–1782) folgend – Lösungsansätze in der Form eines *Produktansatzes* $\hat{q}(x) f(t)$, also z.B. für die Längs-Eigenschwingungen von der Form

$$u_x(x,t) = \hat{u}(x) \cos(\omega t + \varphi).$$

Gehen wir damit in die Bewegungsgleichungen, so folgen daraus gewöhnliche Differentialgleichungen, die sich in Verbindung mit den jeweiligen (homogenen) Randbedingungen als *Eigenwertprobleme* erweisen.

Nichttriviale Lösungen für die – die Schwingungsform beschreibenden – Ortsfunktionen $\hat{u}(x)$ usw. erhalten wir nur für bestimmte Eigenwerte $\omega^2 = \omega_i^2$ ($i = 1, 2, \ldots$). In Tabelle 6.2 sind für die elementaren Stabschwingungen die entsprechenden Lösungsansätze und die daraus sich ergebenden Differentialgleichungs-Eigenwertprobleme (ohne die verschiedenen zugehörigen Randbedingungen) zusammengestellt.

Tabelle 6.2: Elementare Eigenschwingungen der Stäbe

	Bewegungsgleichung	Lösungsansatz	Eigenwertproblem
Längs-Eigenschwingung	$\frac{\partial}{\partial x}\left[EA(x)\frac{\partial u_x}{\partial x}\right] - \varrho A(x)\frac{\partial^2 u_x}{\partial t^2} = 0$	$u_x(x,t) = \hat{u}(x)\cos(\omega t + \varphi)$	$-\left[EA(x)\hat{u}'(x)\right]' - \varrho A(x)\omega^2\hat{u}(x) = 0$
Torsions-Eigenschwingung	$\frac{\partial}{\partial x}\left[GJ_T(x)\frac{\partial \varphi_x}{\partial x}\right] - \varrho J_0(x)\frac{\partial^2 \varphi_x}{\partial t^2} = 0$	$\varphi_x(x,t) = \hat{\varphi}(x)\cos(\omega t + \varphi)$	$-\left[GJ_T(x)\hat{\varphi}'(x)\right]' - \varrho J_0(x)\omega^2\hat{\varphi}(x) = 0$
Biege-Eigenschwingung	$\frac{\partial^2}{\partial x^2}\left[EJ_{yy}(x)\frac{\partial^2 u_z}{\partial x^2}\right] + \varrho A(x)\frac{\partial^2 u_z}{\partial t^2} = 0$	$u_z(x,t) = \hat{w}(x)\cos(\omega t + \varphi)$	$\left[EJ(x)\hat{w}''(x)\right]'' - \varrho A(x)\omega^2\hat{w}(x) = 0$ $(J = J_{yy})$
	zusätzlich Anfangs- und Randbedingungen		zusätzlich homogene Randbedingungen

Anmerkung:

Wir haben in unserem Produktansatz $\hat{q}(x)f(t)$ für die Zeitfunktion $f(t)$ aus plausiblen Gründen $f(t) = \cos(\omega t + \varphi)$ angenommen. Wir brauchen dies jedoch nicht als Annahme einzuführen. Gehen wir nämlich mit dem unbestimmten Produktansatz $\hat{q}(x)f(t)$ in die Bewegungsgleichungen, so zerfallen die partiellen Differentialgleichungen in zwei gewöhnliche Differentialgleichungen für $\hat{q}(x)$ bzw. $f(t)$, wobei die für $f(t)$ stets die Form

$$\ddot{f}(t) + \omega^2 f(t) = 0$$

annimmt, deren allgemeine Lösung

$$f(t) = c\cos(\omega t + \varphi)$$

ist.

In der Tabelle 6.3 sind noch für einige weitere Eigenschwingungsprobleme die zugehörigen Bewegungsgleichungen und die aus den jeweiligen Lösungsansätzen sich ergebenden Eigenwertprobleme zusammengestellt.

Es zeigt sich, daß alle in den Tabellen 6.2 und 6.3 angesprochenen Schwingungsprobleme auf *Differentialgleichungs-Eigenwertprobleme* mit gleicher Struktur führen, nämlich von der Form

$$L[\hat{q}] - \omega^2 M[\hat{q}] = 0,$$

wobei $L[\hat{q}]$ und $M[\hat{q}]$ lineare *Differential-Operatoren* mit bestimmten Eigenschaften darstellen, die wir im nächsten Abschnitt etwas näher beleuchten wollen.

Es gibt aber auch Eigenschwingungsprobleme, die auf anders strukturierte Differentialgleichungen führen. Als Beispiel sei die Bewegungsgleichung für die *Biegeschwingungen* eines Stabes unter Berücksichtigung der *Deformationen infolge Querkraft* und der *Trägheitswirkungen infolge der Rotation* der Stabelemente genannt, die

Tabelle 6.3: Einige den elementaren Stabschwingungen verwandte Probleme

Problem	Bewegungsgleichung für Eigenschwingungen u. Lösungsansatz	Eigenwertproblem
Saitenschwingungen (Seilschwingungen) 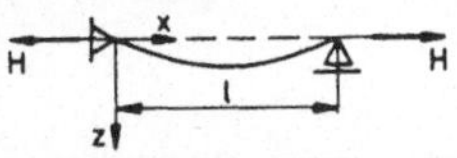	$\frac{\partial^2 u_z}{\partial x^2} - \frac{\varrho A}{H} \cdot \frac{\partial^2 u_z}{\partial t^2} = 0$ $u_z(x,t) = \hat{w}(x)\cos(\omega t + \varphi)$	$-\hat{w}'' - \frac{\varrho A}{H}\omega^2 \hat{w} = 0$ $\hat{w}(0) = \hat{w}(l) = 0$
Biegeschwingungen eines Stabes mit Längskraft 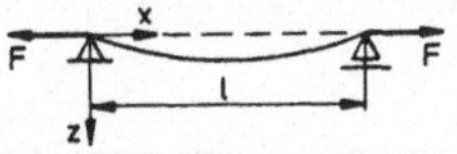	$\frac{\partial^2}{\partial x^2}\left[EJ\frac{\partial^2 u_z}{\partial x^2}\right] - F\frac{\partial^2 u_z}{\partial x^2} + \varrho A \frac{\partial^2 u_z}{\partial t^2} = 0$ $u_z(x,t) = \hat{w}(x)\cos(\omega t + \varphi)$	$\left[EJ\hat{w}''\right]'' - F\hat{w}'' - \omega^2 \varrho A \hat{w} = 0$ $\hat{w}(0) = \hat{w}(l) = 0$ $\hat{w}''(0) = \hat{w}''(l) = 0$
Schwingungen eines elastisch gebetteten Stabes 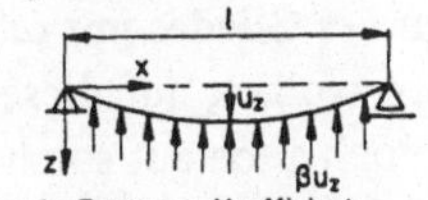 β = Bettungs-Koeffizient	$\frac{\partial^2}{\partial x^2}\left[EJ\frac{\partial^2 u_z}{\partial x^2}\right] + \beta u_z + \varrho A \frac{\partial^2 u_z}{\partial t^2} = 0$ $u_z(x,t) = \hat{w}(x)\cos(\omega t + \varphi)$	$\left[EJ\hat{w}''\right]'' + \beta\hat{w} - \omega^2 \varrho A \hat{w} = 0$ $\hat{w}(0) = \hat{w}(l) = 0$ $\hat{w}''(0) = \hat{w}''(l) = 0$
Kritische Drehzahl mit Berücksichtigung der Kreiselwirkung der Endscheibe 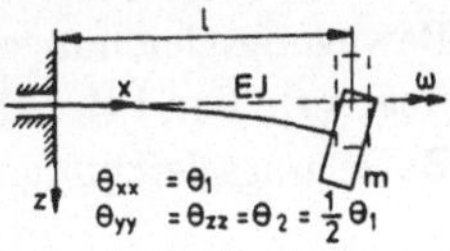 $\Theta_{xx} = \Theta_1$ $\Theta_{yy} = \Theta_{zz} = \Theta_2 = \frac{1}{2}\Theta_1$ $J_0 = 2J;\ J^* = J_0 - J$	$\frac{\partial^2}{\partial x^2}\left[EJ\frac{\partial^2 u_z}{\partial x^2}\right] + \varrho A \frac{\partial^2 u_z}{\partial t^2} - \omega^2 \frac{\partial}{\partial x}\left[\varrho J^* \frac{\partial u_z}{\partial x}\right] = 0$ $u_z(x,t) = \hat{w}(x)\cos(\omega t + \varphi)$	$\left[EJ\hat{w}''\right]'' - \omega^2\left\{\left[\varrho J^* \hat{w}'\right]' + \varrho A \hat{w}\right\} = 0$ $\hat{w}(0) = 0$ $\hat{w}'(0) = 0$ $EJ\hat{w}''(l) - \omega^2(\Theta_1 - \Theta_2)\hat{w}'(l) = 0$ $EJ\hat{w}'''(l) - \omega^2 m \hat{w}(l) = 0$
Biegeschwingung einer Kreisplatte Dicke h = const. 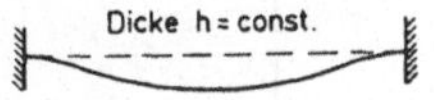 $B = \frac{Eh^3}{12(1-\nu^2)}$	$\Delta\Delta u_z + \frac{\varrho h}{B} \cdot \frac{\partial^2 u_z}{\partial t^2} = 0$ $u_z(r,\varphi,t) = \hat{v}(\varphi)\hat{w}(r)\cos(\omega t + \varphi)$	$\frac{d^2\hat{v}}{d\varphi^2} + n^2\hat{v} = 0$ (n ganzzahlig) $\hat{w}'' + \frac{1}{r}\hat{w}' + (\pm \varkappa^2 - \frac{n^2}{r^2})\hat{w} = 0$ $\varkappa^4 = \omega^2 \frac{\varrho h}{B}$ $\hat{w}(r) = 0;\ \hat{w}'(r) = 0$

von *Timoshenko* (1878–1972) abgeleitet wurde. Sie lautet bei *konstantem Stabquerschnitt* (EJ_{yy} = konst. usw.)

$$EJ_{yy}\frac{\partial^4 u_z}{\partial x^4} + \underbrace{\kappa \rho^2 J_{yy} \frac{1}{G}\frac{\partial^4 u_z}{\partial t^4}}_{\text{Einfluß der Querkraft und der Rotation}} - \underbrace{\kappa \rho J_{yy} \frac{E}{G}\frac{\partial^4 u_z}{\partial t^2 \partial x^2}}_{\text{Einfluß der Querkraft}}$$

$$\underbrace{- \rho J_{yy} \frac{\partial^4 u_z}{\partial t^2 \partial x^2}}_{\text{Einfluß der Rotation}} + \rho A \frac{\partial^2 u_z}{\partial t^2} = 0.$$

κ bezeichnet hierin den Koeffizienten der mittleren Gleitung (s. Band II, Abschnitt 6.3). Diese Bewegungsgleichung ist im Gegensatz zur Bewegungsgleichung der elementaren Biegeschwingung *hyperbolisch*; sie stellt also eine *Wellengleichung* dar. Mit dem Ansatz

$$u_z(x,t) = \hat{w}(x)\,f(t) = \hat{w}(x)\cos(\omega t + \varphi)$$

folgt daraus das *Eigenwertproblem* (mit $J = J_{yy}$)

$$\hat{w}''''(x) + \omega^2 \frac{\rho}{E}\left\{\left(1 + \kappa\frac{E}{G}\right)\hat{w}''(x) - \frac{A}{J}\hat{w}(x)\right\} + \omega^4 \frac{\rho^2}{EG}\kappa\,\hat{w}(x) = 0$$

mit zugehörigen Randbedingungen.

Die Struktur dieses Eigenwertproblems weicht von der Struktur der in den Tabellen 6.2 und 6.3 zusammengestellten Probleme durch das Auftreten des Gliedes mit ω^4 ab. Deshalb ist nicht alles, was wir im folgenden noch erörtern wollen, auf dieses Problem unmittelbar zu übertragen. Einiges davon bleibt aber doch auch auf solche (und andere) Probleme anwendbar. Darauf können wir jedoch nicht weiter eingehen.

Fällt bei den Biegeschwingungen eines Stabes der Mittelpunkt des Querschnittes nicht mit dem Schubmittelpunkt zusammen, so ergibt sich eine Kopplung zwischen Biege- und Torsionsschwingungen. Die sich dafür ergebenden Bewegungsgleichungen sind (unter Berücksichtigung einer etwaigen Wölbbehinderung; vgl. Band II, Abschnitt 4.5) in der Tabelle 6.4 angegeben. Dort sind auch die Bewegungsgleichungen

Tabelle 6.4: Beispiele für gekoppelte Stabschwingungen (Stabquerschnitt konstant)

Problem		Bewegungsgleichungen	Lösungsansatz
Biege-Torsionsschwingungen $\varrho A\left(\frac{\partial^2 u_z}{\partial t^2} + e\frac{\partial^2 \varphi_x}{\partial t^2}\right)dx$ $\varrho J_0 \frac{\partial^2 \varphi_x}{\partial t^2}dx$ Schubmittelpunkt D ≠ Mittelpunkt M		$EJ\frac{\partial^4 u_z}{\partial x^4} + \varrho A\frac{\partial^2}{\partial t^2}(u_z + e\varphi_x) = 0$ $GJ_T\frac{\partial^2\varphi_x}{\partial x^2} \underbrace{- EC_T\frac{\partial^4\varphi}{\partial x^4}}_{\text{Wölbkrafteinfluß}} - \varrho Ae\frac{\partial^2}{\partial t^2}(u_z + e\varphi_x) - \varrho J_0\frac{\partial^2\varphi_x}{\partial t^2} = 0$	$u_z(x,t) = \hat{u}(x)\cos(\omega t + \varphi)$ $\varphi_x(x,t) = \hat{\varphi}(x)\cos(\omega t + \varphi)$
Schwingungen eines Kreisbogen-Stabes	in Stabebene:	$\frac{EJ_{zz}}{R^4}\left\{\frac{\partial^3 u_r}{\partial\varphi^3} - \frac{\partial^2 u_\varphi}{\partial\varphi^2}\right\} - \frac{EA}{R^2}\left\{\frac{\partial u_r}{\partial\varphi} + \frac{\partial^2 u_\varphi}{\partial\varphi^2}\right\} + \varrho A\frac{\partial^2 u_\varphi}{\partial t^2} = 0$ $\frac{EJ_{zz}}{R^4}\left\{\frac{\partial^4 u_r}{\partial\varphi^4} - \frac{\partial^3 u_\varphi}{\partial\varphi^3}\right\} + \frac{EA}{R^2}\left\{u_r + \frac{\partial u_\varphi}{\partial\varphi}\right\} + \varrho A\frac{\partial^2 u_r}{\partial t^2} = 0$	$u_r(x,t) = \hat{u}_r(x)\cos(\omega t + \varphi)$ $u_\varphi(x,t) = \hat{u}_\varphi(x)\cos(\omega t + \varphi)$
(Zylinder-Koordinaten: r, φ, z)	senkrecht zur Stabebene: (Verdrehung um Stabachse: ψ)	$\frac{EJ_{rr}}{R^4}\left\{\frac{\partial^4 u_z}{\partial\varphi^4} - \frac{\partial^2\psi}{\partial\varphi^2}\right\} + \frac{EC_T}{R^6}\left\{\frac{\partial^4 u_z}{\partial\varphi^4} + \frac{\partial^4\psi}{\partial\varphi^4}\right\} - \frac{GJ_T}{R^4}\left\{\frac{\partial^2 u_z}{\partial\varphi^2} + \frac{\partial^2\psi}{\partial\varphi^2}\right\} + \varrho A\frac{\partial^2 u_z}{\partial t^2} = 0$ $\frac{EJ_{rr}}{R^2}\left\{\frac{\partial^2 u_z}{\partial\varphi^2} - \psi\right\} - \frac{EC_T}{R^4}\left\{\frac{\partial^4 u_z}{\partial\varphi^4} + \frac{\partial^4\psi}{\partial\varphi^4}\right\} + \frac{GJ_T}{R^2}\left\{\frac{\partial^2 u_z}{\partial\varphi^2} + \frac{\partial^2\psi}{\partial\varphi^2}\right\} + \varrho J_0\frac{\partial^2\psi}{\partial t^2} = 0$	$u_z(x,t) = \hat{u}_z(x)\cos(\omega t + \varphi)$ $\psi(x,t) = \hat{\psi}(x)\cos(\omega t + \varphi)$

für die Schwingungen eines (schwach gekrümmten) Kreisbogen-Stabes aufgeführt, bei denen sich ebenfalls eine Kopplung zwischen Biege- und Längsschwingungen bzw. zwischen Biege- und Torsionsschwingungen ergibt. Die jeweiligen Lösungsansätze sind mit angegeben. Wir wollen diese Probleme hier jedoch nicht weiter verfolgen und es mit dem Hinweis auf das mögliche Auftreten solcher Kopplungen bewenden lassen.

6.3. Die konservativen elementaren Eigenschwingungen der Stäbe

6.3.1. Allgemeines zu den elementaren Eigenwertproblemen

Bei den konservativen elementaren Eigenschwingungen der Stäbe führt der *Bernoullische* Produktansatz auf eine Klasse von *Differentialgleichungs-Eigenwertproblemen*, die wir – zur Abkürzung – *elementare Eigenwertprobleme* nennen wollen. Diese Klasse ist wie folgt definiert:

Definition 6.1: Die Zugehörigkeit eines Differentialgleichungs-Eigenwertproblems zur Klasse der *elementaren Eigenwertprobleme* ist charakterisiert durch

a) eine *Differentialgleichung* von der Form

$$L[\hat{q}(x)] - \omega^2 M[\hat{q}(x)] = 0 \qquad (0 \leqslant x \leqslant l)$$

mit den linearen Differential-Operatoren

$$L[\hat{q}(x)] = \sum_{k=0}^{n} (-1)^k \, [g_k(x)\,\hat{q}^{(k)}(x)]^{(k)}$$

$$M[\hat{q}(x)] = \sum_{k=0}^{m} (-1)^k \, [h_k(x)\,\hat{q}^{(k)}(x)]^{(k)}$$

wobei (k) die k-malige Ableitung nach x bedeutet, $m < n$ ist und $g_k(x)$ sowie $h_k(x)$ k-mal stetig differentiierbare Funktionen von x sind,

b) 2n *homogene Randbedingungen* von der Form

$$u_\nu[\hat{q}(x)] = \sum_{\mu=0}^{2n-1} \{\alpha_{\nu\mu}\,\hat{q}^{(\mu)}(0) + \beta_{\nu\mu}\,\hat{q}^{(\mu)}(l)\} = 0 \qquad (\nu = 1, 2, \dots, 2n),$$

wobei die Randbedingungen auch von ω^2 abhängen können. Randbedingungen, die – nach evtl. möglicher Elimination höherer Ableitungen – nur Ableitungen von q (x) bis zur n-ten Ordnung enthalten, bezeichnen wir als die *wesentlichen Randbedingungen,* die übrigen als die *restlichen Randbedingungen.*

Anmerkung:

Wir können die vorstehende Definition auch auf bereichsweise definierte Differentialgleichungen erweitern, wobei zu den Randbedingungen dann auch Übergangsbedingungen hinzukommen. Ferner können wir verallgemeinerte Funktionen in unsere Betrachtungen einbeziehen. Wir wollen dies nicht expressis verbis tun, machen aber in Einzelfällen davon Gebrauch, da diese Erweiterungen in praxi keine Schwierigkeiten bereiten.

Für die weiteren Betrachtungen fügen wir sogleich noch drei weitere Definitionen an:

Definition 6.2: Eine dem elementaren Eigenwertproblem nach Definition 6.1 zugeordnete *Vergleichsfunktion* $\tilde{q}(x)$ ist eine Funktion, die in dem gegebenen Intervall 2n-mal *stetig differentiierbar* ist, ohne identisch zu verschwinden, und *alle Randbedingungen* (dagegen nicht notwendig die Differentialgleichung) erfüllt. Eine *zulässige Funktion* $\tilde{\tilde{q}}(x)$ ist eine Funktion, die in dem gegebenen Intervall n-mal *stetig differentiierbar* ist, ohne identisch zu verschwinden, und *alle wesentlichen Randbedingungen* (dagegen nicht notwendig die restlichen Randbedingungen und die Differentialgleichung) erfüllt.

Definition 6.3: Ein *elementares Eigenwertproblem* (entsprechend Definition 6.1) ist *selbstadjungiert,* wenn für zwei *beliebige Vergleichsfunktionen* $\tilde{q}_1(x)$ und $\tilde{q}_2(x)$ jeweils

$$\int_0^l \{\tilde{q}_1 L[\tilde{q}_2] - \tilde{q}_2 L[\tilde{q}_1]\} dx = 0$$

und

$$\int_0^l \{\tilde{q}_1 M[\tilde{q}_2] - \tilde{q}_2 M[\tilde{q}_1]\} dx = 0$$

gilt.

Die Selbstadjungiertheit können wir in jedem Einzelfall leicht (unter Zuhilfenahme partieller Integration) nachprüfen. Für das in Abb. 6.3 skizzierte Problem der elementaren Biege-Eigenschwingungen gilt beispielsweise

$$[EJ(x)\hat{w}''(x)]'' - \omega^2 \rho A(x)\hat{w}(x) = 0$$

mit $\hat{w}(0) = \hat{w}(l) = 0$
$\hat{w}''(0) = \hat{w}''(l) = 0.$

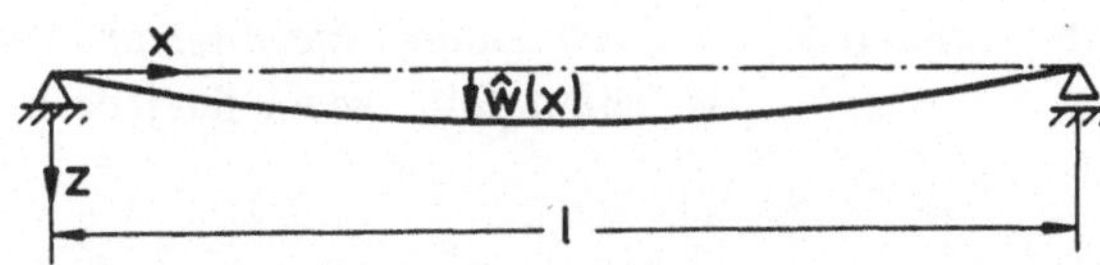

Es ist also

Abb. 6.3

$$L[\hat{w}(x)] = [EJ(x)\hat{w}''(x)]''$$
$$M[\hat{w}(x)] = \rho A(x)\hat{w}(x).$$

Wir prüfen nun leicht nach, daß

$$\int_0^l \{\tilde{w}_1(x)[EJ(x)\tilde{w}_2''(x)]'' - \tilde{w}_2(x)[EJ(x)\tilde{w}_1''(x)]''\}\,dx$$

$$= \underbrace{[\tilde{w}_1(x)[EJ(x)\tilde{w}_2''(x)]' - \tilde{w}_2(x)[EJ(x)\tilde{w}_1''(x)]']_0^l}_{0 \text{ wegen } \tilde{w}(0) = \tilde{w}(l) = 0}$$

$$- \int_0^l \{\tilde{w}_1'(x)[EJ(x)\tilde{w}_2'']' - \tilde{w}_2'(x)[EJ(x)\tilde{w}_1''(x)]'\}\,dx$$

$$= - \underbrace{[\tilde{w}_1'(x)EJ(x)\tilde{w}_2''(x) - \tilde{w}_2'(x)EJ(x)\tilde{w}_1''(x)]_0^l}_{0 \text{ wegen } \tilde{w}''(0) = \tilde{w}''(l) = 0}$$

$$+ \int_0^l \underbrace{\{\tilde{w}_1''(x)EJ(x)\tilde{w}_2''(x) - \tilde{w}_2''(x)EJ(x)\tilde{w}_1''(x)\}}_{0}\,dx = 0$$

und

$$- \int_0^l \underbrace{\{\tilde{w}_1(x)\rho A(x)\tilde{w}_2(x) - \tilde{w}_2(x)\rho A(x)\tilde{w}_1(x)\}}_{0}\,dx = 0$$

ist. Das Problem ist also selbstadjungiert.

Anmerkung:
Die *Selbstadjungiertheit* des *elementaren Differentialgleichungs-Eigenwertproblems* entspricht der *Symmetrie* der Matrizen **M** und **C** des *Matrizen-Eigenwertproblems*, dem wir in Abschnitt 5.3 bei den Eigenschwingungen eines linearen, konservativen Systems mit endlichem Freiheitsgrad begegneten.

Definition 6.4: Ein *elementares Eigenwertproblem* (entsprechend Definition 6.1) ist *voll-definit*, wenn für jede beliebige Vergleichsfunktion $\tilde{q}(x)$

$$\int_0^l \tilde{q}(x)\, L[\tilde{q}(x)]\, dx > 0$$

und

$$\int_0^l \tilde{q}(x)\, M[\tilde{q}(x)]\, dx > 0$$

gilt.

Auch die Definitheit, die dieselbe physikalische Bedeutung hat wie bei diskreten Systemen, können wir im Einzelfall in ähnlicher Weise wie die Selbstadjungiertheit nachprüfen. Selbstadjungiertheit und Definitheit hängen im übrigen – wie wir gesehen haben – von der Differentialgleichung *und* den Randbedingungen ab.
Nach diesen Definitionen können wir nun formulieren

Satz 6.1: Das *selbstadjungierte, voll-definite elementare Eigenwertproblem* (entsprechend den Definitionen 6.1 bis 6.4) besitzt eine unendliche Folge von *reellen, positiven Eigenwerten* ω_i^2:

$$0 < \omega_1^2 \leqslant \omega_2^2 \leqslant \omega_3^2 \ldots .$$

Die den Eigenwerten ω_i^2 zugeordneten *Eigenfunktionen* $\hat{q}_i(x)$ sind im verallgemeinerten Sinne orthogonal. Für sie gilt also, sofern die Eigenfunktionen zugleich normiert sind:

$$\int_0^l \hat{q}_i\, L[\hat{q}_k]\, dx = \omega_i^2 \delta_{ik},$$

$$\int_0^l \hat{q}_i\, M[\hat{q}_k]\, dx = \delta_{ik}.$$

Die Eigenwerte ω_i^2 ermitteln wir, indem wir die allgemeine Lösung der linearen Differentialgleichung

$$L[\hat{q}] - \omega^2 M[\hat{q}] = 0,$$

die – entsprechend der Ordnung der Differentialgleichung – noch 2n freie Konstante enthält, in die (homogenen) Randbedingungen einsetzen. Das ergibt ein lineares, homogenes Gleichungssystem von 2n Gleichungen, das nur nicht-triviale Lösungen besitzt, wenn die Koeffizientendeterminante verschwindet. Das ist die *Eigenwert-Bedingung,* auch *charakteristische Gleichung* oder *Frequenz-Determinante* genannt. Die zu den einzelnen Eigenwerten ω_i^2 gehörenden Eigenfunktionen erhalten wir dann, indem wir ω_i^2 in die (von ω^2 abhängige) allgemeine Lösung der Differentialgleichung einsetzen und zugleich die jeweils zugehörigen Verhältnisse der freien Konstanten zueinander ermitteln.

Die Orthogonalität der Eigenfunktionen beweisen wir in gleicher Weise wie die Orthogonalität der Eigenvektoren beim Matrizen-Eigenwertproblem (vgl. Abschnitt 5.3). Bei den elementaren Stabschwingungen sind im übrigen alle Eigenwerte ω_i^2 voneinander verschieden.

Weiterhin können wir feststellen

Satz 6.2: (Entwicklungssatz) Jede Vergleichsfunktion $\tilde{q}(x)$ des *selbstadjungierten, volldefiniten elementaren Eigenwertproblems* (entsprechend den Definitionen 6.1 bis 6.4) ist nach den Eigenfunktionen $\hat{q}_i(x)$ zu entwickeln:

$$\tilde{q}(x) = \sum_{i=1}^{\infty} c_i \hat{q}_i(x).$$

Für die Entwicklungs-Koeffizienten c_i gilt wegen der verallgemeinerten Orthogonalität der $\hat{q}_i(x)$:

$$c_i = \frac{1}{l} \int_0^l \hat{q}_i M[\tilde{q}]\,dx = \frac{1}{\omega_i^2 l} \int_0^l \hat{q}_i L[\tilde{q}]\,dx.$$

Daraus folgt (vgl. Satz 5.3)

Satz 6.3: Die *allgemeine Lösung* für die *elementaren Eigenschwingungen* von Stäben, sowie für analoge Eigenschwingungsprobleme, die auf *selbstadjungierte, voll-definite elementare Eigenwertprobleme* von der Form

$L[\hat{q}] - \omega^2 M[\hat{q}] = 0$ (entsprechend den Definitionen 6.1 bis 6.4)

führen, läßt sich in der Form

$$q(x, t) = \sum_{i=1}^{\infty} c_i \hat{q}_i(x) \cos(\omega_i t + \varphi_i)$$

angeben.

Die Eigenfunktionen $\hat{q}_i(x)$ stellen die zu den einzelnen Eigenwerten ω_i^2 gehörigen *Eigen-Schwingungsformen* dar. Sie lassen sich als stehende Wellen (mit *Schwingungsknoten* und *Schwingungsbäuchen*) interpretieren. Die Zahl der Schwingungsknoten nimmt dabei mit steigender Ordnungszahl des Eigenwertes zu.

Da die Eigenschwingungsformen unabhängig voneinander sind, was in ihrer verallgemeinerten Orthogonalität zum Ausdruck kommt, ergeben sich für die elementaren Stabschwingungen (und dazu analoge Probleme) ganz ähnliche Zusammenhänge wie wir sie bei den konservativen Eigenschwingungen von linearen Systemen mit endlichem Freiheitsgrad gefunden haben. Wir werden das im folgenden bestätigt finden.

6.3.2. Einige Beispiele für konservative elementare Eigenschwingungen von Stäben

Als erstes Beispiel betrachten wir die *Längsschwingungen* eines einseitig eingespannten Stabes mit konstantem Querschnitt entsprechend Abb. 6.2 (S. 180). Das *Eigenwertproblem* lautet hier

$$\boxed{\begin{aligned} &\hat{u}''(x) + \omega^2 \frac{\rho}{E} \hat{u}(x) = 0 \\ &\text{mit} \quad \hat{u}(0) = 0 \\ &\qquad\quad\ \hat{u}'(l) = 0. \end{aligned}}$$

Die allgemeine Lösung der Differentialgleichung lautet

$$\hat{u}(x) = a_1 \cos\left(\omega \sqrt{\frac{\rho}{E}}\, x\right) + a_2 \sin\left(\omega \sqrt{\frac{\rho}{E}}\, x\right).$$

Gehen wir damit in die Randbedingungen, so entsteht für a_1 und a_2 das homogene Gleichungssystem

$$\hat{u}(0) = 0 = a_1 \cdot 1 + a_2 \cdot 0$$

$$\hat{u}'(l) = 0 = -a_1 \omega \sqrt{\frac{\rho}{E}} \sin\left(\omega \sqrt{\frac{\rho}{E}}\, l\right) + a_2 \omega \cos\left(\omega \sqrt{\frac{\rho}{E}}\, l\right).$$

Die *charakteristische Gleichung,* die sich aus der Forderung nach dem Verschwinden der Koeffizienten-Determinante ergibt, schrumpft hier auf die Bedingung

$$\cos\left(\omega\sqrt{\frac{\rho}{E}}\,l\right)=0$$

zusammen. Daraus erhalten wir für die

$$\textit{Eigenwerte:}\quad \omega_i^2=\frac{E}{\rho\, l^2}\left\{\frac{\pi}{2}(2i-1)\right\}^2 \qquad (i=1,2,\dots).$$

Diesen Eigenwerten entspricht die (unendliche) Folge der (nicht-normierten)

$$\textit{Eigenfunktionen:}\quad \hat{u}_i(x)=\sin\left(\omega_i\sqrt{\frac{\rho}{E}}\,x\right)=\sin\left\{\frac{\pi}{2}(2i-1)\frac{x}{l}\right\}.$$

Die vollständige Lösung erhalten wir durch Überlagerung aller Einzellösungen. Das führt auf

$$u_x(x,t)=\sum_{i=1}^{\infty} c_i \sin\left(\omega_i\sqrt{\frac{\rho}{E}}\,x\right)\cos(\omega_i t+\varphi_i)$$

$$\text{mit}\qquad \omega_i=\sqrt{\frac{E}{\rho}}\,\frac{1}{l}\,\frac{\pi}{2}(2i-1).$$

Die freien Konstanten c_i und φ_i sind dabei aus den Anfangsbedingungen zu bestimmen. Gegeben sei z.B.

$$u_x(x,0)=\epsilon_0 x$$

$$\frac{\partial u_x(x,0)}{\partial t}=0.$$

Dann erhalten wir als Bestimmungsgleichungen

$$\sum_{i=1}^{\infty} c_i \sin\left\{\frac{\pi}{2}(2i-1)\frac{x}{l}\right\}\cos\varphi_i=\epsilon_0 x$$

$$-\sum_{i=1}^{\infty} c_i\,\omega_i \sin\left\{\frac{\pi}{2}(2i-1)\frac{x}{l}\right\}\sin\varphi_i=0.$$

Aus der zweiten Gleichung folgt unmittelbar

$$\varphi_i=0\ (\text{bzw. } \pi) \qquad \cos\varphi_i=1\ (\text{bzw. } -1).$$

Wir bleiben hier bei $\cos\varphi_i = +1$ und ziehen ein etwaiges negatives Vorzeichen mit in die c_i hinein. Damit geht die erste Anfangsbedingung über in

$$\sum_{i=1}^{\infty} c_i \sin\left\{\frac{\pi}{2}(2i-1)\frac{x}{l}\right\} = \epsilon_0 x.$$

Multiplizieren wir diese Gleichung der Reihe nach mit $\sin\{\frac{\pi}{2}(2k-1)\frac{x}{l}\}$ und integrieren wir jeweils über x von 0 bis l, so folgt aufgrund der Orthogonalität der Eigenfunktionen

$$\underbrace{\int_0^l \left\{\sum_{i=1}^{\infty} c_i \sin\left[\frac{\pi}{2}(2i-1)\frac{x}{l}\right]\right\} \sin\left[\frac{\pi}{2}(2k-1)\frac{x}{l}\right] dx}_{\frac{l}{2} c_i \delta_{ik}} = \underbrace{\epsilon_0 \int_0^l x \sin\left[\frac{\pi}{2}(2k-1)\frac{x}{l}\right] dx}_{\epsilon_0 \left(\frac{2l}{\pi(2k-1)}\right)^2 (-1)^{k+1}},$$

d.h.

$$c_i = \epsilon_0 \frac{8l}{\pi^2} \frac{(-1)^{i+1}}{(2i-1)^2}, \qquad \text{also}$$

$$c_1 = \epsilon_0 \frac{8l}{\pi^2}$$

$$c_2 = -\epsilon_0 \frac{8l}{9\pi^2}$$

$$c_3 = \epsilon_0 \frac{8l}{25\pi^2}$$

....

In analoger Weise können wir auch bei anderen Anfangsbedingungen die freien Parameter c_i und φ_i ermitteln.

Als zweites Beispiel betrachten wir die Torsionsschwingungen einer einseitig eingespannten Welle mit konstantem Kreisquerschnitt ($J_T = J_0$), die am freien Ende eine starre Scheibe (polares Trägheitsmoment: θ) trägt (Abb. 6.4). Das führt auf das *Eigenwertproblem*

$$\hat{\varphi}''(x) + \omega^2 \frac{\rho}{G}\hat{\varphi}(x) = 0$$

$$\text{mit} \quad \hat{\varphi}(0) = 0$$

$$GJ_0\hat{\varphi}'(l) - \omega^2\theta\hat{\varphi}(l) = 0.$$

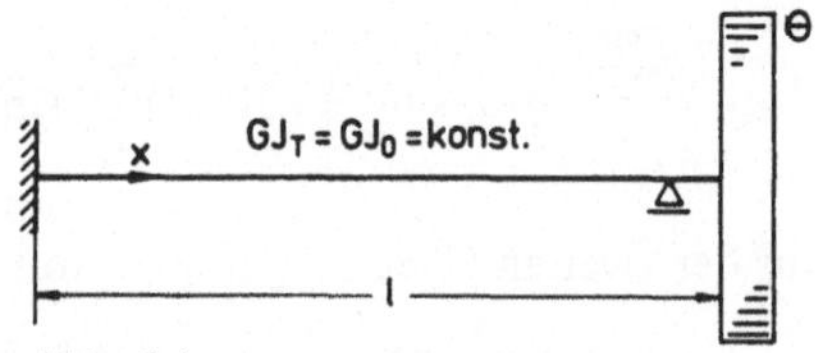

$GJ_T = GJ_0 = \text{konst.}$

Abb. 6.4

Bei diesem Problem tritt der Eigenwert ω^2 auch in den Randbedingungen auf. Das bedingt jedoch keinerlei grundsätzliche Schwierigkeiten. Gehen wir mit der allgemeinen Lösung der Differentialgleichung

$$\hat{\varphi}(x) = a_1 \cos\left(\omega \sqrt{\frac{\rho}{G}}\, x\right) + a_2 \sin\left(\omega \sqrt{\frac{\rho}{G}}\, x\right)$$

in die Randbedingungen, so erhalten wir für a_1 und a_2 das homogene lineare Gleichungssystem

$$\begin{aligned} \hat{\varphi}(0) = 0 &= a_1 \cdot 1 + a_2 \cdot 0 \\ \hat{\varphi}'(l) - \omega^2 \frac{\theta}{GJ_0} \hat{\varphi}(l) = 0 &= -a_1 \left\{\omega \sqrt{\frac{\rho}{G}} \sin\left(\omega \sqrt{\frac{\rho}{G}}\, l\right) + \omega^2 \frac{\theta}{GJ_0} \cos\left(\omega \sqrt{\frac{\rho}{G}}\, l\right)\right\} \\ &\quad + a_2 \left\{\omega \sqrt{\frac{\rho}{G}} \cos\left(\omega \sqrt{\frac{\rho}{G}}\, l\right) - \omega^2 \frac{\theta}{GJ_0} \sin\left(\omega \sqrt{\frac{\rho}{G}}\, l\right)\right\}. \end{aligned}$$

Die Forderung nach Verschwinden der Koeffizienten-Determinante führt auf die *charakteristische Gleichung*

$$\boxed{1 - \omega \frac{\theta}{GJ_0} \sqrt{\frac{G}{\rho}} \tan\left(\omega \sqrt{\frac{\rho}{G}}\, l\right) = 0.}$$

Die Wurzeln $\pm\,\omega_i$ dieser Gleichung hängen von den Zahlenwerten von θ, GJ_0 usw. ab und lassen sich deshalb nicht allgemein angeben, im Einzelfall jedoch leicht berechnen. Die jeweils zugehörigen *Eigenfunktionen* sind

$$\boxed{\hat{\varphi}_i(x) = \sin\left(\omega_i \sqrt{\frac{\rho}{G}}\, x\right).}$$

Damit ist dann die vollständige Lösung wie im ersten Beispiel zusammenzusetzen.

Als drittes Beispiel wählen wir die Biegeschwingungen eines beidseitig eingespannten Stabes mit konstantem Querschnitt entsprechend Abb. 6.5. Das führt auf das Eigenwertproblem

$$\boxed{\begin{aligned} &\hat{w}''''(x) - \omega^2 \frac{\rho}{E} \frac{A}{J} \hat{w}(x) = 0 \\ &\text{mit} \quad \hat{w}(0) = \hat{w}(l) = 0 \\ &\qquad\quad \hat{w}'(0) = \hat{w}'(l) = 0. \end{aligned}}$$

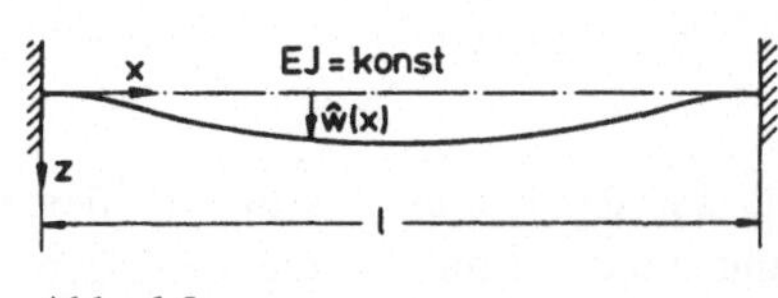

Abb. 6.5

Die allgemeine Lösung der Differentialgleichung lautet

$$\hat{w}(x) = a_1 \cos(kx) + a_2 \sin(kx) + a_3 \cosh(kx) + a_4 \sinh(kx)$$

$$\text{mit} \quad k = \sqrt[4]{\omega^2 \frac{\rho}{E} \frac{A}{J}} \qquad \text{(k reell, positiv).}$$

Aus den Randbedingungen folgt für die freien Parameter a_i das homogene lineare Gleichungssystem

$$\begin{aligned}
\hat{w}(0) &= 0 = a_1 \cdot 1 + a_2 \cdot 0 + a_3 \cdot 1 + a_4 \cdot 0\\
\hat{w}'(0) &= 0 = a_1 \cdot 0 + a_2 k + a_3 \cdot 0 + a_4 k\\
\hat{w}(l) &= 0 = a_1 \cos(kl) + a_2 \sin(kl) + a_3 \cosh(kl) + a_4 \sinh(kl)\\
\hat{w}'(l) &= 0 = -a_1 k \sin(kl) + a_2 k \cos(kl) + a_3 k \sinh(kl) + a_4 k \cosh(kl).
\end{aligned}$$

Mit den aus den ersten beiden Gleichungen folgenden Beziehungen

$$a_3 = -a_1 \quad \text{und} \quad a_4 = -a_2$$

läßt sich dieses Gleichungssystem leicht auf zwei Gleichungen für a_1 und a_2 reduzieren:

$$\begin{aligned}
0 &= a_1 \{\cos(kl) - \cosh(kl)\} + a_2 \{\sin(kl) - \sinh(kl)\}\\
0 &= -a_1 \{\sin(kl) + \sinh(kl)\} + a_2 \{\cos(kl) - \cosh(kl)\}.
\end{aligned}$$

Die Forderung nach dem Verschwinden der Koeffizienten-Determinante führt hier nach kurzer Zwischenrechnung auf die *charakteristische Gleichung*

$$\boxed{1 - \cos(kl)\cosh(kl) = 0.}$$

Die ersten Wurzeln dieser Gleichung sind

$$\begin{aligned}
k_1 l &= 4{,}730 \qquad (\approx \tfrac{3}{2}\pi)\\
k_2 l &= 7{,}853 \qquad (\approx \tfrac{5}{2}\pi)\\
k_3 l &= 10{,}996 \qquad (\approx \tfrac{7}{2}\pi).
\end{aligned}$$

Insbesondere für die hohen Eigenwerte gilt mit sehr guter Näherung

$$k_i l = \frac{\pi}{2}(2i + 1) \qquad (\cos k_i l = 0),$$

wie aus der charakteristischen Gleichung leicht abzulesen ist; doch ist diese Näherung auch schon für die niedrigeren Eigenwerte recht brauchbar, wie die obige Gegenüberstellung zeigt.

Die jeweils zugehörigen *Eigenfunktionen* sind

$$\hat{w}_i(x) = \cosh(k_i x) - \cos(k_i x) - a_i^* [\sinh(k_i x) - \sin(k_i x)]$$
$$\text{mit} \quad a_i^* = \frac{a_{2i}}{a_{1i}} = \frac{\cosh(k_i l) - \cos(k_i l)}{\sinh(k_i l) - \sin(k_i l)}\,.$$

Einige weitere Fälle elementarer Biegeschwingungen sind (den hier behandelten Fall zum Vergleich mit eingeschlossen) in Tabelle 6.5 zusammengestellt.

Tabelle 6.5: Eigenfrequenzen und Eigenfunktionen elementarer Biegeschwingungen

System	Frequenzgleichung	$k_i l\ (i=1,2,3)$	a_i^*	Eigenfunktion $\hat{w}_i(x)$
1 x; $\hat{w}(0)=0$, $\hat{w}'(0)=0$; $\hat{w}(l)=0$, $\hat{w}'(l)=0$	$1-\cos(k_i l)\cosh(k_i l)=0$	$4{,}7300 \approx \frac{3}{2}\pi$ $7{,}8532$ $10{,}9956$	$\frac{\cosh(k_i l)-\cos(k_i l)}{\sinh(k_i l)-\sin(k_i l)}$	$\hat{w}_i = \cosh(k_i x)-\cos(k_i x)-a_i^*[\sinh(k_i x)-\sin(k_i x)]$
2 x; $\hat{w}''(0)=0$, $\hat{w}'''(0)=0$; $\hat{w}''(l)=0$, $\hat{w}'''(l)=0$	$1-\cos(k_i l)\cosh(k_i l)=0$	wie 1	wie 1	$\hat{w}_i = \cosh(k_i x)+\cos(k_i x)-a_i^*[\sinh(k_i x)+\sin(k_i x)]$
3 x; $\hat{w}(0)=0$, $\hat{w}'(0)=0$; $\hat{w}''(l)=0$, $\hat{w}'''(l)=0$	$1+\cos(k_i l)\cosh(k_i l)=0$	$1{,}8751 \approx \frac{\pi}{2}$ $4{,}6941$ $7{,}8548$	$\frac{\sinh(k_i l)-\sin(k_i l)}{\cosh(k_i l)-\cos(k_i l)}$	$\hat{w}_i = \cosh(k_i x)-\cos(k_i x)-a_i^*[\sinh(k_i x)-\sin(k_i x)]$
4 x; $\hat{w}(0)=0$, $\hat{w}'(0)=0$; $\hat{w}(l)=0$, $\hat{w}''(l)=0$	$\tan(k_i l)-\tanh(k_i l)=0$	$3{,}9266 \approx \frac{5}{4}\pi$ $7{,}0686$ $10{,}2102$	$\cot(k_i l)$	$\hat{w}_i = \cosh(k_i x)-\cos(k_i x)-a_i^*[\sinh(k_i x)-\sin(k_i x)]$
5 x; $\hat{w}(0)=0$, $\hat{w}''(0)=0$; $\hat{w}(l)=0$, $\hat{w}''(l)=0$	$\sin(k_i l)=0$	π 2π 3π	/	$\hat{w}_i = \sin(k_i l)$

6.3.3. Der *Rayleigh*-Quotient und darauf basierende Näherungsverfahren

6.3.3.1. Der *Rayleigh*-Quotient und ein erstes Näherungsverfahren

Bei den hier zu behandelnden *elementaren Differentialgleichungs-Eigenwertproblemen* ergeben sich – wie wir schon in Abschnitt 6.3.1 festgestellt haben – ganz ähnliche Beziehungen wie bei den *Matrizen-Eigenwertproblemen*, auf die wir bei der Betrachtung der konservativen Eigenschwingungen eines Systems mit endlichem Freiheitsgrad gestoßen sind. Wir können uns deshalb hier kurz fassen.

An den Anfang stellen wir die zur Definition 5.1 analoge

Definition 6.5: Für das *selbstadjungierte, voll-definite elementare Eigenwertproblem* (entsprechend den Definitionen 6.1 bis 6.4)

$$L[\hat{q}(x)] - \omega^2 M[\hat{q}(x)] = 0$$

ist

$$R[\tilde{q}] = \frac{\int_0^l \tilde{q} L[\tilde{q}] dx}{\int_0^l \tilde{q} M[\tilde{q}] dx}$$

der *Rayleigh*-Quotient, wobei $\tilde{q}(x)$ eine beliebige *Vergleichsfunktion* des Problems darstellt.

Setzen wir in den *Rayleigh*-Quotienten eine der Eigenfunktionen $\hat{q}_i(x)$ ein, die ja zur Klasse der Vergleichsfunktionen gehören, so gilt

$$\boxed{R[\hat{q}_i] = \omega_i^2,}$$

wie unmittelbar einzusehen ist. Dieser Zusammenhang läßt wiederum die physikalische Bedeutung des *Rayleigh*-Quotienten als Quotienten zweier Energie-Ausdrücke erkennen (vgl. Abschnitt 5.3.3.1).

In gleicher Weise wie in Abschnitt 5.3.3.1 folgern wir (unter Heranziehung des Entwicklungssatzes 6.2)

Satz 6.4: (Minimalprinzip von Rayleigh) Für alle *Vergleichsfunktionen* $\tilde{q}(x)$ eines *selbstadjungierten, voll-definiten elementaren Eigenwertproblems* (entsprechend den Definitionen 6.1 bis 6.4) gilt

$$R[\tilde{q}] \geqslant \omega_1^2.$$

Der niedrigste Eigenwert ω_1^2 stellt also das Minimum aller Zahlenwerte dar, die der *Rayleigh*-Quotient annehmen kann, wenn $\tilde{q}(x)$ die Gesamtheit *aller* Vergleichsfunktionen durchläuft.

Das ist der Kern des *Minimalprinzipes von Rayleigh.* Wir haben im übrigen davon schon im Abschnitt 2.1.2.3 Gebrauch gemacht bei der näherungsweisen Berücksichtigung der Federmasse. Nachträglich können wir feststellen, daß die dabei gewonnenen Ergebnisse eine obere Schranke für die niedrigste Eigenfrequenz (die wir als Eigenfrequenz des *einfachen* Schwingers interpretiert haben) darstellen.

Die Ausdrücke

$$\int_0^l \tilde{q}\, L[\tilde{q}]\, dx \quad \text{und} \quad \int_0^l \tilde{q}\, M[\tilde{q}]\, dx,$$

die den Zähler bzw. Nenner des *Rayleigh*-Quotienten bilden, können wir durch partielle Integration umformen. Wir haben solche Umformungen schon im Abschnitt 6.2 zur Prüfung der Selbstadjungiertheit an einem Beispiel durchgeführt. Bei der gegebenen Struktur der *elementaren Eigenwertprobleme* (siehe Definition 6.1) läßt sich diese Umformung jedoch *allgemein* ausführen. Sie führt auf

---

Satz 6.5: (Dirichletsche Formeln) Mit

$$L[\tilde{q}] = \sum_{k=0}^{n} (-1)^k \left[g_k(x)\, \tilde{q}^{(k)}(x)\right]^{(k)}$$

und

$$M[\tilde{q}] = \sum_{k=0}^{m} (-1)^k \left[h_k(x)\, \tilde{q}^{(k)}(x)\right]^{(k)}$$

sowie den $2n$ Randbedingungen

$$U_\nu[\tilde{q}] = 0$$

entsprechend Definition 6.1 wird

$$\int_0^l \tilde{q}\, L[\tilde{q}]\, dx = \int_0^l \sum_{k=0}^{n} \{g_k(x) (\tilde{q}^{(k)}(x))^2\}\, dx + L_0[\tilde{q}]$$

$$\int_0^l \tilde{q}\, M[\tilde{q}]\, dx = \int_0^l \sum_{k=0}^{m} \{h_k(x) (\tilde{q}^{(k)}(x))^2\}\, dx + M_0[\tilde{q}].$$

Die Terme $L_0[\tilde{q}]$ bzw. $M_0[\tilde{q}]$ sind die sogenannten *Dirichlet*schen Randterme, deren Form von den jeweiligen Randbedingungen abhängt.

Die Form der *Dirichlet*schen Randterme ergibt sich, wenn wir die ursprünglichen Ausdrücke

$$\int_0^l \tilde{q}\, L[\tilde{q}]\, dx \quad \text{bzw.} \quad \int_0^l \tilde{q}\, M[\tilde{q}]\, dx$$

durch partielle Integration umformen und in die dabei entstehenden Randterme dann eine beliebige *Vergleichsfunktion*, die alle Randbedingungen erfüllt einsetzen. Die Form der Randterme darf also nicht mit nur zulässigen Funktionen ermittelt werden, auch wenn wir später (siehe Satz 6.6) dann mit zulässigen Funktionen arbeiten. Die *Dirichlet*schen Randterme verschwinden in vielen Fällen. Sie treten aber beispielsweise bei elastischen Auflagern (als L_0) bzw. bei starren Zusatzmassen (als M_0) auf.

Der Vorteil der Umformung mit Hilfe der *Dirichlet*schen Formeln besteht darin, daß in den Integranden jetzt nur noch Ableitungen bis zur n-ten bzw. m-ten Ordnung auftreten. Das ermöglicht es, zur Bildung des *Rayleigh*-Quotienten auf *zulässige Funktionen* zurückzugreifen, an die ja laut Definition 6.2 geringere Anforderungen gestellt werden. Dazu müssen wir allerdings noch voraussetzen, daß das Problem K-*definit* ist, entsprechend

---

Definition 6.6: Ein *selbstadjungiertes, voll-definites elementares Eigenwertproblem* (entsprechend den Definitionen 6.1 bis 6.4) ist auch K-*definit*, sofern die Ausdrücke

$$\int_0^l \tilde{q}\, L[\tilde{q}]\, dx \quad \text{und} \quad \int_0^l \tilde{q}\, M[\tilde{q}]\, dx$$

positiv definit bleiben, wenn *nach* der Umformung mit Hilfe der *Dirichlet*schen Formeln anstelle von *Vergleichsfunktionen* $\tilde{q}(x)$ beliebige *zulässige Funktionen* $\tilde{\tilde{q}}(x)$ in die umgeformten Ausdrücke eingesetzt werden.

Die K-Definitheit ist gesichert, wenn alle in den Differentialausdrücken $L[\tilde{q}]$ bzw. $M[\tilde{q}]$ auftretenden Funktionen $g(x)$ und $h(x)$ im gegebenen Intervall nicht-negativ sind und wenn die *Dirichlet*schen Randteile positiv-definite quadratische Formen der darin vorkommenden Größen $\tilde{q}$, $\tilde{q}'$ usw. sind.

Nach diesen Vorbemerkungen können wir nun formulieren:

Satz 6.6: (Minimalprinzip von Kamke) Für alle *zulässigen Funktionen* $\tilde{\tilde{q}}(x)$ eines *selbstadjungierten, volldefiniten elementaren Eigenwertproblems* (entsprechend den Definitionen 6.1 bis 6.4), das (nach Definition 6.6) auch *K-definit* ist, gilt für den mit Hilfe der *Dirichlet*schen Formeln umgeformten *Rayleigh*-Quotienten

$$K[\tilde{\tilde{q}}] = \frac{\int\limits_0^l \sum\limits_{k=0}^{n} \{g_k(x)(\tilde{\tilde{q}}^{(k)}(x))^2\}\,dx + L_0[\tilde{\tilde{q}}]}{\int\limits_0^l \sum\limits_{k=0}^{m} \{h_k(x)(\tilde{\tilde{q}}^{(k)}(x))^2\}\,dx + M_0[\tilde{\tilde{q}}]} \geqslant \omega_1^2 .$$

Zur Unterscheidung haben wir die ursprüngliche Form des *Rayleigh*-Quotienten mit $R[\tilde{q}]$, die mit Hilfe der *Dirichtlet*schen Formeln umgeformte Version jedoch mit $K[\tilde{\tilde{q}}]$ bezeichnet. Hierbei sei noch einmal darauf hingewiesen, daß die *Form* der Randteile L_0 und M_0 unter Verwendung von *Vergleichsfunktionen* zu ermitteln ist.

Die Sätze 6.4 und 6.6 können wir unmittelbar zur Ermittlung einer oberen Schranke (und damit eines Näherungswertes) für ω_1^2 ausnutzen, indem wir in $R[\tilde{q}]$ eine geeignete *Vergleichsfunktion* bzw. in $K[\tilde{\tilde{q}}]$ eine geeignete *zulässige Funktion* einsetzen. Dabei ist es uns freigestellt, bei *Vergleichsfunktionen* (die ja auch stets zulässige Funktionen sind) den *Rayleigh*-Quotienten in der Form $R[\tilde{q}]$ oder $K[\tilde{\tilde{q}}]$ zu benutzen. Für Funktionen, die nur *zulässige Funktionen* sind, müssen wir hingegen stets von der Form $K[\tilde{\tilde{q}}]$ ausgehen.

Die Vorgehensweise sei an einem Beispiel demonstriert. Wir wählen dazu einen beidseitig gelenkig gelagerten Stab konstanten Querschnittes entsprechend Fall 5 der Tabelle 6.5. Das Eigenwertproblem lautet hierfür

$$\boxed{\begin{array}{lll} EJ\hat{w}''''(x) - \omega^2 \rho A \hat{w}(x) = 0 & & \\ \text{mit } \hat{w}(0) = \hat{w}(l) = 0 & & \text{(wesentliche Randbedingungen)} \\ \quad\;\; \hat{w}''(0) = \hat{w}''(l) = 0 & & \text{(restliche Randbedingungen).} \end{array}}$$

Das Problem ist K-definit; denn es ist

$$g_2(x) = EJ > 0$$
$$h_0(x) = \rho A > 0,$$

und *Dirichlet*sche Randteile treten nicht auf. Wir können deshalb von Satz 6.6 ausgehen und einen Ansatz mit zulässigen Funktionen machen. Der einfachste Ansatz dieser Art, der auch die Symmetrie des Problems berücksichtigt, ist

$$\approx\!\!\!\!\!\text{w}(x) = \frac{x}{l}\left(1 - \frac{x}{l}\right).$$

Damit folgt mit der Form $K[\approx\!\!\!\!\!\text{w}]$ des *Rayleigh*-Quotienten

$$\omega_1^2 \leqslant K[\approx\!\!\!\!\!\text{w}] = \frac{\int_0^l EJ\,(\approx\!\!\!\!\!\text{w}'')^2\,dx}{\int_0^l \rho A\,\approx\!\!\!\!\!\text{w}^2\,dx} = 120\,\frac{EJ}{\rho A l^4}\,,$$

d.h.

$$\omega_1 \leqslant 10{,}95\,\frac{1}{l^2}\sqrt{\frac{EJ}{\rho A}} \qquad \text{(Zahlenwert exakt: } \pi^2 = 9{,}87)$$

Der *Fehler* beträgt mit diesem Ansatz etwa 11 %.

Eine bessere Näherung erhalten wir, wenn wir die unter einer sinnvoll angenommenen Belastung sich einstellende statische Auslenkung als Vergleichsfunktion benutzen. In unserem Beispiel bietet sich dafür etwa die zu einer konstanten verteilten Belastung (q_z = konst.) gehörende Biegelinie

$$\tilde{w}(x) = \frac{x}{l}\left\{1 - 2\left(\frac{x}{l}\right)^2 + \left(\frac{x}{l}\right)^3\right\}$$

an. Dafür liefert der *Rayleigh*-Quotient $R[\tilde{w}]$ bzw. $K[\approx\!\!\!\!\!\text{w}]$

$$\omega_1 \leqslant 9{,}87\,\frac{1}{l^2}\sqrt{\frac{EJ}{\rho A}}\,.$$

Der Fehler liegt hier innerhalb der Rechengenauigkeit.

Das gute Ergebnis ist darauf zurückzuführen, daß wir die Benutzung einer statischen Biegelinie (die ja stets eine Vergleichsfunktion ist, da sie alle Randbedingungen befriedigt) als ersten Schritt des *Verfahrens der schrittweisen Näherung* betrachten können (vgl. hierzu Abschnitt 5.3.3.2). Wir konstruieren solche schrittweisen Näherungen allgemein aufgrund der *Vorschrift*

$$L\,[\underset{(\mu+1)}{\tilde{q}}] = M\,[\underset{(\mu)}{\tilde{q}}] \qquad \text{(mit den Randbedingungen } U_\nu\,[\underset{(\mu+1)}{\tilde{q}}] = 0).$$

Wir können dabei mit einer *beliebigen* Funktion $\underset{(0)}{q}$ beginnen, die *keine* Vergleichsfunktion zu sein braucht. Auf den Faktor ω^2 kommt es hierbei nicht an, da alle $\underset{(\mu)}{q}$ nur bis auf einen konstanten Faktor festzulegen sind. Wir können deshalb $\omega^2 = 1\,s^{-2}$ setzen. Gehen wir jeweils mit den $\underset{(\mu)}{\tilde{q}}$ in den *Rayleigh*-Quotienten, so erhalten wir eine fortlaufende Verbesserung der oberen Schranke für ω_1^2 (die allerdings nicht notwendig gegen ω_1^2 konvergiert, z.B. dann nicht, wenn wir von einer Eigenfunktion $\hat{q}_i(x)\;(i > 1)$ ausgehen):

$$\omega_1^2 \leqslant R[\underset{(\mu)}{\tilde{q}}] \leqslant R\,[\underset{(\mu-1)}{\tilde{q}}] \;\ldots .$$

Bei dieser schrittweisen Näherung brauchen wir freilich nur den letzten Quotienten der Reihe wirklich auszurechnen, für den wir auch schreiben können

$$\boxed{\omega_1^2 \leqslant R[\underset{(\mu)}{\tilde{q}}] = \frac{\int_0^l \underset{(\mu)}{\tilde{q}}\; M\,[\underset{(\mu-1)}{\tilde{q}}]\,dx}{\int_0^l \underset{(\mu)}{\tilde{q}}\; M[\underset{(\mu)}{\tilde{q}}]\,dx}\,.}$$

In unserem Beispiel lautete die Differentialgleichung

$$EJ\,\hat{w}'''' - \omega^2 \rho A\,\hat{w} = 0.$$

Setzen wir nun $\underset{(0)}{\tilde{w}} = 1$, was einer Belastung unter Eigengewicht, also einer konstanten Streckenlast entspricht, so folgt für den ersten Schritt

$$EJ\,\underset{(1)}{\tilde{w}}'''' = \rho A$$

mit den Randbedingungen $\underset{(1)}{\tilde{w}}(0) = \underset{(1)}{\tilde{w}}(l) = 0$

$$\underset{(1)}{\tilde{w}}''(0) = \underset{(1)}{\tilde{w}}''(l) = 0.$$

Daraus ergibt sich als Lösung die statische Biegelinie

$$\underset{(1)}{\tilde{w}} = \frac{1}{24}\,\frac{\rho A}{EJ}\left(\frac{x}{l}\right)\left\{1 - 2\left(\frac{x}{l}\right)^2 + \left(\frac{x}{l}\right)^3\right\}.$$

Auf den Vorfaktor kommt es hierbei nicht an, wenn wir $\underset{(1)}{\mathrm{w}}$ unmittelbar in $\mathrm{R}[\underset{(1)}{\widetilde{\mathrm{w}}}]$ bzw. $\mathrm{K}[\underset{(1)}{\widetilde{\mathrm{w}}}]$ einsetzen. Benutzen wir jedoch die oben angegebene Formel für $\mathrm{R}[\underset{(\mu)}{\widetilde{\mathrm{q}}}]$, so müssen wir den Vorfaktor mitnehmen. Das liefert in diesem Falle

$$\omega_1^2 \leqslant \mathrm{R}[\underset{(1)}{\widetilde{\mathrm{w}}}] = \frac{\displaystyle\int_0^l \frac{1}{24}\frac{\rho A}{EJ}\frac{x}{l}\left\{1-2\left(\frac{x}{l}\right)^2+\left(\frac{x}{l}\right)^3\right\}\rho A\,dx}{\displaystyle\int_0^l \left(\frac{1}{24}\frac{\rho A}{EJ}\right)^2\left(\frac{x}{l}\right)^2\left\{1-2\left(\frac{x}{l}\right)^2+\left(\frac{x}{l}\right)^3\right\}^2\rho A\,dx}.$$

Die Auswertung dieses Ausdruckes führt dann wieder zu dem bereits obengenannten Ergebnis.

Wie bei den *Matrizen-Eigenwertproblemen* lassen sich im übrigen auch hier mit Hilfe des *Rayleigh*-Quotienten obere Schranken für höhere Eigenwerte (etwa für ω_{r+1}^2) ermitteln, indem man *Vergleichsfunktionen* ansetzt, die im verallgemeinerten Sinne *orthogonal* zu den r ersten Eigenfunktionen sind. Wir gehen darauf hier nicht weiter ein.

6.3.3.2. Das Verfahren von Ritz-Galerkin

Eine Verbesserungsmöglichkeit der oberen Schranke für den niedrigsten Eigenwert ω_1^2 erzielten wir, wenn wir Vergleichsfunktionen bzw. zulässige Funktionen wählen, die noch von einer Anzahl freier Parameter a_i abhängen:

$$\widetilde{q} = \widetilde{q}(x; a_i) \quad \text{bzw.} \quad \widetilde{\widetilde{q}} = \widetilde{\widetilde{q}}(x; a_i) \qquad i = 1, 2, \ldots, r.$$

Die a_i können wir nun so variieren, daß $\mathrm{R}[q(\widetilde{x}; a_i)]$ bzw. $\mathrm{K}[\widetilde{\widetilde{q}}(x; a_i)]$ im Rahmen des Ansatzes zum (relativen) Minimum wird. Die *notwendige Bedingung* dafür ist

$$\boxed{\frac{\partial \mathrm{R}[\widetilde{q}(x; a_i)]}{\partial a_i} = 0}$$

bzw.

$$\boxed{\frac{\partial \mathrm{K}[\widetilde{\widetilde{q}}(x; a_i)]}{\partial a_i} = 0.}$$

Das ist der Grundgedanke des Verfahrens von *Ritz* (1878–1909).

Für die praktische Durchführung des Verfahrens bietet es sich z.B. an, für Vergleichsfunktionen Ansätze in der Form von *Linear-Kombinationen*

$$\tilde{q}(x;\, a_i) = \sum_{i=1}^{r} a_i\, \tilde{q}_i(x)$$

zu machen, bei denen *alle* $\tilde{q}_i(x)$ *Vergleichsfunktionen* sind. Analoges gilt beim Arbeiten mit zulässigen Funktionen.

Zur Vereinfachung der Schreibweise bleiben wir vorerst bei Vergleichsfunktionen. Gehen wir mit dem obigen Ansatz in den *Rayleigh*-Quotienten, so erhalten wir

$$R[a_i\, \tilde{q}_i] = \frac{\int_0^l \sum_{i=1}^{r} a_i\, \tilde{q}_i(x) \cdot L\left[\sum_{k=1}^{r} a_k\, \tilde{q}_k(x)\right] dx}{\int_0^l \sum_{i=1}^{r} a_i\, \tilde{q}_i(x) \cdot M\left[\sum_{k=1}^{r} a_k\, \tilde{q}_k(x)\right] dx} .$$

Zur Abkürzung setzen wir

$$\int_0^l \tilde{q}_i(x) \cdot L[\tilde{q}_k(x)]\, dx = L_{ik}$$

$$\int_0^l \tilde{q}_i(x) \cdot M[\tilde{q}_k(x)]\, dx = M_{ik}$$

und führen L_{ik} und M_{ik} als Elemente *symmetrischer Matrizen* **L** bzw. **M** ein. Betrachten wir nun auch noch die freien Parameter a_i als Elemente einer Spalten-Matrix **a**, so können wir den *Rayleigh*-Quotienten in der Form

$$\boxed{R[a_i\, \tilde{q}_i] = \frac{\mathbf{a}^T \mathbf{L}\mathbf{a}}{\mathbf{a}^T \mathbf{M}\mathbf{a}}}$$

schreiben. Zähler und Nenner dieses Quotienten sind positiv definite quadratische Formen. Zur weiteren Abkürzung setzen wir

$$\mathbf{a}^T \mathbf{L}\mathbf{a} = A, \qquad \mathbf{a}^T \mathbf{M}\mathbf{a} = B,$$

also

$$R[a_i\, \tilde{q}_i] = \frac{A}{B} .$$

Als notwendige Bedingungen dafür, daß $R[a_i \tilde{q}_i]$ bei Variation der a_i zum Minimum wird, erhalten wir r Gleichungen

$$\frac{\partial R[a_i \tilde{q}_i]}{\partial a_i} = \frac{B\dfrac{\partial A}{\partial a_i} - A\dfrac{\partial B}{\partial a_i}}{B^2} = \frac{1}{B}\left\{\frac{\partial A}{\partial a_i} - \frac{A}{B}\frac{\partial B}{\partial a_i}\right\} = 0.$$

Nun nimmt aber für die zu ermittelnden Werte von a_i der Quotient

$$\frac{A}{B} = R[a_i \tilde{q}_i] = \tilde{\omega}^2$$

gerade das gesuchte (relative) Minimum bzw. einen stationären Wert der oberen Schranke $\tilde{\omega}^2$ an. Deshalb führen die obigen Bedingungen – nach Ausführung der partiellen Differentiationen – auf das *lineare homogene Gleichungssystem*

$$\boxed{\{\mathbf{L} - \tilde{\omega}^2 \mathbf{M}\}\,\mathbf{a} = \mathbf{0}.}$$

Das sind die *Galerkin*schen Gleichungen des Verfahrens von *Ritz*. Sie definieren ein allgemeines *Matrizen-Eigenwertproblem* mit *symmetrischen* und *positiv definiten Matrizen* **L** und **M**. Nach Satz 5.1 besitzt dieses Problem r reelle und positive Eigenwerte $\tilde{\omega}_i^2$ mit jeweils zugehörigen Eigenvektoren $\mathbf{a}_i$, die linear unabhängig voneinander sind. Ordnen wir die Eigenwerte in der Reihenfolge

$$0 < \tilde{\omega}_1^2 \leqslant \tilde{\omega}_2^2 \leqslant \ldots \leqslant \tilde{\omega}_r^2,$$

so gilt

Satz 6.7: Die *Galerkin*schen Gleichungen

$$\{\mathbf{L} - \tilde{\omega}^2 \mathbf{M}\}\,\mathbf{a} = \mathbf{0},$$

die man erhält, wenn man für die Anwendung des Minimalprinzips von *Rayleigh* (nach Satz 6.4) einen Ansatz von der Form

$$\tilde{q}(x; a_i) = \sum_{i=1}^{r} a_i \tilde{q}_i(x) \qquad (\tilde{q}_i(x)\text{: Vergleichsfunktionen})$$

wählt, haben r reelle, positive Eigenwerte $\tilde{\omega}_i^2$ mit der Eigenschaft

$$\omega_1^2 \leqslant \tilde{\omega}_1^2$$
$$\omega_2^2 \leqslant \tilde{\omega}_2^2$$
$$\ldots\ldots\ldots\ldots$$
$$\omega_r^2 \leqslant \tilde{\omega}_r^2.$$

Hierbei bezeichnen die ω_i^2 die jeweils entsprechenden (exakten) Eigenwerte des Ausgangsproblems.

Analoges gilt, wenn man mit einem entsprechenden Ansatz von zulässigen Funktionen in das Minimalprinzip von *Kamke* (nach Satz 6.6) geht.

Ein r-gliedriger Ansatz liefert also obere Schranken für die r ersten Eigenwerte des Ausgangsproblems. Die Güte der Schranken nimmt allerdings im allgemeinen mit zunehmender Ordnungszahl der Eigenwerte ab, es sei denn, daß man mit einer der Ansatzfunktionen eine der höheren Eigenfunktionen recht genau trifft.

Wir erhalten die *Galerkin*schen Gleichungen übrigens auch, wenn wir das bei den nichtlinearen Schwingungen in Absatz 4.1.3.5 praktizierte Näherungsverfahren anwenden. Die Vorschrift lautete dort (hier verkürzt wiedergegeben): Man mache für die zu lösende Differentialgleichung einen Näherungsansatz in Form einer Linear-Kombination und fordere, daß der gewogene mittlere Fehler im Integrations-Intervall verschwinde, wobei als Gewichtsfaktor jeweils die einzelnen Ansatzfunktionen zu wählen sind. In unserem Falle führt diese Vorschrift auf das Gleichungssystem

$$\int_0^l \left\{ L\left[\sum_{i=1}^r a_i \tilde{q}_i(x)\right] - \tilde{\omega}^2 M\left[\sum_{i=1}^r a_i \tilde{q}_i(x)\right]\right\} \tilde{q}_k(x)\,dx = 0 \qquad (k = 1, 2, \ldots, r).$$

Das aber sind genau wieder die aus dem Minimalprinzip von *Ritz* abgeleiteten *Galerkin*schen Gleichungen, die wir nachträglich also auch in anderer Weise interpretieren können (wenigstens soweit es Ansätze mit Vergleichsfunktionen betrifft). Die *Extremal-Eigenschaften* der Lösungen der *Galerkin*schen Gleichungen sind allerdings nur aufgrund ihrer Herleitung aus dem Minimalprinzip von *Rayleigh-Ritz* gesichert. Das allgemeine Näherungsverfahren, wie wir es in Absatz 4.1.3.5 eingeführt haben, begründet für sich allein diese Extremal-Eigenschaften nicht. In vielen Anwendungsfällen dieses Näherungsverfahrens sind sie auch gar nicht gegeben.

Wir wollen das Verfahren von *Ritz-Galerkin* noch an einem Beispiel demonstrieren. Dazu wählen wir das in Abb. 6.6 skizzierte System. Das Eigenwertproblem hierfür lautet

$$EJ\,\hat{w}''''(x) - \omega^2 \rho A\,\hat{w}(x) = 0$$

mit

$$\left.\begin{aligned} \hat{w}(0) &= 0 \\ \hat{w}'(0) &= 0 \end{aligned}\right\} \quad \text{wesentliche Randbedingungen}$$

$$\left.\begin{aligned} \hat{w}''(l) &= 0 \\ c\,\hat{w}(l) - EJ\,\hat{w}'''(l) &= 0 \end{aligned}\right\} \quad \text{restliche Randbedingungen.}$$

Wir machen einen zweigliedrigen Ansatz mit *zulässigen Funktionen* in der Form

$$\tilde{\tilde{w}}(x) = a_1 \tilde{\tilde{w}}_1(x) + a_2 \tilde{\tilde{w}}_2(x) = a_1 \left(\frac{x}{l}\right)^2 + a_2 \left(\frac{x}{l}\right)^3 .$$

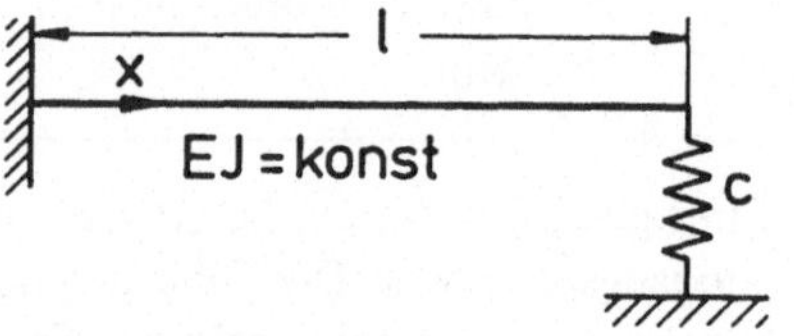

Abb. 6.6

Da es sich nur um zulässige Funktionen handelt, müssen wir auf das Minimalprinzip von *Kamke* zurückgreifen. Dazu müssen wir zunächst den Zähler des *Rayleigh*-Quotienten mit Hilfe der *Dirichlet*schen Formeln umformen (der Nenner braucht nicht umgeformt zu werden). Das ergibt

$$\int_0^l \tilde{w}\, EJ\, \tilde{w}''''\, dx = [\tilde{w}\, EJ\, \tilde{w}''']_0^l - \int_0^l \tilde{w}'\, EJ\, \tilde{w}'''\, dx$$

$$= \underbrace{c\tilde{w}^2(l)}_{\text{Randterm}} - \underbrace{[\tilde{w}'\, EJ\, \tilde{w}'']_0^l}_{0} + \int_0^l EJ\, (\tilde{w}'')^2\, dx .$$

Hier tritt also ein *Dirichlet*scher Randterm auf, den wir im übrigen leicht (bis auf den fehlenden Faktor $\frac{1}{2}$, der bei der Quotienten-Bildung herausfällt) mit der potentiellen Energie des elastischen Auflagers identifizieren.

Damit wird nun

$$\int_0^l EJ\, \tilde{\tilde{w}}_i''\, \tilde{\tilde{w}}_k''\, dx + c\, \tilde{\tilde{w}}_i(l)\, \tilde{\tilde{w}}_k(l) = L_{ik} = \begin{bmatrix} 4\frac{EJ}{l^3} + c & 6\frac{EJ}{l^3} + c \\ 6\frac{EJ}{l^3} + c & 12\frac{EJ}{l^3} + c \end{bmatrix}$$

$$\int_0^l \rho A\, \tilde{\tilde{w}}_i\, \tilde{\tilde{w}}_k\, dx = M_{ik} = \begin{bmatrix} \frac{1}{5}\rho A l & \frac{1}{6}\rho A l \\ \frac{1}{6}\rho A l & \frac{1}{7}\rho A l \end{bmatrix} .$$

Die *Galerkin*schen Gleichungen

$$\{\mathbf{L} - \tilde{\omega}^2 \mathbf{M}\}\, \mathbf{a} = \mathbf{0}$$

haben nur nichttriviale Lösungen, wenn die Koeffizienten-Determinante dieses Gleichungssystems verschwindet:

$$\det |L_{ik} - \tilde{\omega}^2 M_{ik}| = 0.$$

Das ergibt eine quadratische Gleichung für die Eigenwerte $\tilde{\omega}^2$ mit der Lösung

$$\boxed{\tilde{\omega}^2_{1,2} = 612 \frac{EJ}{\rho A l^4} \left\{1 + \frac{1}{102} \frac{cl^3}{EJ} \mp \sqrt{\left(1 + \frac{1}{102} \frac{cl^3}{EJ}\right)^2 - \frac{35}{867} \left(1 + \frac{1}{3} \frac{cl^3}{EJ}\right)}\right\}.}$$

Für den Sonderfall c = 0 (freies rechtes Ende) erhalten wir (vgl. Fall 3 in Tabelle 6.5)

$$\omega_1 \leqslant \tilde{\omega}_1 = 3{,}52 \frac{1}{l^3} \sqrt{\frac{EJ}{\rho A}}$$ (exakt innerhalb der Rechengenauigkeit)

$$\left(\frac{a_1}{a_2}\right)_1 = -2{,}58$$

$$\omega_2 \leqslant \tilde{\omega}_2 = 34{,}8 \frac{1}{l^2} \sqrt{\frac{EJ}{\rho A}}$$ (Zahlenwert exakt: 22,0 Fehler ≈ 58 %)

$$\left(\frac{a_1}{a_2}\right)_2 = -0{,}82.$$

Der Grenzübergang $c \to \infty$ (unnachgiebiges rechtes Auflager) ist mit dem hier gemachten Ansatz nicht möglich, da die Funktionen $\tilde{\tilde{w}}_i$ dafür nicht mehr zulässig sind.

6.3.3.3. Verfahren von *Ritz* mit bereichsweisen Ansätzen

Statt mit einer Linear-Kombination von Vergleichsfunktionen in den Rayleigh-Quotienten zu gehen, können wir auch *bereichsweise Ansätze* machen. Wie dies geschehen kann, erörtern wir am einfachsten an einem Beispiel. Wir betrachten die Biegeschwingungen eines Stabes und unterteilen den Stab in einige endliche Abschnitte (Anzahl r) von der Länge l_i (Abb. 6.7). Für die einzelnen Abschnitte führen wir jeweils eine eigene dimensionslose Koordinate ξ_i ein, die in dem betreffenden Abschnitt von 0 bis 1 läuft:

$$\xi_i = \frac{x - x_{i-1}}{l_i}, \qquad d\xi_i = \frac{1}{l_i} dx.$$

Wir machen nun für die Eigenfunktion im i-ten Bereich einen Näherungsansatz, beispielsweise als Polynom dritten Grades:

$$\tilde{\tilde{w}}_i(\xi_i) = a_{i0} + a_{i1} \xi_i + a_{i2} \xi_i^2 + a_{i3} \xi_i^3.$$

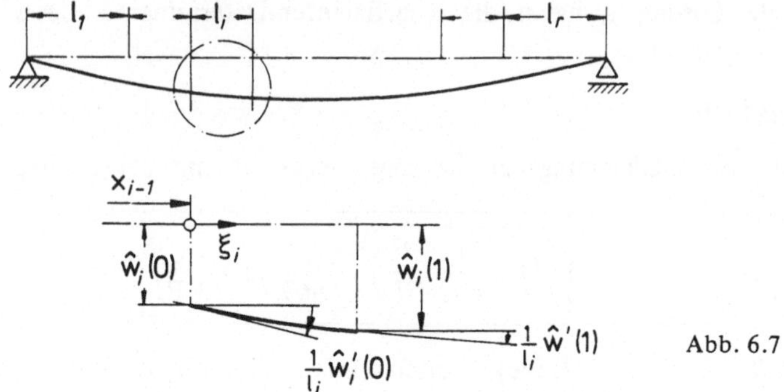

Abb. 6.7

Dazu ist sogleich anzumerken, daß ein Polynom dritten Grades allenfalls auf eine *zulässige Funktion,* aber nicht zu einer *Vergleichsfunktion* führen kann. Die Koeffizienten dieses Ansatzes sind durch $\tilde{\tilde{w}}_i(0)$, $\tilde{\tilde{w}}_i'(0)$, $\tilde{\tilde{w}}_i(1)$ und $\tilde{\tilde{w}}_i'(1)$ eindeutig ausdrückbar. Ordnen wir das Polynom entsprechend um, so erhalten wir, wie leicht nachzuprüfen ist,

$$\begin{aligned}\tilde{\tilde{w}}_i(\xi_i) = \tilde{\tilde{w}}_i(0)\{1 - 3\xi_i^2 + 2\xi_i^3\} \\ + \tilde{\tilde{w}}_i'(0)\{\xi_i - 2\xi_i^2 + \xi_i^3\} \\ + \tilde{\tilde{w}}_i(1)\{3\xi_i^2 - 2\xi_i^3\} \\ + \tilde{\tilde{w}}_i'(1)\{-\xi_i^2 + \xi_i^3\}.\end{aligned}$$

Die Ausdrücke in den Klammern sind die sogenannten *Hermite*-Polynome (hier die Polynome 4. Ordnung, d.h. 3. Grades). Schreiben wir die Potenzen von ξ_i sowie die Randwerte von $\tilde{\tilde{w}}_i$ als Spalten-Matrizen,

$$\begin{bmatrix} 1 \\ \xi_i \\ \xi_i^2 \\ \xi_i^3 \end{bmatrix} = \overset{(4)}{\boldsymbol{\xi}_i}\,, \qquad \begin{bmatrix} \tilde{\tilde{w}}_i(0) \\ \tilde{\tilde{w}}_i'(0) \\ \tilde{\tilde{w}}_i(1) \\ \tilde{\tilde{w}}_i'(1) \end{bmatrix} = \overset{(4)}{\tilde{\tilde{\mathbf{w}}}_i}\,,$$

und ordnen wir die Koeffizienten der *Hermite*-Polynome in einer quadratischen (hier 4 × 4) Matrix an,

$$\overset{(4)}{\mathbf{H}} = \begin{bmatrix} 1 & 0 & -3 & 2 \\ 0 & 1 & -2 & 1 \\ 0 & 0 & 3 & -2 \\ 0 & 0 & -1 & 1 \end{bmatrix},$$

so können wir unseren Ansatz für den Bereich i auch in der Form

$$\boxed{\approx{\mathrm{w}}_i(\xi_i) = \overset{(4)}{\approx{\mathrm{w}}_i^{\mathrm{T}}} \overset{(4)}{\mathbf{H}} \overset{(4)}{\boldsymbol{\xi}_i}}$$

schreiben. Analoge Ansätze machen wir für alle übrigen Bereiche. Diese bereichsweisen Ansätze können wir dann (in Gedanken) zu einem Gesamtansatz zusammenfügen. Dabei haben wir darauf zu achten, daß dieser Gesamtansatz, damit wir eine *zulässige Funktion* erhalten,

a) die wesentlichen Randbedingungen des Gesamtproblems,
b) die wesentlichen Übergangsbedingungen an den Bereichsgrenzen

erfüllt. Diese Übergangsbedingungen verlangen, daß $\approx{\mathrm{w}}(\mathrm{x})$ und $\dfrac{\mathrm{d}\approx{\mathrm{w}}(\mathrm{x})}{\mathrm{dx}} = \dfrac{1}{l_i}\dfrac{\mathrm{d}\approx{\mathrm{w}}_i(\xi_i)}{\mathrm{d}\xi_i}$ an den Bereichsgrenzen stetig sind, also

$$\approx{\mathrm{w}}_{i+1}(0) = \approx{\mathrm{w}}_i(1)$$

$$\frac{1}{l_{i+1}}\,\approx{\mathrm{w}}'_{i+1}(0) = \frac{1}{l_i}\,\approx{\mathrm{w}}'_i(1).$$

Die zweiten und dritten Ableitungen von $\approx{\mathrm{w}}(\mathrm{x})$ werden im allgemeinen an den Bereichsgrenzen nicht mehr stetig sein, wenn wir die $\approx{\mathrm{w}}_i(0)$ und $\approx{\mathrm{w}}'_i(0)$ in dem Rahmen variieren, der nach Erfüllung der wesentlichen Rand- und Übergangsbedingungen noch frei bleibt. Dies stört jedoch nicht.

Gehen wir mit unserem Ansatz in die *Kamke*sche Form des *Rayleigh*-Quotienten, so erhalten wir

$$\mathrm{K}[\approx{\mathrm{w}}_i] = \frac{\sum\limits_i \dfrac{1}{l_i^3}\displaystyle\int_0^1 \mathrm{EJ}_i(\approx{\mathrm{w}}''_i)^2\,\mathrm{d}\xi_i}{\sum\limits_i l_i \displaystyle\int_0^1 \rho\mathrm{A}_i(\approx{\mathrm{w}}_i)^2\,\mathrm{d}\xi_i} = \frac{\sum\limits_i \mathrm{a}_i}{\sum\limits_i \mathrm{b}_i}\,.$$

Dabei hängen die $\approx{\mathrm{w}}_i(\xi_i)$ jeweils von den Größen $\approx{\mathrm{w}}_i(0)$, $\approx{\mathrm{w}}'_i(0)$, $\approx{\mathrm{w}}_i(1)$ und $\approx{\mathrm{w}}'_i(1)$ ab, die noch variabel sind, soweit sie nicht durch Rand- bzw. Übergangsbedingungen festgelegt sind. Beim Aufsuchen des Minimums von $\mathrm{K}[\approx{\mathrm{w}}_i]$ haben wir Nenner und Zähler nach diesen Größen zu differentiieren. Diese Aufgabe können wir – wenn wir uns erst einmal für ein bestimmtes Polynom bei dem bereichsweisen Ansatz entschieden haben – für die einzelnen Terme a_i bzw. b_i generell vorab erledigen. Für einen Ansatz mit *Hermite*-Polynomen 4. Ordnung erhalten wir

$$\begin{bmatrix} \dfrac{\partial a_i}{\partial \approx{w}_i(0)} \\[2ex] \dfrac{\partial a_i}{\partial \approx{w}'_i(0)} \\[2ex] \dfrac{\partial a_i}{\partial \approx{w}_i(1)} \\[2ex] \dfrac{\partial a_i}{\partial \approx{w}'_i(1)} \end{bmatrix} = \frac{2\,EJ_i}{l_i^3} \begin{bmatrix} 12 & 6 & -12 & 6 \\ 6 & 4 & -6 & 2 \\ -12 & -6 & 12 & -6 \\ 6 & 2 & -6 & 4 \end{bmatrix} \begin{bmatrix} \approx{w}_i(0) \\ \approx{w}'_i(0) \\ \approx{w}_i(1) \\ \approx{w}'_i(1) \end{bmatrix},$$

$$\begin{bmatrix} \dfrac{\partial b_i}{\partial \approx{w}_i(0)} \\[2ex] \dfrac{\partial b_i}{\partial \approx{w}'_i(0)} \\[2ex] \dfrac{\partial b_i}{\partial \approx{w}_i(1)} \\[2ex] \dfrac{\partial b_i}{\partial \approx{w}'_i(1)} \end{bmatrix} = \frac{\rho A_i}{210\, l_i} \begin{bmatrix} 156 & 22 & 54 & -13 \\ 22 & 4 & 13 & -3 \\ 54 & 13 & 156 & -22 \\ -13 & -3 & -22 & 4 \end{bmatrix} \begin{bmatrix} \approx{w}_i(0) \\ \approx{w}'_i(0) \\ \approx{w}_i(1) \\ \approx{w}'_i(1) \end{bmatrix}.$$

Abkürzend schreiben wir

$$\mathbf{a}'_i = \mathbf{C}_i \overset{(4)}{\approx{\mathbf{w}}_i}$$

$$\mathbf{b}'_i = \mathbf{M}_i \overset{(4)}{\approx{\mathbf{w}}_i}\,.$$

Die Bedeutung der Matrizen ergibt sich dabei unmittelbar aus den vorstehenden Beziehungen.

Bei der Ableitung von Σa_i bzw. Σb_i nach den Variablen $\approx{w}_i(0)$, $\approx{w}'_i(0)$ usw. müssen wir nun die Rand- und Übergangsbedingungen einarbeiten. Dies ist – wie wir gleich noch an einem Beispiel sehen werden – leicht durchzuführen. Wir erhalten dann schließlich ein *homogenes, lineares Gleichungssystem* von der Form

$$\boxed{\{\mathbf{C} - \tilde{\omega}^2 \mathbf{M}\} \overset{(4)}{\approx{\mathbf{w}}} = 0.}$$

Für die Spalten-Matrix $\overset{(4)}{\overset{\approx}{\mathbf{w}}}$, die die Variablen $\overset{\approx}{w}_i(0)$, $\overset{\approx}{w}'_i(0)$ enthält, erhalten wir nur nichttriviale Lösungen, wenn die Koeffizienten-Determinante

$$\det |\mathbf{C} - \tilde{\omega}^2 \mathbf{M}| = 0$$

ist. Daraus ergeben sich Näherungswerte $\tilde{\omega}_i^2$ für die Eigenfrequenzen mit der Eigenschaft

$$\omega_i^2 \leqslant \tilde{\omega}_i^2 .$$

In Anlehnung an die Systeme mit endlichem Freiheitsgrad können wir **C** als die *Gesamt-Steifigkeitsmatrix* und **M** als die *Gesamt-Massenmatrix* des Systems im Rahmen des Näherungsansatzes bezeichnen.

Die Aufstellung dieser Matrizen wollen wir nun noch an einem Beispiel betrachten. Dazu wählen wir das in Abb. 6.8 skizzierte System, das wir in drei gleiche Bereiche mit $l_i = \frac{1}{3}\, l$ einteilen. Die wesentlichen *Randbedingungen* lauten hier

$$\overset{\approx}{w}_1(0) = \overset{\approx}{w}_3(1) = 0.$$

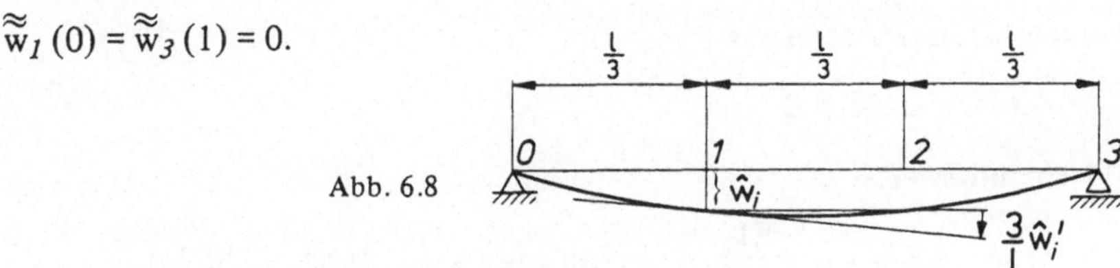

Abb. 6.8

Die wesentlichen Übergangsbedingungen sind (wegen $l_i = l_{i+1}$)

$$\overset{\approx}{w}_i(1) = \overset{\approx}{w}_{i+1}(0); \qquad \overset{\approx}{w}'_i(1) = \overset{\approx}{w}'_{i+1}(0).$$

Damit reduziert sich die Matrix der freien Variablen auf

$$\overset{(4)}{\overset{\approx}{\mathbf{w}}} = \begin{bmatrix} w'_0 \\ w_1 \\ w'_1 \\ w_2 \\ w'_2 \\ w'_3 \end{bmatrix} \qquad \text{mit} \quad \begin{aligned} w'_0 &= \overset{\approx}{w}'_1(0) \\ w_1 &= \overset{\approx}{w}_1(l) = \overset{\approx}{w}_2(0) \\ &\text{usw.} \end{aligned}$$

Für die *Gesamt-Steifigkeitsmatrix* erhalten wir

$$\mathbf{C} = \frac{2\,EJ}{l_i^3} \begin{bmatrix} 4 & -6 & 2 & & & \\ -6 & 24 & 0 & -12 & 6 & \\ 2 & 0 & 8 & -6 & 2 & \\ & -12 & -6 & 24 & 0 & 6 \\ & 6 & 2 & 0 & 8 & 2 \\ & & & 6 & 2 & 4 \end{bmatrix} .$$

Sie entsteht, indem wir die Teil-Matrizen $\mathbf{C}_i$ so zusammenschieben, daß die sich entsprechend den Übergangsbedingungen überdecken. Dabei sind die sich überdeckenden Elemente zu addieren. Sind die EJ_i und die l_i abweichend von unserem Beispiel nicht alle gleich, so ist das bei den Teil-Matrizen zu berücksichtigen. Schließlich können wir noch die Zeilen streichen, die den Null zu setzenden Randbedingungen (hier w_0 und w_3) entsprechen.

Analog erhalten wir auch für unser Beispiel die Gesamt-Massenmatrix

$$\mathbf{M} = \frac{\rho A}{210\, l_i} \begin{bmatrix} 4 & 13 & -3 & & & & & \\ 13 & 312 & 0 & 54 & -13 & & \\ -3 & 0 & 8 & 13 & -3 & & \\ & 54 & 13 & 312 & 0 & -13 \\ & -13 & -3 & 0 & 8 & -3 \\ & & & -13 & -3 & 4 \end{bmatrix}.$$

Damit erhalten wir dann aus

$$\det |\mathbf{C} - \tilde{\omega}^2 \mathbf{M}| = 0$$

als Näherungswerte

$$\tilde{\omega}_1^2 = 9{,}8776 \sqrt{\frac{EJ}{\rho A l^4}} \qquad \text{(Zahlenwert exakt: } \pi^2 = 9{,}8696)$$

$$\tilde{\omega}_2^2 = 39{,}9451 \sqrt{\frac{EJ}{\rho A l^4}} \qquad \text{(Zahlenwert exakt: } 4\pi^2 = 39{,}4784).$$

Würden wir als Übergangsbedingungen fordern, daß auch $w''(x)$ und $w'''(x)$ stetig sein sollen, so blieben in unserem Beispiel nur noch w_0' und w_3' als variable Parameter übrig. Das entspräche im übrigen einem Ansatz mit *einem Hermite*-Polynom 4. Ordnung über das ganze Feld. Die Genauigkeit der Zahlenwerte würde dementsprechend schlechter. Um diesen Mangel zu beheben, müßten wir dann zu *Hermite*-Polynomen höherer Ordnung – etwa 6. oder 8. Ordnung – übergehen. Damit erhielten wir wieder mehr freie Parameter. Meist lohnt sich jedoch dieser Aufwand kaum.

Der Vorteil von *bereichsweisen Ansätzen* liegt insbesondere darin, daß das Verfahren – wie wir gesehen haben – weitgehend schematisiert und rechentechnisch aufbereitet werden kann. Dies ist insbesondere bei größeren Systemen, die auch Zwischenbedingungen enthalten können, vorteilhaft.

6.3.3.4. Die Formeln von *Dunkerley* und *Southwell*

Die Überlegungen, die bei den konservativen Eigenschwingungen von Systemen mit endlichem Freiheitsgrad zu den Formeln von *Dunkerley* und *Southwell* geführt haben (vgl. Abschnitt 5.3.3.3), können wir unmittelbar auf die elementaren Stabschwingungen und weiter auf die gesamte Klasse der elementaren Differentialgleichungs-Eigenwertprobleme übertragen. Es gilt also

---

Satz 6.8: (Formel von Dunkerley) Läßt sich bei dem *selbstadjungierten, voll-definiten elementaren Eigenwertproblem* (nach den Definitionen 6.1 bis 6.4)

$$L[\hat{q}] - \omega^2 M[\hat{q}] = 0$$

mit den Randbedingungen

$$U_\nu[\hat{q}] = 0$$

der Differentialoperator $M[\hat{q}]$ additiv in mehrere Teile $\underset{(\mu)}{M}[\hat{q}]$ so aufspalten, daß man jeweils *selbstadjungierte, voll-definite Teilprobleme*

$$\underset{(\mu)}{L}[\hat{q}] - \omega^2 \underset{(\mu)}{M}[\hat{q}] = 0$$

$$U_\nu[\hat{q}] = 0$$

erhält, so gilt, wenn $\underset{(\mu)}{\omega_1^2}$ jeweils den niedrigsten Eigenwert dieser Teilprobleme bezeichnet, für den Eigenwert des Gesamtproblems

$$\omega_1^2 \geqslant \frac{1}{\sum\limits_\mu \dfrac{1}{\underset{(\mu)}{\omega_1^2}}}\,.$$

Tritt der Eigenwert auch in den Randbedingungen auf, so kann mit der Aufspaltung von $M[\hat{q}]$ auch eine Aufspaltung der Randbedingungen verbunden sein.

Wie im Einzelfalle aufzuspalten ist, folgt meist unmittelbar aus energetischen Betrachtungen, wie das folgende Beispiel zeigt. Wir betrachten die Biege-Eigenschwingungen eines einseitig eingespannten Stabes mit Endmasse (Abb. 6.9). Für das Gesamtproblem gilt

$$\boxed{\begin{aligned}
&EJ\,\hat{w}''''(x) - \omega^2 \rho A\,\hat{w}(x) = 0\\
&\text{mit}\qquad \hat{w}(0) = 0\\
&\qquad\qquad \hat{w}'(0) = 0\\
&\qquad\qquad \hat{w}''(l) = 0\\
&\hat{w}'''(l) + \omega^2 m\,\hat{w}(l) = 0.
\end{aligned}}$$

Wir spalten dieses System wie folgt auf (vgl. Abb. 6.9):
Teilproblem 1 (Stab ohne Endmasse)

$$EJ \underset{(1)}{\hat{w}''''}(x) - \underset{(1)}{\omega^2} \rho A \underset{(1)}{\hat{w}}(x) = 0$$

$$\text{mit} \quad \hat{w}(0) = 0, \quad \hat{w}'(0) = 0, \quad \hat{w}''(l) = 0, \quad \underset{(1)}{\hat{w}'''}(l) = 0.$$

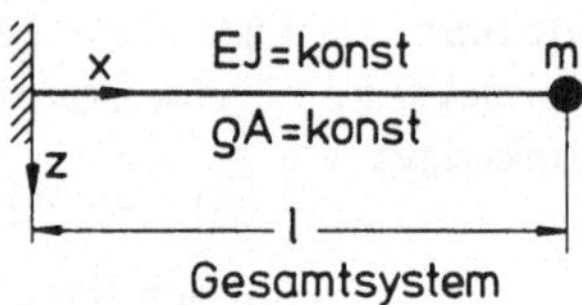

Der zugehörige niedrigste Eigenwert ist

$$\underset{(1)}{\omega_1^2} = 12{,}4 \frac{EJ}{\rho A l^4} .$$

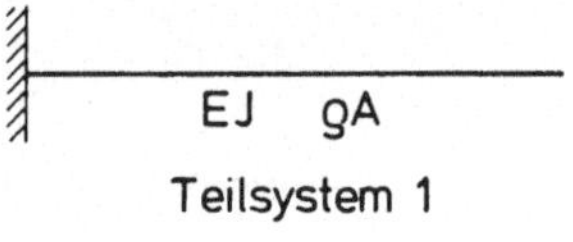

Teilproblem 2 (masseloser Stab)

$$EJ \underset{(2)}{\hat{w}''''}(x) = 0$$

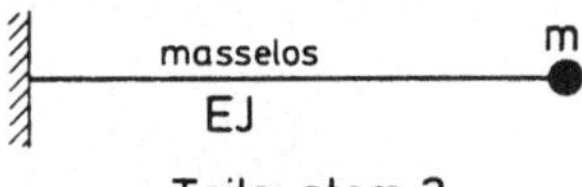

Abb. 6.9

$$\text{mit} \quad \hat{w}(0) = 0, \quad \hat{w}'(0) = 0, \quad \hat{w}''(l) = 0, \quad \underset{(2)}{\hat{w}'''}(l) + \underset{(2)}{\omega^2} m \underset{(2)}{\hat{w}}(l) = 0.$$

Der zugehörige Eigenwert (es gibt nur einen) ist

$$\underset{(2)}{\omega_1^2} = 3 \frac{EJ}{m l^3} .$$

Die Formel von *Dunkerley* liefert also

$$\boxed{\omega_1^2 \geqslant \underset{(2)}{\omega_1^2} \frac{1}{1 + \frac{3}{12{,}4} \frac{\rho A l}{m}} .}$$

Die direkte Anwendung des Rayleigh-Quotienten liefert bei einem Ansatz mit der zulässigen Funktion

$$\approx\!\!\!\!\!w(x) = \left(\frac{x}{l}\right)^2 \left\{1 - \frac{1}{3} \frac{x}{l}\right\},$$

die der statischen Biegelinie für eine am freien Ende angreifende Einzelkraft entspricht,

$$\omega_I^2 \leqslant \frac{\int\limits_0^l EJ(\tilde{\tilde{w}}'')^2\,dx}{\int\limits_0^l \rho A\,\tilde{\tilde{w}}^2\,dx + m(\tilde{\tilde{w}}(l))^2} = \underbrace{\frac{3\,EJ}{ml^3}}_{\underset{(2)}{\omega_I^2}} \frac{1}{1+\frac{1}{5}\frac{\rho A l}{m}} .$$

Wir können also einschranken

$$\boxed{\frac{1}{1+\frac{3}{12{,}4}\frac{\rho A l}{m}} \leqslant \frac{\omega_I^2}{\underset{(2)}{\omega_I^2}} \leqslant \frac{1}{1+\frac{1}{5}\frac{\rho A l}{m}}} .$$

Bei einem Verhältnis von Federmasse $(\rho A l)$ zu Endmasse m von 1 : 3 bedeutet das

$$0{,}962 \leqslant \frac{\omega_I^2}{\underset{(2)}{\omega_I^2}} \leqslant 0{,}967,$$

also eine sehr enge Einschrankung.

Das Gegenstück zu Satz 6.8 ist (vgl. Abschnitt 5.3.3.3)

Satz 6.9: (Formel von Southwell) Läßt sich bei *dem selbstadjungierten, voll-definiten elementaren Eigenwertproblem* (nach den Definitionen 6.1 bis 6.4)

$$L[\hat{q}] - \omega^2 M[\hat{q}] = 0$$

mit den Randbedingungen

$$U_\nu[\hat{q}] = 0$$

der Differentialoperator $L[\hat{q}]$ additiv in mehrere Teile $\underset{(\mu)}{L}[\hat{q}]$ so aufspalten, daß man jeweils *selbstadjungierte, voll-definite Teilprobleme*

$$\underset{(\mu)}{L}[\hat{q}] - \omega^2 \underset{(\mu)}{M}[\hat{q}] = 0$$

$$U_\nu[\hat{q}] = 0$$

erhält, so gilt, wenn $\underset{(\mu)}{\omega_I^2}$ jeweils den niedrigsten Eigenwert dieser Teilprobleme bezeichnet, für den Eigenwert des Gesamtproblems

$$\omega_I^2 \geqslant \sum_\mu \underset{(\mu)}{\omega_I^2} .$$

Auch das sei noch kurz an einem Beispiel demonstriert. Für die Biegeschwingungen eines Stabes unter Längsbelastung (Abb. 6.10) gilt unter den gegebenen Auflagerbedingungen

$$\boxed{\begin{aligned} &EJ\,\hat{w}''''(x) - F\,\hat{w}''(x) - \omega^2 \rho A \hat{w}(x) = 0 \\ &\text{mit} \quad \hat{w}(0) = \hat{w}(l) = 0 \\ &\qquad\quad \hat{w}''(0) = \hat{w}''(l) = 0. \end{aligned}}$$

Dieses Problem ist voll-definit, solange $F > -\pi^2 \dfrac{EJ}{l^2}$ ist. Wir spalten auf (vgl. Abb. 6.10):

Teilsystem 1 (Stab ohne Längskraft)

$$EJ\,\underset{(1)}{\hat{w}''''} - \omega^2 \rho A \underset{(1)}{\hat{w}} = 0$$

$$\text{mit} \quad \underset{(1)}{\hat{w}}(0) = \underset{(1)}{\hat{w}}(l) = 0$$

$$\hat{w}''(0) = \hat{w}''(l) = 0.$$

Der zugehörige niedrigste Eigenwert ist

$$\underset{(1)}{\omega_1^2} = \pi^4 \frac{1}{l^4} \frac{EJ}{\rho A}.$$

Teilsystem 2 (Stab ohne Biegesteifigkeit)

$$-F\underset{(2)}{\hat{w}''} - \omega^2 \rho A \underset{(2)}{\hat{w}} = 0$$

$$\text{mit} \quad \underset{(2)}{\hat{w}}(0) = \underset{(2)}{\hat{w}}(l) = 0$$

(Damit wird auch $\underset{(2)}{\hat{w}''}(0) = \underset{(2)}{\hat{w}''}(l) = 0$).

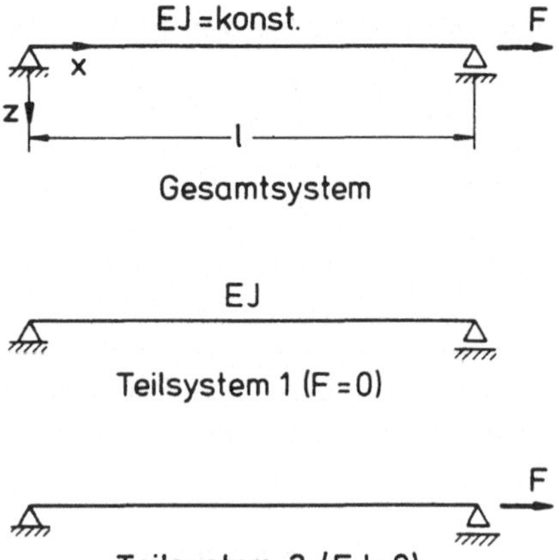

Abb. 6.10

Dieses Teilsystem ist nur voll-definit, solange $F > 0$.
Hierzu gehört als niedrigster Eigenwert

$$\underset{(2)}{\omega_1^2} = \pi^2 \frac{F}{\rho A l^2}.$$

Nach der Formel von *Southwell* gilt nun für das Gesamtsystem

$$\boxed{\omega_1^2 \geqslant \underset{(1)}{\omega_1^2} + \underset{(2)}{\omega_1^2} = \frac{\pi^2}{\rho A l^2} \left\{ \pi^2 \frac{EJ}{l^2} + F \right\}.}$$

In diesem Falle ist exakt

$$\omega_1^2 = \underset{(1)}{\omega_1^2} + \underset{(2)}{\omega_1^2},$$

weil beide Teilsysteme und das Gesamtsystem die gleiche Eigenfunktion haben:

$$\hat{w}_1(x) = \sin \pi \frac{x}{l}.$$

Nachträglich können wir sogar noch feststellen, daß die Lösung auch für negative F gültig bleibt, solange

$$F > F_{kr} = -\pi^2 \frac{EJ}{l^2}$$

ist.

Das vorstehende Beispiel zeigt im übrigen, wie die Untersuchung des Schwingungsverhaltens, d.h. die sogenannte *kinetische Methode,* zu Aussagen über die Stabilität einer Gleichgewichtslage führt. Mit $\omega^2 \to 0$ wird die Grenze der Stabilität erreicht.

6.3.4. Einfluß der Dämpfung

Die *Dämpfung* kann – auch wenn wir im Bereich der *linearen Systeme* bleiben – in verschiedener Weise in die Bewegungsgleichungen eingehen:

a) Sie kann – als *äußere Dämpfung* – proportional der *Geschwindigkeit der Stabelemente* sein;
b) sie kann – als *innere Dämpfung* (auch als *Werkstoffdämpfung* bezeichnet) – *proportional* der *Formänderungsgeschwindigkeit der Stabelemente* sein.

Die Auswirkungen sind in beiden Fällen insofern gleich, als beim Auftreten einer solchen Dämpfung die Eigenwerte und die jeweils zugehörigen Eigenfunktionen komplex werden. Infolgedessen gibt es z.B. bei den Eigenschwingungsformen keine feststehenden Schwingungsknoten mehr. Auf weitere Einzelheiten und Unterschiede der beiden Dämpfungsarten wollen wir hier nicht weiter eingehen. Es sei nur noch folgender Hinweis angeführt.

Eine schwache Dämpfung verändert insbesondere die niedrigen Eigenfrequenzen nur wenig. Deshalb können wir in solchen Fällen bei der Ermittlung der unteren Eigenfrequenzen, die meist am bedeutsamsten sind, vielfach die Dämpfung vernachlässigen. Bei den höheren Eigenfrequenzen tritt der Einfluß der Dämpfung, weil die Schwinggeschwindigkeiten proportional ω sind, stärker hervor. Soll der Einfluß der Dämpfung genauer erfaßt werden, ist man meist auf numerische Verfahren angewiesen, zumal man dann vielfach nicht mehr mit geschwindigkeitsproportionaler Dämpfung rechnen kann.

6.4. Erzwungene elementare Stabschwingungen

6.4.1. Allgemeines

Die Anregung eines Stabes zu *erzwungenen Schwingungen* kann

a) durch zeitabhängige Einzelkräfte (bzw. singuläre Kräftepaare, d.h. Momente) mit festem Angriffspunkt (Abb. 6.11a),
b) durch zeitabhängige verteilte Kräfte (bzw. Momente) mit vorgegebener Verteilung aber zeitabhängiger Größe (Abb. 6.11b) oder
c) durch allgemeine zeitveränderliche Kräftesysteme, z.B. durch wandernde Lasten wechselnder Größe (Abb. 6.11c)

erfolgen. Wir wollen hier nur die beiden ersten Fälle betrachten. Im Falle a) tritt die Erregerkraft nur in den Randbedingungen (bei Kraftangriff am Stabende) bzw. in gewissen Übergangsbedingungen (bei Kraftangriff an beliebiger Stelle) auf, während die Differentialgleichung homogen bleibt. Im Falle b) wird die Differentialgleichung inhomogen, während die Randbedingungen homogen bleiben. So erhalten wir in den Abb. 6.11a bzw. 6.11b skizzierten Beispielen

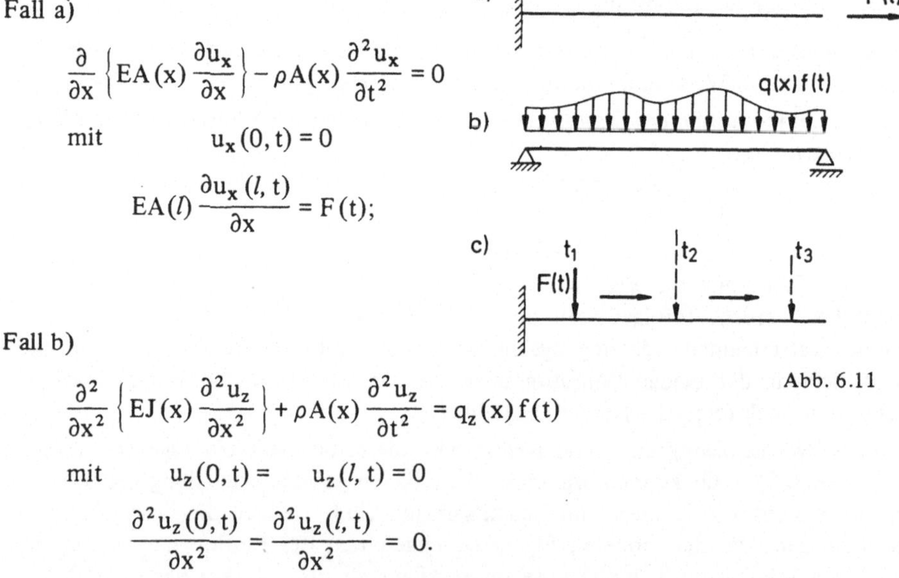

Fall a)

$$\frac{\partial}{\partial x}\left\{EA(x)\frac{\partial u_x}{\partial x}\right\} - \rho A(x)\frac{\partial^2 u_x}{\partial t^2} = 0$$

mit $u_x(0,t) = 0$

$$EA(l)\frac{\partial u_x(l,t)}{\partial x} = F(t);$$

Fall b)

$$\frac{\partial^2}{\partial x^2}\left\{EJ(x)\frac{\partial^2 u_z}{\partial x^2}\right\} + \rho A(x)\frac{\partial^2 u_z}{\partial t^2} = q_z(x)\,f(t)$$

mit $u_z(0,t) = u_z(l,t) = 0$

$$\frac{\partial^2 u_z(0,t)}{\partial x^2} = \frac{\partial^2 u_z(l,t)}{\partial x^2} = 0.$$

Abb. 6.11

Auf die Formulierung der Anfangsbedingungen haben wir dabei verzichtet.

Die vollständige Lösung setzt sich bei beiden Problemgruppen zusammen aus

1. der allgemeinen Lösung des homogenen Problems und
2. einer partikulären Lösung des inhomogenen Problems.

Die allgemeine Lösung des homogenen (Eigenschwingungs-)Problems dient der Anpassung der Lösung an die Anfangsbedingungen. Wir gehen darauf hier nicht weiter ein, sondern erörtern im folgenden nur noch die partikuläre Lösung des inhomogenen Problems. Dabei unterscheiden wir zwischen periodischer und nicht-periodischer Erregung. Dämpfungseinflüsse vernachlässigen wir.

6.4.2. Periodische Erregung

In den von uns zu erörternden Fällen (Fälle a und b aus Abschnitt 6.4.1) können wir eine *periodische Erregung* stets zurückführen auf eine Überlagerung von *harmonischen Erregungen* durch Kräfte mit gegebenem Angriffspunkt bzw. gegebener Ortsverteilung.

Wir betrachten zunächst den Fall der harmonischen Erregung durch eine *Einzelkraft* und wählen dazu das in Abb. 6.12 skizzierte Beispiel. Die Bewegungsgleichung lautet

$$\frac{\partial^2 u_x}{\partial x^2} - \frac{\rho}{E}\frac{\partial^2 u_x}{\partial t^2} = 0$$

$$\text{mit} \quad u_x(0,t) = 0$$

$$\frac{\partial u_x}{\partial x}(l, t) = \frac{\hat{F}}{EA}\cos \Omega t.$$

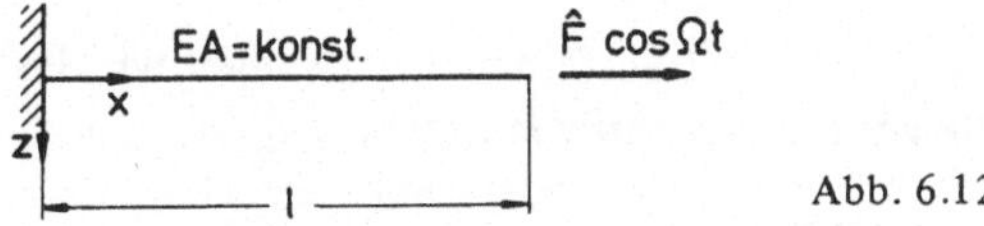

Abb. 6.12

Für die partikuläre Lösung des inhomogenen Problems, d.h. für die sogenannte *Dauerlösung* machen wir den Ansatz

$$u_x(x, t) = \hat{u}(x)\cos(\Omega t + \varphi).$$

Er führt für $\hat{u}(x)$ auf die gewöhnliche Differentialgleichung

$$\hat{u}''(x) + \frac{\rho}{E}\Omega^2 \hat{u}(x) = 0$$

$$\text{mit} \quad \hat{u}(0) = 0$$

$$\hat{u}'(l) = \frac{\hat{F}}{EA}.$$

Die allgemeine Lösung dieser Differentialgleichung ist

$$\hat{u}(x) = a_1 \cos\left(\sqrt{\frac{\rho}{E}}\,\Omega x\right) + a_2 \sin\left(\sqrt{\frac{\rho}{E}}\,\Omega x\right).$$

a_1 und a_2 bestimmen wir aus den Randbedingungen

$$\hat{u}(0) = a_1 = 0$$

$$\hat{u}'(l) = a_2 \sqrt{\frac{\rho}{E}}\,\Omega \cos\left(\sqrt{\frac{\rho}{E}}\,\Omega l\right) = \frac{\hat{F}}{EA}\,.$$

Als *Dauerlösung* erhalten wir also

$$u_x(x,t) = \frac{\hat{F}}{EA}\,\frac{\sqrt{\frac{E}{\rho}}}{\Omega}\,\frac{\sin\left(\sqrt{\frac{\rho}{E}}\,\Omega x\right)}{\cos\left(\sqrt{\frac{\rho}{E}}\,\Omega l\right)}\cos\Omega t.$$

Die Lösung versagt, wenn

$$\cos\left(\sqrt{\frac{\rho}{E}}\,\Omega l\right) = 0, \qquad \text{also } \Omega = \omega_i \quad \text{(Resonanz)}$$

ist. Die Lösung muß dann modifiziert werden, und wir erhalten eine mit der Zeit t anwachsende Amplitude.

Als Beispiel für eine periodische Erregung mit einer verteilten Last wählen wir das in Abb. 6.13 skizzierte System. Seine *Bewegungsgleichung* lautet

$$\frac{\partial^4 u_z}{\partial x^4} + \frac{\rho A}{EJ}\,\frac{\partial^2 u_z}{\partial t^2} = \frac{1}{EJ}\,\hat{q}(x)\cos\Omega t$$

mit

$$u_z(0,t) = u_z(l,t) = 0$$

$$\frac{\partial^2 u_z(0,t)}{\partial x^2} = \frac{\partial^2 u_z(l,t)}{\partial x^2} = 0.$$

Der Lösungsansatz für die *Dauerlösung*

$$u_z(x,t) = \hat{w}(x)\cos\Omega t$$

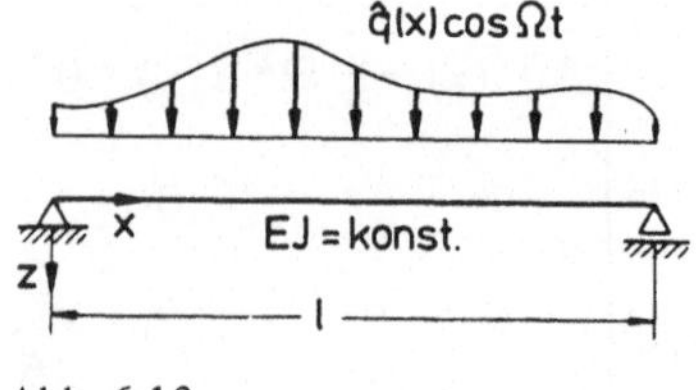

Abb. 6.13

führt auf

$$\hat{w}''''(x) - \Omega^2 \frac{\rho A}{EJ} \hat{w}(x) = \frac{1}{EJ} \hat{q}(x)$$

$$\text{mit} \quad \hat{w}(0) = \hat{w}(l) = 0$$
$$\hat{w}''(0) = \hat{w}''(l) = 0.$$

Die Lösung dieser Gleichung setzt sich zusammen aus der (bekannten) allgemeinen Lösung der homogenen Gleichung und einer partikulären Lösung der inhomogenen Gleichung:

$$\hat{w}(x) = a_1 \cos(kx) + a_2 \sin(kx) + a_3 \cosh(kx) + a_4 \sinh(kx) + \hat{w}^*(x)$$

$$\text{mit} \quad k = \sqrt[4]{\Omega^2 \frac{\rho A}{EJ}} \qquad \text{(k reell, positiv).}$$

In einfachen Fällen können wir die partikuläre Lösung der inhomogenen Gleichung leicht ermitteln. So wird z.B. für

$$\hat{q}(x) = \hat{q}_0 = \text{konst}: \ \hat{w}^*(x) = -\frac{1}{\rho A \Omega^2} \hat{q}_0 \,.$$

Zur Bestimmung der noch freien Parameter a_i liefern in diesem Falle die Randbedingungen die Gleichungen

$$\hat{w}(0) = 0 = a_1 + a_3 - \frac{1}{\rho A \Omega^2} \hat{q}_0$$

$$\hat{w}''(0) = 0 = -a_1 k^2 + a_3 k^2$$

$$\hat{w}(l) = 0 = a_1 \cos(kl) + a_2 \sin(kl) + a_3 \cosh(kl) + a_4 \sinh(kl) - \frac{1}{\rho A \Omega^2} \hat{q}_0$$

$$\hat{w}''(l) = 0 = -a_1 k^2 \cos(kl) - a_2 k^2 \sin(kl) + a_3 k^2 \cosh(kl) + a_4 k^2 \sinh(kl).$$

Aus diesen Gleichungen sind die a_i zu bestimmen, sofern keine Resonanz vorliegt, d.h. solange in unserem Beispiel (vgl. Tabelle 6.5)

$$\Omega \neq \omega_i = \left(\frac{\pi \cdot i}{l}\right)^2 \sqrt{\frac{EJ}{\rho A}}$$

ist.

Wenn eine geschlossene partikuläre Lösung $w^*(x)$ nicht zu finden ist, können wir sie mit Hilfe des *Entwicklungssatzes,* Satz 6.2, ermitteln. Wir setzen

$$\hat{w}^*(x) = \sum_{i=1}^{\infty} c_i \hat{w}_i(x),$$

wobei die $\hat{w}_i(x)$ die *Eigenfunktionen* des Problems sind, die in unserem Beispiel (vgl. Tabelle 6.5)

$$\hat{w}_i(x) = \sin\left(i\pi \frac{x}{l}\right)$$

lauten. Gehen wir mit diesem Ansatz in die Differentialgleichung, so erhalten wir

$$\sum_{i=1}^{\infty} c_i \left\{ \left(\frac{i\pi}{l}\right)^4 - \Omega^2 \frac{\rho A}{EJ} \right\} \sin\left(i\pi \frac{x}{l}\right) = \frac{1}{EJ}\hat{q}(x).$$

Multiplizieren wir diese Beziehung der Reihe nach mit $\sin(k\pi \frac{x}{l})$ und integrieren wir jeweils über x von 0 bis l, so können wir aufgrund der Orthogonalität der Eigenfunktionen die Entwicklungs-Koeffizienten einzeln bestimmen. Wir erhalten

$$c_i = \frac{2}{l\left\{\left(\frac{i\pi}{l}\right)^4 - \Omega^2 \frac{\rho A}{EJ}\right\}} \int_0^l \frac{1}{EJ} \hat{q}(x) \sin\left(i\pi \frac{x}{l}\right) dx .$$

Nach der Ermittlung der c_i – die Reihe brechen wir dort ab, wo es sich als sinnvoll erweist – können wir die noch freien Parameter a_i der allgemeinen Lösung der homogenen Gleichung wie zuvor aus den Randbedingungen bestimmen.

6.4.3. Nichtperiodische Erregung

Wir beschränken uns hier auf das in der Abb. 6.14 skizzierte Beispiel einer erzwungenen Längsschwingung, das hinsichtlich der Art der Erregung dem Fall b) aus Abschnitt 6.4.1 zuzuordnen ist. Die *Bewegungsgleichung* lautet

$$\frac{\partial^2 u_x}{\partial x^2} - \frac{\rho}{E}\frac{\partial^2 u_x}{\partial t^2} = -\frac{1}{EA} n(x,t) = -\frac{1}{EA} p(x) f(t)$$

mit $u_x(0,t) = 0$

$$\frac{\partial u_x(l,t)}{\partial x} = 0$$ und Anfangsbedingungen.

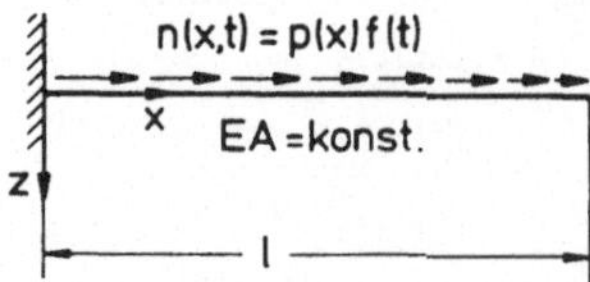

Abb. 6.14

Die Lösung setzt sich – wie schon in Abschnitt 6.4.1 festgestellt – zusammen aus

1. der allgemeinen Lösung des homogenen Problems, die der Anpassung an die Anfangsbedingungen dient, und
2. einer partikulären Lösung des inhomogenen Problems.

Wir wollen hier nur die partikuläre Lösung des inhomogenen Problems erörtern. Das homogene (Eigenwert-)Problem und die Ermittlung der darin vorkommenden freien Parameter aus den Anfangsbedingungen betrachten wir als gelöst (vgl. Abschnitt 6.3.2). Insbesondere seien die *Eigenwerte* ω_i^2 und die zugehörigen Eigenfunktionen $\hat{u}_i(x)$ bekannt. Im übrigen können wir für die partikuläre Lösung $u_x^*(x,t)$ des inhomogenen Problems nun als Anfangsbedingungen

$$u_x^*(x,0) = 0$$

$$\frac{\partial u_x^*(x,0)}{\partial t} = 0$$

voraussetzen.

Zur Gewinnung der speziellen Lösung $u_x^*(x,t)$ setzen wir unter Verwendung des *Entwicklungssatzes* (Satz 6.2)

$$-n(x,t) = \underbrace{\sum_i \hat{u}_i(x)\, p_i}_{p(x)} f(t) \qquad (p_i \text{ und } f(t) \text{ bekannt})$$

$$u_x(x,t) = \sum_i \hat{u}_i(x)\, g_i(t) \qquad (g_i(t) \text{ unbekannt}).$$

Anmerkung:

Da p(x) nicht notwendig eine Vergleichsfunktion für das Eigenwertproblem ist, d.h. möglicherweise die für dieses geltende Randbedingungen nicht erfüllt bzw. Unstetigkeiten aufweisen kann, ergibt sich hinsichtlich der Konvergenz der Entwicklung eine ähnliche Situation wie bei der harmonischen Analyse von Funktionen mit Unstetigkeiten (vgl. Abschnitt 1.5). Für die Ergebnisse ist das praktisch ohne Bedeutung.

Gehen wir mit diesen Ansätzen in die Bewegungsgleichung, so folgt

$$\sum_i \hat{u}_i''(x)\, g_i(t) - \frac{\rho}{E} \sum_i \hat{u}_i(x)\, \ddot{g}_i(t) = -\frac{1}{EA} \sum_i p_i \hat{u}_i(x)\, f(t)$$

$$\text{mit} \quad \hat{u}_i''(x) + \omega_i^2 \frac{\rho}{E} \hat{u}_i(x) = 0.$$

Die Randbedingungen sind dabei durch den obigen Ansatz bereits erfüllt. Wir multiplizieren nun der Reihe nach die obige Beziehung mit den Eigenfunktionen $\hat{u}_k(x)$ und integrieren jeweils über x von 0 bis l, bilden also

$$\int_0^l \sum_i \sum_k \left\{ \hat{u}_i''(x)\,\hat{u}_k(x)\,g_i(t) - \frac{\rho}{E}\,\hat{u}_i(x)\,\hat{u}_k(x)\,\ddot{g}_i(t) \right\} dx$$

$$= -\frac{1}{EA} \int_0^l p_i\,\hat{u}_i(x)\,\hat{u}_k(x)\,dx \cdot f(t).$$

Aufgrund der verallgemeinerten Orthogonalität der Eigenfunktion folgt daraus

$$\ddot{g}_i(t) + \omega_i^2\,g_i(t) = \frac{1}{\rho A}\,p_i\,f(t)$$

mit den Anfangsbedingungen $g(0) = 0$, $\dot{g}(0) = 0.$

Als Ergebnis dieser *modalen Analyse* können wir also die Anregung jeder Eigenschwingungsform für sich betrachten und dafür die Methoden benutzen, die wir für Schwinger mit einem Freiheitsgrad entwickelt haben (vgl. Abschnitt 3.1.4). Insbesondere können wir mithin die Lösung für eine nichtperiodische Erregung über das *Duhamel*sche Integral ermitteln.

Die gleiche Vorgehensweise führt auch bei der nichtperiodischen Erregung der anderen elementaren Stabschwingungen und bei damit vergleichbaren Problemen zum Ziel. Auf gedämpfte Systeme ist sie hingegen nicht übertragbar, weil die Eigenwerte und die Eigenfunktionen dann nicht mehr reell sind. In solchen Fällen müssen wir in der Regel auf numerische Methoden zurückgreifen, die stets – in der einen oder anderen Weise – eine Diskretisierung des Problems verlangen.

6.5. Diskretisierung kontinuierlicher Systeme

Bei der Betrachtung von Schwingungen eines Kontinuums werden wir – wie wir gesehen haben – auf partielle Differentialgleichungen geführt, die sich bei den behandelten Beispielen durch geeignete Ansätze noch in gewöhnliche Differentialgleichungen überführen ließen. Erweist sich eine numerische Lösung als erforderlich, so können wir diese Differentialgleichungen (seien es die partiellen oder die gewöhnlichen) in bekannter Weise etwa dadurch diskretisieren, daß wir anstelle der Differential-Quotienten Differenzen-Quotienten einführen. Diese rein mathematischen Umformungen wollen wir hier nicht weiter erörtern.

Der Anschauung dienlicher – und darum weniger Fehlerquellen verursachend – sind physikalische Diskretisierungen, die das kontinuierliche System in ein System mit einem endlichen Freiheitsgrad überführen. Dafür bieten sich verschiedene Möglichkeiten an.

Eine erste Möglichkeit besteht darin, daß man die Verteilung der Massen und der Steifigkeiten bzw. Nachgiebigkeiten sowie der äußeren Kräfte unverändert läßt, jedoch den Freiheitsgrad des Systems dadurch einschränkt, daß man nur bestimmte kinematische Zustände des Systems zuläßt. So sind wir – physikalisch betrachtet – verfahren, wenn wir ein- oder mehrgliedrige bzw. bereichsweise Ansätze für die Auslenkungsformen des Systems gemacht haben. Wir haben damit den unendlich-dimensionalen Phasenraum des Kontinuums auf einen endlich-dimensionalen reduziert. Analoges gilt für den Zustandsvektor, der den kinematischen Zustand des Systems im Phasenraum repräsentiert.

Eine zweite Möglichkeit der Diskretisierung besteht etwa darin, daß man die kontinuierlich verteilte Masse der deformierbaren Körper jeweils durch ein System von Massenpunkten ersetzt, das Deformationsverhalten des – im übrigen masselosen – Kontinuums aber unverändert läßt. Man erhält dann sogenannte *lumped-mass-systems.* Der endliche Freiheitsgrad dieser *mechanischen Ersatzsysteme* richtet sich nach der Anzahl der Massenpunkte und der ihnen verbleibenden voneinander unabhängigen Bewegungsmöglichkeiten. Die äußeren Kräfte werden dabei zu Einzelkräften reduziert und werden den einzelnen Massenpunkten zugeordnet. Ein Beispiel zeigt Abb. 6.15.

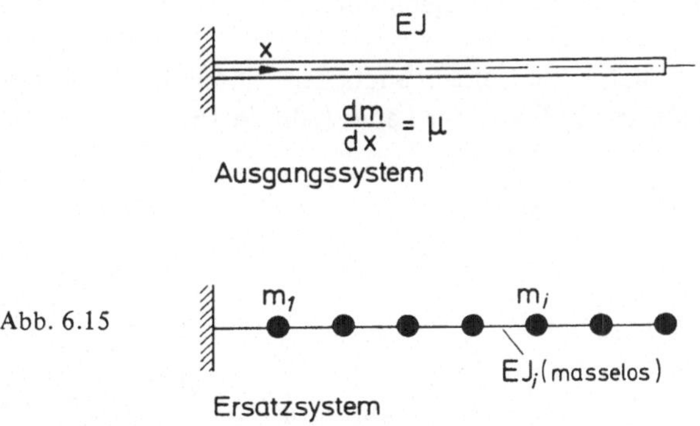

Abb. 6.15

Weitere Möglichkeiten, mechanische *Ersatzsysteme* mit endlichem Freiheitsgrad zu erhalten, ergeben sich, wenn wir neben Massenpunkten auch ausgedehnte starre Körper als diskrete Träger kinetischer Energie einführen. Andererseits können wir auch zur Darstellung des Deformationsverhaltens des Kontinuums diskrete (masselose) Ersatzmodelle (Federsystem usw.) heranziehen.

Von allen diesen Möglichkeiten haben wir bereits – oft stillschweigend – bei der Betrachtung von Systemen mit endlichem Freiheitsgrad Gebrauch gemacht. Wir können die Aufstellung solcher diskreter Ersatzsysteme systematisch betreiben, indem wir fordern, daß zumindest für eine bestimmte endliche Klasse von zulässigen Bewegungen das Ersatzsystem die von den äußeren und inneren Kräften bei diesen Bewegungen geleistete Arbeit sowie die Änderungen der kinetischen Energie richtig wiedergibt. In vielen Fällen verfahren wir aber auch bei der Aufstellung solcher Ersatzsysteme nach Gutdünken, wobei natürlich die Erfahrung eine wichtige Rolle spielt.

6.6. Übertragungsmatrizen-Verfahren

Bei dem Übertragungsmatrizen-Verfahren handelt es sich um ein sehr vielseitig einsetzbares, numerisches Verfahren, das nicht nur bei Schwingungsproblemen von Stäben, sondern auch bei statischen Problemen von Stäben und Stabwerken gute Dienste leistet. Wir wollen dabei hier das Verfahren nur in seinen Grundzügen besprechen und nicht auf die zahlreichen Varianten eingehen, die es in seiner Ausgestaltung erfahren hat. Als Beispiel wählen wir die elementaren Biegeschwingungen von Stäben.

6.6.1. Biege-Eigenschwingungen von Stäben

6.6.1.1. Die Übertragungsmatrix

Wir betrachten einen endlichen Abschnitt eines schwingenden Stabes, ein sogenanntes *Feld,* von der Länge (Abb. 6.16)

$$l_i = x_i - x_{i-1}.$$

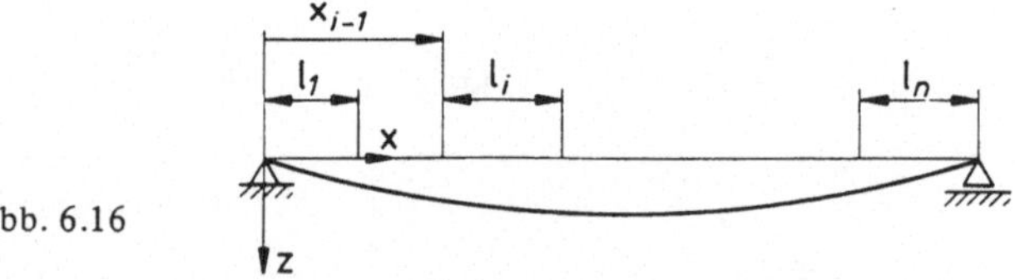

Abb. 6.16

Zur Vereinfachung setzen wir voraus, daß die Biegesteifigkeit und der Querschnitt A in den einzelnen Feldern i jeweils konstant seien: EJ_i bzw. A_i. Die *Schwingungsform* (Biegelinie) unterliegt im Felde *i* der Differentialgleichung

$$\boxed{EJ_i \hat{w}''''(x) - \omega^2 \rho A_i \hat{w}(x) = 0.}$$

Die allgemeine Lösung dieser Differentialgleichung lautet

$$\hat{w}(x) = a_1 \cos(kx) + a_2 \sin(kx) + a_3 \cosh(kx) + a_4 \sinh(kx)$$

$$\text{mit} \quad k = \sqrt[4]{\omega^2 \frac{\rho}{E} \frac{A_i}{J_i}} \qquad \text{(k reell, positiv).}$$

Kennen wir für den linken Feldrand die Werte der sogenannten *Zustandsgrößen*

$$\begin{aligned} \hat{w}_{i-1} &= \hat{w}(x_{i-1}) \\ \hat{\psi}_{i-1} &= -\hat{w}'(x_{i-1}) \\ \hat{M}_{i-1} &= -EJ_i \hat{w}''(x_{i-1}) \\ \hat{Q}_{i-1} &= -EJ_i \hat{w}'''(x_{i-1}), \end{aligned}$$

so können wir die freien Konstanten a_k für das Feld i bestimmen und damit den Lösungsverlauf in diesem Felde eindeutig festlegen. Insbesondere können wir dann auch die Werte von $\hat{w}_i$, $\hat{\psi}_i$, $\hat{M}_i$, $\hat{Q}_i$ am rechten Feldrand errechnen. Fassen wir die *Zustandsgrößen* am Anfang bzw. am Ende des Feldes jeweils zu einer Spalten-Matrix $\mathbf{z}_{i-1}$ bzw. $\mathbf{z}_i$ entsprechend

$$\mathbf{z}_i = \begin{bmatrix} \hat{w}_i \\ \hat{\psi}_i \\ \hat{M}_i \\ \hat{Q}_i \end{bmatrix}$$

zusammen, so können wir schreiben

$$\boxed{\mathbf{z}_i = \bar{\mathbf{U}}_i \mathbf{z}_{i-1}.}$$

Hierin ist

$$\bar{\mathbf{U}}_i = \begin{bmatrix} C_1 & -\frac{1}{k} S_1 & -\frac{1}{EJ_i k^2} C_2 & -\frac{1}{EJ_i k^3} S_2 \\ k S_2 & C_1 & \frac{1}{EJ_i k} S_1 & \frac{1}{EJ_i k^2} C_2 \\ EJ_i k^2 C_2 & EJ_i k S_2 & C_1 & \frac{1}{k} S_1 \\ EJ_i k^3 S_1 & EJ_i k^2 C_2 & k S_2 & C_1 \end{bmatrix},$$

$$\begin{aligned} \text{mit} \quad C_1 &= \tfrac{1}{2} \{\cosh(kl_i) + \cos(kl_i)\} \\ C_2 &= \tfrac{1}{2} \{\cosh(kl_i) - \cos(kl_i)\} \\ S_1 &= \tfrac{1}{2} \{\sinh(kl_i) + \sin(kl_i)\} \\ S_2 &= \tfrac{1}{2} \{\sinh(kl_i) - \sin(kl_i)\} \end{aligned}$$

die sogenannte *Feld-Übertragungsmatrix*. Vernachlässigen wir die Masse des Stabes (etwa indem wir ein *lumped-mass-system* als Ersatzsystem einführen), so folgt aus der dafür geltenden Differentialgleichung

$$\boxed{EJ_i\,\hat{w}''''(x) = 0,}$$

deren allgemeine Lösung

$$\hat{w}(x) = a_1 + a_2 x + a_3 x^2 + a_4 x^3$$

ist, die *Feld-Übertragungsmatrix*

$$\bar{U}_i = \begin{bmatrix} 1 & -l_i & -\frac{1}{2}\frac{l_i^2}{EJ_i} & -\frac{1}{6}\frac{l_i^3}{EJ_i} \\ 0 & 1 & \frac{l_i}{EJ_i} & \frac{1}{2}\frac{l_i^2}{EJ_i} \\ 0 & 0 & 1 & l_i \\ 0 & 0 & 0 & 1 \end{bmatrix}$$

An Stellen x_i, wo der Stab Zusatzmassen (m_i, θ_i) trägt oder wo Einzelkräfte angreifen, wird das Verhalten der Lösung singulär. Zwar bleiben $\hat{w}_i$ und $\hat{\psi}_i$ stetig. $\hat{M}_i$ und $\hat{Q}_i$ erfahren jedoch Sprünge. Bei der Betrachtung dieser Sprünge beschränken wir uns vorerst auf elastische Lagerungen (Federkonstanten: c_i und c_i^*), die den Freiheitsgrad des Systems nicht einschränken.

Für eine solche Stelle ergibt sich der in Abb. 6.17 skizzierte Zusammenhang zwischen den Schnittgrößen links und rechts von der singulären Stelle, den Trägheitswirkungen und den elastischen Rückstellkräften. Wir können ihn in Matrizen-Schreibweise durch die Beziehung

$$z_{i_r} = \bar{\bar{U}}_i\, z_{i_l}$$

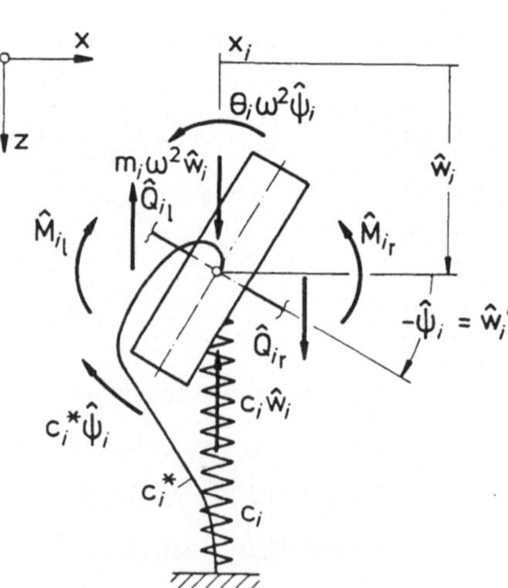

Abb. 6.17

darstellen, wobei $\mathbf{z}_{i_l}$ bzw. $\mathbf{z}_{i_r}$ die Zustandsgrößen links bzw. rechts von der singulären Stelle repräsentiert und

$$\bar{\bar{\mathbf{U}}}_i = \begin{bmatrix} 1 & 0 & 0 & 0 \\ 0 & 1 & 0 & 0 \\ 0 & -\theta_i \omega^2 + c_i^* & 1 & 0 \\ -m_i \omega^2 + c_i & 0 & 0 & 1 \end{bmatrix}$$

die sogenannte *Punkt-Übertragungsmatrix* ist.

Zur Vereinfachung der Rechnung und der Schreibweise fassen wir *Feld-* und *Punkt-Übertragungsmatrix* zu einer *Abschnitts-Übertragungsmatrix* (kurz: *Übertragungsmatrix*) $\mathbf{U}_i$ zusammen und verabreden zugleich, daß wir an singulären Stellen x_i jeweils den Zustand *rechts* von dieser Stelle mit $\mathbf{z}_i$ bezeichnen. Dann können wir schreiben

$$\boxed{\mathbf{z}_i = \bar{\bar{\mathbf{U}}}_i \bar{\mathbf{U}}_i \mathbf{z}_{i-1} = \mathbf{U}_i \mathbf{z}_{i-1}\,.}$$

In unserem Falle (masseloser Stab mit Zusatzmassen und elastischer Lagerung an den Stellen x_i; Abb. 6.18) ist

$$\mathbf{U}_i = \begin{bmatrix} 1 & -l_i & -\frac{1}{2}\frac{l_i^2}{EJ_i} & -\frac{1}{6}\frac{l_i^3}{EJ_i} \\ 0 & 1 & \frac{l_i}{EJ_i} & \frac{1}{2}\frac{l_i^2}{EJ_i} \\ 0 & c_i^* - \theta_i\omega^2 & 1 + [c_i^* - \theta_i\omega^2]\frac{l_i}{EJ_i} & l_i + \frac{1}{2}[c_i^* - \theta_i\omega^2]\frac{l_i^2}{EJ_i} \\ c_i - m_i\omega^2 & -[c_i - m_i\omega^2]\,l_i & -\frac{1}{2}[c_i - m_i\omega^2]\frac{l_i^2}{EJ_i} & 1 - \frac{1}{6}[c_i - m_i\omega^2]\frac{l_i^3}{EJ_i} \end{bmatrix}$$

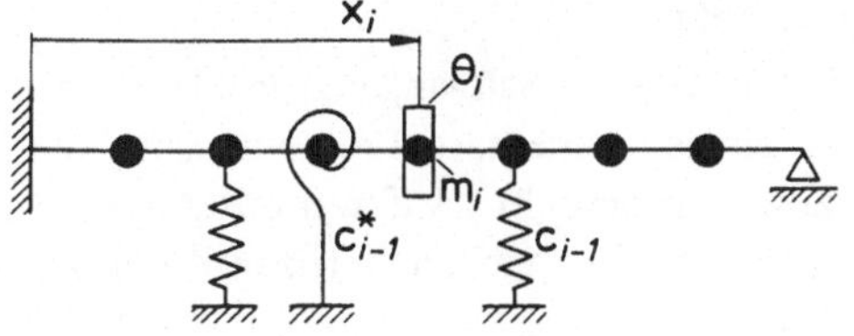

Abb. 6.18

Tabelle 6.6: Einige Übertragungsmatritzen

Problem	Zustandsmatrix	Übertragungsmatrix
1 Längsschwingungen a) lumped - mass EA_i, m_i, l_i b) verteilte Masse EA_i, ϱA_i, l_i	$z = \begin{bmatrix} \hat{u} \\ \hat{N} \end{bmatrix}$	a) $\begin{bmatrix} 1 & \frac{l_i}{EA_i} \\ -m\omega & 1-\frac{m_i\omega^2 l_i}{EA_i} \end{bmatrix}$ b) $\begin{bmatrix} \cos\beta & \frac{l_i}{EA_i}\cdot\frac{\sin\beta}{\beta} \\ -\varrho A_i l_i \omega^2 \frac{\sin\beta}{\beta} & \cos\beta \end{bmatrix}$ $\beta = l_i\,\omega\sqrt{\frac{\varrho}{E}}$
2 Torsionsschwingungen a) GJ_{T_i}, Θ_i, l_i b) GJ_{T_i}, $\varrho\Theta_i$, l_i	$z = \begin{bmatrix} \hat{\varphi} \\ \hat{M} \end{bmatrix}$	a) $\begin{bmatrix} 1 & \frac{l_i}{GJ_{T_i}} \\ -\Theta_i\omega & 1-\frac{\Theta_i\omega^2 l_i}{GJ_{T_i}} \end{bmatrix}$ b) $\begin{bmatrix} \cos\beta & \frac{l_i}{GJ_{T_i}}\cdot\frac{\sin\beta}{\beta} \\ -\varrho J_{T_i} l_i \omega^2 \frac{\sin\beta}{\beta} & \cos\beta \end{bmatrix}$ $\beta = l_i\,\omega\sqrt{\frac{\varrho}{G}}$
3 Biegeschwingungen a) lumped - mass 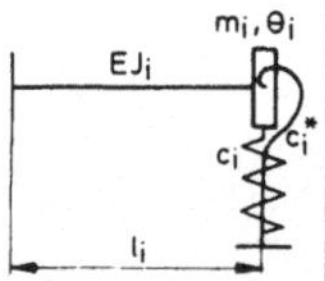 EJ_i, m_i, Θ_i, c_i, c_i^*, l_i	$z = \begin{bmatrix} \hat{w} \\ \hat{\psi} \\ \hat{M} \\ \hat{Q} \end{bmatrix}$	$\begin{bmatrix} 1 & -l_i & -\frac{1}{2}\cdot\frac{l_i^2}{EJ_i} & -\frac{1}{6}\frac{l_i^3}{EJ_i} \\ 0 & 1 & \frac{l_i}{EJ_i} & \frac{1}{2}\frac{l_i^2}{EJ_i} \\ 0 & c_i^*-\Theta_i\omega^2 & 1+\left[c_i^*-\Theta_i\omega^2\right]\frac{l_i}{EJ_i} & l_i+\frac{1}{2}\left[c_i^*-\Theta_i\omega^2\right]\frac{l_i^2}{EJ_i} \\ c_i-m_i\omega^2 & -\left[c_i-m_i\omega^2\right]l_i & -\frac{1}{2}\left[c_i-m_i\omega^2\right]\frac{l_i^2}{EJ_i} & 1-\frac{1}{6}\left[c_i-m_i\omega^2\right]\frac{l_i^3}{EJ_i} \end{bmatrix}$

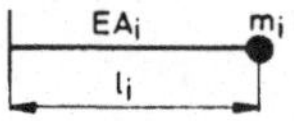

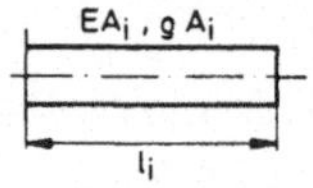

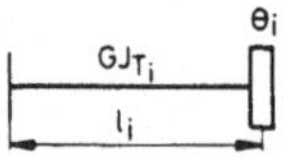

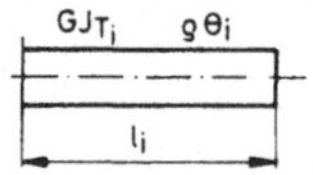

Bei praktischer Rechnung wird im übrigen auch häufig auf die Zusammenfassung von Feld- und Punkt-Übertragungsmatrix verzichtet.

Wir können Übertragungsmatrizen auch für andere Schwingungsprobleme an Stäben und Stabwerken formulieren. Für einige elementare Probleme sind die entsprechenden Matrizen in Tabelle 6.6 zusammengestellt. Auf weitere Angaben verzichten wir hier jedoch unter Hinweis auf die umfangreichen Matrizen-Kataloge, die im einschlägigen Schrifttum zu finden sind.

Fortsetzung Tabelle 6.6

Problem	Zustandsmatrix	Übertragungsmatrix
3 Biegeschwingungen b) homogenes Feld mit Berücksichtigung von Schubdeformationen und Rotationsträgheit $EJ_i,\ gA_i,\ G\varkappa A_i,\ gJ_i$ l_i	$z = \begin{bmatrix} \hat{w} \\ \hat{\psi} \\ \hat{M} \\ \hat{Q} \end{bmatrix}$	$\begin{bmatrix} c_0 - \gamma c_2 & -l\left[c_1 - (\gamma + \vartheta) c_3\right] & -a c_2 & \frac{al}{\beta^4}\left[-\gamma c + (\beta^4 + \gamma^2) c_3\right] \\ -\frac{\beta^4}{l} c_3 & c_0 - \vartheta c_2 & \frac{a}{l}(c_1 - \vartheta c_3) & a c_2 \\ -\frac{\beta^4}{a} c_2 & \frac{l}{a}\left[-\vartheta c_1 + (\beta^4 + \vartheta^2) c_3\right] & c_0 - \vartheta c_2 & l\left[c_1 - (\gamma + \vartheta) c_3\right] \\ -\frac{\beta^4}{al}(c_1 - \gamma c_3) & \frac{\beta^4}{a} c_2 & \frac{\beta^4}{l} c_3 & c_0 - \gamma c_2 \end{bmatrix}$ mit $a = \frac{l^2}{EJ_i}$ $\quad c_0 = \Lambda(\lambda_2^2 \cosh\lambda_1 + \lambda_1^2 \cos\lambda_2$ $\beta^4 = \frac{g A_i \omega^2}{EJ_i}$ $\quad c_1 = \Lambda(\frac{\lambda_2^2}{\lambda} \sinh\lambda_1 + \frac{\lambda_1^2}{\lambda} \sin\lambda_2)$ $\gamma = \frac{\varrho\omega^2}{G\varkappa}$ $\quad c_2 = \Lambda(\cosh\lambda_1 - \cos\lambda_2)$ $\vartheta = \frac{l\Theta_i \omega^2}{EJ_i}$ $\quad c_3 = \Lambda(\frac{1}{\lambda_1} \sinh\lambda_1 - \frac{1}{\lambda_2} \sin\lambda_2)$ $\lambda_{1,2} = \sqrt{\sqrt{\beta^4 + \frac{1}{4}(\gamma - \vartheta)^2} \mp \frac{1}{2}(\gamma + \vartheta)}$ $\quad \Lambda = \frac{1}{\lambda_1^2 + \lambda_2^2}$
4 Biege- und Längsschwingungen	$z = \begin{bmatrix} \hat{u} \\ \hat{N} \\ \hat{w} \\ \hat{\psi} \\ \hat{M} \\ \hat{Q} \end{bmatrix}$	$\begin{bmatrix} A^* & 0 \\ 0 & B^* \end{bmatrix}$ A^* = Übertragungsmatrix nach 1b B^* = Übertragungsmatrix nach 3b
Eckmatrix (Koordinatentransformation) z_i, i, α, $\bar{z}_i$, $\bar{x}$, x	$\bar{z}_i = G z_i$	$G = \begin{bmatrix} \cos\alpha & 0 & \sin\alpha & 0 & 0 & 0 \\ 0 & \cos\alpha & 0 & 0 & 0 & \sin\alpha \\ -\sin\alpha & 0 & \cos\alpha & 0 & 0 & 0 \\ 0 & 0 & 0 & 1 & 0 & 0 \\ 0 & 0 & 0 & 0 & 1 & 0 \\ 0 & -\sin\alpha & 0 & 0 & 0 & \cos\alpha \end{bmatrix}$

6.6.1.2. Grundzüge des Übertragungsmatrizen-Verfahrens

Das Verfahren läuft besonders einfach, wenn für die Zustandsgrößen des Systems nur Randbedingungen (an den Stabenden) und keine Zwischenbedingungen gegeben sind. Dabei ist es unerheblich, ob das System statisch bestimmt ist oder nicht.

Wir betrachten als Beispiel das in Abb. 6.19 skizzierte System. Die Randbedingungen lauten hier

$$\mathbf{z}_0 = \begin{bmatrix} 0 \\ 0 \\ \hat{M}_0 \\ \hat{Q}_0 \end{bmatrix}, \quad \mathbf{z}_3 = \begin{bmatrix} 0 \\ \hat{\psi}_3 \\ 0 \\ \hat{Q}_3 \end{bmatrix}.$$

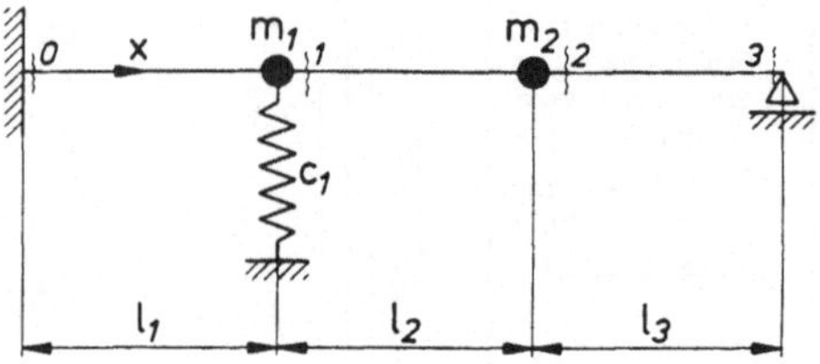

Abb. 6.19

Zwischen $\mathbf{z}_3$ und $\mathbf{z}_0$ besteht nun die Beziehung

$$\mathbf{z}_3 = \mathbf{U}_3 \mathbf{U}_2 \mathbf{U}_1 \mathbf{z}_0 = \mathbf{U} \mathbf{z}_0$$

mit der Gesamt-Übertragungsmatrix: $\mathbf{U} = \mathbf{U}_3 \mathbf{U}_2 \mathbf{U}_1$.

Ausgeschrieben bedeutet das für unser Beispiel

$$\begin{aligned}
\hat{w}_3 = 0 &= U_{11} \cdot 0 + U_{12} \cdot 0 + U_{13} \hat{M}_0 + U_{14} \hat{Q}_0 \\
\hat{\psi}_3 &= U_{21} \cdot 0 + U_{22} \cdot 0 + U_{23} \hat{M}_0 + U_{24} \hat{Q}_0 \\
\hat{M}_3 = 0 &= U_{31} \cdot 0 + U_{32} \cdot 0 + U_{33} \hat{M}_0 + U_{34} \hat{Q}_0 \\
\hat{Q}_3 &= U_{41} \cdot 0 + U_{42} \cdot 0 + U_{43} \hat{M}_0 + U_{44} \hat{Q}_0 .
\end{aligned}$$

Dabei hängen die Elemente U_{ik} der *Gesamt-Übertragungsmatrix* noch von dem Eigenwert ω^2 ab.

Die erste und die dritte Gleichung des vorstehenden Systems ergeben ein homogenes Gleichungssystem für $\hat{M}_0$ und $\hat{Q}_0$, also die beiden nicht vorgegebenen Zustandsgrößen am Stabanfang. Dieses homogene Gleichungssystem hat nur nichttriviale Lösungen für $\hat{M}_0$ und $\hat{Q}_0$, wenn

$$\det \begin{vmatrix} U_{13}(\omega^2) & U_{14}(\omega^2) \\ U_{33}(\omega^2) & U_{34}(\omega^2) \end{vmatrix} = 0$$

wird. Dies ist die *charakteristische Gleichung* des Systems. Aus ihr lassen sich die Eigenwerte ω_i^2 berechnen. Sofern wir nicht zuvor das System zur Vereinfachung (mechanisch) diskretisiert haben, erhalten wir aus der charakteristischen Gleichung exakt die unendliche Folge der Eigenwerte. Wurde jedoch das System zuvor diskretisiert, etwa durch Übergang zu einem lumped-mass-system, so liefert die charakteristische Gleichung nur Näherungswerte für eine der Diskretisierung entsprechende Anzahl der niedrigsten Eigenwerte (in unserem Beispiel zwei, entsprechend dem verbleibenden Freiheitsgrad des Systems).

Die Zustandsgrößen $\mathbf{z}_i$ des Systems können für jede Eigenschwingungsform nachträglich ermittelt werden, wenn die Eigenwerte ω_i^2 bekannt sind. Die Zustandsgrößen sind bei Eigenschwingungen natürlich nur bis auf einen allen gemeinsamen Faktor bestimmt.

Numerische Schwierigkeiten des Verfahrens stellen sich ein, wenn steife (nahezu unnachgiebige) Zwischenlager vorhanden sind oder wenn der Stab in sehr viele Abschnitte eingeteilt ist. Es treten dann kleine Differenzen großer Zahlen auf. Zur Bewältigung dieser numerischen Schwierigkeiten gibt es Sonder-Verfahren.

Das Verfahren muß modifiziert werden, sobald an irgendwelchen Zwischenstellen bestimmte Zustandsgrößen vorgeschrieben sind, womit in der Regel zugleich ein Sprung in der korrespondierenden Zustandsgröße auftritt (Abb. 6.20). Das Einarbeiten solcher Zwischenbedingungen (und der unbekannten korrespondierenden Sprunggrößen) kann auf verschiedene Weise geschehen. So kann beispielsweise eine solche Zwischenbedingung dazu benutzt werden, um eine der unbekannten Zustandsgrößen (zunächst von $\mathbf{z}_0$) zu eliminieren. An ihre Stelle tritt dann die betreffende korrespondierende Sprunggröße. Eine andere Möglichkeit besteht darin, die Zustandsmatrix von der betreffenden Stelle an um die unbekannte Sprunggröße zu erweitern und die Zwischenbedingung erst am Ende zur Auflösung des Gleichungssystems heranzuziehen. Rechentechnisch erweist sich diese Vorgehensweise als günstiger. Die Möglichkeiten der Einarbeitung von Zwischenbedingungen ist im übrigen damit keineswegs erschöpft. Wir verweisen hierzu auf das einschlägige Schrifttum.

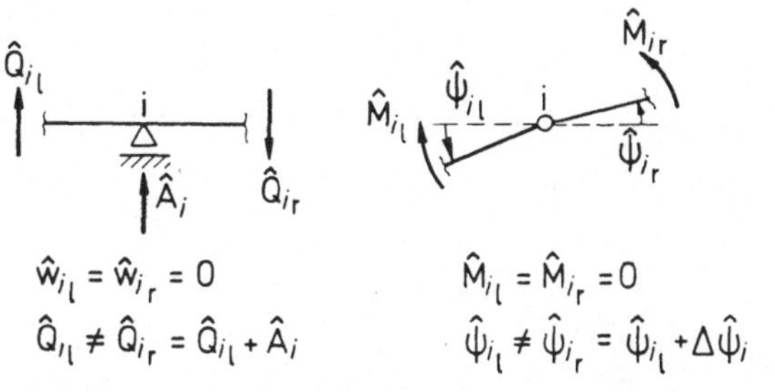

$$\hat{w}_{i_l} = \hat{w}_{i_r} = 0 \qquad \hat{M}_{i_l} = \hat{M}_{i_r} = 0$$

$$\hat{Q}_{i_l} \neq \hat{Q}_{i_r} = \hat{Q}_{i_l} + \hat{A}_i \qquad \hat{\psi}_{i_l} \neq \hat{\psi}_{i_r} = \hat{\psi}_{i_l} + \Delta\hat{\psi}_i$$

Abb. 6.20

6.6.2. Erzwungene periodische Schwingungen

Wir beschränken uns hier wiederum auf solche Fälle, bei denen die örtliche Verteilung der Erregerkräfte fest gegeben und nur die Größe dieser Kräfte periodisch veränderlich ist (vgl. Abschnitt 6.4.1). Durch eine harmonische Analyse des Zeitverlaufes können wir diesen Fall wiederum auf eine Überlagerung harmonischer Erregerkräfte zurückführen. Deshalb genügt es hier, solche Systeme zu betrachten, die sich hinsichtlich der Erregung entsprechend Abb. 6.21 charakterisieren lassen. Für die *Schwingungsform* des Feldes i erhalten wir (bei $EJ_i = \text{const.}$) die Differentialgleichung

$$\boxed{EJ_i \hat{w}''''(x) - \left\{ \begin{matrix} \Omega^2 \rho A_i \hat{w}(x) \\ 0 \end{matrix} \right\} = \hat{q}_i \,.}$$

Die obere Hälfte der Klammer gilt bei Berücksichtigung der kontinuierlich verteilten Stabmasse, die untere bei Diskretisierung der Masse in ein *lumped-mass-system.* Wir wollen hier nur den zweiten Fall weiterverfolgen. Wir erhalten dann für die Auslenkung am Ende des Feldes

$$\hat{w}_{il} = \hat{w}_{i-1} - \hat{\psi}_{i-1}\, l_i - \frac{1}{2}\frac{l_i^2}{EJ_i}\hat{M}_{i-1} - \frac{1}{6}\frac{l_i^3}{EJ_i}\hat{Q}_{i-1} + \frac{1}{24}\frac{l_i^4}{EJ_i}\hat{q}_i.$$

Analoges gilt für $\hat{\psi}_i, \hat{M}_i, \hat{Q}_i$.

Unter Benutzung einer *erweiterten Zustandsmatrix*

$$\mathbf{z}_i = \begin{bmatrix} \hat{w}_i \\ \hat{\psi}_i \\ \hat{M}_i \\ \hat{Q}_i \\ 1 \end{bmatrix}$$

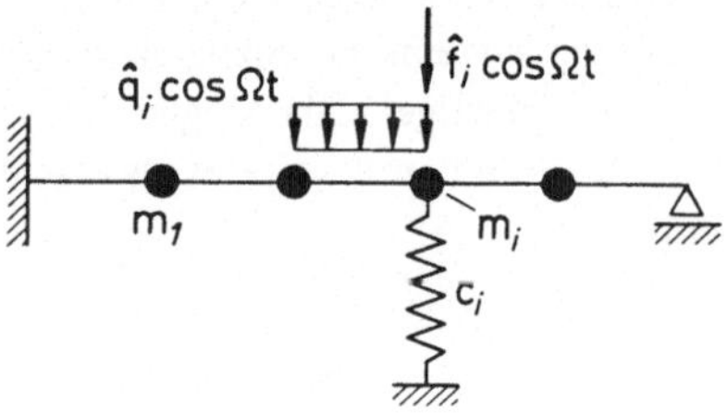

Abb. 6.21

können wir diese Beziehungen in der Form

$$\mathbf{z}_{i_l} = \bar{\mathbf{U}}_i\, \mathbf{z}_{i-1}$$

mit der *Feld-Übertragungsmatrix*

$$\bar{\mathbf{U}}_i = \begin{bmatrix} 1 & -l_i & -\frac{1}{2}\frac{l_i^2}{EJ_i} & -\frac{1}{6}\frac{l_i^3}{EJ_i} & \frac{1}{24}\frac{l_i^4}{EJ_i}\hat{q}_i \\ 0 & 1 & \frac{l_i}{EJ_i} & \frac{1}{2}\frac{l_i^2}{EJ_i} & -\frac{1}{6}\frac{l_i^3}{EJ_i}\hat{q}_i \\ 0 & 0 & 1 & l_i & -\frac{1}{2} l_i^2\, \hat{q}_i \\ c_i - m_i\Omega^2 & -[c_i - m_i\Omega^2]\, l_i & -\frac{1}{2}[c_i - m_i\Omega^2]\frac{l_i^2}{EJ_i} & 1 - \frac{1}{6}[c_i - m_i\Omega^2]\frac{l_i^3}{EJ_i} & -l_i\,\hat{q}_i \\ 0 & 0 & 0 & 0 & 1 \end{bmatrix}$$

schreiben. Für die *Punkt-Übertragungsmatrix* $\bar{\bar{\mathrm{U}}}_i$ folgt aus Abb. 6.22 zunächst

$$\hat{\mathrm{Q}}_{i_r} = \hat{\mathrm{Q}}_{i_l} + (c_i - m_i\,\Omega^2)\,\hat{w}_i - \hat{f}_i$$

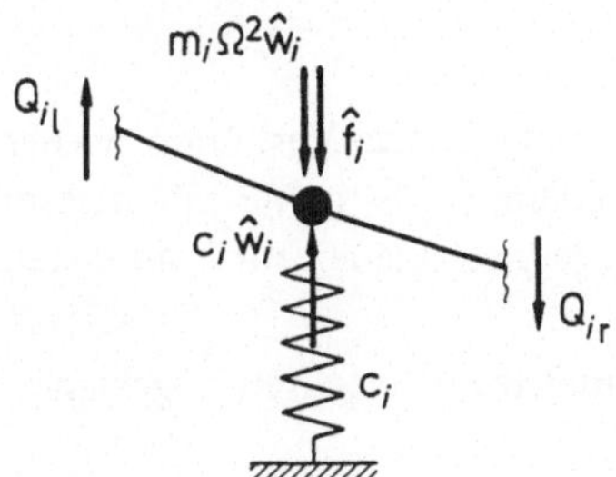

Abb. 6.22

oder in Matrizenschreibweise

$$\mathbf{z}_{i_r} = \bar{\bar{\mathrm{U}}}_i\,\mathbf{z}_{i_l} \text{ mit } \bar{\bar{\mathrm{U}}}_i = \begin{bmatrix} 1 & 0 & 0 & 0 & 0 \\ 0 & 1 & 0 & 0 & 0 \\ 0 & 0 & 1 & 0 & 0 \\ c_i - m_i\,\Omega^2 & 0 & 0 & 1 & -\hat{f}_i \\ 0 & 0 & 0 & 0 & 1 \end{bmatrix}.$$

Für die *Übertragungsmatrix* des Abschnittes i ergibt sich mithin

$$\mathrm{U}_i = \begin{bmatrix} 1 & -l_i & -\frac{1}{2}\frac{l_i^2}{EJ_i} & -\frac{1}{6}\frac{l_i^3}{EJ_i} & \frac{1}{24}\frac{l_i^4}{EJ_i}\hat{q}_i \\ 0 & 1 & \frac{l_i}{EJ_i} & \frac{1}{2}\frac{l_i^2}{EJ_i} & -\frac{1}{6}\frac{l_i^3}{EJ_i}\hat{q}_i \\ 0 & 0 & 1 & l_i & -\frac{1}{2}l_i^2\,\hat{q}_i \\ c_i - m_i\,\Omega^2 & -[c_i - m_i\,\Omega^2]\,l_i & -\frac{1}{2}[c_i - m_i\,\Omega^2]\frac{l_i^2}{EJ_i} & 1-\frac{1}{6}[c_i - m_i\,\Omega^2]\frac{l_i^3}{EJ_i} & -[l_i - \frac{1}{24}(c_i - m_i\,\Omega^2)\frac{l_i^4}{EJ_i}]\,\hat{q}_i - \hat{f}_i \\ 0 & 0 & 0 & 0 & 1 \end{bmatrix}$$

Aus der Endgleichung

$$\mathbf{z}_n = \mathbf{U}\,\mathbf{z}_0 \quad \text{mit} \quad \mathbf{U} = \mathbf{U}_n \ldots \mathbf{U}_2\,\mathbf{U}_1$$

folgt ein inhomogenes Gleichungssystem für die nicht als Randbedingungen vorgegebenen restlichen Zustandsgrößen in $\mathbf{z}_0$ und $\mathbf{z}_n$. Es hat eindeutige Lösungen, solange nicht Resonanz ($\Omega = \omega_i$) eintritt. Ist $\mathbf{z}_0$ vollständig bekannt, so können danach auch alle anderen Zustandsgrößen

$$\mathbf{z}_i = \mathbf{U}_i \ldots \mathbf{U}_1 \, \mathbf{z}_o$$

ermittelt werden. Sind Zwischenbedingungen gegeben, so ist das Verfahren wieder entsprechend zu modifizieren. Wir können auch gedämpfte Systeme mit diesem Verfahren behandeln. Zweckmäßig gehen wir dann jedoch wieder zur komplexen Schreibweise über (vgl. Abschnitt 5.5.2).

Für nichtperiodische Erregung ist das Übertragungsmatrizen-Verfahren ungeeignet. Man greift dafür auf andere Verfahren zurück.

Schließlich sei noch angemerkt, daß die *lineare Elasto-Statik* der Stäbe als Grenzfall in den erzwungenen, harmonischen Schwingungen enthalten ist. Wir brauchen nur

$$\Omega = 0$$

zu setzen, dann erhalten wir die entsprechenden *Übertragungsmatrizen der linearen Elasto-Statik der Stäbe.*

Fragen:

1. Welche Voraussetzungen treffen wir für die elementaren Stabschwingungen?
2. Welche Bewegungsgleichungen erhalten wir für die Stab-Längsschwingungen bzw. die Stab-Biegeschwingungen?
3. Welche Erweiterung müssen wir bei der Bewegungsgleichung für die Stab-Biegeschwingungen vornehmen, damit sie eine Wellengleichung wird?
4. Mit welchem Ansatz überführen wir die Bewegungsgleichungen der elementaren Stab-Eigenschwingungen in gewöhnliche Differentialgleichungen? Zu welcher Problemklasse gehören diese Differentialgleichungen? Wie ist die Klasse zu charakterisieren?
5. Wie unterscheiden sich zulässige Funktionen und Vergleichsfunktionen?
6. Welche Eigenschaften zeichnen die Eigenwerte bzw. die Eigenfunktionen der elementaren Differentialgleichungs-Eigenwertprobleme aus?
7. Wie ist der *Rayleigh*-Quotient definiert? Welche Extremal-Eigenschaften weist er auf? In welche Form muß man ihn überführen, wenn man nur mit zulässigen Funktionen arbeitet?
8. Welches ist der Grundgedanke des Verfahrens von *Ritz-Galerkin*?
9. Wie gestaltet man zweckmäßig das Verfahren von *Ritz* mit bereichsweisen Ansätzen?
10. In welchen Fällen ist die Formel von *Dunkerley*, in welchen die Formel von *Southwell* anwendbar?
11. Wie ändern sich die Bewegungsgleichungen der elementaren Stabschwingungen, wenn wir von Eigenschwingungen zu erzwungenen Schwingungen übergehen?
12. Wie können wir bei erzwungenen, elementaren Stabschwingungen, denen nur die Größe der Erregerkräfte zeitveränderlich ist, die örtliche relative Verteilung der Erregerkräfte jedoch ungeändert bleibt, im Falle periodischer Erregung vorgehen? Wie läßt sich die nichtperiodische Erregung in diesen Fällen behandeln?
13. Welche Möglichkeiten gibt es, kontinuierliche Systeme in Systeme mit endlichem Freiheitsgrad zu überführen?
14. Welches ist der Grundgedanke des Übertragungsmatrizen-Verfahrens? Wie gewinnen wir die Übertragungsmatrix?
15. Wie läuft das Übertragungsmatrizen-Verfahren im einfachsten Fall (ohne Zwischenbedingungen) bei den elementaren Biege-Eigenschwingungen bzw. erzwungenen Schwingungen von Stäben?
16. Wie können wir das Übertragungsmatrizen-Verfahren für erzwungene Schwingungen auf die Elasto-Statik der Stäbe übertragen?

7. Variationsprinzipe der Mechanik

7.1. Allgemeine Vorbemerkungen

Wir haben bereits im Band III (Abschnitt 9.1) das *Prinzip der virtuellen Verschiebungen* kennengelernt, das wir als ein *Prinzip der Variation des Verschiebungszustandes* (bei festgehaltener Zeit) interpretieren können. Das sich daraus ergebende *Prinzip der virtuellen Arbeit* haben wir (in Band III, Kapitel 9 und 10) auf die Statik und Kinetik starrer Körper bzw. von Systemen starrer Körper angewendet. Auf deformierbare Körper sind wir dabei nur am Rande eingegangen.

Wir wollen nun unsere Betrachtungen in zweifacher Hinsicht erweitern. Einmal wollen wir uns nun insbesondere der Statik und Kinetik *deformierbarer, fester Körper* zuwenden; zum anderen wollen wir auch andere Variationsprinzipe ins Auge fassen. Dabei wollen wir im Rahmen der *klassischen Kontinuumsmechanik* fester Körper bleiben. Wir nehmen also an, daß

1. für *Raum* und *Zeit* das *Indifferenz-Prinzip* gelte,
2. die Körper als *Punkt-Kontinua* angenommen werden können, deren Bewegungen und Deformationen vollständig durch die Angabe des (zeitabhängigen) *Verschiebungsfeldes* der Körperpunkte zu beschreiben sind,
3. das *Boltzmann-Axiom* gelte, das volumenhaft und flächenhaft verteilt angreifende Momente ausschließt und die Symmetrie des Spannungstensors zur Folge hat, und
4. die Körper unter konstanter Belastung zumindest asymptotisch einem Gleichgewichtszustand zustreben.

Zur Systematisierung der Schreibweise bedienen wir uns im folgenden weitgehend der sogenannten *Indices-Schreibweise,* die wir gelegentlich auch schon früher (vgl. z.B. Band II, Kapitel 1) haben anklingen lassen. Als räumliches Bezugssystem führen wir ein

raumfestes, kartesisches Koordinatensystem x_i $(i = 1, 2, 3)$

ein (wobei der früheren Bezeichnungsweise entsprechend $x_1 = x$, $x_2 = y$, $x_3 = z$ bedeutet). Darauf beziehen sich auch die folgenden Größen:

Verschiebungen	u_i
Verzerrungen	$\epsilon_{ik} = \epsilon_{ki}$
Spannungen	$\sigma_{ik} = \sigma_{ki}$

Im Innern des Körpers angreifende (spezifische) *Massen-Kräfte*	f_i
An der *Oberfläche* des Körpers angreifende (auf die Fläche bezogene) *Kräfte*	p_i
äußere Flächennormale	n_i .

Die Indices laufen dabei jeweils von 1 bis 3.

Zur weiteren Abkürzung der Schreibweise führen wir ein:

Definition 7.1: *Einstein*sche *Summations-Konvention:* Tritt in einem Ausdruck (Term) der gleiche Index genau zweimal auf, so ist über diesen Index (von 1 bis 3) zu summieren.

Mit Hilfe dieser Konvention können wir z.B. für die an der Oberfläche angreifenden Kräfte

$$p_k = \sigma_{ik} n_i = \sigma_{1k} n_1 + \sigma_{2k} n_2 + \sigma_{3k} n_3$$

oder für das Inkrement der spezifischen (auf die Masse bezogenen) Formänderungsarbeit

$$\begin{aligned} Dw = \frac{1}{\rho}\, \sigma_{ik} D\epsilon_{ik} = \frac{1}{\rho}\, \{ & \sigma_{11} D\epsilon_{11} + \sigma_{12} D\epsilon_{12} + \sigma_{13} D\epsilon_{13} \\ & + \sigma_{21} D\epsilon_{21} + \sigma_{22} D\epsilon_{22} + \sigma_{23} D\epsilon_{23} \\ & + \sigma_{31} D\epsilon_{31} + \sigma_{32} D\epsilon_{32} + \sigma_{33} D\epsilon_{33} \} \end{aligned}$$

schreiben (vgl. Band II, Kapitel 1). Die partielle Differentiation einer Größe nach einer der Ortskoordinaten bezeichnen wir ferner im folgenden abkürzend durch ein Komma mit nachgestelltem Index der Koordinate, setzen also z.B.

$$\frac{\partial u_i}{\partial x_k} = u_{i,k} .$$

Temperaturänderungen, chemische Reaktionen, Phasenumwandlungen usw. schließen wir hier aus unseren Betrachtungen aus. Wir beschränken uns also auf rein *mechanische Prozesse.* Als Variable eines solchen mechanischen Prozesses begegnen uns zunächst

1. die *Verschiebungen* $u_i(x_k, t)$ der Körperpunkte,
2. die *inneren, flächenhaft verteilt wirkenden Kräfte* $\sigma_{ik}(x_r, t)$,
3. die *inneren, volumenhaft verteilt wirkenden Kräfte* $f_i^{(i)}(x_k, t)$,
4. die *äußeren, volumenhaft verteilt wirkenden Kräfte* $f_i^{(a)}(x_k, t)$,
5. die *äußeren, flächenhaft verteilt wirkenden Kräfte* $p_i(x_k, t)$.

Weitere Variable lassen sich daraus ableiten, z.B. die Verzerrungen $\epsilon_{ik}(x_r, t)$, die Volumenänderungen $\epsilon(x_k, t)$, die von außen einem Körper zugeführte Arbeit $A^{(a)}$ usw.

Die – unseren Voraussetzungen entsprechend eingeschränkten – rein *mechanischen Prozesse* sind bestimmt durch

(A) das materialunabhängige *Grundgesetz der Mechanik,* von dem uns nur noch der *Impulssatz*

$$\sigma_{ik,i} + \rho f_k = \rho \frac{D^2 u_k}{dt^2}$$

zur Verfügung steht, da der *Drallsatz* bereits zu der aus dem *Boltzmann*-Axiom folgenden Aussage

$$\sigma_{ik} = \sigma_{ki}$$

herangezogen wurde,

(B) das materialabhängige *Formänderungsgesetz,* das die Spannungen und Verzerrungen miteinander verknüpft,

(C) die *Geschichte* der *unabhängigen Prozeß-Variablen* (als Funktionen von Ort und Zeit).

Die *unabhängigen Prozeß-Variablen* treten in der Form von *Randbedingungen* auf, und zwar

1. als *Spannungen* $\bar{p}_k(x_i, t)$, die für einen Teil $A_{(1)}$ der *Körperoberfläche* vorgeschrieben sind,
2. als *Verschiebungen* $\bar{u}_k(x_i, t)$, die für einen Teil $A_{(2)}$ der *Körperoberfläche* vorgegeben sind.

Ferner können für das *Innere* des Körpers gewisse spezifische, *äußere Massenkräfte* in ihrer Zuordnung zu den Körperpunkten als *unabhängige Prozeß-Variable* vorgegeben sein.

Die *inneren, spezifischen Massenkräfte* gehören hingegen stets zu den *abhängigen Prozeß-Variablen,* da sie von den gegenseitigen Verschiebungen der Körperpunkte abhängen. Aber auch die *äußeren Massenkräfte* gehören im allgemeinen zu den *abhängigen Prozeß-Variablen,* da sie meist von den Verschiebungen und manchmal auch von den Geschwindigkeiten der Körperpunkte im Raum abhängig sind. Darauf kommt es im folgenden jedoch nicht an, deshalb fassen wir die Massenkräfte stets ohne weitere Aufgliederung zu den *resultierenden Massenkräften* $f_k(x_i, t)$ zusammen.

Die möglichen Formen der Randbedingungen sind mit den oben unter 1. und 2. aufgezählten Fällen nicht erschöpft. Randbedingungen begegnen uns auch in der Form, daß

3. für einen Teil $A_{(3)}$ der Körperoberfläche

$$a_{ik} Du_k + b_{ik} Dp_k = 0$$

vorgegeben ist, wobei die a_{ik} und b_{ik} noch von u_r und p_r abhängen können, jedoch in der Weise, daß die obigen Beziehungen integrierbar sind. Dabei wollen wir nur die Fälle in Betracht ziehen, für die sich

a) $p_k Du_k = 0$ (*Beispiel:* bewegliches, reibungsfreies Auflager)
bzw.

b) $p_k Du_k \neq 0$, aber $p_k = -\dfrac{\partial \varphi_A}{\partial u_k}$ (*Beispiel:* elastisches Auflager)

ergibt. Die an sich denkbaren Fälle

c) $p_k Du_k \neq 0$ mit $p_k(u_i)$, bei denen sich jedoch p_k nicht von einem Potential ableiten läßt, schließen wir hingegen aus.

Schließlich können Randbedingungen auch noch in der (nichtholonomen) Form gegeben sein, daß

4. für einen Teil $A_{(4)}$ der Körperoberfläche

$$\alpha_{ik} Du_k + \beta_{ik} Dp_k = 0$$

vorgeschrieben ist, wobei die α_{ik} bzw. β_{ik} noch von u_r und p_k abhängen, und zwar in der Weise, daß die obigen differentiellen Beziehungen nicht integrierbar sind.

Derartige nichtholonome Randbedingungen wollen wir – wie den Fall 3c) – aus dem Kreis unsere Betrachtungen ausschließen, um ihn nicht zu sehr auszuweiten. Wir beschränken uns also auf Randbedingungen 1., 2. und 3. Art (die letzten mit der Beschränkung auf die Fälle a und b).

Bei den vorstehenden Betrachtungen haben wir stillschweigend vorausgesetzt, daß alle Größen, wie Spannungen usw., jeweils auf die momentane (im allgemeinen deformierte) Konfiguration des Körpers bezogen sind oder – anders ausgedrückt – daß die Koordinaten x_i jeweils die Position der Körperpunkte zum betrachteten Zeitpunkt t darstellen. Bei *kleinen Formänderungen* der Körper, d.h. bei *kleinen Verschiebungen* der Körperpunkte sowie *kleinen Verdrehungen und Verzerrungen* der Körperelemente, können wir

a) einen *linearen Zusammenhang* zwischen den *Verzerrungen* der Körperelemente und den *Verschiebungen* der Körperpunkte annehmen, indem wir

$$\epsilon_{ik} = \frac{1}{2}(u_{i,k} + u_{k,i})$$

setzen, und

b) alle Größen ohne Änderung der Zahlenwerte auf die *Ausgangskonfiguration* beziehen, also z.B. alle Kräfte usw. am unverformten Körper ansetzen.

Eine Folgerung aus a) und b) ist, daß wir bei kleinen Formänderungen der Körper z.B. für die *Verzerrungsänderungen*

$$D\epsilon_{ik} = \frac{1}{2}(Du_{i,k} + Du_{k,i}) = \frac{1}{2}(v_{i,k} + v_{k,i})\,dt = d_{ik}dt$$

setzen können, wobei d_{ik} die *Verzerrungsgeschwindigkeit* bedeutet. Für große Formänderungen ist

$$D\epsilon_{ik} \neq d_{ik}dt$$

sofern wir ϵ_{ik} in der unter a) angegebenen Weise definieren. Hingegen bleibt die Beziehung

$$\frac{1}{2}(Du_{i,k} + Du_{k,i}) = \frac{1}{2}(v_{i,k} + v_{k,i})\,dt = d_{ik}\,dt$$

auch für große Formänderungen allgemein gültig.

Mit dieser Feststellung wollen wir es hier bewenden lassen. Wir werden uns im folgenden stets auf *kleine Formänderungen* beschränken.

7.2. Das Prinzip der virtuellen Arbeit und daraus abgeleitete Extremalprinzipe

Neben den *realen Verschiebungen* der Körperpunkte, deren *substantielles Differential*

$$Du_i = v_i\,dt$$

ist, führen wir (gedachte) *virtuelle Verschiebungen* δu_i ein entsprechend (vgl. Band III, Abschnitt 9.1)

Definition 7.2: Prinzip der virtuellen Verschiebung

Eine *virtuelle Verschiebung* δu_i eines Körperpunktes ist eine *gedachte, bei festgehaltener Zeit ausgeführte, im Innern des Körpers stetige und (zumindest bereichsweise) einmal stetig differentiierbare, mit den kinematischen Randbedingungen verträgliche, hinreichend kleine (differentielle) Verschiebung,* bei der sich die auf den Körper einwirkenden äußeren und inneren Kräfte nicht ändern. Mathematisch betrachtet stellen die *virtuellen Verschiebungen* eine *Variation des Verschiebungszustandes* des Körpers bei festgehaltener Zeit dar.

Sind alle kinematischen Bindungen des Körpers holonom und skleronom (zeitunabhängig), so bilden die realen Verschiebungen eine Untermenge der virtuellen Verschiebungen. Es bleibt aber der Unterschied, daß die realen Verschiebungen stets einem Zeitintervall zugeordnet sind, die virtuellen Verschiebungen jedoch bei festgehaltener Zeit ausgeführt zu denken sind. Bei zeitabhängigen kinematischen Bindungen bilden deshalb die realen Verschiebungen auch keine Untermenge mehr der virtuellen Verschiebungen.

Wir sprechen im übrigen bei der Einführung der virtuellen Verschiebungen von einem *Prinzip*, weil es sich dabei um einen eigenständigen neuen Denkansatz handelt, der durch die vom Grundgesetz der Mechanik ausgehende Betrachtungsweise mechanischer Prozesse nicht impliziert ist.

Mit den virtuellen Verschiebungen der Körperpunkte sind *virtuelle Verzerrungen* $\delta \epsilon_{ik}$ der Körperelemente verbunden. Für diese gilt zunächst bei der vorausgesetzten *geometrischen Linearität*

$$\delta \epsilon_{ik} = \frac{1}{2} \delta \{u_{k,i} + u_{i,k}\} .$$

Nun gilt jedoch

Satz 7.1: 1. *Vertauschungsregel*

$$\frac{\partial}{\partial x_i} (\delta u_k) = \delta \left(\frac{\partial u_k}{\partial x_i}\right)$$

bzw.

$$(\delta u_k)_{,i} = \delta (u_{k,i}).$$

Deshalb können wir auch schreiben

Satz 7.2: Bei *geometrischer Linearität* haben die *virtuellen Verschiebungen* δu_i virtuelle Änderungen des Verzerrungstensors (kurz: *virtuelle Verzerrungen*)

$$\delta \epsilon_{ik} = \frac{1}{2} \{(\delta u_i)_{,k} + (\delta u_k)_{,i}\}$$

zur Folge.

Aus den virtuellen Verschiebungen ergeben sich ferner *virtuelle Änderungen der Geschwindigkeiten*

$$\delta v_i = \delta \left(\frac{D u_i}{dt}\right) .$$

Um δv_i durch die δu_i ausdrücken zu können, machen wir eine kurze Zwischenbetrachtung. Es ist, da die virtuellen Verschiebungen δu_i jeweils bei $t = \text{konst.}$ erfolgen

$$D(\delta u_i) = \delta u_i(t + dt) - \delta u_i(t) = \delta\,\{u_i(t + dt) - u_i(t)\},$$

wobei die u_i sich jeweils auf einen festgehaltenen *Körperpunkt* beziehen. Deshalb ist

$$\delta\,\{u_i(t + dt) - u_i(t)\} = \delta(Du_i)$$

und es gilt

Satz 7.3: 2. *Vertauschungsregel*

$$\delta(Du_i) = D(\delta u_i).$$

Darum folgt für die virtuelle Änderung der Geschwindigkeiten

Satz 7.4: Die *virtuellen Verschiebungen* δu_i haben virtuelle Änderungen der Geschwindigkeiten (kurz: *virtuelle Geschwindigkeiten*)

$$\delta v_i = \frac{D}{dt}(\delta u_i)$$

zur Folge.

Anmerkung:

Bei manchen Problemen kann es auch sinnvoll sein, die Verschiebungen u_i und die Geschwindigkeiten v_i unabhängig voneinander zu variieren (etwa bei nichtholonomen Bindungen). Auf diese Möglichkeit gehen wir hier nicht weiter ein.

Für manche Betrachtungen kann es vorteilhaft sein, die virtuellen Verschiebungen von gewissen kinematischen Bindungen zu befreien und damit auch Variationen des Verschiebungszustandes zuzulassen, die beispielsweise nicht mit allen Randbedingungen verträglich sind. Wir kommen auf diese Möglichkeit, die sich aus dem *Befreiungsprinzip* (vgl. Band III, Kapitel 9) ergibt, später zurück. Vorerst bleiben wir dabei, daß die virtuellen Verschiebungen allen in Definition 7.2 genannten Bedingungen genügen.

Wir betrachten nun die bei einer Variation des Verschiebungszustandes eines Körpers geleisteten *virtuellen Arbeiten.* Für die an einem Körperelement angreifenden Kräfte, in die wir aufgrund des *allgemeinen Relativitätsprinzipes der klassischen Mechanik* auch die Trägheitswirkungen einschließen können (vgl. Band III, Kapitel 4 und 9), gilt

$$\left\{\sigma_{ik,i} + \rho f_k - \rho\,\frac{D^2 u_k}{dt^2}\right\} dV = 0.$$

Multiplizieren wir diesen Ausdruck skalar mit den virtuellen Verschiebungen δu_k und integrieren wir sodann über den ganzen Körper, so erhalten wir folgende Beziehung für die an dem Körper infolge der virtuellen Verschiebungen geleisteten *virtuellen Arbeiten*

$$\int_V \sigma_{ik,i}\delta u_k \, dV + \int_V f_k \delta u_k \rho dV - \int_V \frac{D^2 u_k}{dt^2} \delta u_k \rho dV = 0.$$

Wir nehmen uns zunächst das erste Integral vor und formen es um, indem wir

$$\int_V \sigma_{ik,i} \delta u_k \, dV = \int_V (\sigma_{ik} \delta u_k)_{,i} \, dV - \int_V \sigma_{ik} (\delta u_k)_{,i} \, dV$$

setzen. Auf das erste Integral der rechten Seite wenden wir nun den *Gauß*schen Integralsatz an und erhalten

$$\int_V (\sigma_{ik} \delta u_k)_{,i} \, dV = \int_A \sigma_{ik} n_i \delta u_k \, dA = \int_{A_{(1)}} \bar{p}_k \delta u_k \, dA + \int_{A_{(3)}} p_k \delta u_k \, dA.$$

Hierin bezeichnet $\bar{p}_k$ die auf dem Teil $A_{(1)}$ der Körperoberfläche vorgeschriebenen Spannungen. Das Integral über $A_{(2)}$ verschwindet, weil dort $u_k = \bar{u}_k$ vorgegeben ist, was $\delta u_k = 0$ auf $A_{(2)}$ erfordert. Das Integral über $A_{(3)}$ verschwindet ebenfalls, wenn (Fall 3a) $p_k Du_k = 0$ vorgeschrieben ist. Andernfalls erhalten wir

$$\int_{A_{(3)}} p_k \delta u_k dA = -\int_{A_{(3)}} \frac{\partial \varphi_A}{\partial u_k} \delta u_k dA = -\int_{A_{(3)}} \delta \varphi_A \, dA.$$

Für die weiteren Betrachtungen können wir zur Vereinfachung der Schreibweise die Integrale über $A_{(1)}$ und $A_{(3)}$ zusammenfassen, indem wir vereinbaren, daß $\bar{p}_k$ sowohl die von einem Potential ableitbaren wie die sonstigen, unmittelbar gegebenen Spannungen erfassen solle. Wir können dann schreiben

$$\int_V (\sigma_{ik} \delta u_k)_{,i} \, dV = \int_{A_{(1)} + A_{(3)}} \bar{p}_k \delta u_k \, dA = \delta A_A^{(a)}.$$

$\delta A_A^{(a)}$ bezeichnet hierbei die *virtuelle Arbeit der äußeren flächenhaft verteilt angreifenden Kräfte.* Analog stellt

$$\int_V f_k \delta u_k \rho \, dV = \delta A_v$$

die *virtuelle Arbeit aller* (inneren und äußeren) *volumenhaft angreifenden Kräfte* dar.

Als nächstes nehmen wir uns das Integral $\int_V \sigma_{ik}(\delta u_k)_{,i}\, dV$ vor. Unter Beachtung der Symmetrie des Spannungstensors und der ersten Vertauschungsregel (Satz 7.1) erhalten wir

$$\int_V \sigma_{ik}(\delta u_k)_{,i}\, dV = \int_V \sigma_{ik} \frac{1}{2} \delta \{u_{i,k} + u_{k,i}\}\, dV = \int_V \underbrace{\sigma_{ik}\, \delta \epsilon_{ik}}_{\rho \delta w}\, dV = \delta W.$$

δW ist die *virtuelle Formänderungsarbeit.*

Von den ursprünglichen Ausdrücken für die virtuellen Arbeiten bleibt noch das Integral, das die *virtuelle Arbeit der Trägheitswirkungen* repräsentiert, umzuformen. Wir setzen

$$\int_V \frac{D^2 u_k}{dt^2} \delta u_k \rho\, dV = \int_V \frac{Dv_k}{dt} \delta u_k \rho\, dV = \frac{D}{dt} \int_V v_k \delta u_k \rho\, dV - \int_V v_k \frac{D}{dt} (\delta u_k) \rho\, dV.$$

Unter Benutzung der 2. Vertauschungsregel folgt für das letzte Integral

$$\int_V v_k \frac{D}{dt} (\delta u_k) \rho\, dV = \int_V v_k \delta v_k \rho\, dV = \delta \underbrace{\int_V \frac{1}{2} v^2 \rho\, dV}_{dE} = \delta E.$$

Es repräsentiert also die *virtuelle Änderung der kinetischen Energie.*
Wir fassen nun wieder die einzelnen Ausdrücke zusammen und erhalten

---

Satz 7.5: Für die aus den virtuellen Verschiebungen δu_k resultierende *virtuelle Arbeit* eines Körpers gilt

$$0 = -\int_V \sigma_{ik} \delta \epsilon_{ik}\, dV + \int_V f_k \delta u_k \rho\, dV + \int_{A_{(1)} + A_{(3)}} \overline{p}_k \delta u_k\, dA$$

$$+ \int_V v_k \delta v_k \rho\, dV - \frac{D}{dt} \int_V v_k \delta u_k \rho\, dV$$

$$= -\delta W + \delta A_v + \delta A_A^{(a)} + \delta E - \frac{D}{dt} \int_V v_k \delta u_k \rho\, dV.$$

Dieser Satz gilt unabhängig von den Materialeigenschaften, da das Formänderungsgesetz in ihn nicht eingeht. Er bleibt im übrigen auch für große Formänderungen gültig, sofern Spannungs- und Verzerrungstensor so definiert werden, daß sie zueinander adjungiert sind, d.h. daß

$$\frac{1}{\rho}\sigma_{ik}\,D\epsilon_{ik} = Dw$$

ergibt.

Bei *Stäben* und *Stabwerken* sowie *Flächentragwerken* können wir die *virtuelle Formänderungsarbeit* vereinfacht in der Weise beschreiben, daß wir zu ihrer Definition adjungierte Paare von Schnittgrößen und Deformationsgrößen heranziehen. In der elementaren Theorie der Stäbe sind dies beispielsweise bei Beschränkung auf ebene Probleme und Torsion ohne Wölbbehinderung bei geraden Stäben:

Schnittgrößen	Formänderungsgrößen (bezogen auf Stabelement dx)
Normalkraft N	Längsdehnung u'
Querkraft Q	mittlere Gleitung γ
Biegemoment M	Krümmung $-w''$
Torsionsmoment M_T	Drillung ϑ

Dementsprechend enthalten wir für die *virtuelle Formänderungsarbeit eines geraden Stabes* (ebenes Problem und Torsion ohne Wölbbehinderung) von der Länge l

$$\delta W = \int_0^l \{N\,\delta u' + Q\delta\gamma + M\delta(-w'') + M_T\,\delta\,\vartheta\}\,dx.$$

Analog können wir auch bei gekrümmten Stäben und bei Flächentragwerken verfahren.

Integrieren wir die im Satz 7.5 aufgestellte allgemeine Beziehung für die virtuelle Arbeit eines Körpers über ein Zeitintervall von t_1 bis t_2 und legen wir gleichzeitig fest, daß am Anfang und Ende des Zeitintervalls die virtuellen Verschiebungen verschwinden sollen ($\delta u_k(x_i, t_1) = \delta u_k(x_i, t_2) = 0$), so folgt (vgl. Band III, Abschnitt 9.5)

Satz 7.6: Prinzip von Hamilton Ist die virtuelle Verschiebung für alle Körperpunkte zu den Zeitpunkten t_1 und t_2 gleich Null, so ist

$$\int_{t_1}^{t_2} \{-\delta W + \delta A_V + \delta A_A^{(a)} + \delta E\}\,dt = 0.$$

Damit haben wir mit Hilfe des Prinzips der virtuellen Arbeit ein erstes *Variationsprinzip der Mechanik* gewonnen. Es ist mit dem in Band III, Abschnitt 9.5 abgeleiteten Prinzip identisch. Wir haben hier (in Satz 7.5) nur spezifiziert, wie im Rahmen der klassischen Kontinuumsmechanik die Audrücke δW, δA_V, $\delta A_A^{(a)}$ zu definieren sind.

Das Prinzip von *Hamilton* (1805–1865) sagt aus, daß das Zeitintegral über die virtuellen Arbeiten $-\delta W + \delta A_V + \delta A_A^{(a)} + \delta E$ für alle virtuellen Verschiebungen (mit der Bedingung $\delta u_k(x_i, t_1) = \delta u_k(x_i, t_2) = 0$) verschwindet. Die virtuellen Arbeiten sind dabei für jede Zeit t nach Satz 7.5 zu berechnen, z.B. $\delta W = \int_V \sigma_{ik} \delta \epsilon_{ik} dV$.

Die Existenz einer Funktion $w(\epsilon_{ik})$, für die dann

$$\delta W = \int_V \sigma_{ik} \delta \epsilon_{ik} dV = \int \frac{\partial w}{\partial \epsilon_{ik}} \delta \epsilon_{ik} \rho \, dV$$

gilt, ist in Satz 7.6 nicht vorausgesetzt. Die Existenz einer solchen Funktion (und analoger Beziehungen für A_V und $A_A^{(a)}$) müssen wir freilich voraussetzen, wenn wir das Zeitintegral über die virtuellen Arbeiten als Variation des Zeitintegrals über die Arbeiten interpretieren, also

$$\int_{t_1}^{t_2} \{-\delta W + \delta A_V + \delta A_A^{(a)} + \delta E\} dt = \delta \int_{t_1}^{t_2} \{-W + A_V + A_A^{(a)} + E\} dt$$

setzen wollen. Bei den im folgenden ins Auge gefaßten Anwendungen des Prinzips von *Hamilton* wird – wie wir noch sehen werden – diese Voraussetzung stets erfüllt sein.

Anmerkung

Die vorstehende Einschränkung betrifft im übrigen nicht die kinetische Energie, da für deren Variation stets

$$\delta E = \delta \int_V \frac{1}{2} v_k v_k \rho \, dV = \int_V v_k \delta v_k \rho \, dV \qquad \text{gilt.}$$

Für *isotherme Prozesse* ohne chemische Reaktionen, Phasenumwandlungen usw., wie wir sie hier allgemein voraussetzen (vgl. Abschnitt 7.1), ist die in den Körperelementen gespeicherte *reversible Formänderungsarbeit* identisch mit der sogenannten *freien Energie* (vgl. Band II, Abschnitt 1.6). Sie ist eine *thermodynamische Zustandsgröße* und als solche eine *eindeutige Funktion der thermodynamischen Zustandsvariablen.* Für *elastische Körper,* bei denen definitionsgemäß die gesamte *Formänderungsarbeit reversibel* ist, bieten sich die *Verzerrungen* ϵ_{ik} als thermodynamische Zustandsgrößen an. Es gilt also

Satz 7.7: Bei *isothermen, rein mechanischen Prozessen elastischer* Körper ist die spezifische Formänderungsarbeit w identisch mit der freien Energie und als eine eindeutige Funktion der Verzerrungen angebbar:

$$w = w(\epsilon_{ik}).$$

Daraus folgt zugleich, daß

$$\frac{1}{\rho}\sigma_{ik} = \frac{\partial w}{\partial \epsilon_{ik}}$$

ist, w also die Bedeutung eines (thermodynamischen) *Potentials* für die auf die Dichte bezogenen Spannungen hat.

Das letzte ergibt sich aus dem Sachverhalt, daß einmal Dw als totales Differential in der Form

$$Dw = \frac{\partial w}{\partial \epsilon_{ik}} D\epsilon_{ik}$$

geschrieben werden kann, zum andern aber definitionsgemäß

$$Dw = \frac{1}{\rho}\sigma_{ik} D\epsilon_{ik}$$

ist. Im übrigen braucht der Zusammenhang zwischen Spannungen und Verzerrungen keinesweg linear zu sein.

Wir folgern nun weiter:

Satz 7.8: Lassen sich bei *isothermen, rein mechanischen Prozessen elastischer Körper* auch die volumenhaft verteilt angreifenden Kräfte sowie die flächenhaft verteilt angreifenden äußeren Kräfte von *Potentialen* ableiten, ist also

$$f_k = -\frac{\partial \varphi_V}{\partial u_k} \qquad \text{und} \qquad \bar{p}_k = -\frac{\partial \varphi_A}{\partial u_k},$$

so existiert für den gesamten Körper ein *Potential* (*Gesamt-Potential* genannt)

$$\Phi = \int_V w(\epsilon_{ik})\rho dV + \int_V \varphi_V \rho dV + \int_A \varphi_A dA.$$

Wir haben dann ein *konservatives System.*

Das *Gesamt-Potential* Φ wird in der Elastizitätstheorie häufig auch mit Π bezeichnet und man unterteilt in

inneres Potential

$$\Pi^{(i)} = \int_V w \rho \, dV,$$

äußeres Potential

$$\Pi^{(a)} = \int_V \varphi_V \rho \, dV + \int_A \varphi_A \, dA.$$

In $\Pi^{(a)}$ geht jedoch auch das Potential der inneren volumenhaft verteilt angreifenden Kräfte ein. Deshalb ist diese Unterteilung nicht ganz korrekt. Wir unterlassen sie hier. Außerdem wollen wir die Bezeichnung Φ für das Potential beibehalten, um für die verschiedenen Zweige der Mechanik eine möglichst einheitliche Bezeichnungsweise durchzuhalten. Wir merken schließlich noch an, daß wir bei elastischen Stäben und Flächentragwerken bezüglich der Formänderungsarbeit wiederum die entsprechenden Formänderungsgrößen als Zustandsgrößen für die Stab- bzw. Flächenelemente einführen können.

Für *starre Körper* verschwindet sowohl die Formänderungsarbeit wie die Arbeit der inneren, volumenhaft angreifenden Kräfte. Das Potential Φ reduziert sich dann auf das Potential der *äußeren* Kräfte. Dieser Fall interessiert uns hier jedoch nicht weiter, da wir ihn schon in Band III behandelt haben. Nach diesen Feststellungen können wir definieren

---

Satz 7.9: Prinzip von Hamilton für konservative Systeme

Für *konservative Systeme* geht das Prinzip von *Hamilton* über in

$$\delta \int_{t_1}^{t_2} \{E - \Phi\} \, dt = \delta \int_{t_1}^{t_2} L \, dt = 0,$$

wobei

$L = E - \Phi$ die *Lagrange*sche *Funktion*

ist.

Für konservative Systeme sagt also das Prinzip von *Hamilton* aus, daß das Zeitintegral über die *Lagrange*sche Funktion $L = E - \Phi$ für die reale Bewegung eines Körpers einen stationären Wert (Maximum, Minimum oder Sattelwert) annimmt im Vergleich zu allen Nachbarbewegungen, die man sich jeweils durch virtuelle Verschiebungen (mit der Bedingung $\delta u_k(x_i, t_1) = \delta u_k(x_i, t_2) = 0$) erzeugt denken kann. Man nennt es deshalb auch *Prinzip der stationären Wirkung* (*Größenart der Wirkung*: Energie mal Zeit).

Beschränken wir unsere Betrachtungen auf *Gleichgewichtszustände* ($v_k = 0$, $\frac{D}{dt} v_k = 0$), so folgt aus Satz 7.5 unmittelbar

---

Satz 7.10: Ist ein *Körper im mechanischen Gleichgewicht,* so gilt für *beliebige virtuelle Verschiebungen*

$$-\delta W + \underbrace{\delta A_V + \delta A_A^{(a)}}_{\delta A} = -\delta W + \delta A = 0.$$

Für *konservative Systeme* ist das gleichbedeutend mit

$$\delta \Phi = 0,$$

d.h. in einer Gleichgewichtslage nimmt das *Gesamt-Potential* Φ (im Hinblick auf virtuelle Potentialänderungen) einen *stationären Wert* an.

Die große praktische Bedeutung des vorstehenden Satzes besteht darin, daß man ihn sofort umkehren kann:

Satz 7.11: Ein Körper ist mechanisch nur im *Gleichgewicht,* wenn für *beliebige virtuelle Verschiebungen*

$$-\delta W + \delta A = 0$$

ist.

Um zu zeigen, daß die Aussage des Satzes 7.11 der Aussage des Grundgesetzes der Mechanik für den Bereich der Statik – und allen daraus abzuleitenden Sätzen – äquivalent ist, setzen wir zunächst die Definitionen von δW und δA in Satz 7.11 ein:

$$0 = -\delta W + \delta A = -\int_V \sigma_{ik}\, \delta \epsilon_{ik} \cdot dV + \int_V f_k\, \delta u_k\, \rho\, dV + \int_{A_{(1)} + A_{(3)}} \bar{p}_k\, \delta u_k\, dA$$

$$= -\int_V \sigma_{ik}\, \frac{1}{2}\{(\delta u_i)_{,k} + (\delta u_k)_{,i}\} \cdot dV + \int_V f_k\, \delta u_k\, \rho\, dV + \int_{A_{(1)} + A_{(3)}} \bar{p}_k\, \delta u_k\, dA.$$

Die Spannungen σ_{ik} sind hierbei noch völlig frei. Nun formen wir das Integral der rechten Seite wieder um

$$\int_V \sigma_{ik} \frac{1}{2} \{(\delta u_i)_{,k} + (\delta u_k)_{,i}\} \, dV = \int \sigma_{ik} (\delta u_k)_{,i} \, dV$$

$$= \int_V (\sigma_{ik} \delta u_k)_{,i} \, dV - \int_V \sigma_{ik,i} \delta u_k \, dV$$

$$= \int_{A_{(1)} + A_{(3)}} p_k \delta u_k \, dA - \int_V \sigma_{ik,i} \delta u_k \, dV.$$

Setzen wir das ein, so folgt

$$0 = -\delta W + \delta A = \int_V (\sigma_{ik,i} + \rho f_k) \delta u_k \, dV \quad - \int_{A_{(1)} + A_{(3)}} (p_k - \bar{p}_k) \delta u_k \, dA.$$

Da die virtuellen Verschiebungen – abgesehen von den einzuhaltenden Randbedingungen auf $A_{(2)}$ – völlig frei sind, schließen wir daraus, daß für *Gleichgewichtszustände*

$\sigma_{ik,i} + \rho f_k = 0$
und
$p_k - \bar{p}_k = 0$ auf $A_{(1)} + A_{(3)}$

sein muß, daß also für das gegebene Problem die Spannungen

a) das Grundgesetz der Mechanik (hier die Gleichgewichtsbedingungen),
b) die dynamischen Randbedingungen

erfüllen müssen. Das aber war bei der umgekehrten Betrachtungsweise der Ausgangspunkt der Überlegungen. So erweisen sich

(A) die Methode, die vom axiomatischen *Grundgesetz der Mechanik* ausgeht und mit Hilfe des Prinzips der virtuellen Verschiebungen zu gewissen Aussagen über virtuelle Arbeiten usw. gelangt, und

(B) die Methode, die das *Prinzip der virtuellen Arbeiten* axiomatisch an den Anfang stellt und daraus gewisse Schlüsse über Gleichgewichtsbedingungen usw. zieht,

als vollständig äquivalent. Dies haben wir zwar hier zunächst nur für den Fall der Statik nachgewiesen, gilt aber – unter entsprechender Erweiterung der Beweisführung – für kinetische Probleme ebenso. Den Ausgangspunkt bildet dann das Prinzip von *Hamilton*. Für ein spezielles Beispiel kommen wir darauf in Abschnitt 7.4 zurück.

Wir wollen nun die allgemeine Aussage des Satzes 7.11 für konservative Systeme noch einen Schritt weiterführen. Nehmen wir in unsere Überlegungen die zweite Variation des *Gesamt-Potentials* Φ hinein, für die

$$\delta^2\Phi = \frac{1}{2}\,\frac{\partial^2\Phi}{\partial u_k\,\partial u_i}\,\delta u_i\,\delta u_k$$

gilt, so erhalten wir (vgl. Band III, Kapitel 9)

Satz 7.12: Satz von Dirichlet Ein *konservatives System* ist mechanisch nur im *Gleichgewicht,* wenn für beliebige virtuelle Verschiebungen die virtuelle Änderung des *Gesamt-Potentials*

$$\delta\Phi = 0$$

ist. Das *Gleichgewicht* ist

stabil, wenn $\delta^2\,\Phi > 0$ für *alle* Variationen (Φ = Minimum)
labil, wenn $\delta^2\,\Phi < 0$ für wenigstens *eine* Variation (Φ = Maximum)

Der Fall $\delta^2\,\Phi = 0$ bedarf weitergehender Untersuchung mit Hilfe höherer Variationen.

Der vorstehende Satz geht im wesentlichen auf *Dirichlet* zurück und beinhaltet ein zweites wichtiges *Extremalprinzip,* diesmal für Gleichgewichtszustände. Er wird auch als *Satz vom Minimum des Gesamt-Potentials im stabilen Gleichgewicht* bezeichnet.

7.3. Einige Anwendungen des Prinzips der virtuellen Arbeit in der Elasto-Statik

7.3.1. Allgemeines

Wir beschränken uns bei unseren Anwendungsbeispielen auf ebene Probleme der *elementaren Elasto-Statik gerader Stäbe* unter Einschluß der Torsion, da an diesen Beispielen bereits alles Wesentliche erkennbar wird. Die Erweiterung der Betrachtungen auf allgemeinere Probleme ist leicht vorzunehmen.

Zwischen den Schnittgrößen eines Stabes und den kinematischen Größen, die die Formänderungen eines Stabelementes beschreiben, bestehen bei *linear-elastischem*

Verhalten – unter Vernachlässigung der Querkraft-Deformationen – die folgenden Zusammenhänge (vgl. Band II, Abschnitt 3.2, aber auch Tabelle 6.2 dieses Bandes):

$$
\begin{aligned}
N(x) &= EA(x)\,u'(x)\\
M(x) &= -EJ(x)\,w''(x)\\
M_T(x) &= GJ_T(x)\,\varphi'(x).
\end{aligned}
$$

Unter Benutzung dieser Ausdrücke können wir die Forderung des Satzes 7.11 (bzw. 7.12), da die Variationen von u, w und φ unabhängig voneinander sind, auch in der Form

$$-\int_0^l \{EJw''\delta w'' - q\delta w\}\,dx \quad (+\text{ Randterme}) = 0$$

usw. schreiben. Einzellasten können wir dabei als verallgemeinerte Funktionen in q(x) mit einschließen. Randterme können sich z.B. bei elastischer Lagerung ergeben. Ihre Form ist im Einzelfalle leicht zu ermitteln.

Durch partielle Integration können wir diese Ausdrücke noch umformen. Benutzen wir dabei die dynamischen Randbedingungen, so verschwinden die Randterme, und wir erhalten für den vorstehenden Ausdruck beispielsweise

$$\int_0^l \{[EJw'']'' - q\}\,\delta w\,dx = 0.$$

Da das Integral für beliebige δw nur verschwindet, wenn der Integrand Null ist, ergibt sich daraus die bekannte Differentialgleichung der Biegelinie (vgl. Band II, Abschnitt 3.2)

$$[EJw'']'' - q = 0.$$

Lassen wir bei der Umformung durch partielle Integration die Erfüllung der dynamischen Randbedingungen offen, so führen die neu hinzukommenden Randterme mit den ursprünglichen Randtermen gerade auf die dynamischen Randbedingungen. Auf diesen Sachverhalt sind wir schon bei den Überlegungen gestoßen, die wir im Anschluß an Satz 7.11 angestellt haben.

Nach diesen Vorbemerkungen können wir formulieren:

Satz 7.13: Ein *gerader Stab* mit *linear-elastischem* Verhalten ist im Rahmen der *elementaren Elasto-Statik der Stäbe* nur im Gleichgewicht, wenn für beliebige virtuelle Verschiebungen

$$\left.\begin{aligned}
&-\int_0^l \{EAu'\delta u' - n\,\delta u\}\,dx \quad (+\text{ Randterme}) = 0\\
&-\int_0^l \{EJ\,w''\delta w'' - q\,\delta w\}\,dx \quad (+\text{ Randterme}) = 0\\
&-\int_0^l \{GJ_T\,\varphi'\delta\varphi' - m_T\,\delta\varphi\}\,dx \quad (+\text{ Randterme}) = 0
\end{aligned}\right\}\ \text{Form (A)}$$

bzw.

$$\left.\begin{aligned}
&\int_0^l \{[EAu']' - n\}\,\delta u\,dx = 0\\
&\int_0^l \{[EJ\,w'']'' - q\}\,\delta w\,dx = 0\\
&\int_0^l \{[GJ_T\,\varphi']' - m_T\}\,\delta\varphi\,dx = 0
\end{aligned}\right\}\ \text{Form (B)}$$

ist.

Bei der Form (B), aus der sich jeweils die *Differentialgleichungen* für die Formänderungen der geraden Stäbe im Rahmen der elementaren Elasto-Statik ergeben, haben wir die Randterme weggelassen. Deshalb müssen wir bei ihrer Anwendung voraussetzen, daß bei den in Betracht zu ziehenden Funktionen w, u, φ jeweils alle Randbedingungen erfüllt sind.

7.3.2. Die Methode der Verschiebungsarbeit als Sonderfall des Prinzips der virtuellen Arbeit

Wir setzen die *Methode der Verschiebungsarbeit,* wie sie für *linear-elastische Körper* entwickelt ist, als bekannt voraus (vgl. Band II, Abschnitt 6.4) und wollen zeigen, daß sie als ein *Sonderfall* der Anwendung des *Prinzips der virtuellen Arbeit* gedeutet werden kann. Die dahin führenden Überlegungen verfolgen wir an einem Beispiel. Wir suchen für den in Abb. 7.1a skizzierten Stab die Durchsenkung f am freien Ende. Zu diesem Zweck unterwerfen wir den Stab einer *virtuellen Verschiebung* $\delta w(x)$, die der Biegelinie $\overline{w}(x)$ für eine Belastung mit der Kraft "1" am Stabende proportional ist. Bezeichnen wir das zu dieser Belastung gehörende Biegemoment mit $\overline{M}(x)$, so gilt

$$\delta w''(x) = \epsilon \cdot \overline{w}''(x) = -\epsilon \cdot \frac{\overline{M}(x)}{EJ(x)}.$$

Aus Satz 7.11 folgern wir

$$-\delta W + \delta A = -\int_0^l M(x)\,\delta(-w''(x))\,dx + \int_0^l q(x)\,\delta w(x)\,dx$$

$$= -\epsilon \cdot \int_0^l M(x)\frac{\overline{M}(x)}{EJ(x)}\,dx + \epsilon \cdot \int_0^l q(x)\,\delta w(x)\,dx = 0.$$

Nun ist aufgrund des Satzes von *Betti* bei *linear-elastischem* Verhalten (vgl. Band II, Abschnitt 6.2)

$$\underbrace{\int_0^l q(x)\,\overline{w}(x)\,dx}_{\substack{\text{Verschiebungsarbeit}\\ \text{von } q(x) \text{ infolge}\\ \text{Kraft „1"}}} = \underbrace{\text{„1"}\,w(l)}_{\substack{\text{Verschiebungsarbeit}\\ \text{von „1" infolge}\\ \text{Last } q(x)}}$$

Also gilt

$$\boxed{\text{„1"}\,w(l) = \int_0^l \frac{M(x)\,\overline{M}(x)}{EJ(x)}\,dx.}$$

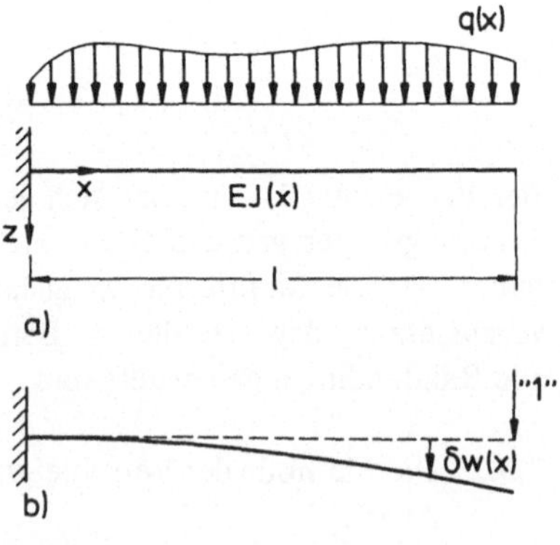

Abb. 7.1.

Das aber ist genau das Ergebnis, auf das die Methode der *Verschiebungsarbeit* führt, die ja nur bei *linear-elastischen Körpern* anwendbar ist.

7.3.3. Ein erstes Näherungsverfahren; das Verfahren von *Galerkin*

Das Prinzip der virtuellen Arbeit (Satz 7.11) verlangt, daß im Gleichgewichtszustand für *alle* zulässigen Variationen des Verschiebungszustandes

$$-\delta W + \delta A = 0$$

sein muß. Dabei können wir für gerade Stäbe im Rahmen der elementaren Elasto-Statik diese Forderung in einer der beiden im Satz 7.13 angegebenen Formen spezifizieren. Für *Biegeprobleme* heißt das also z.B., daß wir

$$-\int_0^l \{EJw''\delta w'' - q\delta w\}\,dx \quad (+\,\text{Randterme}) \;= 0 \quad \text{Form (A)}$$

bzw.

$$-\int_0^l \{[EJw'']'' - q\}\,\delta w\,dx = 0 \qquad\qquad \text{Form (B)}$$

für alle zulässigen virtuellen Verschiebungen δw zu fordern haben.

Zu einer Näherungslösung gelangen wir für die als Beispiel betrachteten Biegeprobleme bei folgendem Vorgehen:

Wir wählen eine *Näherungslösung* $\tilde{w}(x)$ bzw. $\approx\!\!\!\!w(x)$, die noch von $r\,(r \geqslant 1)$ freien Parametern abhängt, und fordern, daß für diese Näherungslösung wenigstens für r spezielle virtuelle Verschiebungen δw_i^* die Forderung $-\delta W + \delta A = 0$ erfüllt ist. Die so entstehenden r Gleichungen erlauben es im regulären Fall, die r noch freien Parameter eindeutig festzulegen. Von der gewählten Näherungslösung $\tilde{w}(x)$ bzw. $\approx\!\!\!\!w(x)$ müssen wir im übrigen verlangen, daß bei der Auswertung von $-\delta W + \delta A = 0$

in der Form (A) $\approx\!\!\!\!w(x)$ eine *zulässige Funktion* ist, d.h. daß $\approx\!\!\!\!w(x)$ *zweimal* (zumindest bereichsweise) *stetig differentiierbar* ist, ohne identisch zu verschwinden, und daß $\approx\!\!\!\!w(x)$ die *wesentlichen* (kinematischen) *Randbedingungen* erfüllt,

in der Form (B) $\tilde{w}(x)$ eine *Vergleichsfunktion* ist, d.h. daß $\tilde{w}(x)$ *viermal* (zumindest bereichsweise) *stetig differentiierbar* ist, ohne identisch zu verschwinden, und daß $\tilde{w}(x)$ *alle Randbedingungen* erfüllt.

Es liegt nahe, *Näherungslösungen* in der Form

$$\tilde{w}(x) = \sum_i c_i \tilde{w}_i(x) \quad \text{bzw.} \quad \approx\!\!\!\!w(x) = \sum_i c_i \approx\!\!\!\!w_i(x)$$

zu suchen, wobei alle $\tilde{w}_i(x)$ Vergleichsfunktionen bzw. die $\approx\!\!\!\!w_i(x)$ zulässige Funktionen sind, und ferner die speziellen virtuellen Verschiebungen

$$\delta w_i^*(x) = \epsilon\,\tilde{w}_i(x) \qquad (\text{bzw. } \epsilon\,\approx\!\!\!\!w_i(x))$$

zu wählen. In diesem Falle geht unser Verfahren bei Benutzung der Form (B) in das Verfahren von *Galerkin* zur Lösung der Differentialgleichung der Biegelinie über. Wir fordern dann nämlich

$$-\epsilon \int_0^l \left\{ \left[EJ \left(\sum_i c_i \widetilde{w}_i'' \right) \right]'' - q \right\} \widetilde{w}_k \cdot dx = 0 \qquad (i, k = 1, 2, \ldots, r).$$

Dies ist gleichbedeutend mit der Forderung des Verfahrens von *Galerkin* (vgl. Abschnitt 4.1.3.5 und 6.3.3.3), daß die Näherungslösung $\widetilde{w}(x)$ zwar alle Randbedingungen erfüllen soll, die Differentialgleichung des Problems jedoch nur im gewogenen Mittel, wobei die Ansatzfunktionen $\widetilde{w}_i(x)$ jeweils als Gewichtsfunktionen dienen. Aber auch, wenn wir von der Form (A) ausgehen, wollen wir die Einführung von Näherungsansätzen in Form von Linearkombinationen als Verfahren von *Galerkin* bezeichnen. Der Grund dafür wird im Abschnitt 7.3.3 noch deutlicher werden. Wir wollen die Vorgehensweise an einem einfachen Beispiel entsprechend Abb. 7.2 demonstrieren. Die Randbedingungen lauten hier

kinematische Randbedingungen: $w(0) = 0, \quad w'(0) = 0$
dynamische Randbedingungen: $-EJ w''(l) = 0$
$-EJ w'''(l) + c w(l) = 0$

Dic Form (A) für $-\delta W + \delta A = 0$ nach Satz 7.13 lautet hier

$$\underbrace{-\int_0^l EJ w''(x) \delta w''(x)\, dx}_{-\delta W \text{ (ohne Randterm)}} + \underbrace{\int_0^l q \delta w(x)\, dx + F \delta w\left(\frac{l}{2}\right)}_{\delta A} \underbrace{- c w(l) \delta w(l)}_{\text{Randterm}} = 0.$$

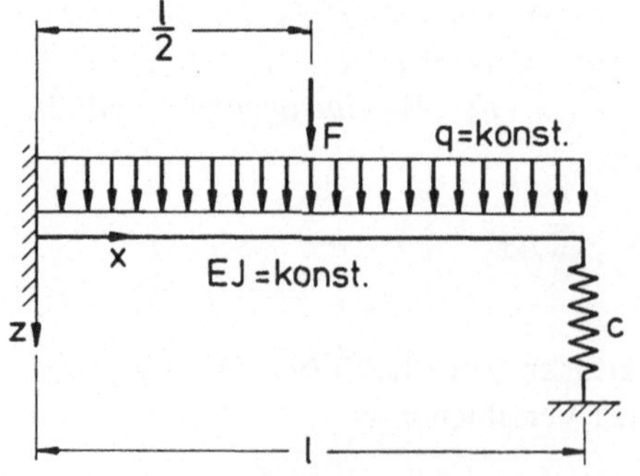

Abb. 7.2

Die zweifache partielle Integration *ohne* Berücksichtigung der dynamischen Randbedingungen ergibt

$$-\int_0^l \mathrm{EJ}\,w''(x)\,\delta w''(x)\,dx = -[\mathrm{EJ}\,w''\,\delta w']_0^l + [\mathrm{EJ}\,w'''\,\delta w]_0^l - \int_0^l \mathrm{EJ}\,w''''(x)\,\delta w(x)\,dx.$$

Setzen wir das in Form (A) ein, so folgt unter Berücksichtigung der *kinematischen* Randbedingungen für w bzw. δw

$$-\int_0^l \{\mathrm{EJ}\,w''''(x) - q\}\,\delta w(x)\,dx + F\,\delta w\left(\frac{l}{2}\right) - [c\,w(l) - \mathrm{EJ}\,w'''(l)]\,\delta w(l) - \mathrm{EJ}\,w''(l)\,\delta w'(l) = 0.$$

Die hier noch verbleibenden Randterme fordern die Erfüllung der dynamischen Randbedingungen. Erfüllen wir sie, so verschwinden die Randterme und wir erhalten als Form (B) für $-\delta W + \delta A$

$$-\int_0^l \{\mathrm{EJ}\,w''''(x) - q\}\,\delta w(x)\,dx + F\,\delta w\left(\frac{l}{2}\right) = 0.$$

Wir machen nun einen einfachen zweigliedrigen Näherungsansatz

$$\approx\!\!\!\!w(x) = c_1\,\tilde{\tilde{w}}_1(x) + c_2\,\tilde{\tilde{w}}_2(x) = c_1\left(\frac{x}{l}\right)^2 + c_2\left(\frac{x}{l}\right)^3,$$

der die kinematischen Randbedingungen erfüllt, aber nur eine *zulässige Funktion* darstellt. Deshalb müssen wir von Form (A) ausgehen.

Mit

$$\tilde{\tilde{w}}''(x) = c_1\frac{2}{l^2} + c_2\,6\frac{x}{l^3}$$

$$\tilde{\tilde{w}}\left(\frac{l}{2}\right) = \frac{1}{4}c_1 + \frac{1}{8}c_2$$

$$\tilde{\tilde{w}}(l) = c_1 + c_2$$

sowie

$$\delta w_i^* = \epsilon\,\tilde{\tilde{w}}_i(x)$$

erhalten wir die beiden Gleichungen

$$-\int_0^l EJ\left[c_1\frac{2}{l^2}+c_2\,6\frac{x}{l^3}\right]\frac{2}{l^2}\,dx+\int_0^l q\left(\frac{x}{l}\right)^2 dx+\frac{1}{4}F-c(c_1+c_2)=0$$

$$-\int_0^l EJ\left[c_1\frac{2}{l^2}+c_2\,6\frac{x}{l^3}\right]\frac{6x}{l^3}\,dx+\int_0^l q\left(\frac{x}{l}\right)^3 dx+\frac{1}{8}F-c(c_1+c_2)=0.$$

Die Auswertung dieser beiden Gleichungen ergibt zunächst

$$-c_1\left\{4\frac{EJ}{l^3}+c\right\}-c_2\left\{6\frac{EJ}{l^3}+c\right\}+\frac{1}{3}ql+\frac{1}{4}F=0$$

$$-c_1\left\{6\frac{EJ}{l^3}+c\right\}-c_2\left\{12\frac{EJ}{l^3}+c\right\}+\frac{1}{4}ql+\frac{1}{8}F=0.$$

Daraus sind die noch freien Konstanten eindeutig zu ermitteln. Wir verzichten hier auf die allgemeine Auflösung und betrachten nur noch den Sonderfall $c \to 0$, d.h. den einseitig eingespannten Stab mit freiem rechten Ende. In diesem Falle erhalten wir

$$c_1=\frac{l^3}{EJ}\left\{\frac{5}{24}ql+\frac{3}{16}F\right\}$$

$$c_2=-\frac{l^3}{EJ}\left\{\frac{1}{12}ql+\frac{1}{12}F\right\},$$

also

$$\approx\!\!\!\!w(x)=\frac{l^3}{24\,EJ}\left\{\left[5ql+\frac{9}{2}F\right]\left(\frac{x}{l}\right)^2-2[ql+F]\left(\frac{x}{l}\right)^3\right\}.$$

Vergleichen wir speziell die Näherungslösung mit den exakten Werten für $x=\frac{l}{2}$ und $x=l$, so finden wir

$$\approx\!\!\!\!w\left(\frac{l}{2}\right)=\frac{l^3}{24\,EJ}\left\{ql+\frac{7}{8}F\right\},\qquad \text{exakt: } w\left(\frac{l}{2}\right)=\frac{l^3}{24\,EJ}\left\{\frac{17}{16}ql+F\right\}$$

$$\approx\!\!\!\!w(l)=\frac{l^3}{24\,EJ}\left\{3ql+\frac{5}{2}F\right\},\qquad \text{exakt: } w(l)=\frac{l^3}{24\,EJ}\left\{3ql+\frac{5}{2}F\right\},$$

also eine recht gute Übereinstimmung.

Wir können die Art der Näherungsansätze sowie die speziellen virtuellen Verschiebungen natürlich auch in anderer Weise festlegen. Das hier skizzierte Näherungsverfahren läßt uns dabei eine große Freiheit, die es im konkreten Einzelfall zu nutzen gilt. Das Verfahren ist im übrigen ohne Änderung der Grundgedanken auf linear-elastische Flächentragwerke und Körper zu übertragen. Das Auffinden geeigneter Ansatzfunktionen für die Näherungslösungen kann dabei allerdings manchmal mühsam werden.

7.3.4. Ein anderes Näherungsverfahren; das Verfahren von *Ritz*

Ausgangspunkt für das hier zu erörtende Näherungsverfahren ist der Satz 7.12, der feststellt, daß das *Gesamt-Potential* Φ in einer *stabilen Gleichgewichtslage* zum *Minimum* wird. Für *ebene Biegeprobleme* im Rahmen der elementaren Elasto-Statik der Stäbe lautet dieses Gesamt-Potential, wenn die *Belastung unabhängig von den Verschiebungen* ist

$$\Phi(w) = \frac{1}{2}\int_0^l EJ(x)\,(w''(x))^2 dx - \int_0^l q(x)\,w(x)\,dx + \text{Randterme}.$$

Dies ergibt sich aus Satz 7.8 in Verbindung mit den Ausführungen zu Satz 7.5. Elastische Auflager usw. erscheinen dabei wiederum in den Randtermen. Einzellasten können wir in gewohnter Weise in das Potential einbeziehen.

Der Grundgedanke des Näherungsverfahrens besteht nun darin, für die exakte Durchbiegung w, die Φ zum Minimum macht, einen Näherungsansatz $w(x; c_i)$ zu machen, der noch von $r\,(r \geqslant 1)$ freien Parametern c_i abhängt, und diese Parameter c_i so zu bestimmen, daß Φ innerhalb des durch den Ansatz gegebenen Rahmens zum (relativen) Minimum wird. Das verlangt als *notwendige* Bedingungen

$$\frac{\partial\Phi(c_i)}{\partial c_i} = 0 \qquad (i = 1, 2, \ldots, r).$$

Wir haben im übrigen diesen Grundgedanken schon im Abschnitt 6.3.3.2 als Verfahren von *Ritz* zur Lösung von Variationsproblemen kennengelernt.

Machen wir nun – *Galerkin* folgend – Ansätze von der Form

$$\stackrel{\approx}{w}(x) = \sum_i c_i \stackrel{\approx}{w}_i(x),$$

wobei die $\stackrel{\approx}{w}_i(x)$ nur zulässige Funktionen zu sein brauchen, so führt die Durchführung des Verfahrens auf ein lineares Gleichungssystem. Es stimmt mit jenem überein, welches wir bei dem im Abschnitt 7.3.2 geschilderten Näherungsverfahren erhalten, sofern wir dort von der Form (A) ausgehen. Deshalb war es gerechtfertigt, auch dort vom Verfahren von *Galerkin* zu sprechen.

Die Durchführung des Verfahrens brauchen wir hier nicht im einzelnen zu erörtern. Wir können uns dabei auf die Ausführungen im Abschnitt 6.3.3.2 stützen. Der einzige wesentliche Unterschied besteht lediglich darin, daß das lineare Gleichungssystem, das wir für die Bestimmung der c_i erhalten, im vorliegenden Falle inhomogen ist und eindeutige Lösungen für die c_i liefert, sofern nicht die Determinante des Problems verschwindet, was dann auf ein Stabilitätsproblem führt.

Im Rahmen des Verfahrens von *Ritz* können wir natürlich auch noch anders geartete Näherungsansätze $w(x; c_i)$ mit freien Parametern c_i machen. Insbesondere können wir auch zu *bereichsweisen Ansätzen* übergehen, wie wir sie im Abschnitt 6.3.3.3 im Zusammenhang mit Schwingungsproblemen erörtert haben. Wir erhalten dann am Schluß aus der Forderung

$$\frac{\partial \Phi(c_i)}{\partial c_i} = 0 \qquad (i = 1, 2, \ldots, r)$$

wiederum ein lineares Gleichungssystem für die c_i, das aber im vorliegenden Falle – im Gegensatz zum analogen Schwingungsproblem – inhomogen ist. Bei der Durchführung des Verfahrens bedient man sich zweckmäßig der Matrizen-Schreibweise, wie wir im Abschnitt 6.3.3.3 gesehen haben.

Das Verfahren von *Ritz* mit bereichsweisen Ansätzen läßt sich im übrigen ohne Änderung der Grundgedanken auf linear-elastische Flächentragwerke und Körper übertragen. Dies führt dann zur *Methode der finiten Elemente.* Die Durchgestaltung der Methode zu einem einfach zu programmierenden allgemeinen Rechenverfahren verlangt allerdings noch vielfältige Überlegungen, auf die wir hier nicht mehr eingehen können.

7.3.5. Stabilitätsprobleme

Wir wollen uns hier auf *Verzweigungsprobleme der Elasto-Statik* beschränken, die dadurch gekennzeichnet sind, daß die bis zu einer gewissen Größe der Belastung eindeutigen, *stabilen Gleichgewichtszustände* bei einer sogenannten *kritischen Belastung* indifferent werden. Bei der Anwendung des *Prinzips der virtuellen Arbeit* auf solche *Verzweigungsprobleme der Elasto-Statik* können wir wiederum verschiedene Wege gehen. Allen Verfahren ist jedoch gemeinsam, daß wir danach fragen, ob es zu einem bekannten *Grundzustand,* der ein Gleichgewichtszustand ist, *Nachbarzustände* (mit ungeänderter Belastung, sofern die Belastung nicht vom Formänderungszustand des Körpers abhängt) gibt, die ebenfalls mögliche Gleichgewichtszustände sind, so daß die Eindeutigkeit des Grundzustandes verloren geht. Die Benutzung des Prinzips der virtuellen Arbeit zur Beantwortung dieser Frage bezeichnet man als die *Energie-Methode* zur Unterscheidung von der *Gleichgewichts-Methode,* die unmittelbar vom Gleichgewicht der inneren und äußeren Kräfte ausgeht (vgl. Band II, Kapitel 7).

Als Beispiel wählen wir hier das Knickproblem eines axial auf Druck beanspruchten Stabes, und zwar den sogenannten 2. *Euler*-Fall. Im *Grundzustand* (Abb. 7.3a) treten nur Längsverschiebungen auf, die wir wegen ihrer Kleinheit vernachlässigen wollen. Von allen möglichen *Nachbarzuständen* mit ungeänderter Belastung interessieren uns hier nur solche, bei denen der Stab ausknickt, also $\overline{w}(x) \neq 0$ wird. Die Überstreichung führen wir hier ein, um zu kennzeichnen, daß sich die Größen auf den *Nachbarzustand* beziehen. Soll ein solcher Nachbarzustand ein Gleichgewichtszustand sein, so muß für ihn

$$\boxed{-\delta W + \delta A = -\int_0^l EJ\,\overline{w}''\,\delta\overline{w}''\,dx + F\,\delta\overline{f} = 0}$$

sein. Die Aufgabe besteht nun zunächst darin, $\delta\overline{f}$ durch $\overline{w}$ und $\delta\overline{w}$ auszudrücken. Vernachlässigen wir die axiale Zusammendrückung, so muß

$$\int_0^l \underbrace{\sqrt{1+(\overline{w}')^2}\,dx}_{ds} = l$$

sein, wobei ds das Bogenelement längs des ausgeknickten Stabes bezeichnet (vgl. Abb. 7c). Wir erhalten deshalb für

$$\overline{f} = l - \overline{l} = \int_0^l \{\sqrt{1+(\overline{w}')^2} - 1\}\,dx \approx \frac{1}{2}\int_0^l (\overline{w}')^2\,dx.$$

Daraus folgt

$$\delta\overline{f} = \frac{1}{2}\int_0^l \{(\overline{w}' + \delta\overline{w}')^2 - (\overline{w}')^2\}\,dx = \int_0^l \overline{w}'\,\delta\overline{w}'\,dx.$$

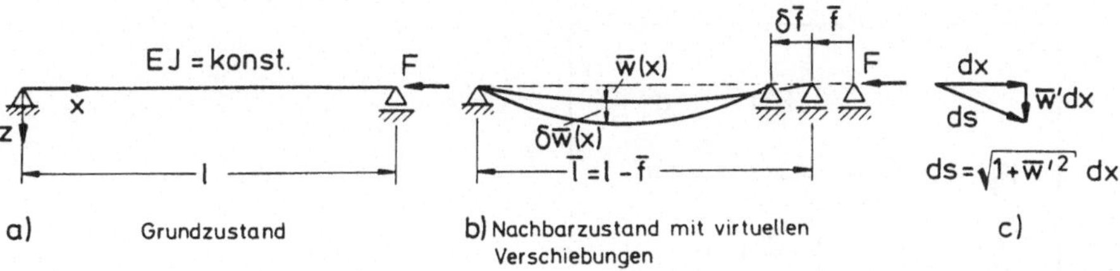

Abb. 7.3

Damit läßt sich die Bedingung dafür, daß *Nachbarzustände* zugleich *Gleichgewichtszustände* sind, so formulieren:

$$-\delta W + \delta A = -\int_0^l EJ\bar{w}''\,\delta\bar{w}''\,dx + F\int_0^l \bar{w}'\,\delta\bar{w}'\,dx = 0.$$

Bis dahin gilt die Betrachtung noch ganz allgemein für das Knickproblem. Es ist nur hinzuzufügen, daß bei elastischer Lagerung auch noch Randterme auftreten können. Anzumerken ist schließlich auch noch, daß wir das erste Integral wiederum durch partielle Integration umformen können in

$$\int_0^l EJ\bar{w}''\,\delta\bar{w}''\,dx = \int_0^l [EJ\bar{w}'']''\,\delta\bar{w}\,dx,$$

wobei dann auch etwaig vorhandene Randterme verschwinden. $\bar{w}(x)$ ist nun – unter der Voraussetzung, daß $\bar{w}$ klein bleibt – so zu bestimmen, daß für *beliebige* $\delta\bar{w}(x)$ die obige Bedingung erfüllt ist. Das erweist sich, wenn man das Variationsproblem näher untersucht, als ein *Eigenwertproblem.* Die Bedingung ist nur für bestimmte Eigenwerte F_i zu erfüllen. Den wichtigsten Eigenwert

$$F_I = F_k$$

bezeichnen wir als die *kritische Last* (oder auch als *Knicklast*).

Auf die allgemeine Lösung des vorstehenden Variationsproblems wollen wir hier nicht eingehen. Wir suchen hier eine Näherungslösung in der Weise, daß wir eine zulässige Funktion $\overset{\approx}{w}(x)$ bzw. eine Vergleichsfunktion $\tilde{w}(x)$ als Näherung ansetzen und gleichzeitig

$$\delta\bar{w} = \delta\bar{w}^* = \epsilon\,\overset{\approx}{w}(x) \quad (\text{bzw. } \epsilon\,\tilde{w}(x))$$

setzen. Dann folgt für die kritische Last näherungsweise

$$F_k \approx R[\overset{\approx}{w}] = \frac{\int_0^l EJ(\overset{\approx}{w}'')^2\,dx}{\int_0^l (\overset{\approx}{w}')^2\,dx}.$$

Dieser Ausdruck stellt den *Rayleigh*-Quotienten unseres Problems dar. Es läßt sich wiederum zeigen, daß stets

$$\boxed{F_k \leqslant R[\approx{w}]}$$

gilt. Den Beweis dafür findet man zunächst für Vergleichsfunktionen sehr einfach in der Weise, daß man sie in eine Reihe nach den Eigenfunktionen des zugehörigen Differentialgleichungs-Eigenwertproblems entwickelt (vgl. Abschnitt 5.3.3.1 und 6.3.3.1). Er läßt sich dann – allerdings mit einigem Aufwand – auf zulässige Funktionen übertragen.

In unserem Beispiel, dem 2. *Euler*-Fall, setzen wir beispielsweise als möglichst einfache *zulässige Funktion*

$$\approx{w}(x) = c\,\frac{x}{l}\left(1-\frac{x}{l}\right)$$

an mit

$$\approx{w}'(x) = \frac{c}{l}\left(1-2\,\frac{x}{l}\right), \quad \approx{w}''(x) = -\frac{2c}{l^2}\,.$$

Damit wird

$$F_k \leqslant \frac{\int\limits_0^l EJ\,(\approx{w}'')^2\,dx}{\int\limits_0^l (\approx{w}')^2\,dx} = 12\,\frac{EJ}{l^2}\,.$$

Das ist – aufgrund des einfachen Ansatzes – nur eine grobe obere Schranke für den exakten Wert

$$F_k = \pi^2\,\frac{EJ}{l^2}\,.$$

Natürlich können wir, um bessere Schranken zu erzielen, zu besser angepaßten Vergleichsfunktionen übergehen oder auch mehrgliedrige Ansätze wählen. Die Vorgehensweise ist bekannt und braucht hier nicht mehr erörtert zu werden.

Ein Hinweis sei jedoch noch angebracht. Stellt man die Differentialgleichung für den 2. *Euler*-Fall in üblicher Weise auf, so wird man auf

$$\boxed{EJ\,\bar{w}'' + F\bar{w} = 0}$$

geführt (vgl. Band II, Abschnitt 7.3). Der *Rayleigh*-Quotient nimmt dafür die Form

$$F_k \leqslant R[\widetilde{w}] = \frac{-\int_0^l EJ\,\widetilde{w}''\,\widetilde{w}\,dx}{\int_0^l \widetilde{w}^2\,dx}$$

an. Auf dasselbe Ergebnis führt auch das Verfahren von *Galerkin* mit einem eingliedrigen Ansatz für die obige Differentialgleichung. Gehen wir in diesen Quotienten mit dem gleichen Ansatz wie zuvor, nämlich

$$\widetilde{w}(x) = c\,\frac{x}{l}\left(1 - \frac{x}{l}\right),$$

der hier eine Vergleichsfunktion darstellt, so erhalten wir

$$F_k \leqslant 10\,\frac{EJ}{l^2},$$

also eine wesentlich bessere obere Schranke. Das liegt daran, daß die obige Differentialgleichung den speziellen Gegebenheiten des 2. Euler-Falles Rechnung trägt, während die vorhergehenden Betrachtungen ganz allgemein galten.

Leiten sich die Kräfte, die auf das System einwirken, von einem Potential ab, wie es bei unserem vorstehenden Beispiel der Fall ist, dann können wir bei unseren Untersuchungen auch von der Betrachtung der virtuellen Änderungen des Gesamt-Potentials Φ ausgehen. Der Grundgedanke unserer Überlegungen lautet dann: Der *Gleichgewichtszustand* des von uns betrachteten Grundzustandes ist *indifferent,* wenn es *mindestens einen Nachbarzustand* mit ungeänderter Belastung gibt, für den die *erste Variation* seines *Gesamt-Potentials verschwindet.*

Bei der Durchführung unserer Überlegungen haben wir zu unterscheiden

Grundzustand: Gesamt-Potential Φ_0 mit $\delta\Phi_0 = 0$

Nachbarzustand: Gesamt-Potential $\overline{\Phi} = \Phi_0 + \delta^2\Phi_0$.

Die Forderung, daß die erste Variation des Nachbarzustandes im Falle indifferenten Gleichgewichtes verschwinden muß, läuft also auf die *notwendige und hinreichende Bedingung*

$$\overline{\delta}\,\overline{\Phi} = \overline{\delta}\,\{\delta^2\Phi_0\} = 0 \qquad \text{für mindestens eine spezielle zweite Variation von } \Phi_0$$

hinaus. Die an sich naheliegende Forderung $\delta^2 \Phi_0 = 0$ ist nur eine *notwendige* Bedingung.

Wir wollen das nun auf unser Knickproblem übersetzen. Dabei wollen wir unsere Betrachtungen gleich in einen etwas weiteren Rahmen stellen und auch die axiale Zusammendrückung mitnehmen. Es ist

$$\Phi_0 = \int_0^l \{\tfrac{1}{2} EA(u_0')^2 + \tfrac{1}{2} EJ(w_0'')^2 + F[(1 + u_0')(1 - \tfrac{1}{2}(w_0')^2) - 1]\} \, dx$$

hier jedoch mit $w_0 \equiv 0$.

Zur Ermittlung des Potentials in der Nachbarlage können wir formal

$$\overline{\Phi} = \Phi_0 + \delta^2 \Phi_0$$

bilden. Einfacher kommen wir zum Ziele, wenn wir in dem obigen Ausdruck für Φ_0

u_0' durch $u_0' + \overline{u}'$

w_0 durch $w_0 + \overline{w} = \overline{w}$

ersetzen. Die Größen $\overline{u}$ und $\overline{w}$ haben hierbei die Bedeutung von virtuellen Verschiebungen aus dem Grundzustand heraus. Wir erhalten dann

$$\overline{\Phi} = \frac{1}{2} \int_0^l \{EA(u_0' + \overline{u}')^2 + EJ(\overline{w}'')^2 + 2F[(1 + u_0' + \overline{u}')(1 - \tfrac{1}{2}(\overline{w}')^2) - 1]\} \, dx.$$

Ziehen wir davon Φ_0 ab, so folgt zunächst

$$\overline{\Phi} - \Phi_0 = \frac{1}{2} \int_0^l \{EA[2u_0'\overline{u}' + (\overline{u}')^2] + EJ(\overline{w}'')^2 +$$

$$+ 2F[\overline{u}'(1 - \tfrac{1}{2}(\overline{w}')^2) - (1 + u_0')\tfrac{1}{2}(\overline{w}')^2]\} \, dx.$$

Nun ist aber

$$EA\, u_0' = -F.$$

Deshalb reduziert sich der obige Ausdruck auf

$$\overline{\Phi} - \Phi_0 = \frac{1}{2} \int_0^l \{EA(\overline{u}')^2 + EJ(\overline{w}'')^2 - F[1 + u_0' + \overline{u}'](\overline{w}')^2\} \, dx.$$

Hierin können wir noch $\bar{u}$ neben $1 + u_0$ vernachlässigen, weil ja der zu untersuchende Zustand benachbart sein soll. Wir erhalten deshalb schließlich

$$\bar{\Phi} - \Phi_0 = \delta^2 \Phi_0 = \frac{1}{2} \int_0^l \{EA(\bar{u}')^2 + EJ(\bar{w}'')^2 - F(1 + u_0')(\bar{w}')^2\}\, dx.$$

Die Variation dieses Ausdruckes liefert dann als *Bedingung für indifferentes Gleichgewicht im Nachbarzustand*

$$\bar{\delta}(\delta^2 \Phi_0) = \int_0^l \{EA\,\bar{u}'\delta\bar{u}' + EJ\,\bar{w}''\delta\bar{w}'' - F(1 + u_0')\,\bar{w}'\delta\bar{w}'\}\, dx = 0.$$

Da die Variationen von $\bar{u}'$ und $\bar{w}$ unabhängig voneinander sind, ergeben sich daraus die beiden Forderungen

$$EA\bar{u}' = 0$$

$$\int_0^l \{EJ\,\bar{w}''\delta\bar{w}'' - F(1 + u_0')\,\bar{w}'\delta\bar{w}'\}\, dx = 0.$$

Die zweite Bedingung stimmt bis auf den Faktor $(1 + u_0')$ bei F, der die axiale Zusammendrückung berücksichtigt, mit der zuvor auf andere Weise abgeleiteten Bedingung überein. Wir brauchen deshalb die Lösung dieses Variationsproblems hier nicht weiter zu untersuchen.

Die Übertragung der hier entwickelten Gedankenvorgänge auf andere Verzweigungsprobleme der Elasto-Statik bereitet keine grundsätzlichen Schwierigkeiten. Wir lassen es deshalb mit den vorstehenden Ausführungen bewenden.

7.3.6. Einige ergänzende Bemerkungen

Die in den Abschnitten 7.3.2 bis 7.3.4 dargestellten Methoden sind grundsätzlich auch auf nichtlineare Probleme der Elasto-Statik anwendbar, sofern bei geometrischer Nichtlinearität die Größen entsprechend definiert sind. Es ergeben sich aber dann beispielsweise bei den Näherungsverfahren nichtlineare Gleichungen für die zunächst noch freien Parameter der Ansätze. Um dieses zu vermeiden, geht man vielfach dazu über, den Belastungsvorgang in diskrete Teilschritte aufzulösen, die sich sowohl in den geometrischen wie den physikalischen Beziehungen linearisieren lassen.

Vermerkt sei schließlich noch, daß das Prinzip der virtuellen Arbeiten auch dazu herangezogen werden kann, den zweiten Satz von *Castigliano* allgemein zu begründen, den wir in Band II, Abschnitt 6.2 in spezieller Form abgeleitet haben. Der Weg dazu sei hier nur kurz angedeutet. Der Ausgangspunkt ist, daß wir die Verschiebungen auf dem Teil $A_{(2)}$ der Oberfläche, die wir bisher als *fest* gegeben betrachtet haben, nunmehr als variable Größen im Sinne von unabhängigen *Prozeß-Variablen* (vgl. Abschnitt 7.1) ansehen. Dann wird das Gesamt-Potential Φ ein Funktional dieser auf $A_{(2)}$ (variabel) vorgeschriebenen Verschiebungen $\bar{u}_k$. Da wir in der Elasto-Statik nur Folgen von Gleichgewichtszuständen betrachten, können wir jeden dieser zu verschiedenen Verteilungen der $\bar{u}_k$ auf $A_{(2)}$ gehörenden Gleichgewichtszustände virtuellen Verschiebungen unterwerfen und erhalten dann

$$\int_{A_{(2)}} p_k \delta \bar{u}_k dA - \delta\Phi = 0,$$

wobei

$$\Phi = \Phi(\bar{u}_k(x_i) \text{ auf } A_{(2)})$$

ist. Deshalb können wir die zu den Verschiebungen $\bar{u}_k(x_i)$ auf $A_{(2)}$ gehörenden Spannungen $p_k(x_i)$ durch Ableitung von Φ nach den $\bar{u}_k(x_i)$ gewinnen, wobei die Ableitungen im Sinne der Funktional-Analysis zu verstehen sind. Die Zusammenhänge vereinfachen sich, wenn die Verschiebungen $\bar{u}_k$ nur für diskrete Punkte der Oberfläche vorgeschrieben sind. Im übrigen gelten die vorstehenden Aussagen bei entsprechenden Definitionen auch für nichtlineare Systeme.

7.4. Eine Anwendung des Prinzips von Hamilton in der Elasto-Kinetik

Das *Prinzip von Hamilton,* das wir in 7.2 mit Hilfe des *Prinzips der virtuellen Arbeit* formuliert haben, hat zunächst einmal vorwiegend theoretische Bedeutung. Aus ihm lassen sich viele wichtige weitere Aussagen ableiten. Dazu gehören beispielsweise die *Lagrange*schen Gleichungen, die wir in Band III, Abschnitt 10.2 aufgestellt haben. Eine unmittelbare praktische Anwendung ergibt sich jedoch für dieses Prinzip bei periodischen Schwingungen. Die Anwendung wird hier deshalb besonders einfach, weil bei periodischen Schwingungen der Endzustand des Systems nach einer Periode mit dem Anfangszustand wieder zusammenfällt. Wir wollen das am Beispiel der *elementaren Biegeschwingungen* eines Stabes demonstrieren, wie er in Abb. 7.4 skizziert ist. Wir benutzen dabei die in Kapitel 6 eingeführten Bezeichnungen und betrachten zunächst die *Eigenschwingungen* eines solchen Stabes.

Die *kinetische Energie* des schwingenden Stabes ist

$$E = \frac{1}{2} \int_0^l \rho A \left(\frac{\partial}{\partial t} u_z(x,t) \right)^2 dx.$$

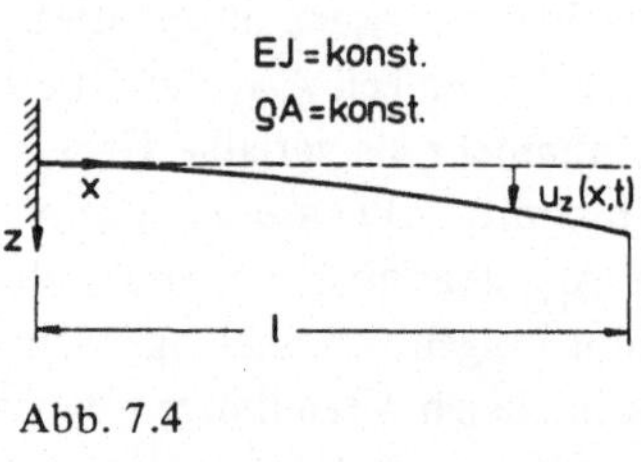

Abb. 7.4

Für seine *potentielle Energie* gilt

$$\Phi = W = \frac{1}{2} \int_0^l EJ \left(\frac{\partial^2 u_z}{\partial x^2} \right)^2 dx.$$

Aus dem *Prinzip von Hamilton* (angewandt auf eine Periode), also aus

$$\delta \int_{t_0}^{t_0+T} (E - \Phi)\, dt = \delta \int_{t_0}^{t_0+T} \int_0^l \frac{1}{2} \left\{ \rho A \left(\frac{\partial u_z}{\partial t} \right)^2 - EJ \left(\frac{\partial^2 u_z}{\partial x^2} \right)^2 \right\} dx\, dt = 0,$$

folgt zunächst durch Ausführung der Variation

$$0 = \int_{t_0}^{t_0+T} \int_0^l \left\{ \rho A \frac{\partial u_z}{\partial t} \frac{\partial(\delta u_z)}{\partial t} - EJ \frac{\partial^2 u_z}{\partial x^2} \frac{\partial^2(\delta u_z)}{\partial x^2} \right\} dx\, dt.$$

Anmerkung:

Im allgemeinen Fall – nicht in unserem Beispiel – können wiederum noch gewisse Randterme auftreten.

Wir formen nun durch partielle Integration unter Beachtung von $\delta u_z(t_0) = \delta u_z(t_0 + T) = 0$ und unter Berücksichtigung der kinematischen Randbedingungen um:

$$\int_{t_0}^{t_0+T} \rho A \frac{\partial u_z}{\partial t} \frac{\partial(\delta u_z)}{\partial t} dt = \underbrace{\rho A \left[\frac{\partial u_z}{\partial t} \delta u_z \right]_{t_0}^{t_0+T}}_{0} - \rho A \int_{t_0}^{t_0+T} \frac{\partial^2 u_z}{\partial t^2} \delta u_z\, dt,$$

$$\int_0^l EJ \frac{\partial^2 u_z}{\partial x^2} \frac{\partial^2(\delta u_z)}{\partial x^2} dx = \left[EJ \frac{\partial^2 u_z}{\partial x^2} \frac{\partial(\delta u_z)}{\partial x} \right]_0^l - \int_0^l EJ \frac{\partial^3 u_z}{\partial x^3} \frac{\partial(\delta u_z)}{\partial x} dx$$

$$= EJ \left[\frac{\partial^2 u_z}{\partial x^2} \frac{\partial(\delta u_z)}{\partial x} - \frac{\partial^3 u_z}{\partial x^3} \delta u_z \right]_0^l + \int_0^l EJ \frac{\partial^4 u_z}{\partial x^4} \delta u_z\, dx.$$

Setzen wir das oben ein, so folgt

$$0 = -\int_{t_0}^{t_0+T}\int_0^l \left\{\rho A \frac{\partial^2 u_z}{\partial t^2} + EJ \frac{\partial^4 u_z}{\partial x^4}\right\} \delta u_z \, dx\, dt + \\ + \int_{t_0}^{t_0+T} EJ \left[\frac{\partial^2 u_z}{\partial x^2}\,\delta\left(\frac{\partial u_z}{\partial x}\right) - \frac{\partial^3 u_z}{\partial x^3}\,\delta u_z\right]_0^l dt.$$

Da die Variationen δu_z innerhalb der gegebenen Randbedingungen frei sind, schließen wir daraus

1. $EJ \frac{\partial^4 u_z}{\partial x^4} + \rho A \frac{\partial^2 u_z}{\partial t^2} = 0 \rightarrow$ *Bewegungsgleichung*

2. mit $\delta u_z = 0$ und $\delta\left(\frac{\partial u_z}{\partial x}\right) = 0$ für $x = 0$

a) $EJ \frac{\partial^2 u_z(l, t)}{\partial x^2} = 0$

b) $EJ \frac{\partial^3 u_z(l, t)}{\partial x^3} = 0$

$\rightarrow$ *dynamische Randbedingungen.*

Das Prinzip von *Hamilton* liefert uns also sowohl die Bewegungsgleichung wie die dynamischen Randbedingungen. Damit haben wir – hier allerdings nur für ein spezielles Beispiel – den Nachweis, daß das Prinzip von *Hamilton* äquivalent dem Grundgesetz der Mechanik ist, aus dem wir in Abschnitt 6.1 die Bewegungsgleichung der elementaren Biegeschwingungen eines Stabes hergeleitet haben. Im übrigen war es für die vorstehenden Überlegungen unerheblich, daß wir die Integration über eine Periode vorgenommen haben. Wir hätten auch jede beliebige andere Zeit als Obergrenze wählen können, ohne am Ergebnis etwas zu ändern. Bedeutsam wird dies freilich für den nächsten Schritt.

Wir nehmen einmal an, daß wir

$$u_z(x, t) = \hat{w}(x)\, f(t)$$

setzen können. Gehen wir damit in die Variationsaufgabe, so folgt

$$\int_{t_0}^{t_0+T}\int_0^l \{\rho A \hat{w}(x)\, \ddot{f}(t) + EJ \hat{w}''''(x)\, f(t)\}\, \delta\hat{w}(x)\, f(t)\, dx\, dt = 0.$$

Da $\delta\hat{w}(x)$ frei variierbar ist, läßt sich diese Forderung nur erfüllen, wenn

$$\ddot{f}(t) \text{ proportional } f(t)$$

ist. Wir setzen

$$\ddot{f}(t) = -\omega^2 f(t)$$

und erhalten dann

$$f(t) = a_1 \cos\omega t + a_2 \sin\omega t.$$

Die Konstanten wären so zu bestimmen, daß zur Zeit t_0

$$f(t_0) = 0$$

wird, denn nur so erfüllen wir korrekt die Bedingung, daß mit $T = \frac{2\pi}{\omega}$

$$\delta u_z(x, t_0) = \delta\hat{w}(x) f(t_0) = 0$$

und

$$\delta u_z(x, t_0 + T) = \delta\hat{w}(x) f(t_0 + T) = 0$$

wird. Wir vereinfachen uns die Sache und wählen t_0 so, daß

$$f(t) = \cos\omega t \qquad (\text{bzw. } f(t) = \sin\omega t)$$

gesetzt werden kann. Damit gehen wir wieder in die ursprüngliche Variationsaufgabe und erhalten

$$\delta \int_{t_0}^{t_0+\frac{2\pi}{\omega}} \int_0^l \frac{1}{2}\left\{\rho A\left(\frac{\partial u_z}{\partial t}\right)^2 - EJ\left(\frac{\partial^2 u_z}{\partial x^2}\right)^2\right\} dx\,dt$$

$$= \delta \int_{t_0}^{t_0+\frac{2\pi}{\omega}} \int_0^l \frac{1}{2}\{\rho A(\hat{w}(x))^2\omega^2\sin^2\omega t - EJ(\hat{w}''(x))^2\cos^2\omega t\}\,dx\,dt$$

$$= \frac{\pi}{2\omega}\,\delta \int_0^l \{\rho A(\hat{w}(x))^2\omega^2 - EJ(\hat{w}''(x))^2\}\,dx = 0,$$

d.h.

$$\boxed{\int_0^l \{\omega^2\rho A(\hat{w}(x))^2 - EJ(\hat{w}'')^2\}\,dx \rightarrow \text{stationär.}}$$

Diese Aussage können wir nun wiederum zur Ermittlung von Näherungslösungen für den Eigenwert ω_1^2 entsprechend dem Verfahren von *Ritz-Galerkin* (vgl. Abschnitt 6.3.3.2) nutzen. Daß diese Vorgehensweise zu einer oberen Schranke für ω_1^2 führt, folgt allerdings nicht unmittelbar und allgemein aus dem Prinzip von *Hamilton*, sondern erst aus der speziellen Struktur des hier vorliegenden Variationsproblems bzw. des zugehörigen Differentialgleichungs-Eigenwertproblems.

Angemerkt sei noch, daß wir die gleiche Vorgehensweise auch auf erzwungene Schwingungen anwenden können, beispielsweise auf ein Problem von der Art, wie es in Abb. 7.5 skizziert ist. Wir erhalten dann die Forderung

$$\boxed{\int_0^l \{-\frac{1}{2} EJ(\hat{w}'')^2 + \hat{q}(x)\,\hat{w} + \frac{1}{2}\rho A\,\Omega^2 \hat{w}^2\}\,dx \to \text{stationär},}$$

die wir zur näherungsweisen Bestimmung der Schwingungsform $\hat{w}(x)$ ausnutzen können.

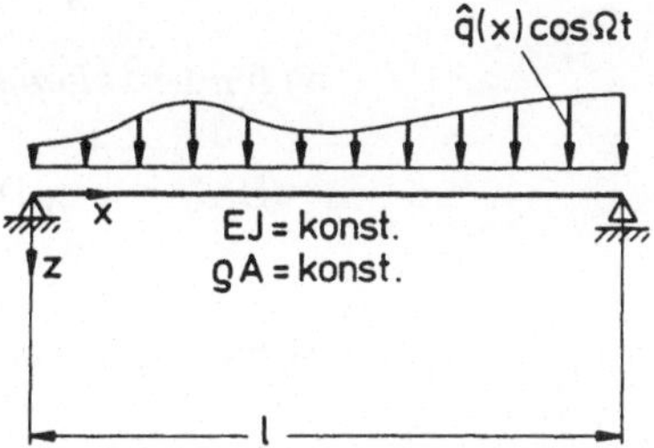

Abb. 7.5

7.5. Das Prinzip der virtuellen Ergänzungsarbeit

Wir beginnen mit einer einfachen Vorbetrachtung. Für einen durch eine Längskraft beanspruchten Stab sei der – im allgemeinen nichtlineare – Zusammenhang zwischen der Größe der Kraft und der Verschiebung f des Kraftangriffspunktes gegeben (Abb. 7.6). Für die Arbeit der Kraft F gilt

$$A = \int_0^f \underbrace{F\,Df}_{DA} .$$

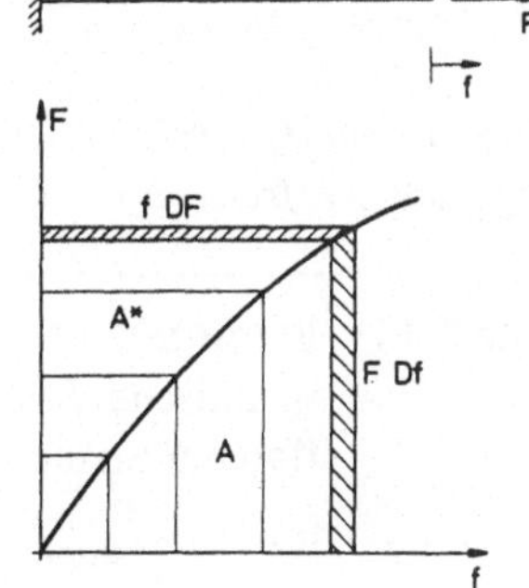

Abb. 7.6

Als *Ergänzungsarbeit* A^* definieren wir nun in diesem Falle

$$\boxed{A^* = Ff - A.}$$

Ihr Differential ist

$$\boxed{DA^* = f\,DF.}$$

Diese Definition können wir nun auch auf flächenhaft und volumenhaft verteilt angreifende Kräfte sowie auf die spezifische Formänderungsarbeit übertragen:

Definition 7.3: Die Differentiale der *Ergänzungsarbeit* der an einem Körper angreifenden äußeren und inneren Kräfte sind

a) für die *flächenhaft verteilt angreifenden äußeren Kräfte*

$$DA_A^{*(a)} = \int_A u_k\,Dp_k\,dA,$$

b) für die *volumenhaft verteilt angreifenden Kräfte*

$$DA_V^* = \int_V u_k\,Df_k\,\rho\,dV,$$

c) für die *flächenhaft verteilt angreifenden inneren Kräfte*

$$DW^* = \int_V \underbrace{\epsilon_{ik}\,D\sigma_{ik}}_{\rho Dw^*}\,dV.$$

Für *elastische Körper* ist bei *isothermen, rein mechanischen Prozessen* die spezifische *Ergänzungs-Formänderungsarbeit*

$$w^* = \frac{1}{\rho}\,\sigma_{ik}\,\epsilon_{ik} - w$$

eine *thermodynamische Zustandsgröße.* Sie ist in diesem Falle identisch mit der sogenannten *freien Enthalpie* und es gilt

---

Satz 7.14: Bei *isothermen, rein mechanischen Prozessen elastischer Körper* ist die spezifische *Ergänzungs-Formänderungsarbeit* w^* als eindeutige Funktion der Spannungen angebbar:

$$w^* = w^*(\sigma_{ik}).$$

Daraus folgt, daß

$$\rho \frac{\partial w^*}{\partial \sigma_{ik}} = \epsilon_{ik}$$

ist, w^* also die Bedeutung eines thermodynamischen *Potentials* für die Verzerrungen ϵ_{ik} hat.

Anmerkung:

Man erhält w^* aus w durch eine sogenannte *Legendre*sche Transformation.

Wir werden im folgenden auch *virtuelle Ergänzungsarbeiten* betrachten, die auf *virtuelle Änderungen der Kräfte* zurückgehen, die wir wie folgt einführen:

Definition 7.4: *Virtuelle Änderungen der Kräfte* sind *gedachte,* bei *festgehaltener Zeit ausgeführte, hinreichend kleine* (differentielle) *Änderungen der Kräfte,* die

a) *im Innern des Körpers* mit dem *Grundgesetz* der Mechanik (den Gleichgewichtsbedingungen),

b) *auf dem Rande* mit den *dynamischen Randbedingungen*

verträglich sind und bei denen sich der *kinematische* Zustand des Körpers nicht ändert. Mathematisch betrachtet stellen die *virtuellen Änderungen der Kräfte* eine *Variation der Kräfte* bei festgehaltener Zeit dar.

Für die Verzerrungen des Körpers gelten nun, wenn der Zusammenhang des Körpers gewahrt bleiben soll, die *Kompatibilitätsbedingungen*

$$\epsilon_{ik} - \frac{1}{2}\{u_{i,k} + u_{k,i}\} = 0.$$

Ferner müssen die Verschiebungen u_k die Randbedingungen

$$u_k - \bar{u}_k = 0 \text{ auf } A_{(2)}$$

erfüllen, wenn keine Inkompatibilitäten auftreten sollen.

Anmerkung:

Randbedingungen der dritten Art lassen wir der Einfachheit halber außer Betracht. Wir können sie jedoch in ähnlicher Weise wie in Abschnitt 7.2 geschehen in die Überlegungen einbeziehen.

Für beliebige virtuelle Änderungen der Kräfte gilt bei Erfüllung der Kompatibilitätsbedingungen

$$\int_V \{\epsilon_{ik} - \tfrac{1}{2}(u_{i,k} + u_{k,i})\}\,\delta\sigma_{ik}\,dV + \int_{A_{(2)}} (u_k - \bar{u}_k)\,\delta p_k\,dA = 0.$$

Dies können wir durch partielle Integration und unter Benutzung des *Gauß*schen Integralsatzes umformen in

$$\int_V \epsilon_{ik}\delta\sigma_{ik}\,dV + \int_V u_k\,\delta\sigma_{ik,i}\,dV - \int_{A_{(1)}} u_k\,\delta p_k\,dA - \int_{A_{(2)}} \bar{u}_k\,\delta p_k\,dA = 0.$$

Nun ist, da die virtuellen Änderungen der Kräfte die Gleichgewichtsbedingungen sowie die dynamischen Randbedingungen nicht verletzen dürfen,

$$\delta\sigma_{ik,i} = 0 \quad \text{und auf } A_{(1)} \qquad \delta p_k = \delta\bar{p}_k = 0.$$

Die virtuellen Änderungen der Volumenkräfte fallen hierbei heraus, weil die Kräfte entweder gegeben sind oder allenfalls von den (nicht variierten) Verschiebungen abhängen, so daß

$$\delta f_k = 0$$

ist. Ebenso verschwindet auch die virtuelle Änderung der Trägheitskräfte, da die Verschiebungen nicht variiert werden.

Darum reduziert sich die obige Aussage auf

Satz 7.15: Für eine virtuelle Änderung der an einem Körper angreifenden Kräfte gilt

$$0 = -\int_V \epsilon_{ik}\,\delta\sigma_{ik}\,dV + \int_{A_{(2)}} \bar{u}_k\,\delta p_k\,dA = -\delta W^* + \delta A^*.$$

Wir können diese Aussage wiederum umkehren und erhalten dann

Satz 7.16: Ist für *beliebige virtuelle Änderungen der am Körper angreifenden Kräfte*

$$-\delta W^* + \delta A^* = 0,$$

so gilt im Innern des Körpers

$$\epsilon_{ik} = \frac{1}{2}(u_{i,k} + u_{k,i})$$

und auf dem Teil $A_{(2)}$ der Oberfläche, für den die Verschiebungen vorgegeben sind

$$u_k = \bar{u}_k.$$

Die Formänderungen des Körpers erfüllen dann die *Kompatibilitätsbedingungen.*

Satz 7.16 ist die zu Satz 7.11 *duale Aussage.* Beide Sätze gelten allgemein, da über das Formänderungsgesetz keine Voraussetzungen gemacht werden.

Wir haben bereits festgestellt, daß für *isotherme, rein mechanische Prozesse* die spezifische *Ergänzungs-Formänderungsarbeit* w* die Bedeutung eines Potentials hat. Besitzen auch die äußeren flächenhaft verteilt angreifenden Kräfte ein Potential φ_A, so können wir

$$u_k = -\frac{\partial \varphi_A^*}{\partial p_k}$$

setzen, wobei

$$\varphi_A^* = -p_k u_k - \varphi_A$$

das zu φ *komplementäre Potential* ist. Deshalb gilt

Satz 7.17: Für *konservative Systeme* existiert ein *komplementäres Gesamt-Potential*

$$\Phi^* = \int_V w^*(\sigma_{ik})\rho\, dV + \int_A \varphi_A^*\, dA.$$

In diesem Falle können wir dann Satz 7.16 ergänzen durch

Satz 7.18: Bei *konservativen Systemen* ist
Satz von Menabrea

$$-\delta W^* + \delta A^* = -\delta\Phi^*$$

und Satz 7.16 reduziert sich zu der Forderung

$$\delta\Phi^* = 0.$$

Das ist der Satz vom *Minimum der Ergänzungs-Formänderungsarbeit,* der auf *Menabrea* (1809–1896) zurückgeht.

Anmerkung:

Φ^* erhält man aus Φ wiederum durch eine *Legrende*sche Transformation, die w in w* und φ_A in φ_A^* überführt.

Für linear-elastische Körper ist $w^* = w$. Ferner wird, wenn die äußeren Kräfte unabhängig von den Verschiebungen sind, $\varphi_A^* = \varphi_A$. Zu beachten bleibt aber, daß wir w^*, φ_A^*, Φ^* durch die dynamischen Größen, hingegen w, φ_A, Φ als Funktionale der kinematischen Größen des Problems auszudrücken haben.

7.6. Einige Anwendungen des Prinzips der virtuellen Ergänzungsarbeit

7.6.1. Anwendungen des Prinzips der virtuellen Ergänzungsarbeit in der Elasto-Statik

Die auf dem Prinzip der virtuellen Ergänzungsarbeit aufbauenden Verfahren stellen in einem gewissen Sinne Gegenstücke zu jenen Verfahren dar, die von dem Prinzip der virtuellen Arbeit ausgehen.

Bei der Anwendung des *Prinzips der virtuellen Arbeit* gehen wir so vor, daß wir Ansätze für die Verschiebungen machen, die in jedem Falle die *kinematischen Bedingungen,* d.h. die Kompatibilitätsbedingungen im Innern und die kinematischen Randbedingungen erfüllen, und daß wir dann mit Hilfe des Prinzips der virtuellen Arbeit die Gleichgewichtsbedingungen im Innern und die dynamischen Randbedingungen zu erfüllen trachten. Dafür kann es zweckmäßig sein, die dynamischen Randbedingungen bereits im Ansatz zu erfüllen. Zu exakten Lösungen gelangen wir, wenn wir für alle beliebigen Variationen des Verschiebungszustandes

$$-\delta W + \delta A = 0$$

fordern. Näherungslösungen erhalten wir, wenn diese Forderung nur für spezielle Variationen des Verschiebungszustandes erfüllt ist.

Bei der Anwendung des *Prinzips der virtuellen Kräfte* gehen wir von Ansätzen für die inneren Kräfte (Schnittgrößen) aus, die a priori die dynamischen Bedingungen, d.h. die Gleichgewichtsbedingungen im Innern und die dynamischen Randbedingungen erfüllen. Die Befriedigung der Kompatibilitätsbedingungen im Inneren sowie der kinematischen Randbedingungen erreichen wir, indem wir für alle beliebigen Variationen der Kräfte

$$-\delta W^* + \delta A^* = 0$$

fordern. Zu Näherungslösungen gelangen wir, wenn dies nur für spezielle Variationen der Kräfte gilt.

Wir wollen bei den folgenden Betrachtungen wieder im Rahmen der elementaren Elasto-Statik der Stäbe bleiben und merken dazu noch einmal an, daß für linear-elastische Körper $w^* = w$ ist.

Wir betrachten das in Abb. 7.7 skizzierte Beispiel eines auf Biegung beanspruchten Stabes.

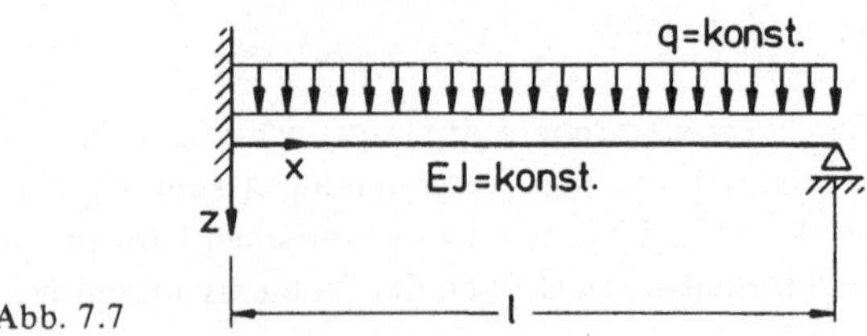

Abb. 7.7

Dafür gelten als

Gleichgewichtsbedingung im Inneren: $M''(x) = -q$

dynamische Randbedingung: $M(l) = 0.$

Wir suchen zunächst einen Ansatz $M(x)$, der die Gleichgewichtsbedingung und die dynamische Randbedingung befriedigt. Aus der Integration der Gleichgewichtsbedingung folgt

$$M(x) = c_1 + c_2 x - \frac{1}{2} q x^2.$$

Die dynamische Randbedingung verlangt

$$c_1 + c_2 l - \frac{1}{2} q l^2 = 0,$$

also

$$c_2 = -\frac{c_1}{l} + \frac{1}{2} q l.$$

Damit nimmt schließlich der Ansatz die Form

$$M(x) = c_1 \left\{1 - \frac{x}{l}\right\} + \frac{1}{2} q l^2 \left\{\frac{x}{l} - \left(\frac{x}{l}\right)^2\right\}$$

an, mit dem noch freien Parameter c_1. Da q fest gegeben ist, wird

$$\delta A^* = 0.$$

Es bleibt also nur noch die Forderung

$$\delta W^* = 0$$

zu erfüllen mit

$$W^* = \frac{1}{2} \int_0^l \frac{M^2(x)}{EJ} dx.$$

Die Variation der Schnittgröße M können wir unter dem Integral vornehmen. Das ergibt

$$\delta W^* \approx \int_0^l \frac{M \delta M}{EJ} dx = 0,$$

wobei δM die dynamischen Bedingungen nicht verletzen darf. Das führt auf

$$\delta M(x) = \delta c_1 \left\{1 - \frac{x}{l}\right\}.$$

Setzen wir das ein, so erhalten wir schließlich die Bedingung

$$\delta W^* = \delta c_1 \int_0^l \left\{ c_I \left[1 - \frac{x}{l}\right] + \frac{1}{2} q l^2 \left[\frac{x}{l} - \left(\frac{x}{l}\right)^2\right]\right\} \left\{1 - \frac{x}{l}\right\} dx = 0.$$

Auf die gleiche Beziehung werden wir geführt, wenn wir zunächst das komplementäre Gesamt-Potential

$$\Phi^* = \frac{1}{2} \int_0^l \frac{M^2(x)}{EJ} dx - \int_0^l q w \, dx$$

aufstellen und dann

$$\delta \Phi^*(c_I) = \frac{\partial \Phi^*}{\partial c_I} \delta c_I = 0$$

bilden. Die Auswertung ergibt

$$c_I = -\frac{1}{8} q l^2,$$

d.h.

$$M(x) = \frac{1}{2} q l^2 \left\{\frac{x}{l} - \frac{1}{4}\right\} \left\{1 - \frac{x}{l}\right\}.$$

Wir erhalten also das korrekte Ergebnis.

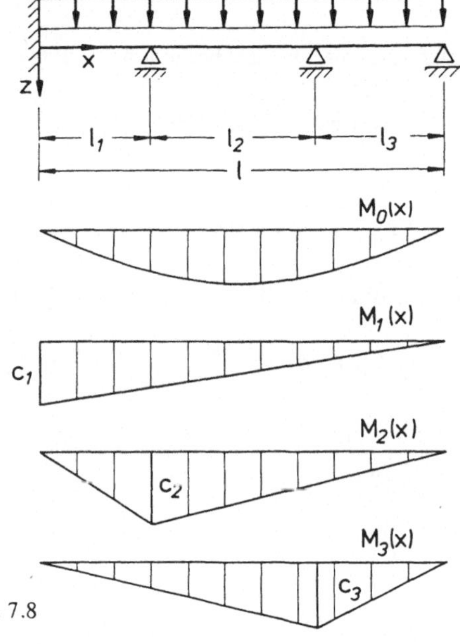

Abb. 7.8

Diesen auf den ersten Blick vielleicht etwas überraschenden Sachverhalt – die Erfüllung der kinematischen Bedingungen wurde bei dieser Vorgehensweise nirgends evident – müssen wir noch etwas durchleuchten. Wir haben es eigentlich versäumt, bei der Variation der Kräfte die – nicht vorgegebenen – Auflagerreaktionen mit zu variieren. Da diese Variation jedoch die Gleichgewichtsbedingungen für den gesamten Körper nicht verletzen darf, bleibt bei dem vorliegenden einfach statisch unbestimmten System nur ein Parameter frei, und das deckt sich gerade mit der von uns vorgenommenen Variation von c_I.

Bei mehrfach statisch unbestimmten Systemen gehen wir zweckmäßig etwas anders vor. Dazu betrachten wir das in Abb. 7.8 skizzierte Beispiel. Auch hierfür gilt wie zuvor:

Gleichgewichtsbedingung im Inneren: $M''(x) = -q$
(einzige) dynamische Randbedingung: $M(l) = 0$.

Wir suchen nun zunächst eine *partikuläre* Lösung der Gleichgewichtsbedingung, die auch die Randbedingung befriedigt. Dies ist in unserem Falle beispielsweise

$$M_0(x) = \frac{1}{2} q l^2 \frac{x}{l} \left\{1 - \frac{x}{l}\right\}.$$

Hierzu addieren wir nun jene Lösungen der homogenen Gleichung

$$M''(x) = 0 \quad \text{mit} \quad M(l) = 0$$

die den zu variierenden Auflagereaktionen – unter Beachtung des Gesamt-Gleichgewichts – entsprechen. Für das vorliegende dreifach statisch unbestimmte System sind es drei solcher Lösungen $M_i(x)$, beispielsweise jene, die in Abb. 7.8 skizziert sind, also

$$M_1(x) = c_1 \left\{1 - \frac{x}{l}\right\} \quad \text{usw.}$$

Wir erhalten dann den Ansatz

$$\boxed{M(x) = M_0(x) + \sum_{i=1}^{r} c_i M_i(x)}$$

mit r freien Konstanten c_i (hier $r = 3$). Diese bestimmen wir, indem wir

$$\Phi^*(c_i) = \frac{1}{2} \int_0^l \frac{M^2(x)}{EJ}\, dx - \int_0^l q w\, dx$$

bilden und dann

$$\frac{\partial \Phi^*(c_i)}{\partial c_i} = 0 \qquad i = 1, 2, \dots, r$$

fordern. Das liefert ein lineares, inhomogenes System von r Gleichungen für die r freien Parameter c_i.

Auf dasselbe Gleichungssystem werden wir geführt, wenn wir den (nur für linear – elastische Systeme geltenden) *ersten Satz von Castigliano* zur Ermittlung der statisch unbestimmten Auflagerreaktionen heranziehen (vgl. Band II, Kapitel 6). Die Anwendung des *Prinzips der virtuellen Kräfte* ist jedoch nicht auf linear-elastische Systeme beschränkt. Bei (geometrisch und/oder physikalisch) nichtlinearen Problemen können wir allerdings die Schnittgrößen nicht mehr in der Form von Linear-Kombinationen ansetzen. Der Grundgedanke des Verfahrens bleibt aber davon unberührt.

Sind die von außen einwirkenden Kräfte (eingeprägte Kräfte, die nicht mitvariiert werden und zu variierende Auflagerreaktionen) so verteilt, daß die Erfüllung der Gleichgewichtsbedingungen bzw. die allgemeine Variation der Kräfte auf Schwierigkeiten stößt, so kann man von *Näherungsansätzen* für die inneren Kräfte (Schnittgrößen) ausgehen und sich darauf beschränken, die Forderung

$$-\delta W^* + \delta A^* = 0$$

nur für spezielle Variationen der Kräfte zu erfüllen. Wir erhalten dann natürlich nur *Näherungslösungen* für das Problem. Unter bestimmten Voraussetzungen lassen sich daraus auch Schranken für die exakten Lösungen gewinnen. Darauf gehen wir hier nicht weiter ein.

Alles in allem zeigt sich, daß die auf dem Prinzip der virtuellen Kräfte basierenden Verfahren ein Gegenstück zu den Verfahren von *Ritz* und *Galerkin* darstellen, auf die wir bei der Anwendung des Prinzips der virtuellen Arbeit in der Elasto-Statik gestoßen sind. Wir können ferner zeigen, daß der aus der Elasto-Statik bekannte Satz von *Engesser* (vgl. Band II, Abschnitt 6.2), der bei linear-elastischen Körpern mit dem ersten Satz von *Castigliano* zusammenfällt, aus dem Prinzip der virtuellen Ergänzungsarbeit abgeleitet werden kann. Die Überlegungen laufen dabei analog zu denen, die wir in Abschnitt 7.3.5 zur Begründung des zweiten Satzes von *Castigliano* aus dem Prinzip der virtuellen Arbeit angestellt haben.

7.6.2. Anwendungen des Prinzips der virtuellen Ergänzungsarbeit in der Elasto-Kinetik

Wir wählen als Beispiel die elementaren Biege-Eigenschwingungen eines Stabes, wie er in Abb. 7.9 skizziert ist. Die *Gleichgewichtsbedingung* (unter Berücksichtigung der Trägheitskräfte) lautet dafür

$$\hat{M}''(x) + \omega^2 \rho A \hat{w}(x) = 0$$

mit der dynamischen Randbedingung $\hat{M}(l) = 0$.

Hier ist es nun vorteilhaft, von Ansätzen für $\hat{w}$ auszugehen. Wir setzen näherungsweise

$$\hat{w}(x) \approx \tilde{w}(x) = \sum_i c_i \tilde{w}_i(x).$$

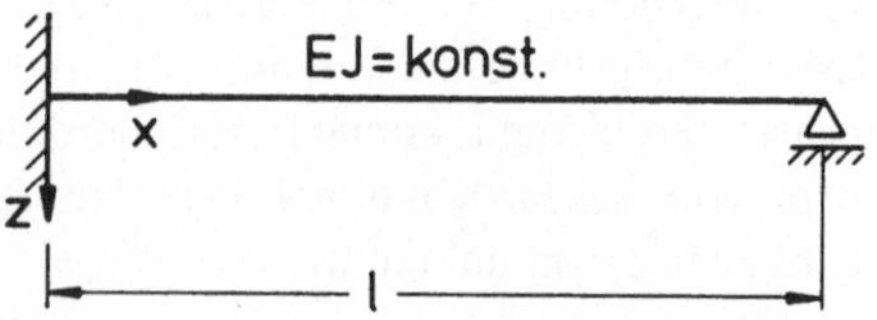

EJ = konst.

x

z

l

Abb. 7.9

Dabei ist es zweckmäßig, für die $\widetilde{w}_i(x)$ zumindest zulässige Funktionen zu wählen, die die kinematischen Randbedingungen befriedigen. Wir erhalten dann mit dem Näherungsansatz eine obere Schranke für ω_1^2, was sonst nicht gewährleistet ist.

Wir wählen hier

$$\widetilde{w}(x) = c_1\left(\frac{x}{l}\right)^2\left\{1-\frac{x}{l}\right\} + c_2\left(\frac{x}{l}\right)^3\left\{1-\frac{x}{l}\right\}.$$

Aus

$$M''(x) = -\omega^2\rho A\widetilde{w}(x)$$

erhalten wir nach zweimaliger Integration unter Beachtung von $M(l) = 0$

$$M(x) = c_0\left(1-\frac{x}{l}\right) + \omega^2\rho A\frac{l^2}{60}\left\{c_1\left[2-5\left(\frac{x}{l}\right)^4+3\left(\frac{x}{l}\right)^5\right]+\right.$$

$$\left.+c_2\left[1-3\left(\frac{x}{l}\right)^5+2\left(\frac{x}{l}\right)^6\right]\right\}.$$

Damit gehen wir nun in das *Ergänzungs-Gesamtpotential*

$$\widetilde{\Phi}^*(c_i) = \frac{1}{2}\int_0^l \frac{\widetilde{M}^2}{EJ}\,dx - \frac{1}{2}\,\omega^2\int_0^l \rho A\widetilde{w}^2\,dx.$$

Die Forderung, daß $\Phi^*(c_i)$ zum Minimum gemacht werden soll, führt auf

$$\frac{\partial\Phi^*(c_i)}{\partial c_i} = 0 \qquad i = 0, 1, 2$$

Aus diesem homogenen Gleichungssystem erhalten wir

a) aus der Bedingung, daß die Determinante dieses Gleichungssystems verschwinden muß (neben einer trivialen Lösung mit $\omega^2 = 0 \to c_0 = 0$) zwei Werte $\widetilde{\omega}^2$, die *obere Schranken* für die beiden ersten (exakten) Eigenwerte darstellen,
b) die jeweils zugehörigen Verhältnisse von $c_1 : c_2$.

Für die Eigenfrequenzen finden wir

$$\omega_1 \leqslant \widetilde{\omega}_1 = 15{,}4191\sqrt{\frac{EJ}{\rho A l^4}} \qquad \text{(exakt: 15,4182)}$$

$$\omega_2 \leqslant \widetilde{\omega}_2 = 51{,}9332\sqrt{\frac{EJ}{\rho A l^4}} \qquad \text{(exakt: 49,9651).}$$

7.7. Das Verfahren von Trefftz

Das Verfahren von *Trefftz* (1888–1937) stellt ein Näherungsverfahren dar, das an die Überlegungen des Abschnitts 7.6.1 zur Anwendung des Prinzips der virtuellen Ergänzungsarbeit in der Elasto-Statik anknüpft. Das Verfahren ist von *Trefftz* (1926) ursprünglich als ein Gegenstück zum Verfahren von *Ritz* konzipiert, hat aber allgemeinere Bedeutung.

Der Grundgedanke dieses Verfahrens ist: Von den Näherungsansätzen (die noch freie Parameter enthalten) wird in Übereinstimmung mit dem Prinzip der virtuellen Ergänzungsarbeit verlangt, daß sie die *Gleichgewichtsbedingungen* im Innern des Körpers erfüllen; abweichend von diesem Prinzip wird jedoch darauf verzichtet, daß die Ansätze zugleich auch die dynamischen Randbedingungen erfüllen (die Erfüllung der kinematischen Randbedingungen wird ohnehin nicht gefordert). Die freien Parameter des Ansatzes werden schließlich so bestimmt, daß die kinematischen und dynamischen Randbedingungen wenigstens im Mittel erfüllt werden.

Das Verfahren von *Trefftz* hat insbesondere für zwei- und dreidimensionale Probleme Bedeutung. Deshalb wollen wir es hier allgemein formulieren, uns dabei allerdings auf die Erörterung der Grundzüge des Verfahrens beschränken. Die einzelnen Schritte sind:

1. Wir suchen für das Verschiebungsfeld eine partikuläre Lösung $\underset{(0)}{u_k}(x_i)$, die im *Innern des Körpers* die für die Verschiebungen angeschriebenen *Gleichgewichtsbedingungen* (vgl. Band II, Abschnitt 2.6)

   $$G\left\{u_{k,ii} + \frac{1}{1-2\nu}\,u_{i,ik}\right\} + \rho f_k = 0$$

   unter Berücksichtigung der im Innern angreifenden Kräfte (repräsentiert durch ρf_k) erfüllt, im allgemeinen jedoch weder die dynamischen noch die kinematischen Randbedingungen befriedigt.
2. Wir wählen aus der unendlichen Lösungsmannigfaltigkeit des *homogenen* Gleichungssystems

   $$u_{k,ii} + \frac{1}{1-2\nu}\,u_{i,ik} = 0$$

   eine Anzahl r von Lösungen $\underset{(n)}{u_k}(x_i)$ aus, die zwar dem vorliegenden Problem angemessen sind, im allgemeinen aber wie zuvor weder die kinematischen noch die dynamischen Randbedingungen befriedigen.
3. Aus den Lösungen zu 1. und 2. stellen wir einen Näherungsansatz in der Form

   $$\tilde{u}_k(x_i; c_n) = \underset{(0)}{u_k}(x_i) + \sum_{n=1}^{r} c_n \underset{(n)}{u_k}(x_i)$$

mit r freien Parametern c_n zusammen. Die zugehörigen Spannungen auf dem Rande sind

$$\tilde{p}_k(x_i; c_n) = \underset{(0)}{p_k}(x_i) + \sum_{n=1}^{r} c_n \underset{(n)}{\tilde{p}_k}(x_i).$$

Dieser Ansatz erfüllt – bei beliebigen c_n – die Gleichgewichts- und die Kompatibilitätsbedingungen im Innern des Körpers. Er befriedigt jedoch nicht (zumindest nicht bei beliebigen c_n) die vorgeschriebenen Randbedingungen

$$\begin{aligned} p_k &= \bar{p}_k \quad \text{auf } A_{(1)} \\ u_k &= \bar{u}_k \quad \text{auf } A_{(2)}. \end{aligned}$$

4. Variieren wir die freien Konstanten c_n, so entstehen
   a) *virtuelle Verschiebungen*

$$\delta u_k = \sum_{n=1}^{r} \delta c_n \underset{(n)}{\tilde{u}_k}(x_i),$$

   b) *virtuelle Änderung der Kräfte auf dem Rande*

$$\delta p_k = \sum_{n=1}^{r} \delta c_n \underset{(n)}{\tilde{q}_k}(x_i).$$

5. a) Fordern wir nach dem *Prinzip der virtuellen Arbeit*

$$-\delta W + \delta A = 0,$$

so führt dies – da der Näherungsansatz die Gleichgewichtsbedingungen im Innern erfüllt – auf die notwendige Bedingung

$$\boxed{\begin{aligned} &\int_{A_{(1)}} (\tilde{p}_k - \bar{p}_k)\left\{\sum_{n=1}^{r} \delta c_n \underset{(n)}{\tilde{u}_k}(x_i)\right\} dA = 0 \\ &\text{mit } \delta u_k = 0 \text{ auf } A_{(2)}. \end{aligned}}$$

   b) Fordern wir nach dem *Prinzip der virtuellen Ergänzungsarbeit*

$$-\delta W^* + \delta A^* = 0,$$

so folgt daraus – da der Näherungsansatz die Kompatibilitätsbedingungen erfüllt – als notwendige Bedingung

$$- \int\limits_{A_{(2)}} (\tilde{u}_k - \bar{u}_k) \left\{ \sum_{n=1}^{r} \delta c_n \underset{(n)}{\tilde{p}_k} (x_i) \right\} dA = 0$$

$$\text{mit } \delta p_k = 0 \text{ auf } A_{(1)}.$$

Anmerkung:

Das Auftreten von Randbedingungen 3. Art übergehen wir hier wiederum. Sie können, wie in Abschnitt 7.2 erörtert, eingearbeitet werden.

6. Da die δc_n unabhängig voneinander sind, liefern die beiden Bedingungen zusammen 2r Gleichungen für die r Variablen c_n. Auf der anderen Seite können wir mit dem Ansatz im allgemeinen nicht die Nebenbedingungen

$$\delta p_k = 0 \text{ auf } A_{(1)}$$

und

$$\delta u_k = 0 \text{ auf } A_{(2)}$$

erfüllen. Deshalb müssen wir uns darauf beschränken, die obigen Bedingungen *im Mittel* zu erfüllen, indem wir

$$\int\limits_{A_{(1)}} (\tilde{p}_k - \bar{p}_k) \underset{(n)}{\tilde{u}_k} dA - \int\limits_{A_{(2)}} (\tilde{u}_k - \bar{u}_k) \underset{(n)}{\tilde{p}_k} dA = 0 \qquad n = 1, 2, \dots, r$$

fordern und daraus die c_n bestimmen.

Trefftz hat in dem von ihm angegebenen Beispiel die Bestimmungsgleichung für die c_n aus der Forderung abgeleitet, daß der mittlere, quadratische Fehler für die Randwerte zu einem Minimum wird. Auf eine andere – allgemeine – Begründung kommen wir im Abschnitt 7.8 zurück.

Das Verfahren von *Trefftz* läßt sich, indem man die Randwerte der Spannungen und Verschiebungen diskretisiert, zu einer numerischen Methode ausbauen, die ein gewisses Gegenstück zur Methode der finiten Elemente (vgl. Abschnitt 7.3.3) darstellt.

7.8. Verallgemeinerungen der Variationsprinzipe

Wir haben schon beim Verfahren von *Trefftz* gesehen, daß es nützlich sein kann, die Voraussetzungen, die an die einzelnen Variationsprobleme gestellt werden, abzumildern. So können wir beispielsweise beim *Prinzip der virtuellen Arbeit* darauf verzichten, daß die *virtuellen Verzerrungen* kompatibel (d.h. aus einem Verschiebungsfeld $u_k(x_i)$ ableitbar) seien und daß die *virtuellen Verschiebungen* die Randbedingungen auf $A_{(2)}$ erfüllen müssen. Die Lösungen selbst müssen jedoch diese Bedingungen befriedigen. Um dies sicherzustellen, können wir – *Lagrange* folgend – so vorgehen, daß wir diese Bedingungen mit einem unbestimmten Faktor multipliziert in das zu variierende Funktional einführen und dann frei variieren.

Wir wollen das am Beispiel des *Gesamt-Potentials* für Probleme der *Elasto-Statik* zeigen. Hierfür haben wir dann anzusetzen (Randbedingungen 3. Art übergehen wir dabei wiederum)

$$\Phi = \int_V \{w(\epsilon_{ik}) - f_k u_k\} \rho \, dV - \int_V \{\epsilon_{ik} - \tfrac{1}{2}(u_{i,k} + u_{k,i})\} \lambda_{ik} \, dV - \int_{A_{(1)}} \bar{p}_k u_k \, dA - \int_{A_{(2)}} (u_k - \bar{u}_k) \lambda_k^* \, dA.$$

Die λ_{ik} bzw. λ_k^* sind die unbestimmten *Lagrange*schen *Multiplikatoren.* Die bei ihnen stehenden Klammerausdrücke sind die Kompatibilitätsbedingungen bzw. kinematischen Randbedingungen. Wenn wir sie in dieser Form als Nebenbedingungen einführen, können wir nunmehr die vorher gebundenen Größen frei variieren, also neben den u_k nun auch unabhängig davon die Verzerrungen ϵ_{ik} und die u_k frei von den kinematischen Randbedingungen. Die *Lagrange*schen Multiplikatoren sind als variable Größen zu betrachten. Die Variation des Potentials Φ führt deshalb – nach partieller Integration und unter gewisser Umordnung der Ausdrücke – auf die Bedingung

$$\delta\Phi = \int_V \left\{ \frac{\partial w}{\partial \epsilon_{ik}} - \lambda_{ik} \right\} \delta\epsilon_{ik} \, dV - \int_V \{\epsilon_{ik} - \tfrac{1}{2}(u_{i,k} + u_{k,i})\} \delta\lambda_{ik} \, dV - \int_V \{\sigma_{ik,i} + \rho f_k\} \delta u_k \, dV + \int_{A_{(1)}} \{p_k - \bar{p}_k\} \delta u_k \, dA - \int_{A_{(2)}} \{u_k - \bar{u}_k\} \delta\lambda_k^* \, dA + \int_{A_{(2)}} \{p_k - \lambda_k^*\} \delta u_k \, dA = 0.$$

Da alle Größen unabhängig voneinander variierbar sind, müssen jeweils die Klammerausdrücke in den Integranden verschwinden. Daraus folgt, daß das *Gesamt-Potential* nur einen *stationären Wert* (mit $\delta\Phi = 0$) annimmt, wenn

a) die *Gleichgewichtsbedingungen,*
b) die *Kompatibilitätsbedingungen,*
c) die *kinematischen* und *dynamischen* Randbedingungen erfüllt sind, und daß
d) die *Lagrange*schen Multiplikatoren λ_{ik} mit den Spannungen σ_{ik} bzw. $\overset{*}{\lambda}_k$ mit p_k zu identifizieren sind.

Aus dieser Verallgemeinerung des Prinzips der virtuellen Arbeit, hier speziell des Satzes vom Minimum des Gesamt-Potentials für konservative Systeme im Gleichgewicht, lassen sich gewisse Spezialfälle ableiten. Darauf gehen wir hier nicht mehr näher ein.

Lediglich ein Hinweis auf das Verfahren von *Trefftz* sei hier noch angebracht. Die dort benutzten Ansätze erfüllten

a) die Gleichgewichtsbedingungen,
b) die Kompatibilitätsbedingungen.

Ferner haben wir dort von vorneherein stillschweigend

$$\lambda_{ik} = \sigma_{ik} \quad \text{und} \quad \overset{*}{\lambda}_k = p_k$$

gesetzt. Das vorstehende verallgemeinerte Prinnzip reduziert sich deshalb in diesem Falle auf

$$\int_{A_{(1)}} \{p_k - \bar{p}_k\}\,\delta u_k\,dA - \int_{A_{(2)}} \{u_k - \bar{u}_k\}\,\delta p_k\,dA = 0.$$

Das aber war genau die Bedingung, die wir beim Verfahren von *Trefftz* zur Bestimmung der freien Variablen c_n herangezogen haben, dort allerdings ohne strenge Begründung.

7.9. Variationsprinzipe für inelastische Körper

Der Anwendung des Prinzips der virtuellen Arbeit auf *inelastische Körper* steht eine doppelte Schwierigkeit entgegen:

1. Die Systeme sind dann grundsätzlich nicht mehr konservativ;
2. das Formänderungsgesetz ist nicht mehr als eine eindeutige, umkehrbare Beziehung zwischen Spannungen und Verzerrungen angebbar (von sehr speziellen Problemen abgesehen).

Dies hat im übrigen zur Folge, daß die Formänderungsarbeit w im allgemeinen nicht mehr als Zustandsgröße im Sinne der Thermodynamik betrachtet werden kann.

Wir können ferner die Ergänzungs-Formänderungsarbeit w* nicht mehr durch eine *Legendre*sche Transformation in der Form

$$w^* = \sigma_{ik}\,\epsilon_{ik} - w$$

als Zustandsgröße einführen. Nur die entsprechenden Differentiale sind noch definiert

$$Dw = \frac{1}{\rho}\,\sigma_{ik}\,D\epsilon_{ik} \qquad \text{bzw.} \quad \delta w = \frac{1}{\rho}\,\sigma_{ik}\,\delta\epsilon_{ik}$$

$$Dw^* = \frac{1}{\rho}\,\epsilon_{ik}\,D\sigma_{ik} \qquad \text{bzw.} \quad \delta w^* = \frac{1}{\rho}\,\epsilon_{ik}\,\delta\sigma_{ik}.$$

Hinzu kommt, daß wir bei inelastischen Körpern vielfach mit großen Formänderungen zu rechnen haben. Damit wird vieles komplizierter.

Das Formänderungsgesetz läßt sich für inelastische, feste Körper in vielen Fällen in der Form

$$\frac{D}{dt}\,\epsilon_{ik} = A_{ikrs}\,\sigma_{rs} + B_{ikrs}\,\frac{D}{dt}\,\sigma_{rs}$$

schreiben, wobei auf der rechten Seite auch der erste oder der zweite Term fehlen kann. Die Zeitableitungen sind hierbei so zu definieren, daß der Einfluß von Starrkörper-Rotationen der einzelnen Körperelemente eliminiert wird. Dies erfordert zusätzliche Überlegungen.

Die obige Gestalt des Formänderungsgesetzes macht es einsichtig, daß es für bestimmte Fälle zweckmäßig sein kann, auf Variationsprinzipe zuzusteuern, die von Ausdrücken von der Form

$$\int_V \sigma_{ik}\,\delta\dot{\epsilon}_{ik}\,dV \qquad \text{oder} \qquad \int_V \dot{\sigma}_{ik}\,\delta\dot{\epsilon}_{ik}\,dV$$

bzw. von den dualen Ausdrücken

$$\int_V \dot{\epsilon}_{ik}\,\delta\sigma_{ik}\,dV \qquad \text{oder} \qquad \int_V \dot{\epsilon}_{ik}\,\delta\dot{\sigma}_{ik}\,dV$$

ausgehen.

Mit diesen Hinweisen müssen wir es hier bewenden lassen.

7.10. Einige ergänzende Bemerkungen

Die hier betrachteten Variationsprinzipe gingen durchweg von der Betrachtung der virtuellen Arbeit bzw. Ergänzungsarbeit aus. Dazu können wir auch noch die in

Abschnitt 7.9 angedeuteten Modifikationen zählen. So ist z.B. $\int_V \sigma_{ik}\delta\dot{\epsilon}_{ik}\,dV$ ein Ausdruck für die virtuelle Änderung der Formänderungsleistung oder $\int_V \dot{\sigma}_{ik}\delta\dot{\epsilon}_{ik}\,dV$ ein Ausdruck für die virtuelle Änderung der Formänderungsleistung der Spannungsinkremente.

Es gibt jedoch – insbesondere für kinetische Probleme – auch Variationsprinzipe, die einen anderen Ausgangspunkt haben. Zu erwähnen ist hier beispielsweise das *Gauß*sche *Prinzip des kleinsten* Zwanges, das sich in der Form

$$\int_V \left\{\rho\,\frac{D^2}{dt^2}\,u_k - \rho f_k - \sigma_{ik,i}\right\}^2 dV \rightarrow \text{Minimum}$$

schreiben läßt und zu der Variationsaufgabe

$$\int_V \left\{\rho\,\frac{D^2}{dt^2}\,u_k - \rho f_k - \sigma_{ik,i}\right\}\delta\left(\frac{D^2}{dt^2}\,u_k\right) dV = 0$$

für alle *virtuellen Beschleunigungen* führt. Es läßt sich zeigen, daß dieses Prinzip dem *Prinzip der virtuellen* Arbeit (und folglich auch dem Prinzip von *Hamilton*) äquivalent ist, solange die kinematischen Bindungen holonom sind bzw. im nichtholonomen Fall durch lineare Ausdrücke in den virtuellen Verschiebungen zu beschreiben sind. Bei gewissen – recht künstlichen – nichtlinearen, nichtholonomen Bindungen kann das Prinzip des kleinsten Zwanges gewisse Vorteile bieten. Dieser Ausnahmefall spielt aber praktisch kaum eine Rolle. Deshalb gehen wir auf das Prinzip des kleinsten Zwanges hier nicht weiter ein, zumal sich die genannten Ausnahmefälle auch mit Hilfe des Prinzips der virtuellen Arbeit unter gewissen Zusatzüberlegungen erledigen lassen.

Fragen:

1. Welches sind die unabhängigen Variablen eines rein mechanischen Prozesses? In welcher Weise können sie gegeben sein? Welches sind die abhängigen Variablen eines solchen Prozesses?
2. Wie sind virtuelle Verschiebungen definiert? Was stellen sie – mathematisch betrachtet – dar? Was ergibt sich aus der Definition der virtuellen Verschiebungen für die virtuellen Verzerrungen bei geometrischer Linearität sowie für die virtuellen Geschwindigkeiten?
3. Wie ist die virtuelle Formänderungsarbeit definiert? Welche Form nimmt sie in der elementaren Theorie der geraden Stäbe an?
4. Welche Aussage liefert allgemein das Prinzip von *Hamilton*? Was folgt daraus für Gleichgewichtszustände?
5. Aufgrund welcher Überlegungen können wir das Prinzip von *Hamilton* (speziell für Gleichgewichtszustände) zum axiomatischen Ausgangspunkt der Mechanik machen?
6. Wie läßt sich aus dem Prinzip der virtuellen Arbeit ein einfaches Näherungsverfahren für die Elasto-Statik gewinnen? Welcher Zusammenhang besteht mit dem Verfahren von *Galerkin*?
7. Auf welchen Überlegungen basiert das Verfahren von *Ritz* in der Elasto-Statik?
8. Wie lassen sich mit dem Prinzip der virtuellen Arbeit Verzweigungsprobleme der Elasto-Statik angehen?
9. Wie ist die virtuelle Ergänzungsarbeit für flächenhaft bzw. volumenhaft verteilt angreifende Kräfte definiert?
10. Wie ist die virtuelle Ergänzungs-Formänderungsarbeit definiert? Wie läßt sie sich für elastische Körper darstellen?
11. Zu welcher allgemeinen Aussage führt das Prinzip der virtuellen Ergänzungsarbeit?
12. Wie läßt sich das Prinzip der Ergänzungsarbeit in der Elasto-Statik anwenden?
13. Welches ist der Grundgedanke des Verfahrens von *Trefftz*?
14. Wie läßt sich das Prinzip der virtuellen Arbeit verallgemeinern?

Ergänzende Literatur

Schwingungen

Zu den allgemeinen Grundlagen und den einfachen Schwingern

N. N. Bogoljubow und *J. A. Mitropolski:* Asymptotische Methoden in der Theorie der nichtlinearen Schwingungen. Akademie-Verlag, Berlin 1965

I. P. Den Hartog: Mechanische Schwingungen (deutsch von G. Mesmer). Springer-Verlag, Berlin/Göttingen/Heidelberg, 2. Aufl. 1952

N. Forbat: Analytische Mechanik der Schwingungen. VEB Deutscher Verlag der Wissenschaften, Berlin 1966

P. Hagedorn: Nichtlineare Schwingungen. Akademische Verlagsgesellschaft, Wiesbaden 1978

H. Kauderer: Nichtlineare Mechanik. Springer-Verlag, Berlin/Göttingen/Heidelberg 1958

H. Kauderer: Nichtlineare Mechanik. Springer-Verlag, Berlin/Göttingen/Heidelberg 1958

K. Klotter: Technische Schwingungslehre, Bd. I. Springer-Verlag, Berlin/Göttingen/Heidelberg, 2. Aufl. 1951

K. Magnus: Schwingungen. B. G. Teubner, Stuttgart, 2. Aufl. 1969

A. Weigand: Einführung in die Berechnung mechanischer Schwingungen. Bd. I. VEB Verlag Technik Berlin, 2. Aufl. 1955

Zu den Koppelschwingungen

N. Forbat: Analytische Mechanik der Schwingungen. VEB Deutscher Verlag der Wissenschaften, Berlin 1966

H. Kauderer: Nichtlineare Mechanik. Springer-Verlag, Berlin/Göttingen/Heidelberg 1958

K. Klotter: Technische Schwingungslehre, Bd. II. Springer-Verlag, Berlin/Göttingen/Heidelberg, 2. Aufl. 1960

P. C. Müller: Matrizenverfahren in der Stabilitätstheorie linearer dynamischer Systeme. Habilitationsschrift, TU München 1974

P. C. Müller und *W. O. Schiehlen:* Lineare Schwingungen. Akademische Verlagsgesellschaft, Wiesbaden 1976

E. Pestel und *F. Leckie:* Matrix methods in elasto-mechanics. McGraw-Hill, New York/San Francisco/Toronto/London 1963

H. Waller und *W. Krings:* Matrizenmethoden in der Maschinen- und Bauwerksdynamik. Bibliographisches Institut Mannheim/Wien/Zürich 1975

A. Weigand: Einführung in die Berechnung mechanischer Schwingungen. Bd. II. VEB Fachbuchverlag Leipzig, 3. Aufl. 1967

Zu den Schwingungen eines Kontinuums

C. B. Biezeno und *R. Grammel:* Technische Dynamik (2 Bd.). Springer-Verlag, Berlin/Göttingen/Heidelberg, 2. Aufl. 1953

L. Collatz: Eigenwertaufgaben mit technischen Anwendungen. Akademische Verlagsanstalt Leipzig, 2. Aufl. 1963

K. W. Wagner: Einführung in die Lehre von den Schwingungen und Wellen. Dieterichsche Verlagsbuchhandlung, Wiesbaden, Nachdruck 1947

A. Weigand: Einführung in die Berechnung mechanischer Schwingungen, Bd. III. VEB Fachbuchverlag, Leipzig 1962

Variationsprinzipe

A. Budo: Theoretische Mechanik. VEB Deutscher Verlag der Wissenschaften, Berlin, 6. Aufl. 1971

P. Funk: Variationsrechnung und ihre Anwendung in Physik und Technik. Springer-Verlag, Berlin/Göttingen/Heidelberg 1962

G. Hamel: Theoretische Mechanik. Springer-Verlag, Berlin/Göttingen/Heidelberg 1949

Handbuch der Physik (Herausgeber *S. Flügge*) Bd. III/1: Prinzipien der klassischen Mechanik und Feldtheorie. Springer-Verlag, Berlin/Göttingen/Heidelberg 1960

H. Lippmann: Extremum and variational principles in Mechanics (CISM Udine 1970). Springer-Verlag, Wien/New York 1972

M. Päsler: Prinzipe der Mechanik. Walter de Gruyter & Co., Berlin 1968

W. Velte: Direkte Methoden der Variationsrechnung (LAMM 26). Teubner Verlag Stuttgart 1976

K. Washizu: Variational methods in elasticity and plasticity. Pergamon Press 1968

Mathematische Methoden

R. Sauer und *I. Szabo:* Mathematische Hilfsmittel des Ingenieurs (4 Bände). Springer-Verlag, Berlin/Heidelberg/New York 1967/70

R. Zurmühl: Praktische Mathematik. Springer-Verlag, Berlin/Göttingen/Heidelberg, 5. Aufl. 1965

R. Zurmühl: Matrizen. Springer-Verlag, Berlin/Göttingen/Heidelberg, 4. Aufl. 1964

Namen- und Sachregister

Inhaltsübersicht zu den Bänden I bis III

Th. Lehmann

Elemente der Mechanik I: Einführung

Inhalt

Th. Lehmann

Elemente der Mechanik II: Elastostatik

Inhalt

Th. Lehmann

Elemente der Mechanik III: Kinetik

Inhalt